河南省"十四五"普通高等教育规划教材
"十三五"国家重点出版物出版规划项目
现代机械工程系列精品教材

画法几何及机械制图 第2版

Descriptive Geometry and Mechanical Drawing

主　编　赵建国　田　辉　牛红宾
副主编　崔　岩　程　方　刘万强　方东阳
参　编　吴伟中　邱　益　闫耀辰　马伟伟
主　审　丁　一

U0239358

机械工业出版社

本书是根据教育部高等学校工程图学课程教学指导分委员会于2019年制定的《高等学校工程图学课程教学基本要求》、与制图相关的现行国家标准以及本课程教学改革的发展情况，结合作者多年来的教学实践编写而成的。全书共13章，全面系统地介绍了画法几何及机械制图的基本知识，主要内容有：制图基本知识和技能，投影基础，立体的视图，组合体及其三维建模方法，轴测图，表示机件的图样画法，机械图概述，工程常用零件，零件图，装配图，立体表面的展开，钣金件、镶合件与焊接件，计算机绘图。

本书配有电子课件、教学大纲、试题试卷，向授课教师免费提供，需要者可登录机工教育服务网（www.cmpedu.com）下载，还配套了利用虚拟现实（VR）技术等开发的3D虚拟仿真教学资源，以方便读者学习。由邱益、程方、刘万强主编的《画法几何及机械制图习题集 第2版》与本书配套使用，并由机械工业出版社同时出版。

本书可作为高等学校机械类、近机械类等专业的教材，也可作为成人教育学院、高等职业院校相关专业及网络远程教育的教材，还可供工程技术人员参考。

图书在版编目（CIP）数据

画法几何及机械制图/赵建国，田辉，牛红宾主编. —2版. —北京：机械工业出版社，2022.7（2024.6重印）

河南省"十四五"普通高等教育规划教材 "十三五"国家重点出版物出版规划项目 现代机械工程系列精品教材

ISBN 978-7-111-70595-6

Ⅰ.①画… Ⅱ.①赵… ②田… ③牛… Ⅲ.①画法几何-高等学校-教材 ②机械制图-高等学校-教材 Ⅳ.①TH126

中国版本图书馆CIP数据核字（2022）第064878号

机械工业出版社（北京市百万庄大街22号 邮政编码100037）
策划编辑：段晓雅　　　　　责任编辑：段晓雅
责任校对：张　征　张　薇　封面设计：王　旭
责任印制：单爱军
保定市中画美凯印刷有限公司印刷
2024年6月第2版第5次印刷
184mm×260mm·26.75印张·661千字
标准书号：ISBN 978-7-111-70595-6
定价：79.80元

电话服务　　　　　　　　　网络服务
客服电话：010-88361066　　机 工 官 网：www.cmpbook.com
　　　　　010-88379833　　机 工 官 博：weibo.com/cmp1952
　　　　　010-68326294　　金 书 网：www.golden-book.com
封底无防伪标均为盗版　　机工教育服务网：www.cmpedu.com

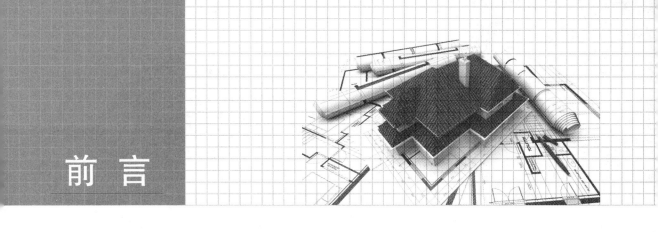

前　言

本书是在第 1 版的基础上，汲取近年来的教学经验和部分兄弟院校对使用第 1 版的反馈意见，根据现行《高等学校工程图学课程教学基本要求》和与制图相关的国家标准等编写而成的。第 1 版自 2019 年出版以来，已多次印刷，被许多高校选作教材，受到使用者的一致好评。本书还被选为河南省"十四五"普通高等教育规划教材。

本书在第 1 版的基础上，做了如下修订：

1）将党的二十大提出的"教育、科技、人才是全面建设社会主义现代化国家的基础性、战略性支撑"的理念融入本书，在绪论中增加了本课程的思政元素引导。

2）优化了例题。对第 2 章、第 3 章、第 10 章、第 11 章中的部分例题进行了调整，使之更加符合教学要求。

3）更新了与国家标准相关的内容。对于涉及现行国家标准的部分，如公差与配合等，按现行国家标准做了调整。

4）对计算机绘图做了更新，介绍了 AutoCAD 2022 的二维绘图功能。

5）按照不同专业、不同学时的需求，推荐部分内容为选学（加注"﹡"作为记号），以方便教学。

本书仍然本着"打好基础、丰富内容、体系合理、结构清楚、方便读者"的宗旨，满足读者对看图、画图、测绘能力提高的需求，同时遵循"既保证投影理论基础的制图内容，又体现现代作图设计方法"的教材编写指导思想，形成以培养创新能力和工程素质为目标的教材体系，使其成为普通高等院校机械类、近机械类专业适用的教材。由邱益、程方、刘万强主编的《画法几何及机械制图习题集　第 2 版》与本书配套使用，并由机械工业出版社同时出版。

参加本书编写和修订工作的有郑州大学赵建国（第 1 章、第 9 章）、河南农业大学崔岩（第 2 章 2.1~2.4 节、第 5 章）、河南科技大学刘万强（第 3 章）、郑州大学方东阳（第 4 章）、河南农业大学田辉（第 2 章 2.5~2.7 节）、河南工业大学牛红宾（第 6 章）、郑州大学邱益（第 7 章、附录）、华北水利水电大学程方（第 8 章）、河南工业大学吴伟中（第 10 章）、郑州大学闫耀辰（第 11 章、第 12 章）、中原科技学院马伟伟（第 13 章）。全书由郑州大学赵建国统稿和定稿。

重庆大学的丁一教授对本书进行了认真审阅，并提出了许多宝贵意见，对提升本书质量给予了很大帮助，在此向丁一教授表示衷心的感谢。

本书的编写和修订得到了机械工业出版社、各参编单位，特别是郑州大学及河南省工程图学学会的大力支持，在此表示感谢。

由于编者水平有限，书中难免存在疏漏和不足之处，敬请广大读者批评指正。

编　者

目　录

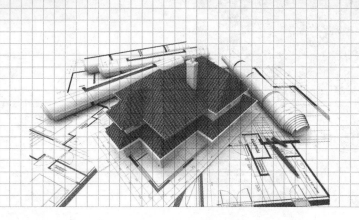

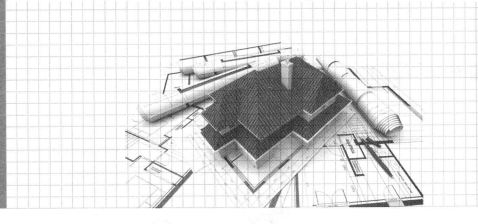

绪　论

1. 课程的研究对象

本课程是研究用投影法绘制和阅读机械图样及解决空间几何问题的理论和方法的一门技术基础课。将物体按平行投影或中心投影的方法以及技术规定表达在图纸上的工程图样，是工程信息的载体，它能够准确地表达物体的结构形状、尺寸大小、材料和技术要求，是进行技术交流的重要工具，又是指导组织生产必不可少的重要技术文件。图样贯穿于任何产品的生产过程之中，被誉为工程界的语言，是工程技术人员必须掌握的技术。机械图样是工程图样中应用最多的一种。在现代工业生产中，任何机械设备、电子产品、交通运输车辆等的设计、加工、装配，都离不开机械图样。设计者通过图样表达设计思想，展示设计内容，论证设计方案的合理性和科学性；生产者通过图样了解设计要求，依照图样加工制造；检验者依照图样的要求检验产品的结构和性能。

随着计算机图形学（Computer Graphics，CG）、计算机辅助设计（Computer Aided Design，CAD）、计算机辅助制造（Computer Aided Manufacturing，CAM）、计算机辅助工艺过程设计（Computer Aided Process Planning，CAPP）及产品数据管理（Product Data Management，PDM）等技术的发展和普及，设计和制造的理论与技术，工程信息的产生、加工、存储和传输方式，人们的思维方式和工作过程都发生了巨大变革。传统的设计、生产方式是设计人员在脑中想象出设计的形状，借助于铅笔、圆规等绘图工具，在图纸上用正投影法绘制出所设计的图形；生产者根据设计人员所绘制的工程图样，想象出加工制造的形状，按照图样加工生产。现在是设计人员直接将设计的产品用三维CAD软件创建出三维模型，再由三维模型生成二维工程图样，或由编程人员编制出数控代码，加工出产品，或直接用三维打印机打印出三维产品。但是，无论生产方式如何改变，绘图的基本理论没有改变。手工绘图是计算机绘图必不可少的基础，也是设计人员记录设计思想和表达初步设计方案最常用的手段。

图0-1所示为用三维CAD创建的气阀三维模型分解图，图0-2所示为气阀装配图，图0-3所示为阀杆零件图。

2. 课程的性质和任务

本课程是机械类专业的一门主干技术基础课，是培养工程技术人才的重要入门课程。通过学习和作图实践，学生可以掌握绘制和阅读机械图样的基本理论和方法。

本课程的主要任务是：

1）学习、贯彻国家标准《技术制图》与《机械制图》及其有关规定。

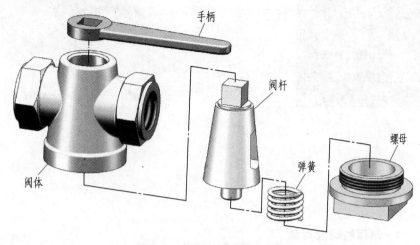

图 0-1　气阀三维模型分解图

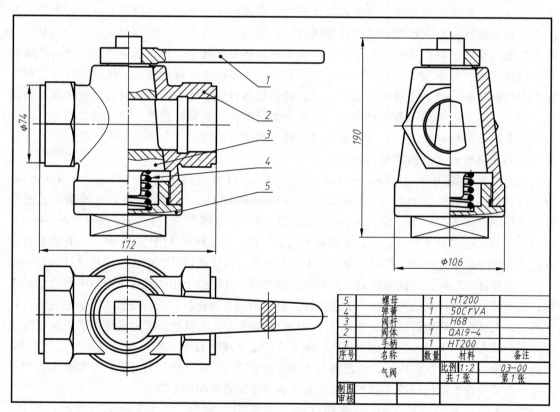

5	螺母	1	HT200	
4	弹簧	1	50CrVA	
3	阀杆	1	H68	
2	阀体	1	QA19-4	
1	手柄	1	HT200	
序号	名称	数量	材料	备注

气阀	比例 1:2	03-00
	共 1 张	第 1 张

制图
审核

图 0-2　气阀装配图

2）学习投影法（主要是正投影法）的基本理论及其应用。

3）培养空间几何问题的图解能力。

4）培养和发展空间构思能力、空间分析和表达能力。

5）培养阅读和绘制机械图样的基本能力。

6）培养现代工程意识、创新设计能力和构型设计能力。

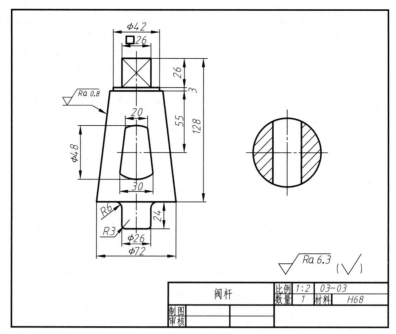

图 0-3　阀杆零件图

7）培养认真负责的工作态度和严谨细致的工作作风。

3. 本课程的学习方法

本课程既有系统理论，又密切结合生产实际，绘图实践性要求很强，因此，学习时要注意以下几点：

1）认真听课，及时复习，参照书上介绍的步骤，将所给图例徒手绘制一遍，掌握课程的基本理论和基本方法。

2）理论结合实际，多看、多想、多练，认真完成作业。对难度较大或复杂的题目可以用计算机绘图软件做出其三维模型来帮助理解。

3）绘图时，要养成遵守制图国家标准的习惯，字体、线型等按国家标准要求绘制。学会从网上和设计手册中查阅和使用国家标准及有关资料。

4）在掌握使用绘图工具绘图的基础上，要加强徒手绘图和计算机绘图的能力培养。

4. 课程思政

当代大学生要学会用正确的立场、观点和方法分析问题，把学习、观察、实践同思考紧密结合起来，善于把握历史和时代的发展方向，把握社会的主流和支流、现象和本质，养成历史思维、辩证思维、系统思维和创新思维。本课程的思政要素见表 0-1。

表 0-1　本课程的思政要素

章节	内容	思政要素
第1章	制图基本知识和技能	让学生有主动了解国家标准、遵守国家标准、遵守规则的意识，懂得做事情前打好基础的重要性，弘扬工匠精神
第2章	投影基础	引导学生延伸阅读《中国工程图学史》等，了解我国古代工程几何作图，增强文化自信，树立民族自豪感和时代紧迫感，为中华民族的伟大复兴而拼搏

（续）

章节	内容	思政要素
第3章	立体的视图	让学生了解到做事要从基础入手，做学问不要因为简单就不深入思考分析。复杂的问题常常是多个简单问题的组合，没有深厚的基础，就没有解决高深问题的能力
第4章	组合体及其三维建模方法	使学生认识掌握正确方法的重要性，能够化繁为简，化难为易。引导学生了解大国重器"天宫一号"组合体
第5章	轴测图	学会用不同的视角观察事物，用唯物辩证的观点去评价，学会取长补短，事半功倍
第6章	表示机件的图样画法	学会更加深入地表达机件的方法，全方位观察，灵活简洁地表达，不拘一格，具体问题具体分析，为工程实际打好基础
第7章	机械图概述	学会图的分类方法，掌握机械的构成要素，培养工程意识，脚踏实地、放眼全局
第8章	工程常用零件	通过了解国家标准对螺纹、齿轮、弹簧等的规定画法，体会复杂结构简单处理的方法，初步具备科学地处理工程实际问题的能力
第9章	零件图	要树立为生产服务、对生产负责的态度，严肃认真地绘制和检查所绘图样，逐步形成耐心细致、一丝不苟的工作作风，为国育才
第10章	装配图	学会全局处理和分析问题、解决问题的方法。了解传统方法与现代方法的区别，使学生认识到科技对社会进步发展的巨大作用，激发学生学习新技术、掌握新方法的动力
第11章、第12章	立体表面的展开 钣金件、镶合件与焊接件	拓宽视野，使学生能够透过现象看本质。只看结果而不分析过程，是难以解决实际问题的。引导学生动手做（在计算机上模拟、拿纸板剪裁等），以"劳"育人
第13章	计算机绘图	科技改变生活。了解我国在CAD领域的发展历程，激励学生为我国工业应用软件的振兴发奋图强

　　总之，本课程的学习目标是，使学生成为"德、智、体、美、劳"全面发展的有担当、敢创新、不怕苦、会拼搏、基础扎实的高素质人才。

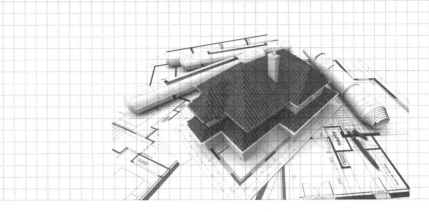

第1章

制图基本知识和技能

　　工程图样是信息的载体，它传递着设计的意图，集合着加工制造的指令，是用来进行技术交流和指导生产的重要技术文件之一，是工程界共同的技术语言。因此，对于图样画法、尺寸标注等都需要作统一的规定。为此，我国制定了《技术制图》《机械制图》等国家标准。这些标准是绘制、阅读工程图样的准则和依据，必须严格遵守。本章着重介绍国家标准中有关机械制图部分的基本规定，包括图纸幅面和格式、图线、字体、作图比例以及尺寸标注等，同时对绘图工具的使用、绘图方法及步骤、基本几何作图和徒手绘图技能等作基本介绍。

1.1　制图基本规定

1.1.1　图纸幅面和格式（摘自 GB/T 14689—2008）[一]

1. 图纸幅面尺寸

　　图纸幅面指的是图纸宽度与长度组成的图面，即图纸的大小。画图时优先选用表 1-1 中规定的基本幅面尺寸。

表 1-1　基本图纸幅面及图框尺寸　　　　　　　（单位：mm）

幅面代号		A0	A1	A2	A3	A4
幅面尺寸 B×L		841×1189	594×841	420×594	297×420	210×297
周边尺寸	e	20			10	
	c	10			5	
	a	25				

　　在五种幅面尺寸中，各相邻幅面尺寸的面积大小均相差一倍，如 A0 为 A1 幅面的两倍，

[一]　为使图纸幅面和格式达到统一，便于图样的使用和管理等制定了该标准。"GB/T 14689—2008"是国家标准《技术制图　图纸幅面和格式》的编号，其中，"GB"是"国标"两字的拼音缩写，"T"表示"推荐性标准"，"14689"是该标准的顺序号，"2008"是标准发布的年号。

A1 又为 A2 的两倍，以此类推。

幅面尺寸中 B 表示短边，L 表示长边，尺寸关系为 $B:L=1:\sqrt{2}$。

当采用基本幅面绘制图样有困难时，允许采用尺寸加长幅面，如图 1-1 所示。在图 1-1 中，粗实线所示为基本幅面（第一选择），细实线和细虚线所示为加长幅面（第二选择和第三选择）。加长幅面的尺寸由基本幅面的短边成整数倍增加后得出，如幅面代号为 A0×2 时，尺寸 $B \times L = 1189 \times 1682$；A3×3 时，尺寸 $B \times L = 420 \times 891$；A4×4 时，尺寸 $B \times L = 297 \times 841$ 等。

2. 图框格式

在图纸上必须用粗实线画出图框，其格式分为留装订边和不留装订边两种，但同一产品的图样只能采用同一种格式。

留装订边的图纸，其图框格式如图 1-2 所示，尺寸按表 1-1 中的规定。

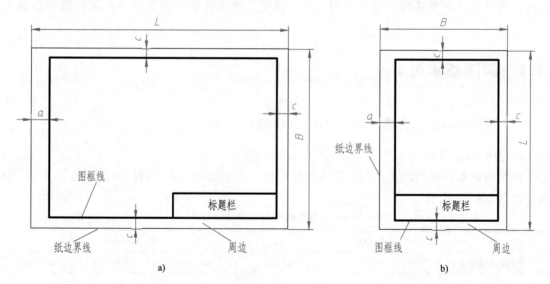

图 1-1　图纸幅面

图 1-2　留装订边图纸的图框格式

a）X 型　b）Y 型

不留装订边的图纸，其图框格式如图 1-3 所示，尺寸按表 1-1 中的规定。

3. 标题栏及其方位

每张工程图样中均应有标题栏。不论图纸横放还是竖放，标题栏的位置应位于图纸的右下角。标题栏的长边置于水平方向并与图纸的长边平行时，则构成 X 型图纸。若标题栏的长边与图纸的长边垂直时，则构成 Y 型图纸，如图 1-2、图 1-3 所示。在此情况下看图的方

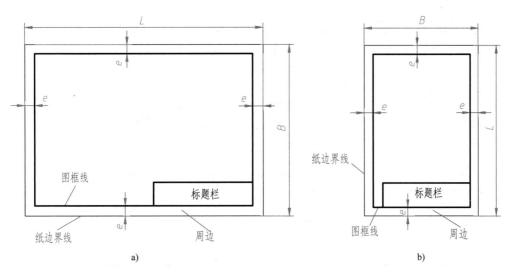

图 1-3 不留装订边图纸的图框格式

a）X 型 b）Y 型

向与看标题栏的方向一致。

对于使用已预先印制了图框、标题栏和对中符号的图纸，允许将图纸逆时针旋转 90°放置，但必须画出方向符号，此时应按方向符号的装订边置于下边后横放看图，而不应按标题栏中文字方向竖放看图，如图 1-4 所示。

方向符号是用细实线绘制的等边三角形，其尺寸和所处的位置如图 1-5 所示。

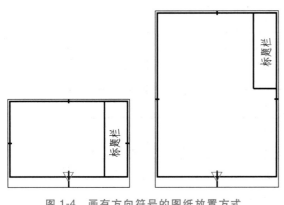

图 1-4 画有方向符号的图纸放置方式

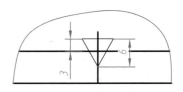

图 1-5 方向符号的尺寸和位置

标题栏的基本要求、内容、尺寸与格式，在《技术制图 标题栏》（GB/T 10609.1—2008）国家标准中有详细规定，这里不作介绍，只给出标准中的一种格式，如图 1-6 所示，其他内容读者可查阅相关国家标准。作业练习时，也可使用本书推荐的图 1-7 所示的标题栏格式。

1.1.2 比例（摘自 GB/T 14690—1993）

比例是指图中的图形与其实物相应要素的线性尺寸$^{\ominus}$之比。比值为 1 的比例称为原值比例，比值大于 1 的称为放大比例，比值小于 1 的称为缩小比例。绘制机械图样时，一般情况

$\ominus$ 要素的线性尺寸是指点、线、面本身的尺寸或它们之间的相对距离。角度为非线性尺寸。

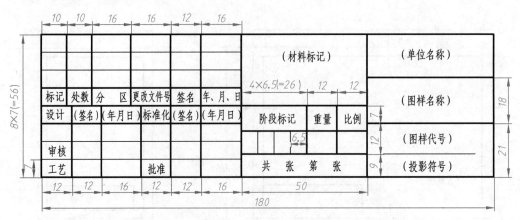

图 1-6　标题栏的格式

a)

图 1-7　练习时推荐使用的标题栏格式
a）零件图用标题栏　b）装配图用标题栏和明细栏

下应按机件的实际大小（1：1）画图，以便从图样上看出机件的真实大小。但对于较大的机件（如汽车底盘），需用缩小比例画图；对于较小的机件（如机械手表的表轴），需用放大比例画图。按比例绘制图样时，应从表 1-2 规定的标准比例系列中选取适当的比例，必要时也允许选取表 1-3 中的比例。

表 1-2 标准比例系列

种　类	比　例
原值比例	$1:1$
放大比例	$5:1$　$2:1$　$5\times10^n:1$　$2\times10^n:1$　$1\times10^n:1$
缩小比例	$1:2$　$1:5$　$1:10$　$1:2\times10^n$　$1:5\times10^n$　$1:1\times10^n$

注：n 为正整数。

表 1-3 比例系列

种　类	比　例
放大比例	$4:1$　$2.5:1$　$4\times10^n:1$　$2.5\times10^n:1$
缩小比例	$1:1.5$　$1:2.5$　$1:3$　$1:4$　$1:6$ $1:1.5\times10^n$　$1:2.5\times10^n$　$1:3\times10^n$　$1:4\times10^n$　$1:6\times10^n$

注：n 为正整数。

一般情况下，绘制同一机件的各个视图应采用相同的比例，并在标题栏的比例一栏中标明。当某个视图需用不同比例绘制时（例如局部放大图），必须在视图名称的下方标注出该视图所用的比例，如图 1-8 所示的 $\dfrac{A}{2:1}$。应注意，不论采用何种比例，尺寸数值均按原值标注，如图 1-9 所示的用不同比例画出的同一机件的图形及标注。

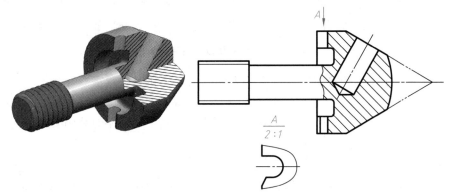

图 1-8 局部放大图的比例标注

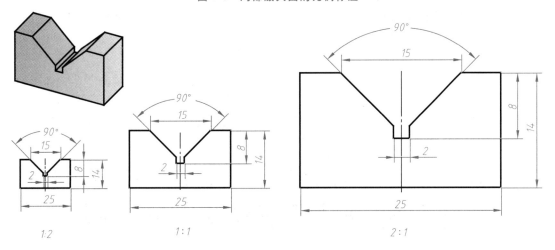

图 1-9 不同比例的图形

1.1.3 字体（摘自 GB/T 14691—1993）

字体是指图中文字、字母、数字的书写形式。图样上除了要用图形来表达零件的结构形状外，还有数字、字母、文字等用来说明物体的大小、技术要求等。为达到图样上的字体统一、清晰明确、书写方便，国家标准规定书写字体时必须做到：字体工整、笔画清楚、间隔均匀、排列整齐。

字体的高度（用 h 表示，单位为 mm）代表字体的号数，如 5 号字的高度为 5 mm。字体高度的公称尺寸系列（单位为 mm）为 1.8、2.5、3.5、5、7、10、14、20，共 8 种。若需书写更大的字，则字体高度应按 $\sqrt{2}$ 的比率递增。

汉字应写成长仿宋体（直体），并应采用中华人民共和国国务院正式公布的《汉字简化方案》中规定的简化字。由于有些汉字的笔画较多，所以国家标准规定汉字的高度不应小于 3.5mm，以避免字迹不清。字宽约为字高的 70%。写长仿宋体有 16 字要领：横平竖直、注意起落、结构均匀、填满方格。其书写示例如图 1-10 所示。

机 械 图 样 中 的 汉 字 数 字 各 种 字 母 必 须 写
得 字 体 端 正 笔 画 清 楚 排 列 整 齐 间 隔 均 匀
装 配 图 零 件 图 名 称 材 料 数 量 技 术 要 求 铸 造 圆 角 倒 角 热 处 理

图 1-10 长仿宋体汉字书写示例

常用字母为拉丁字母和希腊字母，数字为阿拉伯数字和罗马数字。

字母和数字按笔画宽度分 A 型和 B 型两类。A 型字体的笔画宽度（d）为字高的 1/14，B 型字体的笔画宽度（d）为字高的 1/10，即 B 型字体比 A 型字体的笔画要粗一些。在同一图样中只允许选用一种形式的字体。

字母和数字可写成斜体或直体，但全图要统一（机械图样一般用斜体）。斜体字字头向右倾斜，与水平基准线成 75° 角，如图 1-11、图 1-12、图 1-13 所示。用计算机绘制机械图样时，汉字、数字、字母一般应以正体输出。

图 1-11 阿拉伯数字示例（斜体）

用作指数、分数、极限偏差、注脚等的数字及字母，一般采用小一号的字体，如图 1-14 所示。

图样中的数学符号、物理量符号、计量单位符号以及其他符号、代号，应分别符合国家的有关法令和标准的规定。其他应用示例如图 1-15 所示。

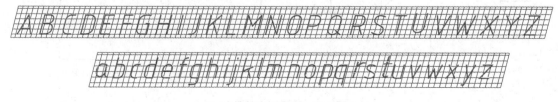

图 1-12 拉丁字母示例（斜体）

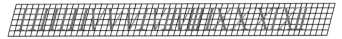

图 1-13 罗马数字示例（斜体）

$$10^3 \quad S^{-1} \quad \frac{3}{5} \quad \phi 20^{+0.040}_{-0.023} \quad 7°^{+1°}_{-2°} \quad D_1$$

图 1-14 指数、分数、极限偏差、注脚示例

$$l/mm \quad m/kg \quad 460r/min \quad 220V \quad 5M\Omega \quad 380kPa$$

$$10Js(\pm 0.003) \quad M24-6h \quad \phi 25\frac{H6}{m5} \quad \frac{II}{2:1} \quad \frac{A向旋转}{5:1}$$

图 1-15 其他应用示例

1.1.4 图线（摘自 GB/T 17450—1998、GB/T 4457.4—2002、GB/T 14665—2012）

图样中的图形是由多种图线组成的。国家标准《技术制图 图线》（GB/T 17450—1998）规定了实线、虚线、点画线等 15 种基本线型及其名称和基本线型的变形及其名称，图线宽度（d）的尺寸系列，以及图线的画法要求等。其中图线宽度（d）应按图幅大小在下列系数中选择，该系数的公比为 $1:\sqrt{2}$：

0.13mm，0.18mm，0.25mm，0.35mm，0.5mm，0.7mm，1mm，1.4mm，2mm。

粗线、中粗线和细线的宽度比率为 4：2：1。在同一图样中，同类图线的宽度应一致。

这项标准适用于各种工程图样，如机械、电气、建筑和土木工程图样等。建筑图样上，可以采用三种线宽的图线，其比例关系为 4：2：1；机械图样上采用两种线宽，粗线与细线的比例关系为 2：1。

针对机械设计制图的需要，《机械制图 图样画法 图线》（GB/T 4457.4—2002）对图线规定了 9 种线型，见表 1-4。

表 1-4 基本线型及应用

图线名称	线型	线宽	主要用途
粗实线	——————	d	可见棱边线、可见轮廓线、可见相贯线、螺纹牙顶线、螺纹长度终止线、齿顶圆（线）、表格图和流程图中的主要表示线、系统结构线（金属结构工程）、模样分型线、剖切符号用线
细实线	——————	$d/2$	过渡线、尺寸线、尺寸界线、指引线和基准线、剖面线、重合断面的轮廓线、短中心线、螺纹牙底线、尺寸线的起止线、表示平面的对角线、零件成型前的弯折线、范围线及分界线、重复要素表示线、锥形结构的基面位置线、叠片结构位置线、辅助线、不连续同一表面连线、成规律分布的相同要素连线、投射线、网格线
波浪线	～～～～	$d/2$	断裂处的边界线，视图与剖视图的分界线[1]

（续）

图线名称	线型	线宽	主要用途
双折线	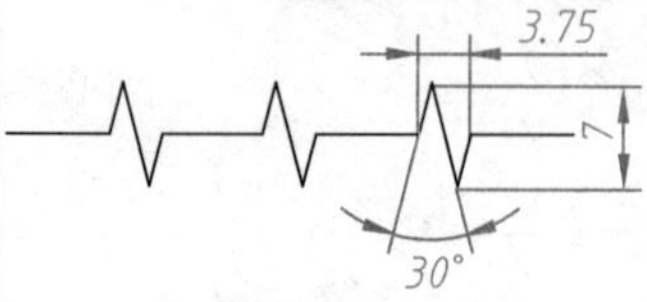	$d/2$	断裂处的边界线,视图与剖视图的分界线①
细虚线		$d/2$	不可见棱边线,不可见轮廓线
粗虚线		d	允许表面处理的表示线
细点画线	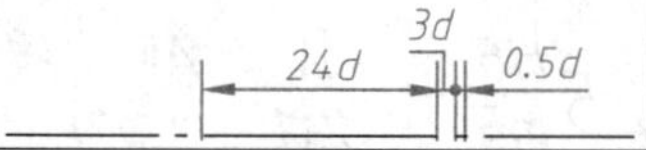	$d/2$	轴线、对称中心线、分度圆（线）、孔系分布的中心线、剖切线
粗点画线	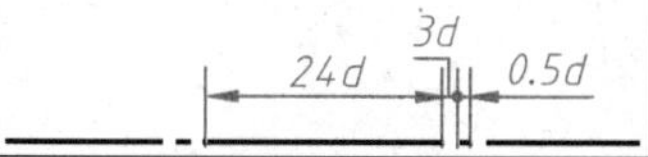	d	限定范围表示线
细双点画线	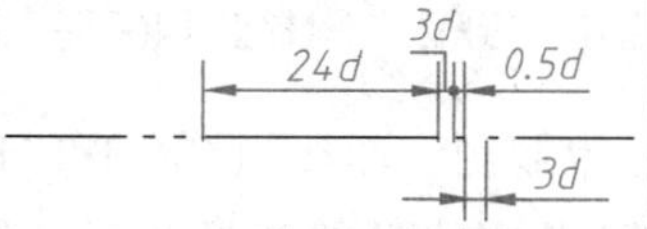	$d/2$	相邻辅助零件的轮廓线、可动零件的极限位置的轮廓线、重心线、成形前轮廓线、剖切面前的结构轮廓线、轨迹线、毛坯图中制成品的轮廓线、特定区域线、延伸公差带表示线、工艺用结构的轮廓线、中断线

注：图线的长度≤0.5d时称为点。用CAD系统绘图时，基本线型和线素应按GB/T 14665中的计算公式计算确定。
① 在一张图样上一般采用一种线型，即采用波浪线或双折线。

根据《机械工程　CAD制图规则》（GB/T 14665—2012）的规定，机械图样上粗细两种线宽的对应关系见表1-5。画图时若粗线的宽度用0.5mm，则细线宽度应是0.25mm。

表1-5　粗细线宽对应表　　　　　　　　　（单位：mm）

组别	1	2	3	4	5
粗线宽度系列	2	1.4	1	0.7	0.5
对应的细线宽度系列	1	0.7	0.5	0.35	0.25

图线宽度和图线组别的选择应根据图幅大小和缩微复制的要求确定。粗线线宽优先采用0.5mm和0.7mm。

机械图样中各种线型在计算机中的分层及屏幕上的颜色见表1-6。

表1-6　CAD中的图线分层及颜色

分层标识号	描述	图例	屏幕上的颜色
01	粗实线,剖切面粗剖切线		白色
02	细实线,波浪线,双折线		绿色
03	粗虚线		白色
04	细虚线		黄色
05	细点画线,剖切面的剖切线		红色
06	粗点画线		棕色
07	细双点画线		粉红
08	尺寸线,投影连线,尺寸终端与符号细实线	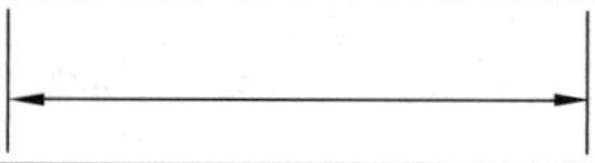	白色

（续）

分层标识号	描述	图例	屏幕上的颜色
09	参考圆,包括引出线和终端(如箭头)		白色
10	剖面符号		白色
11	文本(细实线)	ABCD	白色
12	尺寸值和公差	423±0.234	白色
13	文本(粗实线)	ABCD	绿色
14,15,16	用户选用		

注：表中内容摘自 GB/T 18229—2000，GB/T 14665—2012。

各种线型在机械图样中的应用如图 1-16、图 1-17、图 1-18 所示。

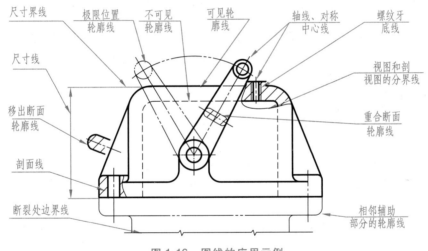

图 1-16 图线的应用示例

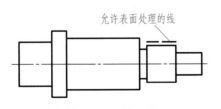

图 1-17 粗虚线的应用示例

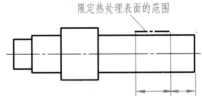

图 1-18 粗点画线的应用示例

绘图时，图线的画法有如下要求：

1）基本线型应恰当地交于画线处，如图 1-19 所示。

2）绘制圆的对称中心线时，圆心应为长画的交点，CAD 制图时，可画圆心符号"+"。首尾两端应是长画而不是点，且应超出图形轮廓线 2~5mm。

3）在较小图形上绘制细点画线或细双点画线有困难时，可用细实线画出。

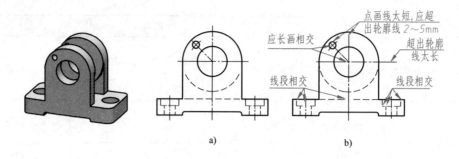

图 1-19　画图线注意事项

a）正确　b）错误

4）除非另有规定，两平行线之间的最小间隙不得小于 0.7mm。

5）当两个以上不同类型的图线重合时，应按粗实线、细虚线、细点画线、细双点画线、尺寸界线和分界线细实线的优先顺序画出。

1.1.5　尺寸注法（摘自 GB/T 4458.4—2003、GB/T 16675.2—2012）

图样上的图形只能表示机件的结构形状，机件的大小是以图样上的尺寸数值为制造和检验依据的。国家标准规定了标注尺寸的基本规则和方法，画图时必须严格遵守，否则会引起混乱，给生产带来困难和损失。

1. 基本规则

1）机件的真实大小应以图样上所注的尺寸数值为依据，与图形的大小及绘图的准确度无关。

2）图样中（包括技术要求和其他说明）的尺寸，以 mm 为单位时，不需标注单位符号（或名称），如采用其他单位，则必须注明相应的单位符号。例如，角度为 30 度 10 分 8 秒，则在图样上应标注成"30°10′8″"。

3）图样中标注的尺寸为该图样所示机件的最后完工尺寸，否则应另加说明。

4）机件的每一尺寸，一般只标注一次，并应标注在反映该结构最清晰的图形上。

2. 尺寸组成及基本注法

一个完整的尺寸，一般由尺寸界线、尺寸线、尺寸数字和尺寸线终端（箭头和斜线）四部分组成，如图 1-20 所示。

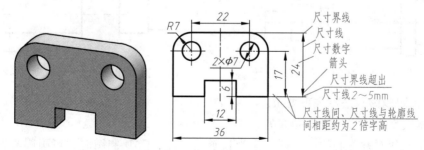

图 1-20　尺寸标注及其组成

有关尺寸数字、尺寸线、尺寸界线以及必要的符号和字母等有关规定见表 1-7。

表1-7 标注的基本规定

项目	说明	示 例
尺寸数字	1. 线性尺寸水平方向的数字一般应注写在尺寸线的上方,竖直方向尺寸数字写在尺寸线左侧,字头朝左。也允许注写在尺寸线的中断处 2. 标注参考尺寸时,应将尺寸数字加上圆括号	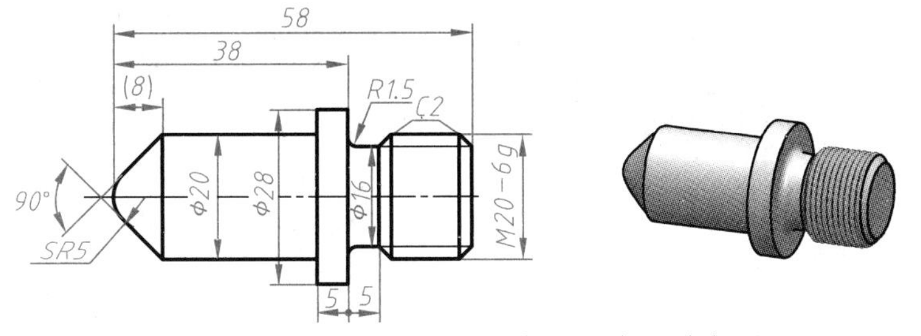 注: C2表示45°倒角,其中2为圆台高度; M是普通螺纹特征代号
	3. 线性尺寸数字应按图a所示方向注写,应尽量避免在图示30°范围内标注尺寸。当无法避免时,可参照图b、图c的形式标注 4. 对于非水平方向的尺寸,其数字可水平地注写在尺寸线的中断处(图d、图e) 5. 在同一张图样中,应尽可能采用同一种形式标注,同时尺寸数字大小应一致	
	6. 尺寸数字不可被任何图线所通过,否则必须将该图线断开	
尺寸线	尺寸线用细实线绘制,不能用其他图线代替,也不得与其他图线重合或画在其他图线的延长线上 线性尺寸线应与所标注的线段平行。当有几条相互平行的尺寸线时,要大尺寸在外,小尺寸在内。尺寸线不应互相交叉,也要避免和尺寸界线交叉。在圆和半圆弧上标尺寸线时要通过圆心	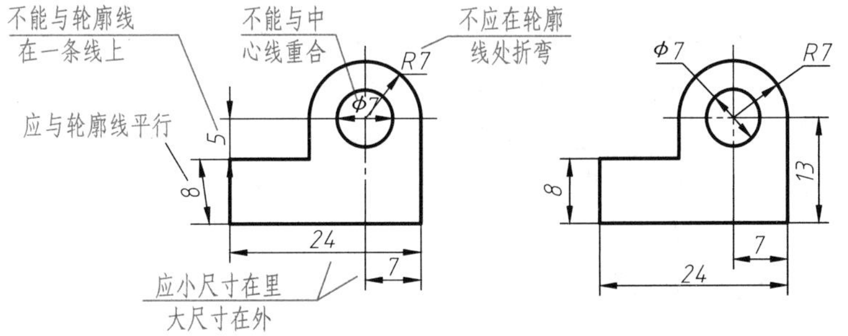 a) 错误的注法　　　　b) 正确的注法

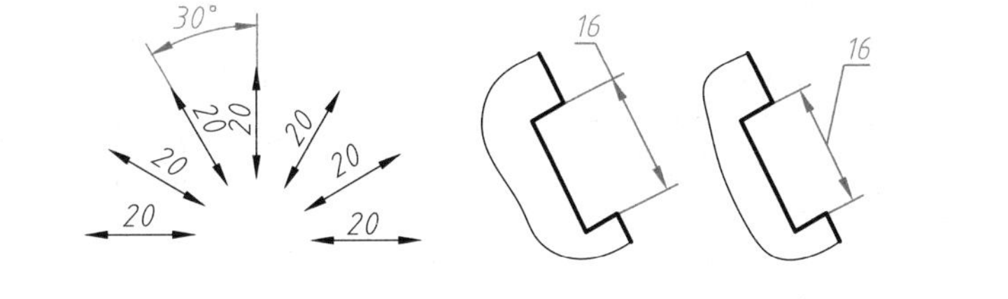

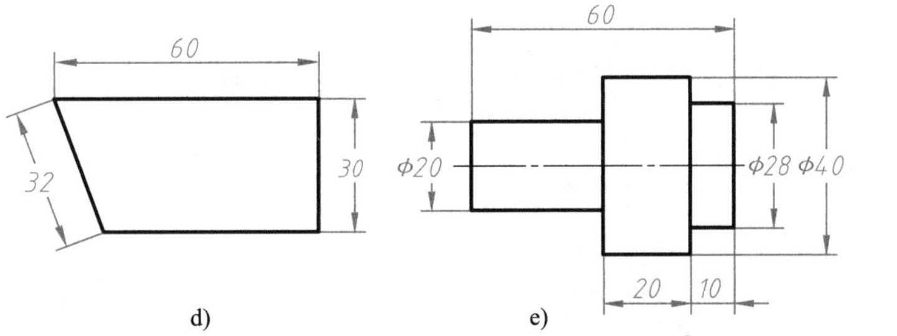

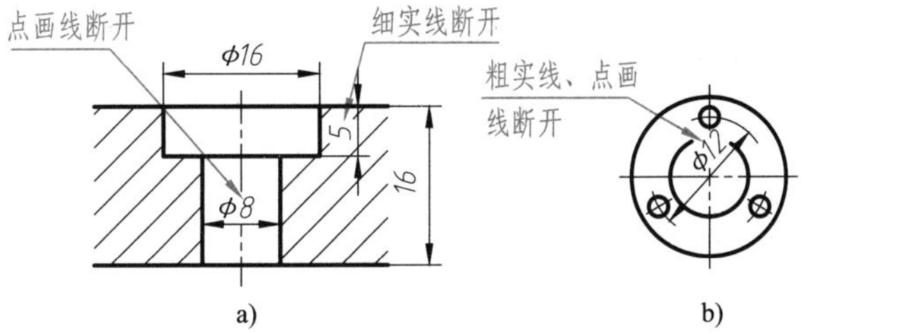

（续）

项目	说 明	示 例
尺寸界线	1. 尺寸界线表示尺寸的起止，用细实线绘制，可由图形的轮廓线、轴线或对称中心线引出，也可由它们代替	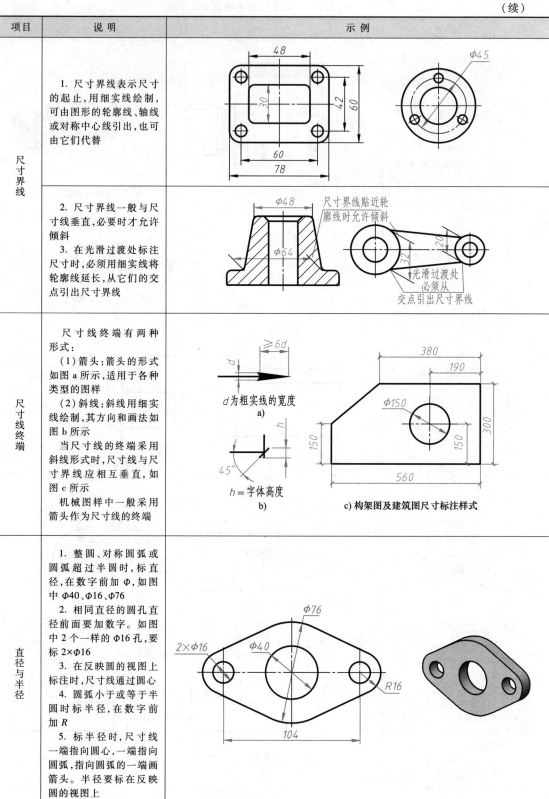
	2. 尺寸界线一般与尺寸线垂直，必要时才允许倾斜 3. 在光滑过渡处标注尺寸时，必须用细实线将轮廓线延长，从它们的交点引出尺寸界线	
尺寸线终端	尺寸线终端有两种形式： （1）箭头：箭头的形式如图 a 所示，适用于各种类型的图样 （2）斜线：斜线用细实线绘制，其方向和画法如图 b 所示 当尺寸线的终端采用斜线形式时，尺寸线与尺寸界线应相互垂直，如图 c 所示 机械图样中一般采用箭头作为尺寸线的终端	
直径与半径	1. 整圆、对称圆弧或圆弧超过半圆时，标直径，在数字前加 ϕ，如图中 $\phi40$、$\phi16$、$\phi76$ 2. 相同直径的圆孔直径前面要加数字。如图中 2 个一样的 $\phi16$ 孔，要标 2×$\phi16$ 3. 在反映圆的视图上标注时，尺寸线通过圆心 4. 圆弧小于或等于半圆时标半径，在数字前加 R 5. 标半径时，尺寸线一端指向圆心，一端指向圆弧，指向圆弧的一端画箭头。半径要标在反映圆的视图上	

（续）

项目	说明	示例
直径与半径	6. 当圆弧的半径过大或在图纸范围内无法标出圆心位置时可采用折线形式（图a），若不需要标注其圆心位置时，则可按图b标注 直径、半径的尺寸线终端应画成箭头	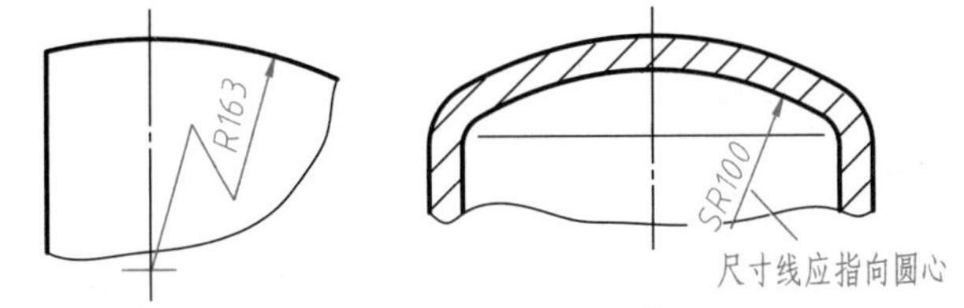 a)　　　　　　　　　b) 尺寸线应指向圆心
	7. 标注球面的直径或半径时，应在符号 Φ 或 R 前加注符号 S（图a、图b） 　对于螺钉、铆钉的头部，轴（包括螺杆）的端部以及手柄的端部等，在不致引起误解的情况下，可省略符号 S（图c、图d）	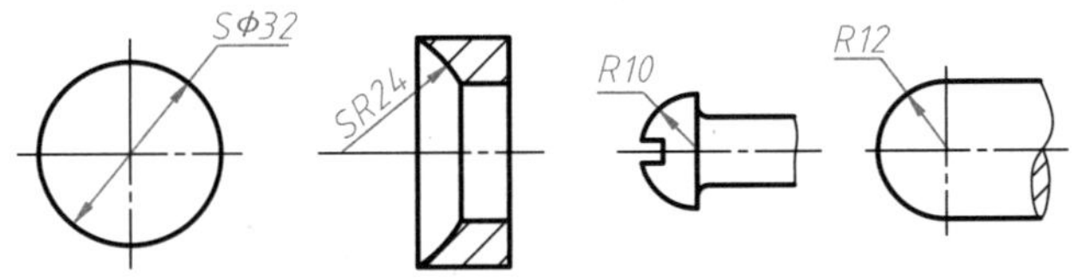 a)　　　b)　　　c)　　　d)
	8. 标注小圆弧、小圆的尺寸时，可按右图的形式标注	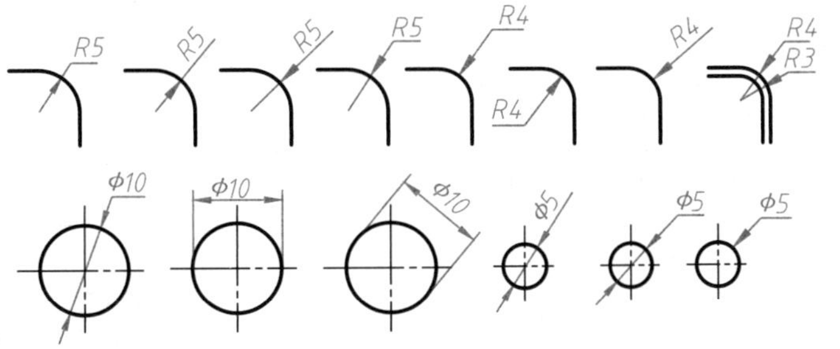
小尺寸注法	1. 在没有足够位置画箭头或注写尺寸数字时，可将箭头或数字布置在外面，也可将箭头和数字都布置在里面 2. 几个小尺寸连续标注时，中间的箭头可用斜线或圆点代替	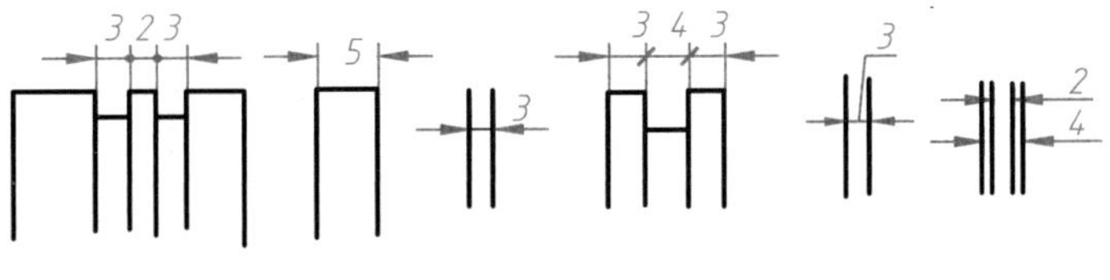
角度	1. 角度尺寸界线应沿径向引出，尺寸线应画成圆弧，其圆心是该角的顶点 2. 角度的数字一律写成水平方向，一般注在尺寸线的中断处（图a），必要时可注写在尺寸线上方或外侧，也可以引出标注（图b）	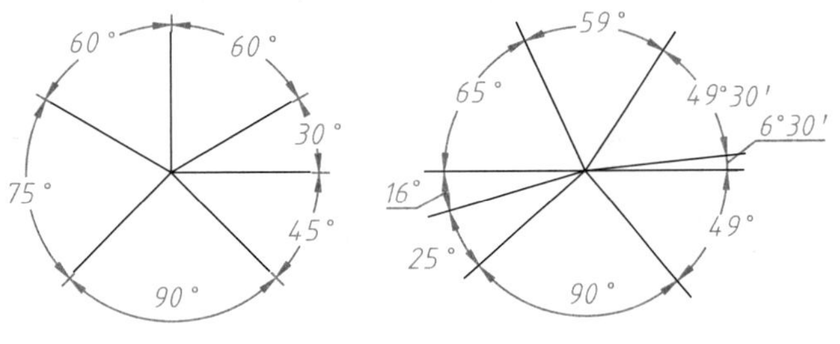 a)　　　　　　　　　b)

（续）

项目	说明	示例
弦长与弧长	1. 标注弦长和弧长时,尺寸界线应平行于弦的垂直平分线（图 a、图 b）。当弧长较大时,可沿径向引出(图 c) 2. 标注弧长尺寸时,尺寸线用圆弧,并应在尺寸数字前加注符号"⌒"（图 b、图 c）	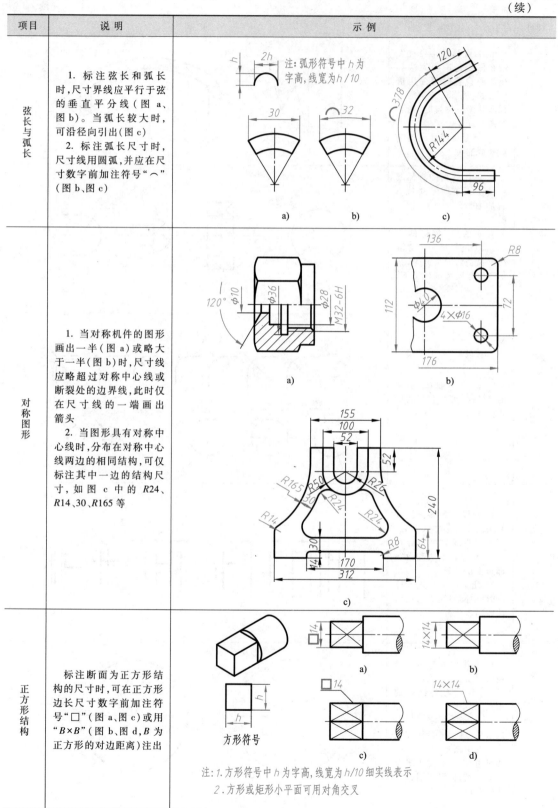
对称图形	1. 当对称机件的图形画出一半（图 a）或略大于一半（图 b）时,尺寸线应略超过对称中心线或断裂处的边界线,此时仅在尺寸线的一端画出箭头 2. 当图形具有对称中心线时,分布在对称中心线两边的相同结构,可仅标注其中一边的结构尺寸,如图 c 中的 $R24$、$R14$、30、$R165$ 等	
正方形结构	标注断面为正方形结构的尺寸时,可在正方形边长尺寸数字前加注符号"□"（图 a、图 c）或用"$B×B$"（图 b、图 d,B 为正方形的对边距离)注出	

（续）

项目	说明	示例
板状机件	标注板状机件的厚度时，可采用指引线方式引出标注，并在尺寸数字前加注厚度符号"*t*"	 *t2*
半圆图形	在图样上需要表明圆弧半径的大小是由其他结构形状的实际尺寸所确定时，画出尺寸线后，只标注半径符号"*R*"，不写出具体数值	40　12h9　*R*
均布结构	在同一图形中，对于相同的孔、槽等成组要素，可仅在一个要素上注出其尺寸和数量（图 a、图 b）。当成组要素的定位和分布情况在图形中已明确时，可不标注其角度，并省略缩写词"EQS"（图 b）	15°　8×φ6 EQS　φ52　8×φ6　φ52 a)　　　　b) 注：*EQS*表示"均布"

1.2　尺规绘图及其工具用法

　　用尺子（包括丁字尺、一字尺、三角板、曲线板等）和圆规（包括分规）绘图的方法，称为尺规绘图。绘图工具如图 1-21 所示。为了提高尺规绘图的质量和速度，须掌握绘图工具的正确使用方法。

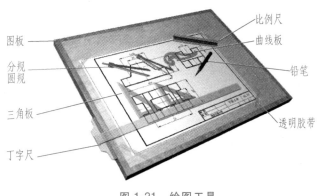

图 1-21　绘图工具

1.2.1 图板和丁字尺

图板是用来安放图纸的，工作表面应平坦，左右两导边应平直。画图时，用胶带纸将图纸固定在图板上，图板前后与水平面倾斜大约20°（便于画图），图板的左边是工作边。

丁字尺的尺头和尺身结合处必须牢固，尺头的内侧面必须平直，主要用来画水平线。画图时，尺头内侧必须紧靠图板的导边，上下移动。画线时，铅笔向右倾斜约75°，自左向右画水平线，如图1-22所示。存放时应将丁字尺垂直挂起，以免尺身弯曲变形。

1.2.2 三角板

画图时最好有一副规格30cm的三角板，它与丁字尺配合使用时，自下而上画铅垂线（图1-23），以及30°、45°、60°的斜线，两三角板配合可画与水平线成15°角整数倍的斜线（图1-24），还可以画已知直线的平行线或垂直线（图1-25）。

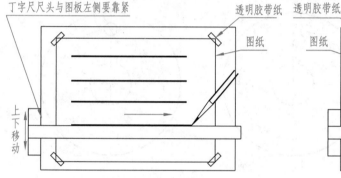

图 1-22　用丁字尺画水平线

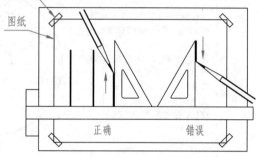

图 1-23　用三角板和丁字尺配合画铅垂线

图 1-24　画与水平线成15°角整数倍的斜线

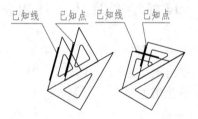

图 1-25　画已知直线的平行线或垂直线

1.2.3 分规、圆规

分规主要用来量取线段长度或等分已知线段。分规的两腿端部带有钢针，当两腿合拢时，两钢针应能对齐，如图1-26所示。

圆规用来画圆和圆弧。大圆规可接换不同的插脚、加长杆。圆规的钢针插脚有两个尖端，画图时，应使用有肩台的一端，并使肩台与铅芯平齐，当画不同直径的圆弧时，尽可能使圆规两脚都与纸面垂直，如图1-27所示。

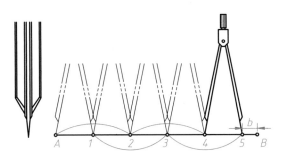

图 1-26 分规的用法

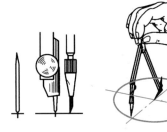

图 1-27 圆规的用法

1.2.4 铅笔

绘图铅笔的铅芯有软硬之分，分别用 B 和 H 表示，B 前的数值越大表示铅芯越软，H 前的数值越大则表示铅芯越硬，HB 的铅芯软硬程度适中。

削铅笔要从无字的一头开始，以保留铅芯的软硬标记。铅笔应削成锥形或扁平形，如图 1-28 所示。锥形适用于画底稿、写字、细线，扁平形适用于加深。

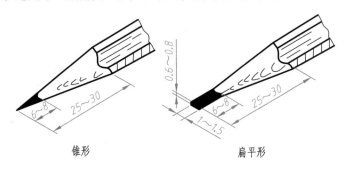

锥形　　　　扁平形

图 1-28 铅笔削磨形状

1.3 几何作图

正多边形、斜度、锥度、圆弧连接和平面曲线等几何作图方法，是绘制机械图样的基础，应当熟练掌握。

1.3.1 正多边形的画法

1. 正六边形

1）用圆的半径六等分圆周画正六边形（图 1-29a）。画一外接圆，用半径等分后把各分点依次连接，即得一正六边形。因此，画正六边形只要给出外接圆的直径尺寸就够了。

2）用三角板配合丁字尺画正六边形。图 1-29b 所示的方法为：先画出正六边形的外接圆，然后用 60°三角板配合丁字尺通过水平直径的端点作四条边，再用丁字尺作上、下水平边。图 1-29c 所示是用内切圆画正六边形的方法，即根据两对边距离 S（内切圆直径）尺寸作出。

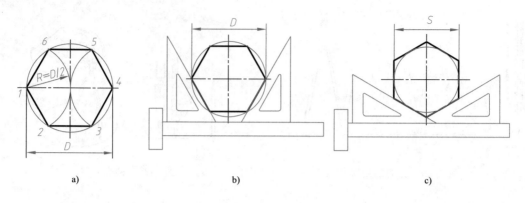

图 1-29　正六边形的画法

2. 正五边形

绘制一外接圆，平分半径 Ob 得点 e（图 1-30a），以 e 为圆心、以 ec 为半径画弧，交 Oa 于 f（图 1-30b），以 cf 为弦长在圆周上依次截取即得 g、h、i、j 点，依次连接各点即得圆内接正五边形（图 1-30c）。

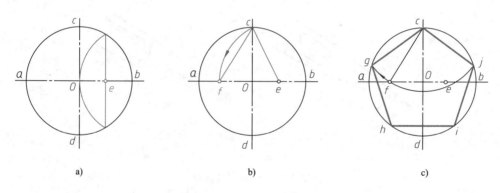

图 1-30　正五边形的画法

1.3.2　斜度和锥度

1. 斜度

斜度是指一直线（或平面）对另一直线（或平面）的倾斜程度。通常用两直线（或平面）间夹角的正切来表示（图 1-31a）。标注时常写成 $1:n$ 的形式，斜度符号的方向应与图形倾斜方向一致，如图 1-31b 所示。斜度符号的画法如图 1-31c 所示。图 1-32 所示为平面图形上斜度 $1:5$ 的作图步骤与标注。

2. 锥度

锥度是正圆锥的底圆直径与圆锥高度之比。若是圆台，则为两底圆直径之差与台高之比。应将其写成 $1:n$ 的形式（图 1-33a）。标注时，锥度符号的方向应与圆锥方向一致，该符号应配置在基准线上。基准线应用指引线与圆锥轮廓线相连，且应平行于圆锥的轴线，如图 1-33b 所示。锥度图形符号的画法，如图 1-33c 所示。图 1-34 所示为锥度 $1:5$ 的作图步

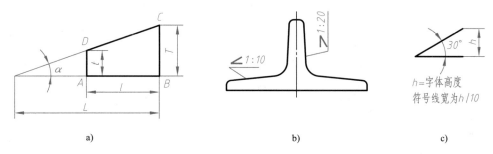

图 1-31　斜度的定义、符号及标注

a）斜度 $\tan\alpha = \dfrac{T}{L} = \dfrac{T-t}{l} = 1:n$　b）斜度标注　c）斜度图形符号

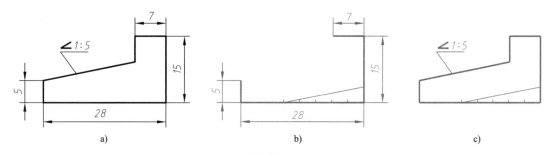

图 1-32　斜度的作图步骤与标注

a）给出图形　b）作斜度 1:5 的辅助线　c）画斜线后完成作图

骤与标注。

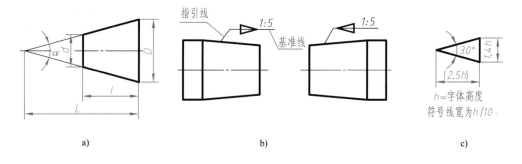

图 1-33　锥度的定义及符号

a）锥度 $= \dfrac{D-d}{l} = \dfrac{D}{L} = 2\tan\dfrac{\alpha}{2} = 1:n$　b）锥度标注　c）锥度图形符号的画法

1.3.3　圆的切线

绘图中经常遇到画圆的切线，尺规画法如下：

1）过圆外一点 A，作圆的切线（图 1-35a）。作图方法如图 1-35b、c 所示。

2）作两圆外公切线（图 1-36a）。作图方法如图 1-36b、c 所示。

3）作两圆内公切线（图 1-37a）。作图方法如图 1-37b、c 所示。

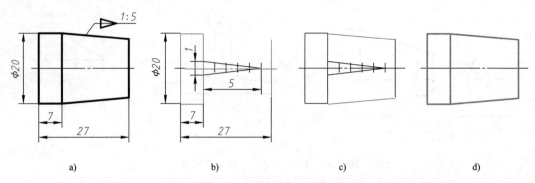

图 1-34　锥度的作图步骤与标注

a）给出图形　b）作锥度 1∶5 的辅助线　c）作辅助线的平行线　d）完成作图

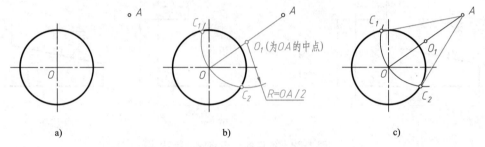

图 1-35　过圆外一点 A 作圆 O 的切线

a）已知点 A 和圆 O　b）连 OA，画弧定切点　c）作切线 AC_1、AC_2

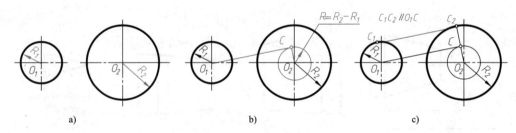

图 1-36　作两圆外公切线

a）已知两圆　b）作辅助切线 O_1C　c）作切线 C_1C_2

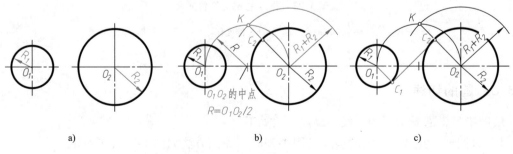

图 1-37　作两圆内公切线

a）已知两圆　b）定切点 C_2　c）作切线 C_1C_2

1.3.4　圆弧连接

在工程图中，经常用到直线与圆弧、圆弧与圆弧光滑连接的形式，统称为圆弧连接。这种起连接作用的圆弧称为连接弧，如图 1-38 所示。

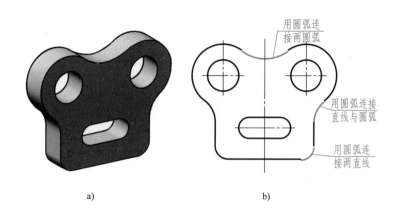

图 1-38　圆弧连接

1. 圆弧连接的作图原理

为保证相切，画连接弧前，必须求出它的圆心和切点。下面用轨迹相交的方法来分析圆弧连接的作图原理，如图 1-39 所示。

图 1-39a 表示圆弧与已知直线相切，其连接弧的圆心轨迹是与已知直线相距为 R 且平行于已知直线的一条直线。当圆心为 O_1 时，由 O_1 向直线作垂线，垂足 K 即为切点。

图 1-39b、c 表示圆弧与圆弧连接。半径为 R 的圆弧与已知圆弧（圆心为 O、半径为 R_1）相切，其圆心轨迹是已知圆弧的同心圆。当两圆弧外切时，半径为 R_1+R，如图 1-39b 所示；当两圆弧内切时，半径为 R_1-R，如图 1-39c 所示。当圆心为 O_1 时，连接圆心的直线 OO_1 与已知圆弧的交点 K 即为切点。

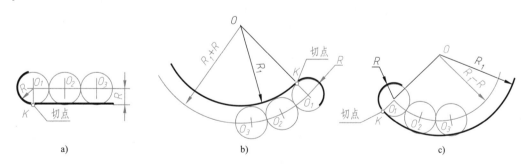

图 1-39　圆弧连接的作图原理

a）与直线相切　b）与圆弧外切　c）与圆弧内切

2. 圆弧连接的作图方法

表1-8列举了五种用已知半径为 R 的圆弧来连接已知线段的作图方法和步骤。

表 1-8　圆弧连接的形式及作图步骤[1]

要求	已知条件及作图方法和步骤		
	已知条件及作图要求	求圆心 O，定切点 K_1、K_2	画连接弧
连接相交两直线	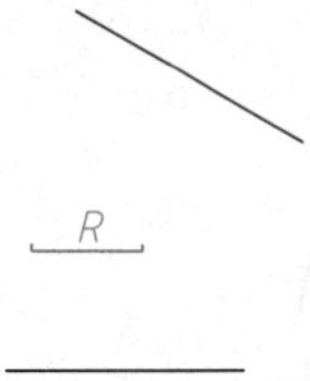 用半径为 R 的圆弧连接两线段	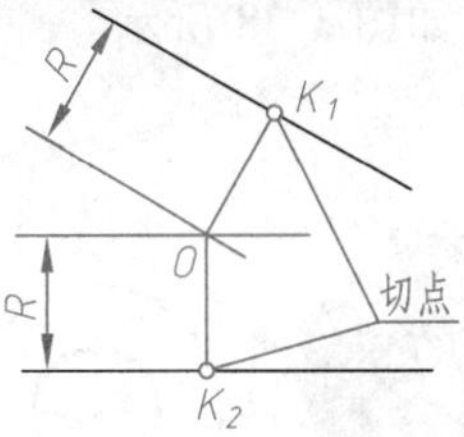 作两线段距离为 R 的平行线，求得圆心 O；从 O 点向两线段作垂线定出切点 K_1、K_2	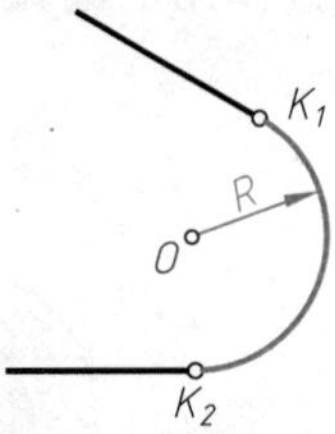 以 O 为圆心，R 为半径，在两切点画圆弧
连接一直线和一圆弧	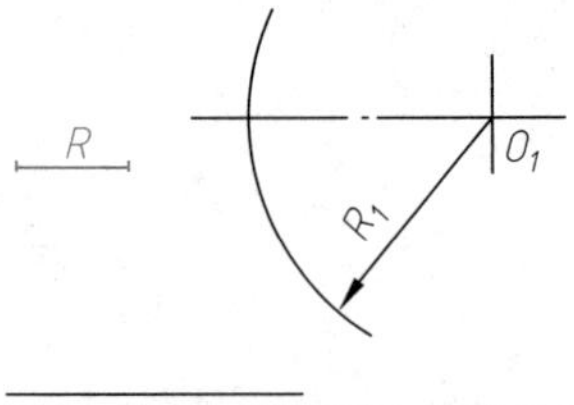 用半径为 R 的圆弧连接线段和 R_1 圆弧	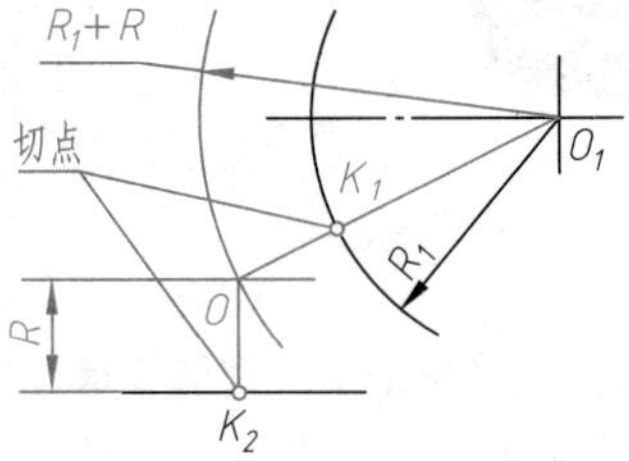 作线段距离为 R 的平行线，以 O_1 为圆心、R_1+R 为半径画弧，求得圆心 O；连接 OO_1 定切点 K_1，从 O 点向线段作垂线，定切点 K_2	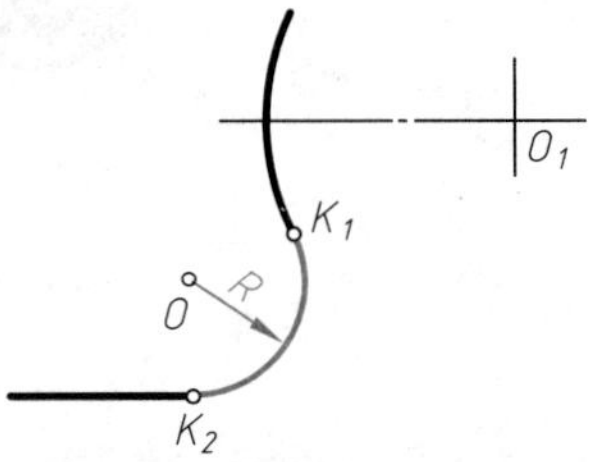 以 O 为圆心，R 为半径，在两切点画圆弧
外接两圆弧	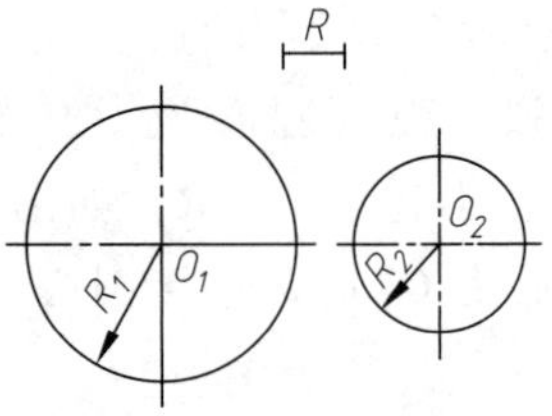 用半径为 R 的圆弧外接 R_1 和 R_2 圆弧	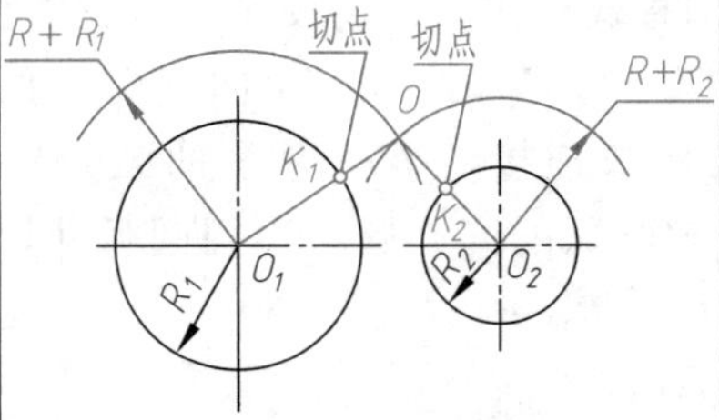 分别以 O_1、O_2 为圆心，$R+R_1$、$R+R_2$ 为半径画弧，求得圆心 O；连接 OO_1、OO_2 得切点 K_1 和 K_2	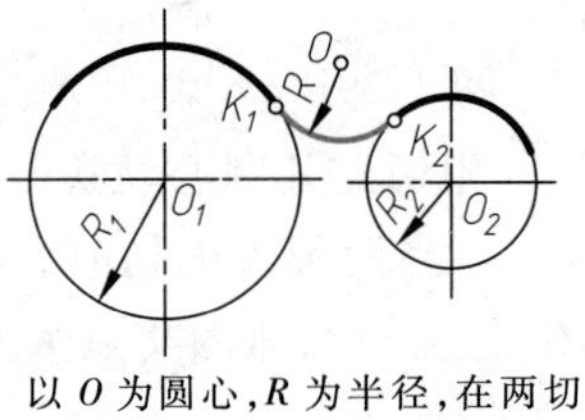 以 O 为圆心，R 为半径，在两切点画圆弧
内接两圆弧	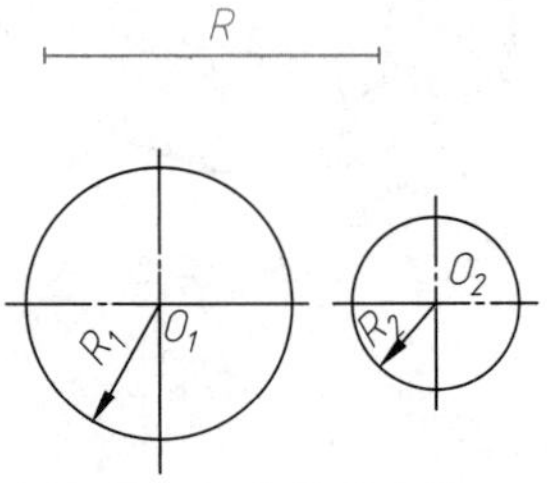 用半径为 R 的圆弧内接 R_1 和 R_2 圆弧	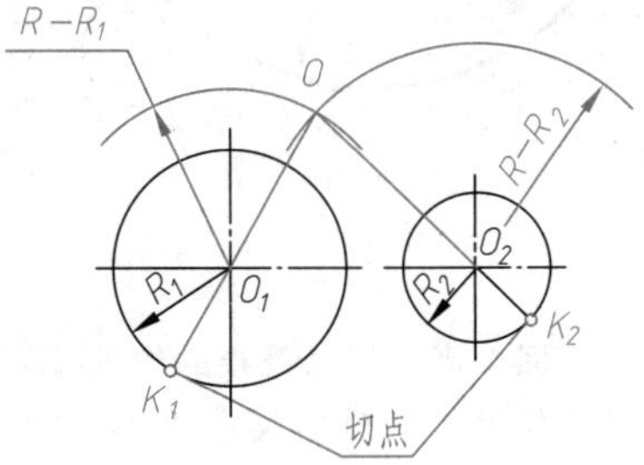 分别以 O_1、O_2 为圆心，$R-R_1$、$R-R_2$ 为半径画弧，求得圆心 O；连接 OO_1、OO_2 得切点 K_1 和 K_2	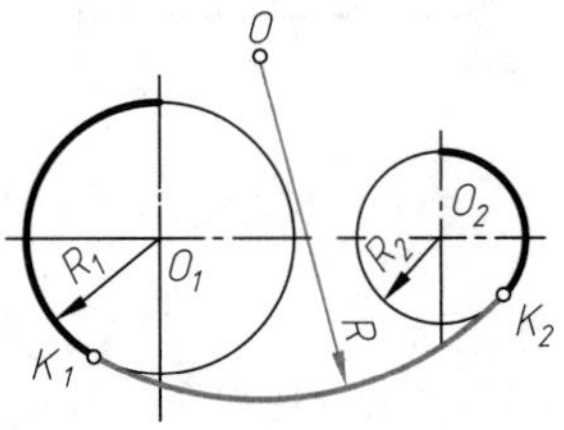 以 O 为圆心，R 为半径，在两切点画圆弧

（续）

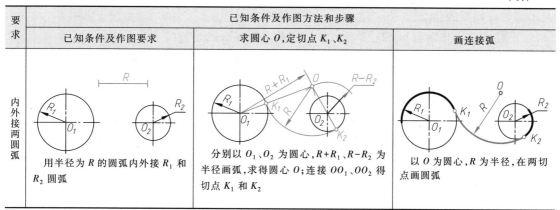

要求	已知条件及作图方法和步骤		
	已知条件及作图要求	求圆心 O,定切点 K_1、K_2	画连接弧
内外接两圆弧	用半径为 R 的圆弧内外接 R_1 和 R_2 圆弧	分别以 O_1、O_2 为圆心,$R+R_1$、$R-R_2$ 为半径画弧,求得圆心 O;连接 OO_1、OO_2 得切点 K_1 和 K_2	以 O 为圆心,R 为半径,在两切点画圆弧

① 若用 AutoCAD 软件绘制连接弧,先绘制出已知线段,然后用圆角（Fillet）命令可直接绘制出连接弧。

1.3.5 *工程上常用的平面曲线

工程上常用的平面曲线有：椭圆、抛物线、双曲线、阿基米德螺线、圆的渐开线和摆线等，它们可用相应的二次方程或参数方程表示出来。这就是说，它们是一动点按一定规律运动的轨迹。画图时常常按照运动轨迹作图，或根据参数方程描绘图像。由于这些曲线上相邻两点的曲率半径不同，连接时需要用曲线板把所求各点光滑地描绘出来。

1. 椭圆

一动点到两定点（焦点）的距离之和为一常数（等于长轴），该动点的轨迹为椭圆。用 CAD 软件提供的椭圆命令，可以直接精确画出。尺规近似画法如下：

1）同心圆法画椭圆（图 1-40）。以 O 为圆心、长半轴 OA 和短半轴 OC 为半径分别作圆；过圆心 O 作若干射线与两圆相交，由各交点分别作与长、短轴平行的直线，即可相应地得到椭圆上的各点。最后，把这些点用曲线板连接成椭圆。

2）已知长短轴时椭圆的近似画法（图 1-41）。连长、短轴的端点 AC，取 $CE_1 = CE = OA - OC$；作 AE_1 的中垂线与两轴分别交于点 1 和点 2；取点 1、点 2 对轴线的对称点 3、点 4；最后分别以点 1、2、3、4 为圆心，$1A$、$2C$、$3B$、$4D$ 为半径作圆弧，这四段圆弧就近似地代替了椭圆，圆弧间的切点为 K、N、N_1、K_1。

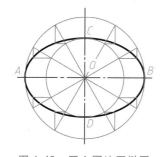

图 1-40 同心圆法画椭圆

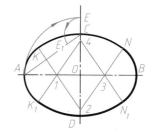

图 1-41 已知长短轴时椭圆的近似画法

2. 抛物线

一动点到一焦点和定直线（导线）的距离相等，该动点的轨迹即为抛物线。

已知焦点和导线时作抛物线的方法，如图 1-42 所示。步骤如下：

1）过点 F 作导线的垂线 FM，FM 为抛物线的主轴，M 为主轴与导线的交点。FM 的中点 A 即为抛物线的顶点。

2）在主轴上任取点1、2、3等，并过这些点作导线的平行线。

3）以 F 为圆心，分别以 $1M$、$2M$、$3M$ 等为半径画弧，与相应直线的交点便是抛物线上的点，用曲线板光滑连接各点，即为所求抛物线。

3. 双曲线

一动点到两焦点距离之差为一常数（等于两定点之间的距离），该动点的轨迹为双曲线。

已知两顶点和两焦点作双曲线的方法，如图1-43所示。步骤如下：

1）连接两焦点 F_1、F_2 的直线即为双曲线的主轴。在主轴上任取1、2、3等点，以 F_1 为圆心，分别以 $1A_1$、$2A_1$、$3A_1$ 等为半径画弧；然后以 F_2 为圆心，分别以 $1A_2$、$2A_2$、$3A_2$ 等为半径画弧，与前面所画相应圆弧的交点，即为双曲线上的点。

2）用同样方法画左半叶，把各点圆滑相连即得双曲线。

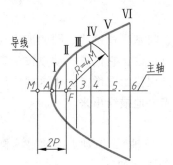

图1-42　抛物线的画法

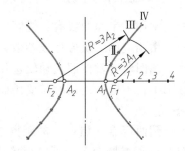

图1-43　双曲线的画法

4. 阿基米德螺线

一动点沿一直线作等速移动，同时该直线又绕线上一定点作等角速度的旋转运动时，动点的轨迹为阿基米德螺线。直线回转一周，动点沿直线移动的距离叫作导程。阿基米德螺线多用于构成凸轮表面轮廓。

已知导程作阿基米德螺线的方法，如图1-44所示。

图中以导程为半径画圆，将半径和圆分成相同的等分，过各等分点作弧，与相应射线的交点即为阿基米德螺线的点，将这些点光滑连接即得阿基米德螺线。

5. 渐开线

在平面上，一条动直线（发生线）沿着一个固定的圆（基圆）作纯滚动时，此动直线上一点的轨迹为渐开线。这个定圆叫作渐开线的基圆。渐开线多用于齿轮轮廓。

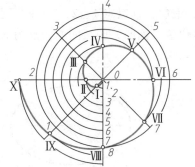

图1-44　阿基米德螺线的画法

已知圆周直径 D 作渐开线的方法如图1-45所示。步骤如下：

1）将圆周分成若干等分（图中分为12等分），并把它的展开线也分成相同的等分。

2）过圆周上各等分点向同一方向作圆的切线，依次截取 $\frac{1}{12}\pi D$、$\frac{2}{12}\pi D$、$\frac{3}{12}\pi D$ 等得点

Ⅰ、Ⅱ、Ⅲ等，将这些点光滑连接即得所求渐开线。

6. 摆线

一个动圆（发生圆）沿着一条固定的直线（基线）或固定圆（基圆）作纯滚动时，此动圆上一点的轨迹为一摆线。当圆在圆导线的外侧滚动时为外摆线，在圆导线的内侧滚动时为内摆线。摆线多用于齿轮轮廓。

已知动圆 O，半径为 R，在基线上滚动，作摆线的方法如图 1-46 所示。步骤如下：

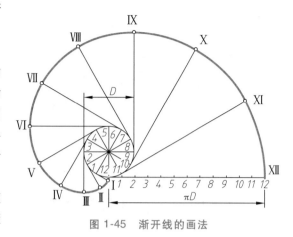

图 1-45　渐开线的画法

1）在基线上取线段 CA 和 CB 并使其长度等于动圆的半周长，即 $CA = CB = \pi R$，分动圆周和线段 AB 为相同等分（图中为 12 等分）。

2）（方法一：如图 1-46 的左半部所示）假设圆向左滚动，当圆周上的 1 点到达基线上的 $1'$ 点时，圆心到达点 D，点 7 将在圆的最高点，点 6 将在点 5 的位置。因此，从点 5 画 CA 的平行线，以点 D 为圆心、R 为半径画弧，交平行线于 P_5 点；从点 4 画 AB 的平行线，以点 E 为圆心、R 为半径画弧，交此平行线于 P_4 点；同理，得到 P_3、P_2、P_1 点。

3）（方法二：如图 1-46 的右半部所示）以 $11'$ 为圆心，点 11 至点 6 的弦长为半径，画弧交过点 7 的平行线于 P_7 点；以 $10'$ 为圆心，点 10 至点 6 的弦长为半径，画弧交过点 8 的平行线于 P_8 点；同理，得到 P_9、P_{10}、P_{11} 点。

4）用曲线板将这些点光滑相连即得摆线。

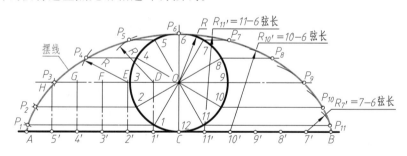

图 1-46　摆线的画法

外摆线（图 1-47）、内摆线（图 1-48）的画法，与摆线基本相同，就不细述了。

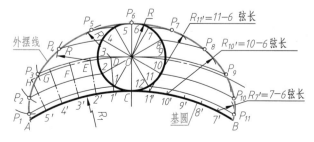

图 1-47　外摆线的画法

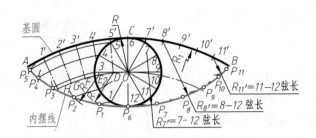

图 1-48　内摆线的画法

1.4　平面图形的画法和尺寸注法

每一个平面图形都是由一个或几个封闭的线框组成，而每一个封闭的线框都是由一些线段组成，这些线段包含了直线、圆或圆弧。要正确绘制平面图形，必须掌握平面图形的尺寸分析和线段分析。

1.4.1　平面图形的尺寸分析

1. 尺寸基准

确定尺寸位置的点、线或面称为尺寸基准。通常将图形的对称线、大圆的中心线或圆心、重要的轮廓线或较长的直线等作为尺寸基准。平面图形通常在水平及垂直两个方向有尺寸基准，且在同一个方向上往往有几个尺寸基准，其中一个为主要基准，其余称为辅助尺寸基准，如图 1-49 所示。

2. 定形尺寸

确定图形中各线段大小的尺寸，如直线段的长度、圆及圆弧的直径或半径、角度的大小等。如图 1-49 所示拖钩中的 140、12、$R32$、$R68$、$R52$、$R8$。

3. 定位尺寸

确定图形中各线段相对位置的尺寸，如圆或圆弧的圆心、直线的位置等。如图 1-49 所示中的 60、18、40、3、76、10。对平面图形来说，一般需要两个方向的定位尺寸。

必须指出，有时一个尺寸可以兼有定形和定位两种作用。

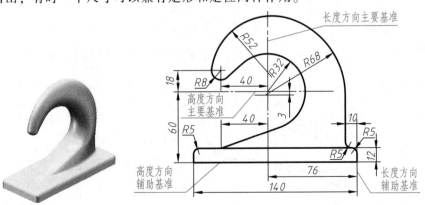

图 1-49　拖钩

1.4.2 平面图形的线段分析

根据平面图形中所标注的尺寸和线段间的连接关系，图形中的线段可分为三类：

（1）已知线段　根据图形中所注的尺寸就可以直接画出的线段。如图1-49所示的140、12线段，$R32$、$R8$圆弧。

（2）中间线段　除图形中标注的尺寸外，还需根据一个连接关系才能画出来的线段。如图1-49所示的$R68$圆弧，只有一个垂直方向定位尺寸3，它必须利用与右边竖直线相切的关系才能画出来。

（3）连接线段　需要根据两个连接关系才能画出来的线段。如图1-49所示的$R52$圆弧，没有定位尺寸，必须利用与$R68$和$R8$圆弧内切的关系才能画出来；$R5$圆弧根据与直线的相切关系画出。

1.4.3 平面图形的画图步骤

根据以上对平面图形的尺寸分析和线段分析可知，在绘制平面图形时，首先应画已知线段，其次画中间线段，最后画连接线段。拖钩的画图步骤如图1-50所示。

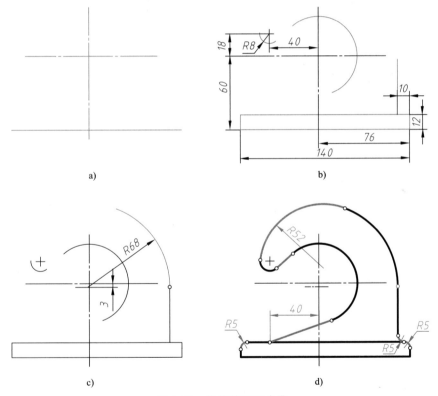

图 1-50　拖钩的画图步骤

a）定出图形的基准线　b）画出已知线段　c）画出中间线段　d）画出连接线段

1.4.4 平面图形的尺寸注法

平面图形尺寸标注的要求是正确、完整、清晰，即尺寸注法要符合国家标准的规定，尺寸数字不能写错和出现矛盾；要标注齐全，不要遗漏，也不要重复；尺寸布局要明显易读。

标注尺寸的方法和步骤是：

1）先分析平面图形各部分的构成，确定尺寸基准。

2）确定图形中各线段的性质，即分清已知线段、中间线段与连接线段。

3）按已知线段、中间线段、连接线段的次序逐个标注尺寸。

图 1-51 所示为平面图形的尺寸注法举例。

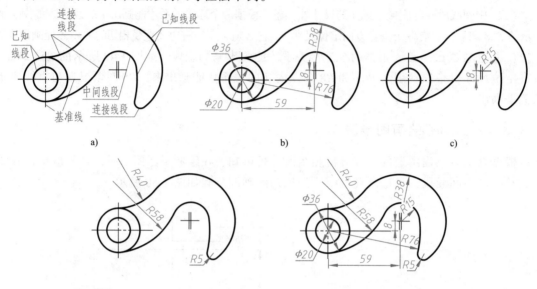

图 1-51　平面图形的尺寸注法举例

a）分析选定基准和各线段性质　b）注出已知线段尺寸　c）注出中间线段的尺寸

d）注出连接线段的尺寸　e）综合考虑标注全部尺寸

一些常见平面图形的尺寸标注见表 1-9。

表 1-9　常见平面图形的尺寸标注

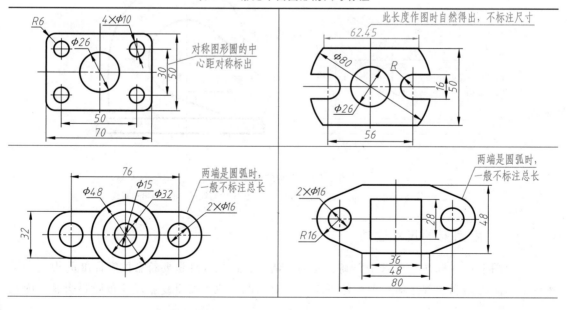

（续）

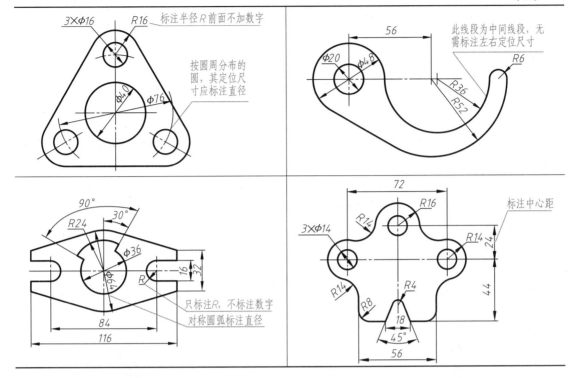

1.5 手工绘图的方法和步骤

为了提高图样质量和绘图速度，除了正确使用绘图工具和仪器外，还必须掌握正确的绘图步骤和方法。有时在工作中也需要徒手画草图。因此，也要学习徒手画图的基本方法。

1.5.1 仪器绘图的方法

1. 作好绘图前的各项准备工作

1）准备好所用的绘图工具和仪器，磨削好铅笔及圆规上的铅芯。

2）选定画图所采用的比例和所需图纸幅面的大小。

3）固定图纸，利用丁字尺，在图板上方摆正图纸。一般是按对角线方向顺次固定，使图纸平整。当图纸较小时，应将图纸布置在图板的左下方，但要使图板的底边与图纸下边的距离大于丁字尺的宽度。

2. 画底稿

一般用削尖的 H 或 HB 铅笔准确、轻轻地绘制。画底稿的步骤是：先画图框、标题栏，后画图形。画图时，首先要根据其尺寸布置好图形的位置，画出基准线、轴线、对称中心线，然后再画图形，并遵循先主体后细节的原则。

3. 标注尺寸

4. 描深图线

画完底稿之后，要仔细校对，擦去多余的图线，然后将图线加深。一般用 B 铅笔加深粗实线，用 HB 或 H 铅笔加深所有的细线如细实线、点画线和细虚线等。圆规插脚上的铅芯应比铅笔的软一号为宜。加深的顺序是：先曲后直、先粗后细、先上后下、先左后右、先水平后垂直，最后描斜线。描深图线时，要擦净绘图工具，尽量减少三角板在已加深的图线上反复移动，用力要均匀，保证图线浓淡一致和图面整洁。

5. 填写标题栏和其他必要的说明，完成图样

1.5.2 徒手绘制草图的方法

根据目测估计物体各部分的尺寸比例，不借助绘图尺规，而是徒手绘制的图形，称作徒手图或草图。一般在设计开始阶段表达设计方案，以及在现场测绘时，常使用这种方法。

开始练习画草图时，可先在方格纸上进行，这样较容易控制图形的大小比例。尽量让图形中的直线与方格线重合，以保证所画图线的平直。

1. 直线的画法

画直线时，手腕不要转动，眼睛看着画线的终点，轻轻移动手腕和手臂，使笔尖朝着线段终点方向作近似的直线运动。

画水平线时，图纸可放斜一点，不要固定图纸，以便可随时转动图纸到最顺手的位置。画垂直线时，自上而下运笔。直线的徒手画法如图 1-52 所示。

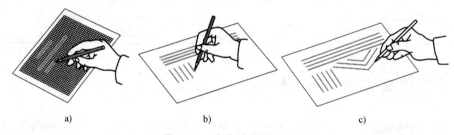

a)   b)   c)

图 1-52　直线的徒手画法

2. 圆的画法

画圆时，先定出圆心的位置，过圆心画出互相垂直的两条中心线，再在中心线上按半径大小目测定出四个点后，分两半画成，如图 1-53 所示。对于直径较大的圆，可在 45°方向的两中心线上再目测增加四个点，分段逐步完成。

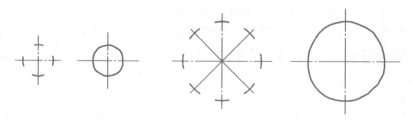

图 1-53　圆的徒手画法

3. 角度的画法

画特殊角时，先画两条直角边线段，按比例等分后，画出角度，如图 1-54 所示。

4. 椭圆的画法

画椭圆时，先目测定出其长、短轴上的四个端点，画出矩形，再分段画出四段圆弧，画

图时应注意图形的对称性，如图 1-55 所示。

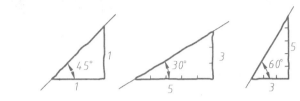

图 1-54 角度的徒手画法

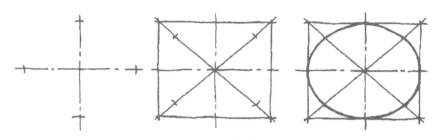

图 1-55 椭圆的徒手画法

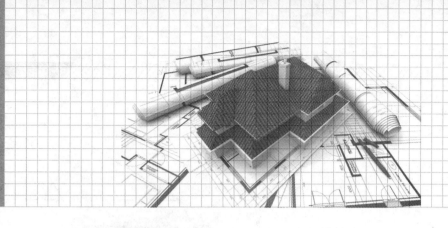

第2章

投影基础

2.1 投影法的基本知识

2.1.1 投影的形成

空间物体在阳光或灯光的照射下，会在地面或墙面上产生物体的影子，这就是一种投影现象。人们根据这种投影现象，对影子和物体之间的几何关系进行了科学的总结和抽象，建立了投影的方法。

投影法就是投射线通过物体，向预设的面投射而得到图形的方法。如图2-1所示，预设的平面 P 称为投影面，平面外一点 S 称为投射中心，发自投射中心 S 并通过物体上点 A 的直线 SA 称为投射线，投射线 SA 与投影面 P 的交点 a，称为点 A 在投影面 P 上的投影。$\triangle abc$ 为空间 $\triangle ABC$ 在投影面 P 上的投影。

2.1.2 投影法分类

投影法分为两类：中心投影法和平行投影法。

1. 中心投影法

如图2-1a所示，投射中心距离投影面在有限远的地方，投射时投射线汇交于投射中心的投影法称为中心投影法，用中心投影法得到的投影称为中心投影图。

中心投影图具有立体感，直观性好，但不能真实地反映物体的形状和大小，所以工程上常用这种方法绘制建筑物的透视图，如图2-1b所示。

2. 平行投影法

如图2-2所示，投射中心距离投影面在无限远的地方，投射时投射线都相互平行的投影法称为平行投影法，所得的投影称为平行投影图。

根据投射线与投影面是否垂直，平行投影法又分为正投影法和斜投影法两种。

（1）正投影法 如图2-2a所示，投射线与投影面垂直的平行投影法，所得的投影称为正投影或正投影图。

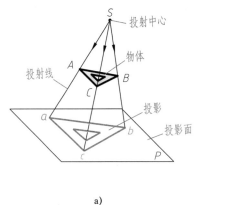
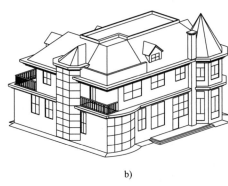

图 2-1 中心投影法

a）中心投影法的概念 b）中心投影法的应用——透视图

（2）斜投影法 如图 2-2b 所示，投射线与投影面倾斜的平行投影法，所得的投影称为斜投影或斜投影图。

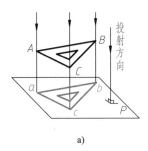
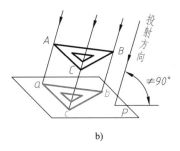

图 2-2 平行投影法

a）正投影法 b）斜投影法

正投影常用于绘制物体的多面正投影图和反映物体直观效果的轴测图，如图 2-3a、b 所示。斜投影也可用于绘制反映物体直观效果的轴测图，如图 2-3c 所示。

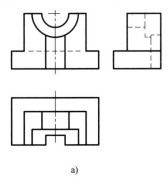

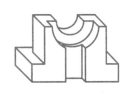

图 2-3 平行投影法的应用

a）物体的三面正投影图 b）正等轴测图 c）斜二等轴测图

正投影图能够表达物体的真实形状和大小，作图方法也比较简单，因而工程图主要是用正投影法绘制的。正投影法是本课程学习的主要内容，本书今后除有特别说明外，所述投影均指正投影。

2.2 点的投影

如图2-4所示，由空间一点A作垂直于投影面P的投射线，与平面P交得唯一的投影a。反之，若根据点的一个投影却不能确定点的空间位置，若从点a作平面P的垂线，则该垂线上的点A、A_1等的投影都位于a。对于物体来说，根据物体的一个投影，如果不补充其他条件，也不能确定这个物体的形状。为了能够根据正投影确定点在空间的位置和物体的形状，常将点或物体放置在两个或更多的互相垂直的投影面之间，向这些投影面作投影，形成多面正投影。

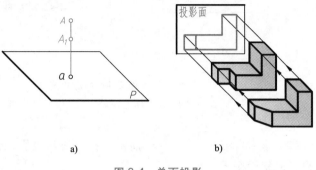

a)   b)

图2-4 单面投影

a）点的单面投影 b）物体的单面投影

2.2.1 点在两投影面体系中的投影

1. 两投影面体系的建立

如图2-5所示，设立两个互相垂直的投影面：V面和H面，形成两投影面体系。V面称为正立投影面，简称正面，H面称为水平投影面，简称水平面。V面和H面的交线OX称为投影轴。

V和H两投影面将空间划分为四个分角，按逆时针顺序依次称为第一分角、第二分角、第三分角和第四分角。我国国家标准规定，绘制技术图样时，应按正投影法绘制，并采用第一分角画法。除特别指明外，本书均采用第一角投影。

2. 点的两面投影

如图2-6a所示，空间点A位于第一分角内，用正投影法将该点向V和H面投射，即由点A向V面作垂线Aa'，垂足a'

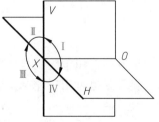

图2-5 四个分角的划分

称为点A的正面投影（或V面投影）；向H面作垂线Aa，垂足a称为点A的水平投影（或H面投影）。

规定空间点用大写字母A、B、C等表示，其水平投影用相应的小写字母a、b、c等表示，正面投影用相应的小写字母并加一撇a'、b'、c'等表示。

为了把上述空间的两个投影面的投影（简称两面投影）表示在同一平面上（图纸上），按图2-6a中箭头所指方向，使H面绕OX轴向下转90°与V面重合，即得点A的两面投影图，如图2-6b所示。为了作图简便，通常采用图2-6c所示的简化表达方式。图中用细实线画出的直线aa'称为投影连线，该线与OX轴的交点用a_x表示。

3. 点在两投影面体系中的投影规律

参照图 2-6，根据正投影原理，平面 $Aaa_x a'$ 垂直于 V 面、H 面和 OX 轴，因此，可以得出点在两投影面体系中的投影规律：

1）点的正面投影 a' 与水平投影 a 的连线垂直于 OX 轴。

2）点的正面投影到 OX 轴的距离，反映该点到 H 面的距离；点的水平投影到 OX 轴的距离，反映该点到 V 面的距离。即 $a'a_x = Aa$，$a a_x = A a'$。

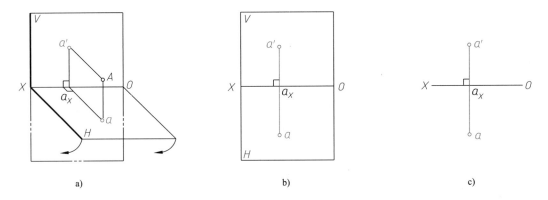

图 2-6 点在两投影面体系中的投影

4. 点在两投影面体系中的位置

如图 2-7a 所示，点 A 和点 B 分别位于第一和第三分角内，其投影图如图 2-7b 所示。它们的水平投影与正面投影分别位于 OX 轴两侧，其中 a 在 OX 轴下方，a' 在 OX 轴上方，表示点 A 位于 H 面之上和 V 面之前的第一分角内；b' 在 OX 轴下方，b 在 OX 轴上方，表示点 B 位于 H 面之下和 V 面之后的第三分角内。

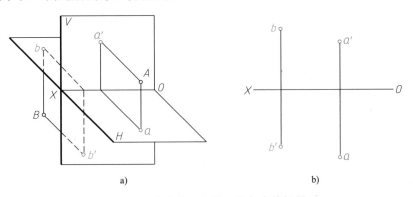

图 2-7 点在第一和第三分角中的投影

虽然我国采用第一分角投影，但是美国、日本等国家采用的是第三分角投影，因此，在重点掌握第一分角投影的同时，对第三分角投影也应有所了解。

2.2.2 点在三投影面体系中的投影

1. 三投影面体系的建立

如图 2-8a 所示，在两投影面体系的基础上再增加一个与 OX 轴垂直的侧立投影面 W，就构成了三投影面体系。三个投影面互相垂直相交，得到的三条交线称为投影轴。其中 H 面与 V 面的交线为 X 轴；H 面与 W 面的交线为 Y 轴；V 面与 W 面的交线为 Z 轴。三个投影轴垂直相交于一点 O，O 点称为原点。

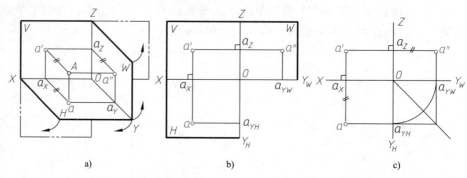

图 2-8　点在三投影面体系中的投影

2. 点的三面投影

在图 2-8a 中，由空间点 A 分别向 H、V 面作垂线，得到两面投影 a、a'。再由点 A 向 W 面作垂线，其垂足即为点 A 的侧面投影 a''（或 W 面投影，以相应的小写字母并加两撇表示）。在三投影面体系中，规定 V 面不动，使 H 面绕 OX 轴向下转 90°与 V 面重合，使 W 面绕 OZ 轴向右旋转 90°与 V 面重合，即得到点 A 的三面投影图，如图 2-8b 所示。在点的投影中一般不画投影面的边界线，也不标出投影面的名称，如图 2-8c 所示。

3. 点在三投影面体系中的投影规律

从图 2-8a 可以看出，Aa、Aa'、Aa'' 分别为点 A 到 H、V、W 面的距离，即：

$Aa = a'a_X = a''a_Y$，反映空间点 A 到 H 面的距离；

$Aa' = aa_X = a''a_Z$，反映空间点 A 到 V 面的距离；

$Aa'' = a'a_Z = aa_Y$，反映空间点 A 到 W 面的距离。

上述即是点的投影与点的空间位置的关系，根据这个关系，若已知点的空间位置，就可以画出点的投影。反之，若已知点的投影，就可以完全确定点在空间的位置。

由图 2-8b 中还可以看出：

$aa_{YH} = a'a_Z$，即 $a'a \perp OX$；

$a'a_X = a''a_{YW}$，即 $a'a'' \perp OZ$；

$aa_X = a''a_Z$。

因此，点在三投影面体系中的投影规律如下：

1）点的正面投影和水平投影的连线垂直于 OX 轴，即 $a'a \perp OX$。

2）点的正面投影和侧面投影的连线垂直于 OZ 轴，即 $a'a'' \perp OZ$。

3）点的水平投影 a 到 OX 轴的距离等于侧面投影 a'' 到 OZ 轴的距离，即 $aa_X = a''a_Z$（可以用 45°辅助线或以原点为圆心作弧线来反映这一投影关系），如图 2-8c 所示。

根据上述投影规律，若已知点的任何两个投影，就可求出它的第三个投影。

例 2-1　如图 2-9a 所示，已知点 A 的正面投影 a' 和水平投影 a，求作其侧面投影 a''。

分析　根据点的投影规律：$a'a'' \perp OZ$ 和 $aa_X = a''a_Z$，a'' 应在过 a' 的水平线上，并在该线上量取 $a_Z a'' = a_X a$ 即可。

作图　1）如图 2-9b 所示，过点 a' 作垂直于 OZ 轴的垂线并延长，该线与 OZ 轴相交点 a_Z。

2）在以上所作 $a'a_Z$ 的延长线上截取 $a_Z a'' = a_X a$。

一般在作图过程中，常自点 O 作辅助线（与水平方向夹角为 45°），以表明 $aa_X = a''a_Z$ 的关系。

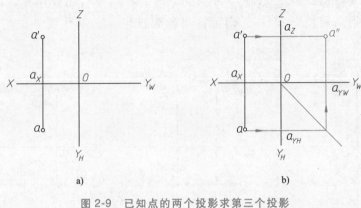

图 2-9　已知点的两个投影求第三个投影

2.2.3　点的三面投影与直角坐标

在图 2-10a 中，三投影面体系可以看成是一个空间直角坐标系，投影面 H、V、W 作为坐标面，三条投影轴 OX、OY、OZ 为坐标轴，三轴的交点 O 为坐标原点。因此可用直角坐标确定点的空间位置。

由图 2-10a 可以看出 A 点的直角坐标（x，y，z）与其三个投影之间的关系：

点 A 到 W 面的距离反映该点的 x 坐标，$Aa'' = aa_Y = a'a_Z = a_X O = x_A$；

点 A 到 V 面的距离反映该点的 y 坐标，$Aa' = aa_X = a''a_Z = a_Y O = y_A$；

点 A 到 H 面的距离反映该点的 z 坐标，$Aa = a'a_X = a''a_Y = a_Z O = z_A$。

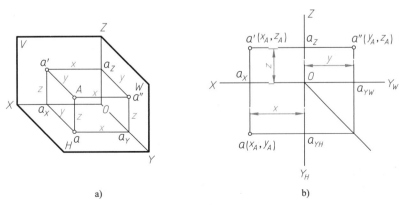

图 2-10　点的三面投影与直角坐标

所以，点 A 的位置可由其坐标（x_A，y_A，z_A）被唯一地确定，如图 2-9b 所示：

坐标 x_A 和 z_A 决定点的正面投影 a'；

坐标 x_A 和 y_A 决定点的水平投影 a；

坐标 y_A 和 z_A 决定点的侧面投影 a''。

总之，根据点的三个坐标，就可以在投影图上确定该点的三面投影；根据点的投影图，也可以得到其空间坐标值。

例 2-2　已知点 A 的坐标（17，10，15），求作点的三面投影。

分析　根据点的投影与坐标的关系可知，由坐标 x_A 和 z_A 可作出 a'，由坐标 x_A 和 y_A 可作出 a，根据两面投影 a'、a，即可得出侧面投影 a''。其作图方法与步骤如图 2-11 所示。

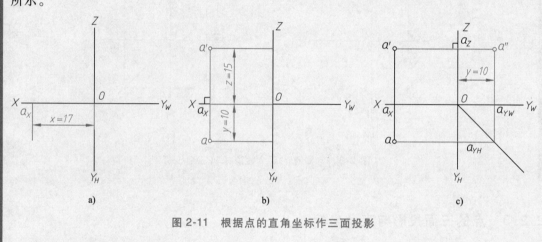

图 2-11　根据点的直角坐标作三面投影

2.2.4　特殊位置点的投影

1. 在投影面上的点（有一个坐标为 0）

当空间点位于某个投影面上时，该点的一个坐标为 0，其投影特点为：一个投影与空间点本身重合，另外两个投影分别在相应的投影轴上。如图 2-12 所示，点 A 和 B 分别位于 V、H 面上。

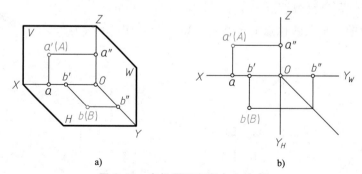

图 2-12　在投影面和原点上的点

2. 在投影轴上的点（有两个坐标为 0）

当空间点位于某个投影轴上时，该点的两个坐标为 0，其投影特点为：两个投影与空间点本身重合，另外一个投影在原点上。如图 2-13 所示，点 C 和 D 分别在 Z 轴和 Y 轴上。

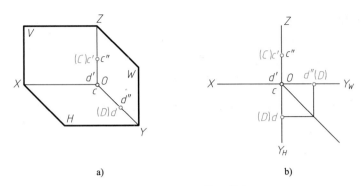

图 2-13　在投影轴上的点

3. 在原点上的空间点（有三个坐标都为0）

当空间点位于原点时，它的三个投影均与该点本身重合。

2.2.5　两点的相对位置

1. 空间两点的相对位置

空间两点的相对位置是指确定两点间的左右、前后和上下位置关系。空间两点的相对位置可根据它们在同一个投影面上的投影（简称同面投影）来判断，也可以通过比较两点的坐标来判断。

如图 2-14 所示，图中有 A、B 两点及它们的投影图，根据投影规律可以看出：A、B 两点的上下位置关系可从正面（或侧面）投影的上下关系判断，也可以由该两点 z 坐标的大小判定，因 a' 在 b' 的下方，即 $z_B > z_A$，可知点 A 在点 B 的下方。A、B 两点的前后位置关系可以从水平（或侧面）投影判断，因 a 在 b 的前方，即 $y_A > y_B$，所以点 A 在点 B 的前方。A、B 两点的左右位置关系可以从正面（或水平）投影判断，在图 2-14 中，因 a 在 b 的左方，即 $x_A > x_B$，所以 A 点在 B 点的左方。总的来说，就是点 A 在点 B 的左、前、下方。

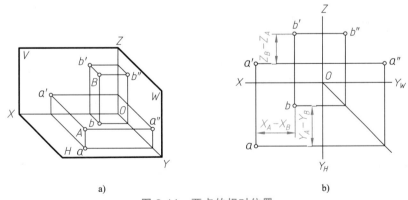

图 2-14　两点的相对位置

综上所述，由已知两点各自的三面投影判断它们在空间的相对位置时，可以根据正面投影或侧面投影判断两个点的上下位置；根据正面投影或水平投影可以判断两个点的左右位置；根据水平投影或侧面投影可以判断两个点的前后位置。也可以通过比较两点的坐标来判断它们的相对位置，即 x 坐标大的点在左方；y 坐标大的点在前方；z 坐标大的点在上方。

例 2-3 如图 2-15a 所示，已知点 A 的三面投影 a、a'、a″，并知点 B 在点 A 的左方 10mm，在点 A 的上方 8mm，在点 A 的前方 5mm，求作点 B 的三面投影 b、b'、b″。

分析 根据空间两点投影的相对位置与坐标的关系，以点 A 为参考点，在水平投影面上，点 b 在点 a 的左方 10mm，即沿着 X 轴方向 $x_B - x_A = 10$，点 b 在点 a 的前方 5mm，即沿着 Y_H 轴方向 $y_B - y_A = 5$，就可得出点 b。在正投影面上，点 b' 在点 a' 的上方 8mm，即沿着 Z 轴方向 $z_B - z_A = 8$，可得出点 b'。根据 b'、b 可作出 b″。

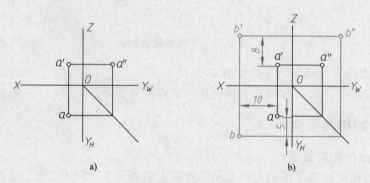

a)   b)

图 2-15 利用点的相对位置作图

作图 1）如图 2-15b 所示，由 aa' 投影连线向左 10mm 处作 X 轴的垂线，并由 a 点向下（沿着 Y_H 轴方向）5mm 处作 Y_H 轴的垂线，两垂线交点即为点 b。

2）由 a' 向上 8mm 处作 Z 轴的垂线，与过 b 点的 X 轴垂线相交于点 b'。

3）根据点的投影规律，由 b'、b 可作出 b″。

2. 重影点及其投影的可见性

若空间两点处在对某投影面的同一条投射线上时，它们在该投影面上的投影重合，这两点称为对该投影面的重影点。

如图 2-16 所示，A、B 是对 V 面的重影点，C、D 是对 H 面的重影点，E、F 是对 W 面的重影点。

当两点的投影重合时，必然有一个点的投影会"遮挡"另一个点的投影，被"遮挡"的投影称为"不可见"。判断重影点投影可见性的方法为：对 V 面的重影点，从前向后观察，前面的点可见，后面的点不可见。如图 2-17a 所示，根据 H 面上的投影

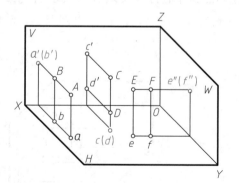

图 2-16 重影点的概念

a 在 b 的前方，可知 A 点在 B 点的正前方，所以 a' 可见，b' 不可见。规定将不可见的点的投影加括号表示，如（b'）。

同理，对 H 面的重影点，要从上向下观察，上面的点可见，下面的点不可见。如图 2-17b 所示，c 可见，d 不可见。对 W 面的重影点，要从左向右观察，左边的点可见，右边的点不可见。如图 2-17c 所示，e″ 可见，f″ 不可见。

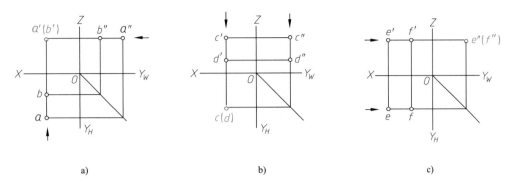

a)　　　　　　　　　b)　　　　　　　　　c)

图 2-17　重影点投影可见性的判断

例 2-4　已知空间点 A 的坐标（10，15，8），点 B 的坐标（10，10，8），作出这两点的三面投影，并判断它们之间的相对位置。

分析　各点投影的作图方法与例 2-2 相同，这里不再赘述，作图结果如图 2-18 所示。

A、B 两点之间的相对位置：从正面投影可看出 a'、b' 重合，说明 A、B 两点没有上下、左右之差，从水平投影或侧面投影可看出，点 A 在点 B 的正前方，所以 a' 可见，b' 不可见（b' 加括号表示）。

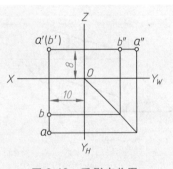

图 2-18　重影点作图

2.3　直线的投影

直线的投影一般还是直线，特殊情况下积聚为点。为叙述方便，本书把直线段简称为直线。直线的投影可由直线上的两点（通常取线段的两个端点）的同面投影相连而得。如图 2-19 所示的直线 AB，求作它的三面投影图时，可分别作出 A、B 两端点的投影，然后将其同面投影连接起来即得直线 AB 的三面投影图。

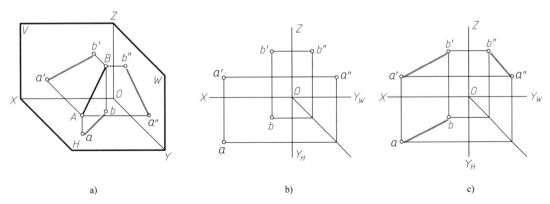

a)　　　　　　　　　b)　　　　　　　　　c)

图 2-19　直线的投影

2.3.1 直线对一个投影面的投影特性

如图 2-20 所示,空间直线 AB 相对于一个投影面的位置有平行、垂直、倾斜三种,其投影特性如下:

1) 当直线与投影面平行时,它在该投影面上的投影反映实长,即 $ab=AB$,如图 2-20a 所示。

2) 当直线与投影面垂直时,它在该投影面上的投影积聚为一点,如图 2-20b 所示。

3) 当直线与投影面倾斜时,它在该投影面上的投影小于直线的实长,即 $ab=AB\cos\alpha$,如图 2-20c 所示。

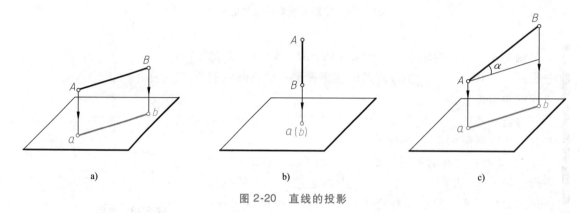

a)　　　　　　　　　b)　　　　　　　　　c)

图 2-20　直线的投影

2.3.2 直线在三投影面体系中的投影特性

直线在三投影面体系中的位置可分为一般位置直线、投影面平行线、投影面垂直线三类。后两类直线又统称为特殊位置直线。

1. 一般位置直线

与三个投影面都处于倾斜位置的直线称为一般位置直线。直线与投影面所夹的角称为直线对投影面的倾角。α、β、γ 分别表示直线对 H 面、V 面、W 面的倾角。

如图 2-21a 所示,直线 AB 相对于 H 面、V 面、W 面都处于倾斜位置,倾角分别为 α、β、γ,其投影如图 2-21b 所示。

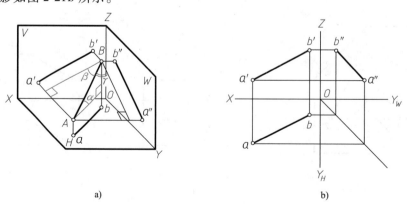

a)　　　　　　　　　　　　　　b)

图 2-21　一般位置直线

一般位置直线的投影特性可归纳为：

1）直线的三个投影和投影轴都倾斜，各投影和投影轴所夹的角度不等于空间直线对相应投影面的倾角。

2）三个投影都小于实长，即 $ab=AB\cos\alpha$，$a'b'=AB\cos\beta$，$a''b''=AB\cos\gamma$。

2. 投影面平行线

平行于一个投影面，而与另外两个投影面都倾斜的直线称为投影面平行线。平行于 V 面的称为正平线；平行于 H 面的称为水平线；平行于 W 面的称为侧平线。表 2-1 列出了三种投影面平行线的投影图、立体图和投影特性。

表 2-1 投影面平行线

名称	正平线 （//V 面,对 H 面、W 面倾斜）	水平线 （//H 面,对 V 面、W 面倾斜）	侧平线 （//W 面,对 H 面、V 面倾斜）
投影图	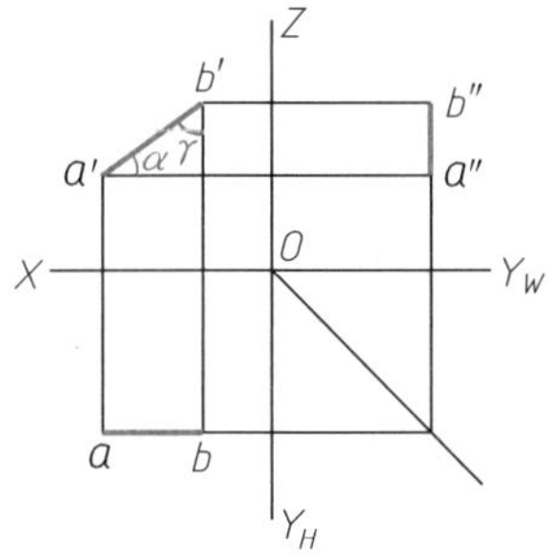	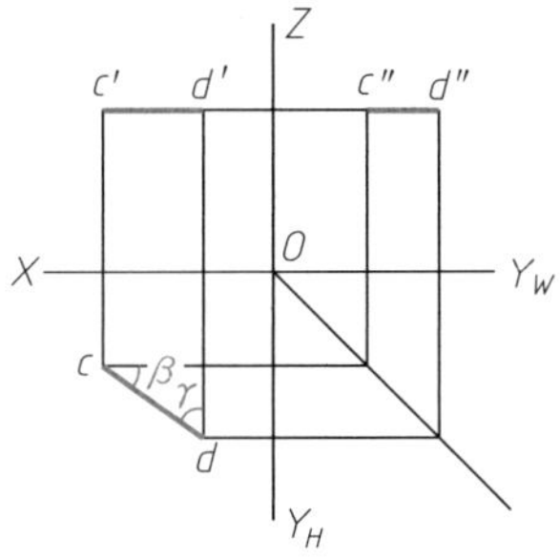	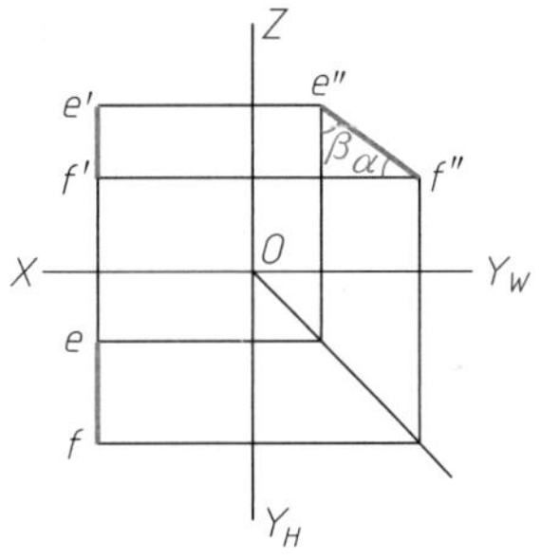
立体图	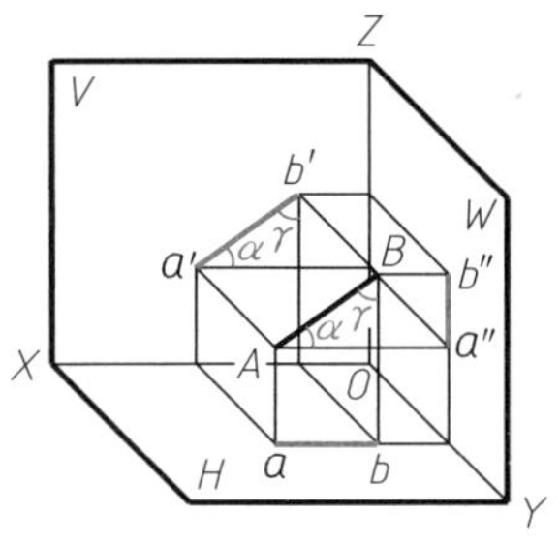	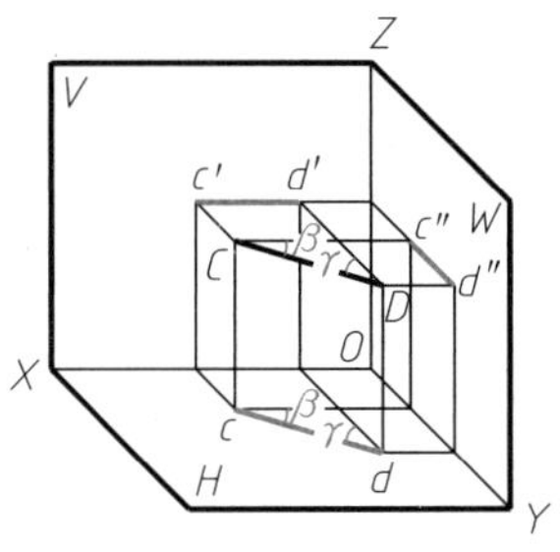	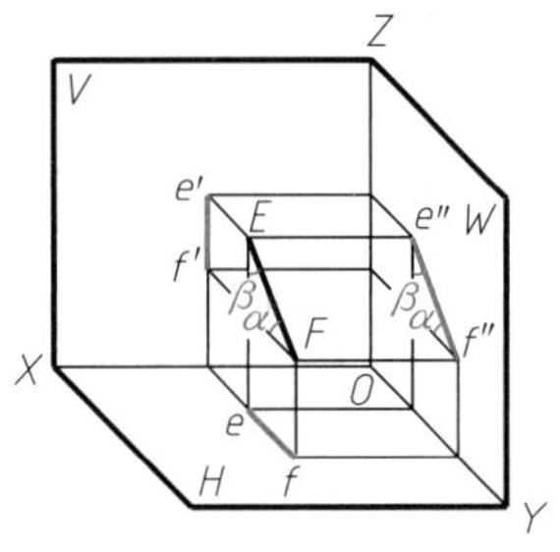
投影特性	1. $a'b'$ 反映实长,α、γ 角为实际大小 2. ab//OX,$a''b''$//OZ,长度缩短	1. cd 反映实长,β、γ 角为实际大小 2. $c'd'$//OX,$c''d''$//OY_W,长度缩短	1. $e''f''$ 反映实长,α、β 角为实际大小 2. $e'f$//OZ,ef//OY_H,长度缩短
应用举例	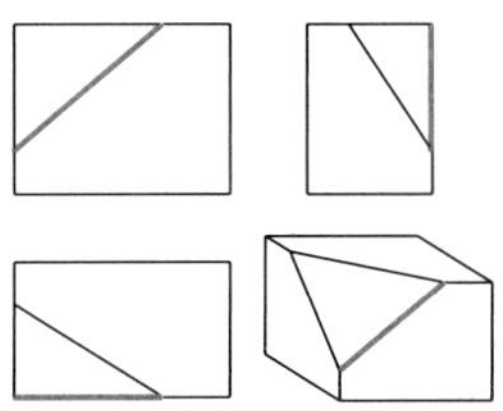	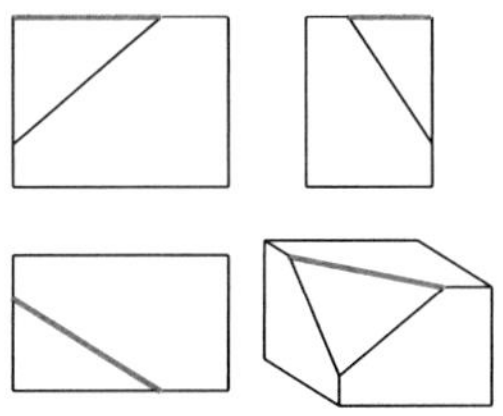	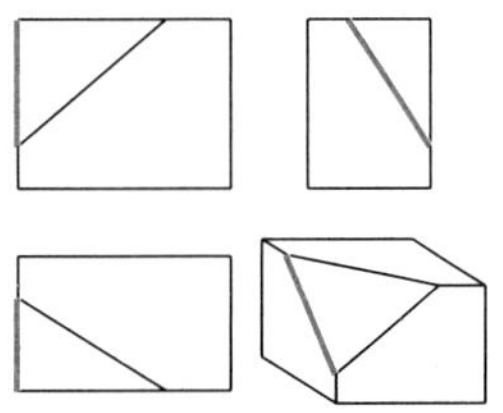

从表 2-1 中可概括出投影面平行线的投影特性：

在直线所平行的投影面上的投影为斜线，且反映此线段实长和直线对另外两投影面的真实倾角；直线的其他两投影均小于此线段实长，且平行于相应的投影轴。

对于投影面平行线的辨认：当直线的投影有两个平行于投影轴，第三投影与投影轴倾斜时，则该直线一定是投影面平行线，且一定平行于其投影为倾斜线的那个投影面。

3. 投影面垂直线

垂直于一个投影面，而平行于另外两个投影面的直线称为投影面垂直线。垂直于 V 面的称为正垂线；垂直于 H 面的称为铅垂线；垂直于 W 面的称为侧垂线。表 2-2 列出了三种投影面垂直线的投影图、立体图和投影特性。

表 2-2　投影面垂直线

名称	正垂线 （⊥V面, //H、//W面）	铅垂线 （⊥H面, //V、//W面）	侧垂线 （⊥W面, //H面、//V面）
投影图	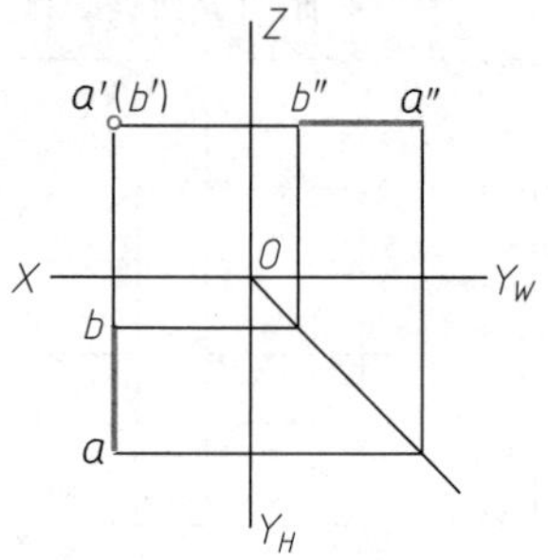	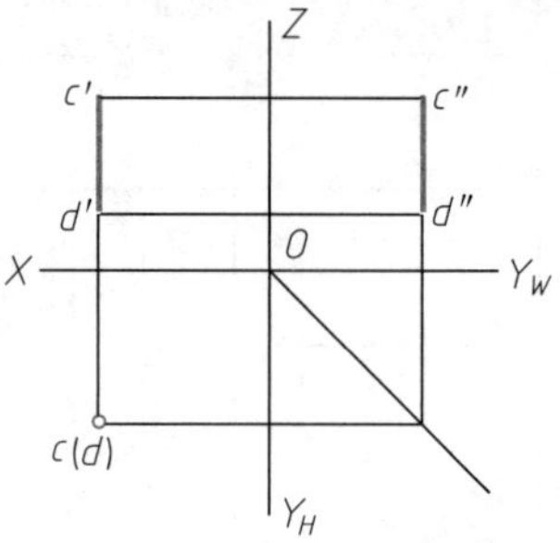	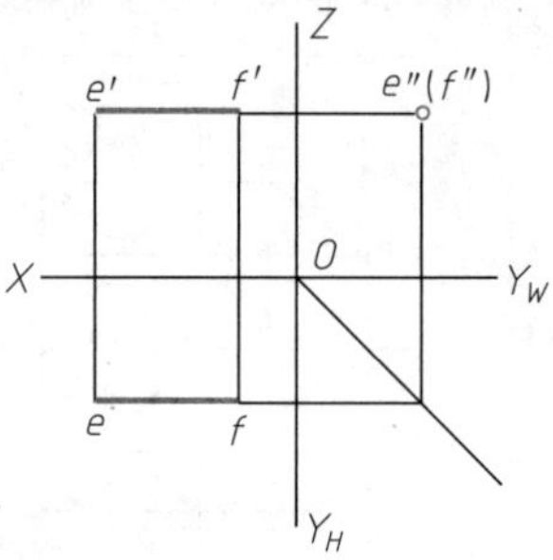
立体图	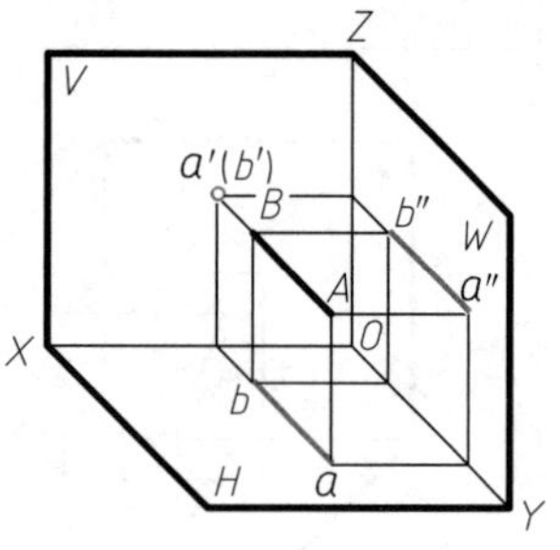	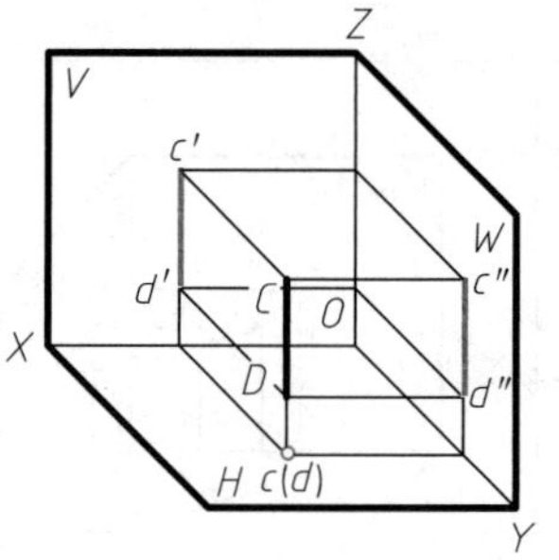	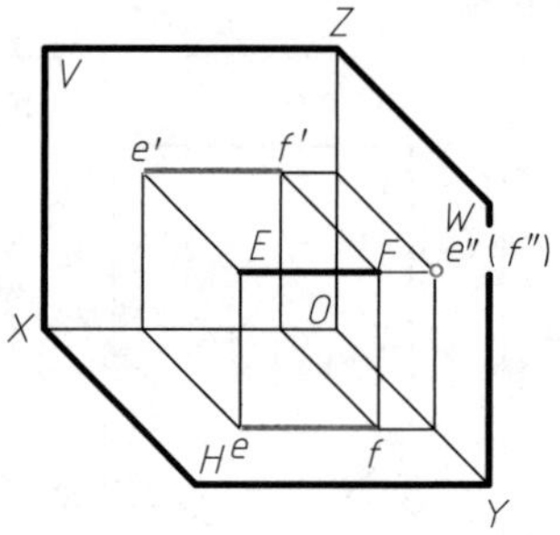
投影特性	1. $a'b'$ 积聚为一点 2. ab//OY_H, $a''b''$//OY_W, 都反映实长	1. cd 积聚为一点 2. $c'd'$//OZ, $c''d''$//OZ, 都反映实长	1. $e''f''$ 积聚为一点 2. ef//OX, $e'f'$//OX, 都反映实长
应用举例	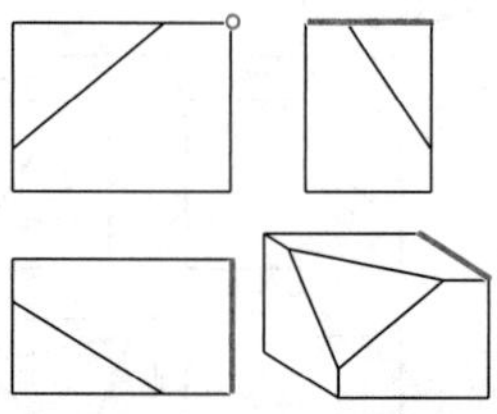	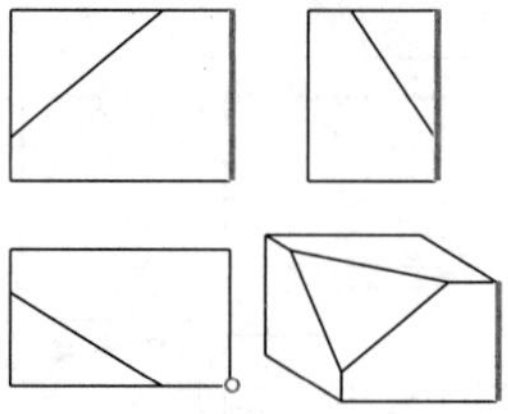	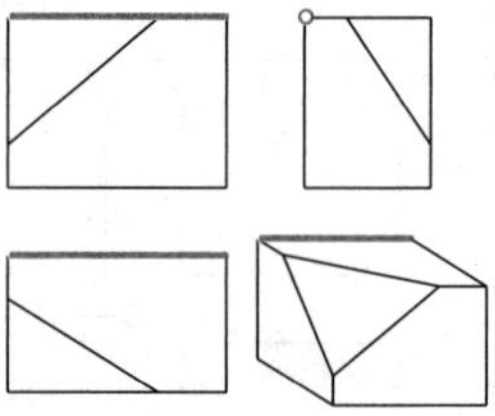

从表 2-2 中可概括出投影面垂直线的投影特性：

在直线所垂直的投影面上的投影，积聚为一点，其他两投影面上的投影，平行于相应的投影轴，反映实长。

对于投影面垂直线的辨认：直线的投影中只要有一个投影积聚为一点，则该直线一定是投影面垂直线，且一定垂直于其投影积聚为一点的那个投影面。

2.3.3 求一般位置直线的实长和对投影面的倾角

一般位置直线的投影不直接反映它的实长和与投影面夹角的真实大小。下面介绍用直角三角形法求作一般位置直线的实长和倾角。

图 2-22a 所示的立体图中，AB 为一般位置直线。过端点 A 作直线平行其水平投影 ab 并交 Bb 于 C，得直角三角形 ABC。在直角三角形 ABC 中，斜边 AB 就是线段本身，$\angle BAC$ 即为线段 AB 对 H 面的倾角 α，一个直角边 $AC=ab$，另一个直角边 BC 等于线段 AB 的两端点到 H 面的距离差（Z 坐标差），也即等于 $a'b'$ 两端点到投影轴 OX 的距离差。因此，在投影图上作出该直角三角形，即可求出线段的实长及其与 H 面的倾角 α。

用直角三角形法作图的步骤如图 2-22b 所示：

1）以水平投影 ab 为一直角边，过 b 点作直线垂直于 ab。

2）由 a' 作 $b'b$ 的垂线，从而在正面投影中作出直线 AB 的两端点到 H 面的距离差，将这段距离差量到由 b 点所作垂线上，得 B_0，$b B_0$ 即为另一直角边。

3）连 a 和 B_0，aB_0 即为直线 AB 的实长，$\angle B_0ab$ 即为 AB 对 H 面的倾角 α。

图 2-22c 所示为另一种直角三角形的作法，请读者自行阅读理解。

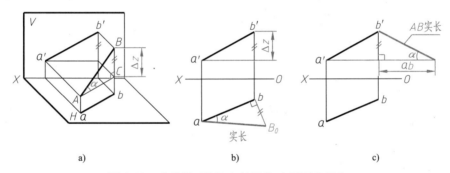

图 2-22 求线段 AB 的实长及其对 H 面的倾角

如图 2-23 所示，用同样原理，以正面投影 $a'b'$ 为一个直角边，以直线 AB 的两端点与 V 面的距离差为另一直角边，构成直角三角形 $a'b'A_0$，可以求出直线 AB 的实长及其对 V 面的倾角 β。

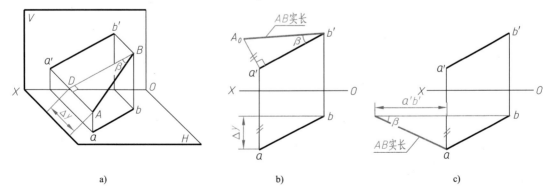

图 2-23 求线段 AB 的实长及其对 V 面的倾角

根据上述分析，读者可以自己研究求一般位置的实长及其对 W 面的倾角 γ。

由此可以归纳出用直角三角形法求直线实长和倾角的方法：以直线在某一投影面上的投影为底边，两端点到该投影面的距离差为另一直角边，作出一直角三角形。此直角三角形的斜边就是空间线段的真实长度，而斜边与底边的夹角就是空间线段对该投影面的倾角。

在直角三角形法中，直角三角形包含四个因素：投影长、坐标差、实长、倾角，只要知道两个因素，就可以将其余两个求出来。

例 2-5 如图 2-24a 所示，已知直线 AB 的水平投影 ab 和点 A 的正面投影 a'，且实长 $AB = 15\text{mm}$，试求直线 AB 的正面投影 $a'b'$。

分析 以水平投影 ab 和实长 AB 作直角三角形，由此可得 A、B 两点的 Z 坐标差；若以 A、B 两点的 Y 坐标差和实长作直角三角形，可得 AB 的正面投影长度，均可求得 $a'b'$。

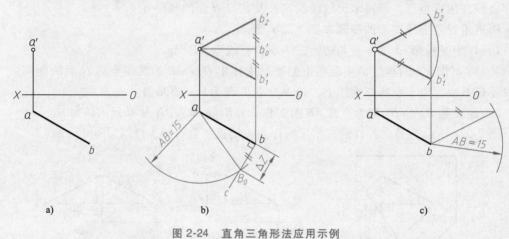

图 2-24 直角三角形法应用示例
a）已知 b）方法一 c）方法二

作图 方法一：如图 2-24b 所示：

1）过 b 作 ab 的垂线 bc。

2）以点 a 为圆心、实长 $AB = 15$ 为半径画弧交 bc 于 B_0，则 bB_0 即为 A、B 两点的 Z 坐标差 ΔZ。

3）过 b 作 X 轴的垂线 bb'_2，与过 a' 作 X 轴的平行线交于 b'_0。

4）在 bb'_0 连线上，由 b'_0 分别向上、下各量取 $b'_0b'_2 = b'_0b'_1 = \Delta Z$，得 b'_2 和 b'_1，分别连接 $a'b'_2$ 和 $a'b'_1$，即为所求直线正面投影的两个解。

方法二：如图 2-24c 所示。

2.3.4 点与直线的相对位置

点与直线的相对位置有两种：点在直线上和点在直线外。

点在直线上有以下投影特性：

1）点在直线上，则点的各个投影必在该直线的同面投影上（从属性）。

2）属于直线的点分割线段成定比，则分割线段的各个同面投影之比等于其空间线段之比（定比性）。

如图 2-25 所示，直线 AB 上有一点 C，则点 C 的三面投影 c、c'、c'' 必定分别在该直线 AB 的同面投影 ab、$a'b'$、$a''b''$ 上。点 C 把线段 AB 分成 AC 和 CB 两段，$AC:CB=ac:cb=a'c':c'b'=a''c'':c''b''$。

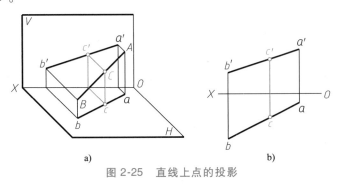

a)   b)

图 2-25　直线上点的投影

例 2-6　如图 2-26a 所示，已知侧平线 AB 的两投影和直线上 K 点的正面投影 k'，求 K 点的水平投影 k。

分析　由于 AB 是侧平线，因此不能由 k' 直接求出 k，但可以根据点在直线上的投影特性、定比性和从属性作图。

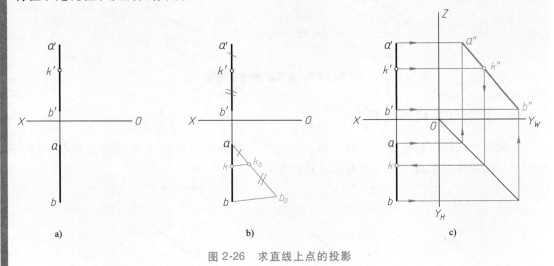

a)　　　　　　　　　　b)　　　　　　　　　　c)

图 2-26　求直线上点的投影
a）已知　b）方法一　c）方法二

作图　方法一：利用定比性，如图 2-26b 所示。

1）过 a 作任意辅助线，在辅助线上量取 $ak_0=a'k'$，$k_0b_0=k'b'$。

2）连接 b_0b，并由 k_0 作 $k_0k//b_0b$，交 ab 于点 k，即为所求的水平投影。

方法二：利用第三面投影，如图 2-26c 所示。作图步骤略。

2.3.5　直线的迹点

直线与投影面的交点称为该直线的迹点。直线与 H 面的交点称为水平迹点，用 M 表示；

直线与 V 面的交点称为正面迹点，用 N 表示；直线与 W 面的交点称为侧面迹点，用 S 表示。

迹点的基本特性是：它既是直线上的点，又是投影面上的点。根据该特性，就可以作出直线上各个迹点的投影。

现以图 2-27 为例，说明确定直线的水平迹点和正面迹点的作图方法。

（1）确定直线 AB 的水平迹点 M 如图 2-27a 所示，由于水平迹点 M 是 H 面上的点，所以其正面投影 m' 必在 X 轴上；同时由于 M 也是直线 AB 上的点，所以 m' 一定在 a'b' 上，而水平投影 m 在 ab 上。作图方法如图 2-27b 所示，延长 a'b' 与 X 轴相交，即得水平迹点 M 的正面投影 m'；从 m' 作 X 轴的垂线与 ab 的延长线相交于 m，即为水平迹点 M 的水平投影。

（2）确定直线 AB 的正面迹点 N 同理，如图 2-27b 所示，延长 ab 与 X 轴相交，即得正面迹点 N 的水平投影 n；从 n 作 X 轴的垂线与 a'b' 的延长线相交于 n'，即为正面迹点 N 的正面投影。

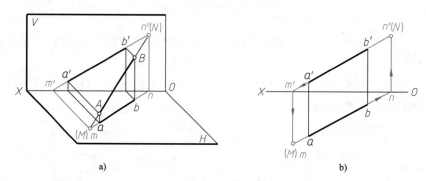

图 2-27 直线的迹点及投影

2.3.6 两直线的相对位置

空间两直线的相对位置有平行、相交、交叉三种情况，如图 2-28 所示。其中平行、相交的两直线为共面直线，交叉两直线为异面直线。

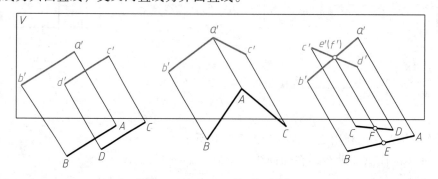

图 2-28 两直线的相对位置

1. 两直线平行

空间两直线平行，若它们的投影不重合或积聚，则它们的各组同面投影必定互相平行（平行性）。如图 2-29 所示，由于 AB//CD，则必定 ab//cd、a'b'//c'd'、a"b"//c"d"。反之，若两直线的各组同面投影互相平行，则此两直线在空间也必定互相平行。

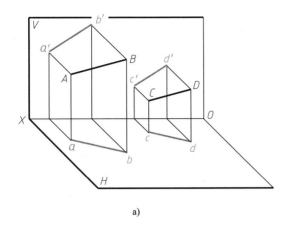
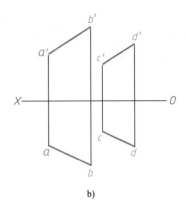

a)

b)

图 2-29 两直线平行

判定两直线是否平行的方法如下：

1）当两直线处于一般位置时，则只需观察两直线中的任何两组同面投影是否互相平行，即可判定两直线是否平行。

2）当两直线是投影面平行线时，则需观察两直线所平行的那个投影面上的投影是否互相平行，才能确定两直线是否平行。如图 2-30 所示，两直线 EF、GH 均为侧平线，虽然 $ef/\!/gh$、$e'f'/\!/g'h'$，但不能确定两直线平行，还必须求作两直线的侧面投影进行判定，由于图中所示两直线的侧面投影 $e''f''$ 与 $g''h''$ 相交，所以可判定直线 EF、GH 不平行。

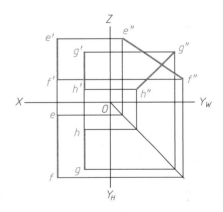

图 2-30 判断两直线是否平行

2. 两直线相交

若空间两直线相交，则它们的各组同面投影必定相交，且交点符合点的投影规律。如图 2-31 所示，两直线 AB、CD 相交于 K 点，则它们的各组同面投影 ab 与 cd、$a'b'$ 与 $c'd'$、$a''b''$ 与 $c''d''$ 也必然相交，并且交点 k、k'、k'' 必定符合点的投影规律。反之，若两直线的各组同面投影相交，且各组同面投影的交点符合点的投影规律，则此两直线在空间也必定相交。

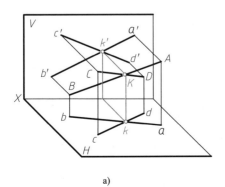
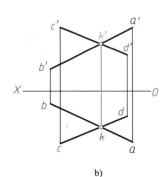

a)

b)

图 2-31 两直线相交

判定两直线是否相交的方法如下：

1）如果两直线均为一般位置线时，则只需观察两直线中的任何两组同面投影是否相交且交点是否符合点的投影规律即可判定。

2）当两直线中有一条直线为投影面平行线时，则需观察直线所平行的投影面上的投影是否相交，且交点是否符合点的投影规律才能确定。如图2-32a所示，两直线 AB、CD 的两组同面投影 ab 与 cd、a'b' 与 c'd' 都相交，但 CD 是侧平线，虽然作出的侧面投影也相交，但它们不是交点（是重影点），因为它们不符合同一点的投影规律，可判定两直线在空间不相交（是交叉两直线）。或者可以根据直线上的点分割线段的定比性进行判断，如图2-32b所示。

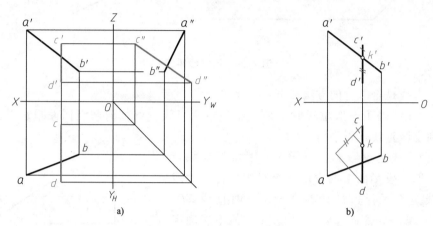

图 2-32 两直线在空间不相交

3. 两直线交叉

两直线既不平行又不相交，称为交叉两直线。

若空间两直线交叉，则它们的各组同面投影必不同时平行，可能会相交，但各个投影的交点不符合点的投影规律，如图2-33所示。

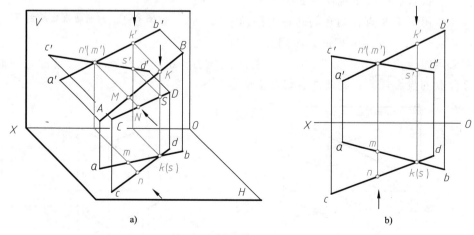

图 2-33 两直线交叉

判定空间交叉两直线的相对位置方法如下：

交叉两直线同面投影的交点，实际是两直线上重影点的投影。利用重影点和可见性，可以方便地判别两直线在空间的位置。在图 2-33b 中，判断 AB 和 CD 的水平面重影点 k（s）的可见性时，由于 K、S 两点的正面投影 k' 在 s' 的上方，即 AB 上的点 k 可见、CD 上的点 s 不可见，所以在空间该处，直线 AB 在 CD 的上方。正面重影点 N、M 的水平投影 n 比 m 离观察者近，即 CD 上的点 n' 可见、AB 上的点 m' 不可见，所以在空间该处，直线 CD 在 AB 的前方。

2.3.7　直角投影定理

空间垂直相交（或交叉）的两直线，当其中的一直线平行于某投影面时，则两直线在该投影面上的投影仍相互垂直。反之，若两直线在某投影面上的投影相互垂直，且其中有一直线平行于该投影面时，则该两直线在空间必互相垂直。这就是直角投影定理。

如图 2-34a 所示，已知 $AB \perp CD$，且 $AB // H$ 面，证明 $ab \perp cd$ 如下：

因为 $AB // H$ 面，$Bb \perp H$ 面，所以 $AB \perp Bb$；

又因为 $AB \perp CD$，根据 $AB \perp Bb$，所以 $AB \perp$ 平面 $CDdc$，得 $AB \perp cd$；

又因为 $AB // H$ 面，得 $AB // ab$，所以 $ab \perp cd$。

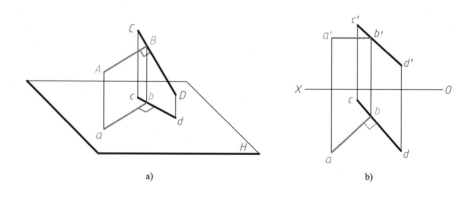

图 2-34　垂直相交的两直线的投影

例 2-7　求点 K 到直线 AB 的距离，如图 2-35a 所示。

分析　因为 AB 为正平线，所以 K 点到 AB 的垂线在正面的投影 $k'1'$ 与 $a'b'$ 成直角。根据相交两直线的作图方法可求得垂足 I。

作图　如图 2-35b 所示：

1）过 k' 作 $k'1'$ 垂直于 $a'b'$，并得 $1'$，$k'1'$ 即为所求距离的正面投影。

2）利用从属性求得 1，连接 $1k$，即为所求距离的水平投影。

3）利用直角三角形法求得 $K I$ 的实长，即点 K 到直线 AB 的距离。

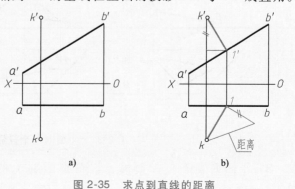

图 2-35　求点到直线的距离

2.4 平面的投影

2.4.1 平面的表示法

平面通常用确定该平面的点、线或平面图形等几何元素的投影表示，如图 2-36 所示。

1）不在同一直线上的三点，如图 2-36a 所示。

2）一直线和直线外一点，如图 2-36b 所示。

3）相交两直线，如图 2-36c 所示。

4）平行两直线，如图 2-36d 所示。

5）任意平面图形，如三角形、四边形、圆形等，如图 2-36e 所示。

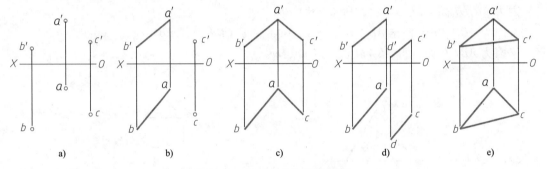

图 2-36 用几何元素表示平面

以上五种表示法是可以互相转化的，但是，无论怎样转化，平面的空间位置始终没有变。为了解题方便，常用一个平面图形（如三角形）表示平面。

2.4.2 平面对一个投影面的投影特性

平面对一个投影面的投影，有以下三种情况：

1）平面平行于投影面时，它在投影面上的投影反映实形，具有实形性，如图 2-37a 所示。

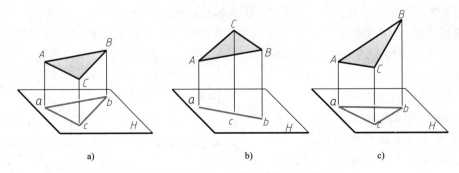

图 2-37 平面对一个投影面的投影特性

2）平面垂直于投影面时，它在投影面上的投影积聚成一直线，具有积聚性，如图 2-37b 所示。

3）平面倾斜于投影面时，它在投影面上的投影与平面图形类似，具有类似性，如图 2-37c 所示。

2.4.3 平面在三投影面体系中的投影

平面在三投影面体系中的位置分为三类：投影面垂直面、投影面平行面和一般位置平面。其中，前两类平面又统称为特殊位置平面。

1. 投影面垂直面

只垂直于一个投影面，而同时倾斜于另外两个投影面的平面称为投影面垂直面。垂直于 V 面的称为正垂面；垂直于 H 面的称为铅垂面；垂直于 W 面的称为侧垂面。平面与投影面所夹的角度称为平面对投影面的倾角。α、β、γ 分别表示平面对 H 面、V 面、W 面的倾角。

表 2-3 分别列出了正垂面、铅垂面和侧垂面的投影图、立体图及其投影特性。

对于投影面垂直面的辨认：如果空间平面在某一投影面上的投影积聚为一条与投影轴倾斜的直线，则此平面垂直于该投影面。

表 2-3 投影面垂直面

名称	正垂面 （⊥V 面,对 H 面、W 面倾斜）	铅垂面 （⊥H 面,对 V 面、W 面倾斜）	侧垂面 （⊥W 面,对 H 面、V 面倾斜）
投影图	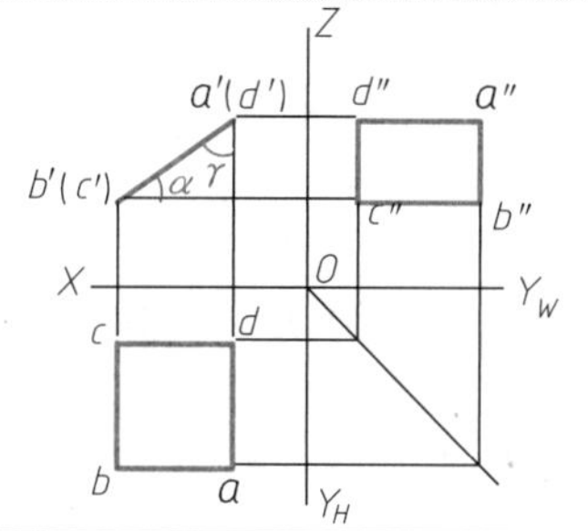	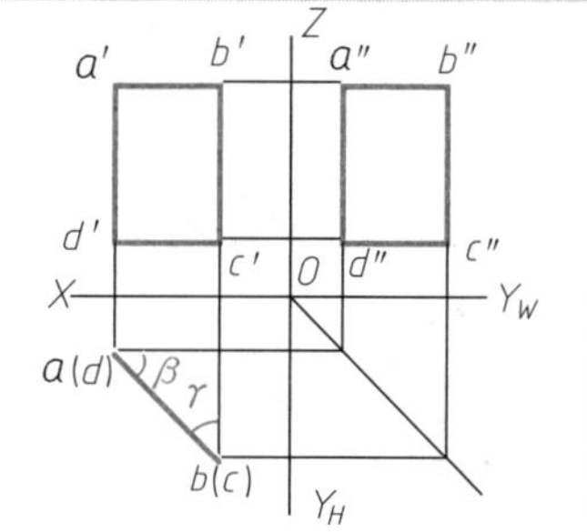	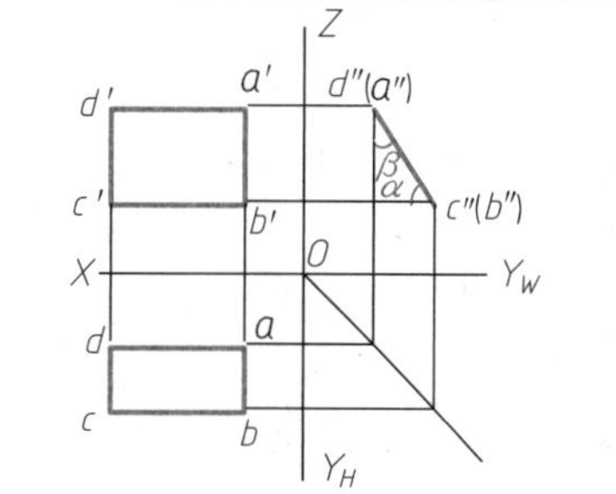
立体图	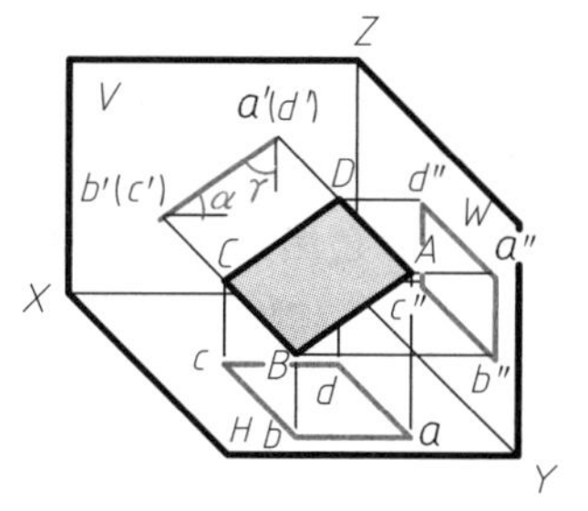	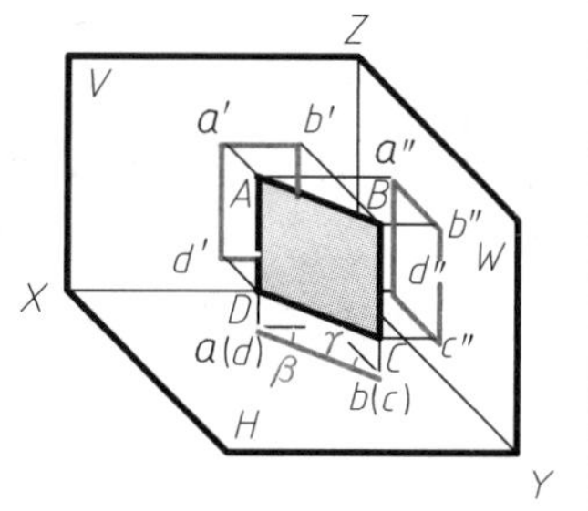	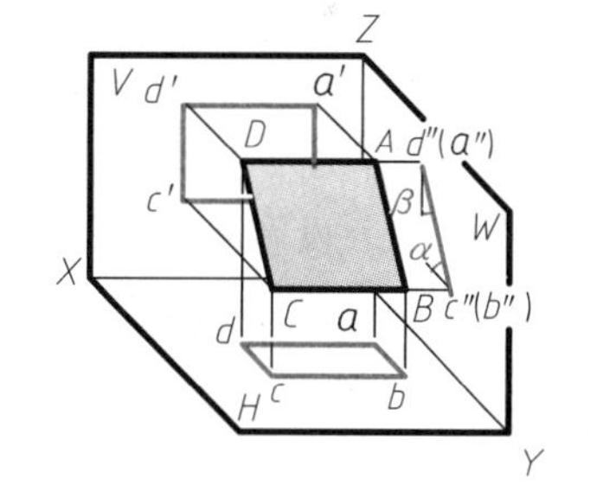
投影特性	1. 正面投影积聚为直线,并反映倾角 α、γ 真实大小 2. 水平投影、侧面投影均为与原形边数相同的类似形	1. 水平投影积聚为直线,并反映倾角 β、γ 真实大小 2. 正面投影、侧面投影均为与原形边数相同的类似形	1. 侧面投影积聚为直线,并反映倾角 α、β 真实大小 2. 水平投影、正面投影均为与原形边数相同的类似形
应用举例	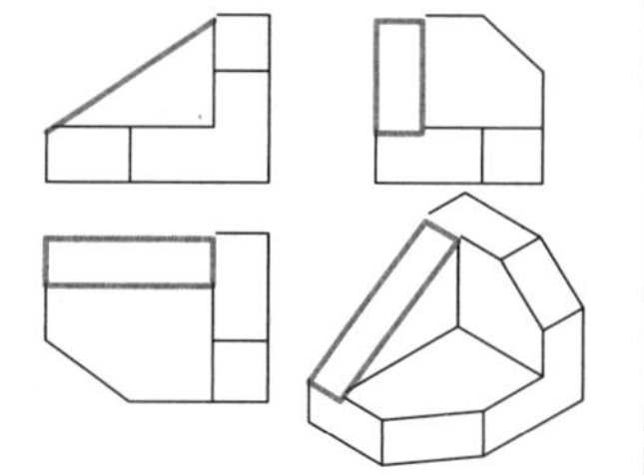	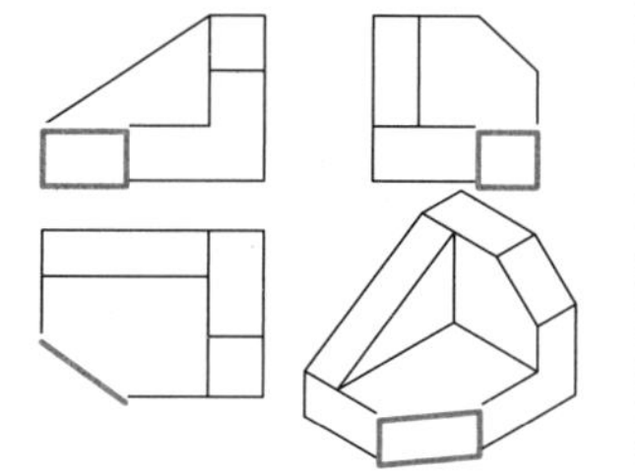	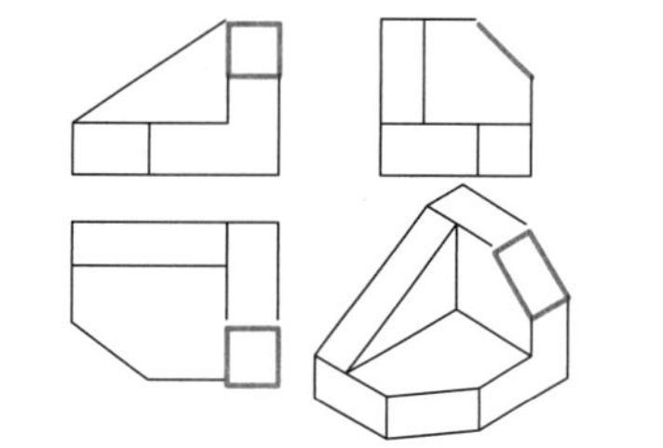

例 2-8 如图 2-38a 所示，平面△ABC 垂直于 V 面，已知 H 面的投影△abc 及 B 点的 V 面投影 b'，且与 H 面的倾角 α = 45°，求作该平面的 V 面和 W 面投影。

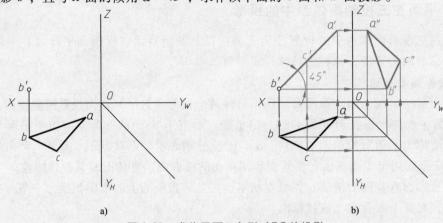

图 2-38 求作平面三角形 ABC 的投影

分析 因为平面△ABC 垂直于 V 面，所以正面投影 a'b'c' 积聚成一条斜线，该斜线与投影轴 OX 的夹角，反映了平面△ABC 与 H 面的倾角 α = 45°，根据水平投影可确定出正面投影 a'b'c' 的位置和长度。

作图 如图 2-38b 所示：

1）过 b' 作与投影轴 OX 的夹角 α = 45°的斜线。

2）根据水平投影 a、b、c 作垂直于 OX 轴的投影连线，与过 b' 作的斜线相交得出正面投影 a'、c'。

3）根据水平投影 abc 和正面投影 a'b'c' 作出侧面投影 a"b"c"。

2. 投影面平行面

平行于一个投影面，而同时垂直于另外两个投影面的平面称为投影面平行面。平行于 V 面的称为正平面；平行于 H 面的称为水平面；平行于 W 面的称为侧平面。

因为三个投影面彼此互相垂直，所以和一个投影面平行的平面，必然垂直于另外两个投影面。表 2-4 分别列出了正平面、水平面和侧平面的投影图、立体图及其投影特性。

表 2-4 投影面平行面

名称	正平面 (//V，⊥H、⊥W)	水平面 (//H，⊥V、⊥W)	侧平面 (//W，⊥H、⊥V)
投影图			

（续）

名称	正平面 (//V, ⊥H, ⊥W)	水平面 (//H, ⊥V, ⊥W)	侧平面 (//W, ⊥H, ⊥V)
立体图	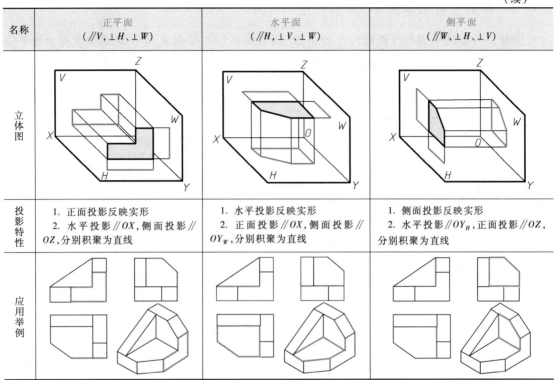		
投影特性	1. 正面投影反映实形 2. 水平投影//OX，侧面投影//OZ，分别积聚为直线	1. 水平投影反映实形 2. 正面投影//OX，侧面投影//OY_W，分别积聚为直线	1. 侧面投影反映实形 2. 水平投影//OY_H，正面投影//OZ，分别积聚为直线
应用举例			

对于投影面平行面的辨认：如果空间平面在某一投影面上的投影积聚为一条与投影轴平行（或垂直）的直线，则此平面一定是某个投影面的平行面。

3. 一般位置平面

与三个投影面都处于倾斜位置的平面称为一般位置平面。

例如平面 △ABC 与 H、V、W 面都处于倾斜位置，倾角分别为 α、β、γ，其投影如图 2-39 所示。

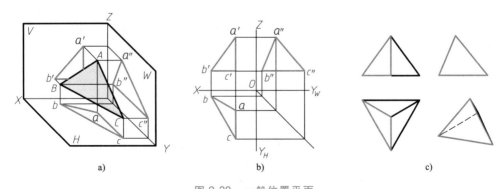

图 2-39　一般位置平面

a）立体图　b）投影图　c）应用举例

一般位置平面的投影特性为：三个投影都是类似形，但都不反映实形。

对于一般位置平面的辨认：如果平面的三面投影都是类似的几何图形的投影，则可判定该平面一定是一般位置平面。

2.4.4 用迹线表示平面

迹线——空间平面与投影面的交线,如图 2-40a 所示。平面 P 与 H 面的交线称为水平迹线,用 P_H 表示;平面 P 与 V 面的交线称为正面迹线,用 P_V 表示;平面 P 与 W 面的交线称为侧面迹线,用 P_W 表示。

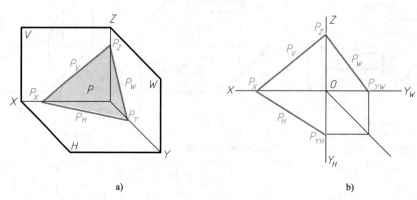

a)   b)

图 2-40 用迹线表示平面

迹线 P_H、P_V、P_W 两两相交的交点 P_X、P_Y、P_Z 称为迹线集合点,它们分别位于 OX、OY、OZ 轴上。

由于迹线既是平面内的直线,又是投影面内的直线,所以迹线的一个投影与其本身重合,另两个投影与相应的投影轴重合。在用迹线表示平面时,为了简明起见,只画出并标注与迹线本身重合的投影,而省略与投影轴重合的迹线投影,如图 2-40b 所示。这种用迹线表示的平面称为迹线平面。用几何元素表示的平面和迹线平面之间是可以互相转换的。

1. 迹线的求法

如图 2-41a 所示,平面 P 由相交两直线 AB 和 CD 确定,要把该平面转化成迹线平面。如图 2-41b 所示,由于迹线是平面与投影面的交线,平面上任何直线的迹点,都在该平面的同名迹线上。直线 AB 和 CD 的正面迹点 N_1 和 N_2 在 P 面的正面迹线 P_V 上;两直线的水平迹点 M_1 和 M_2 在 P 面的水平迹线 P_H 上。因此,求平面的迹线问题可以归结为求平面上任何两直线的迹点问题。

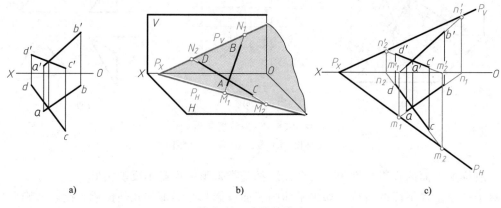

a)   b)   c)

图 2-41 迹线的求法

如图 2-41c 所示，求出两直线 AB、CD 的正面迹点 N_1（n_1'，n_1）、N_2（n_2'，n_2），连接 n_1'、n_2' 即得 P 面的正面迹线 P_V；求出 AB、CD 的水平迹点 M_1（m_1'，m_1）、M_2（m_2'，m_2），连接 $m_1 m_2$ 即得 P 面的水平迹线 P_H。延长 P_V、P_H 必定相交于 X 轴上同一点 P_X。

2. 投影面垂直面的迹线表示法

表 2-5 分别列出了用迹线表示正垂面、铅垂面和侧垂面的立体图、投影图及其投影特性。由投影面垂直面的一条倾斜于投影轴、有积聚性的迹线，就可以确定这个平面的空间位置，可以简化成只用一条倾斜于投影轴、有积聚性的迹线表示该平面，而不再画出其他两条垂直于相应投影轴的迹线。

表 2-5 投影面垂直面的迹线表示法

名称	正垂面 P （⊥V 面）	铅垂面 Q （⊥H 面）	侧垂面 R （⊥W 面）
立体图	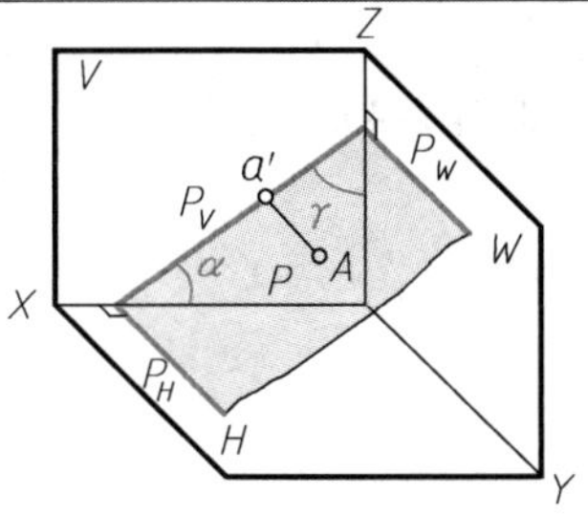	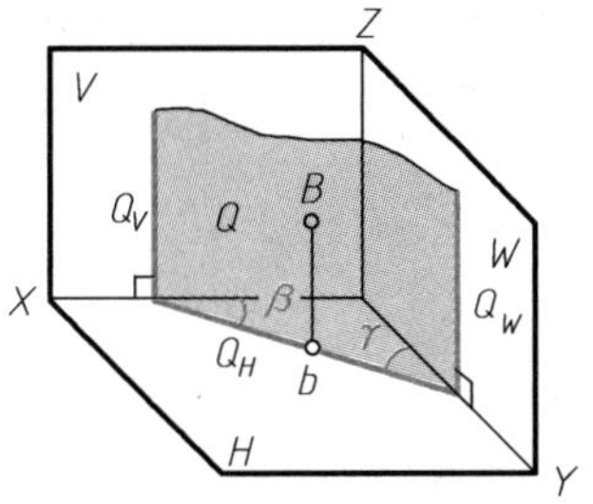	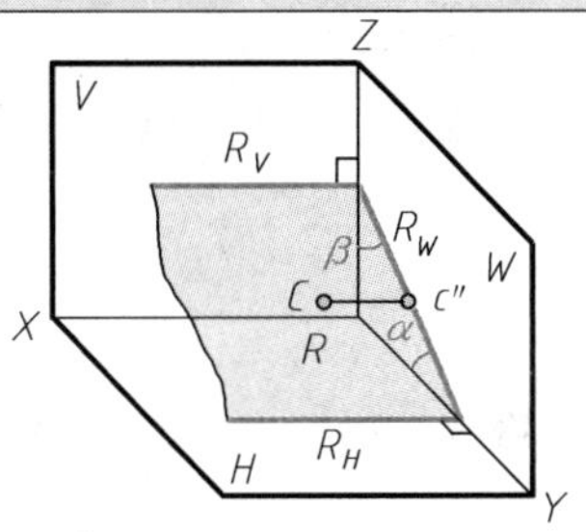
投影图	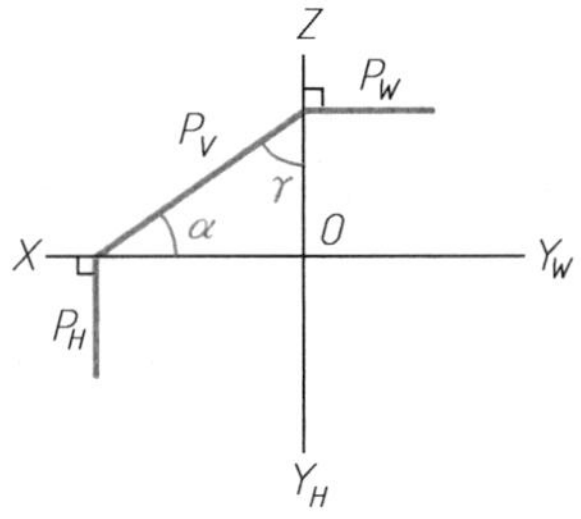	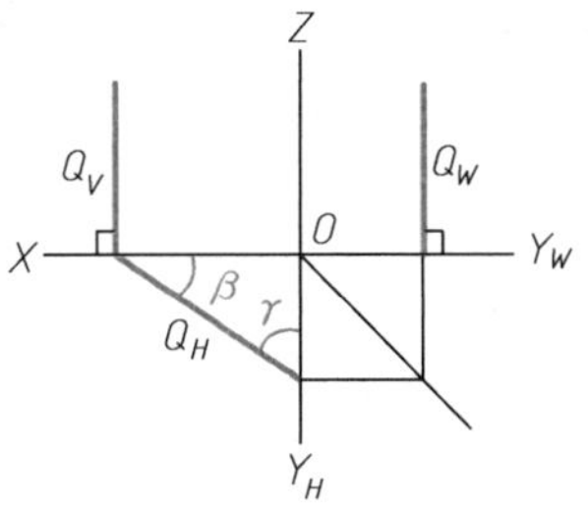	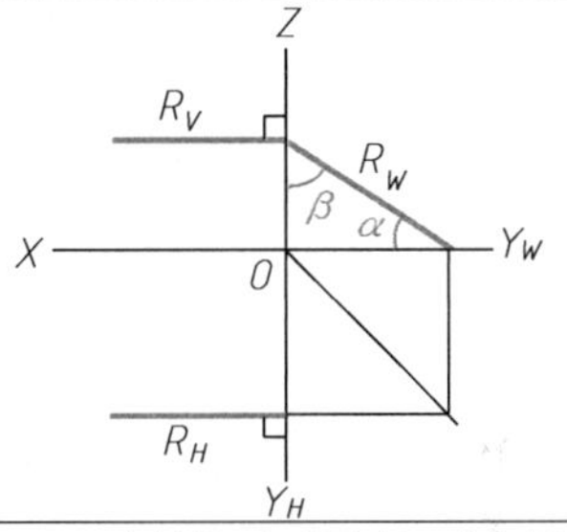
投影特性	1. P_V 为斜线，有积聚性，反映倾角 α、γ 真实大小 2. $P_H \perp OX$，$P_W \perp OZ$（P_H、P_W 可省略不画）	1. Q_H 为斜线，有积聚性，反映倾角 β、γ 真实大小 2. $Q_V \perp OX$，$Q_W \perp OY_W$（Q_V、Q_W 可省略不画）	1. R_W 为斜线，有积聚性，反映倾角 α、β 真实大小 2. $R_H \perp OY_H$，$R_V \perp OZ$（R_H、R_V 可省略不画）

2.4.5 平面上的点和直线

1. 平面上的点

点在平面上的几何条件是：点在平面内的一直线上，则该点必在平面上。因此在平面上取点，必须先在平面上取一直线，然后再在该直线上取点。

如图 2-42 所示，相交两直线 AB、AC 确定一平面 P，若两点 M、N 分别在 AB、AC 两直线上，则两点 M、N 必在平面 P 上。

2. 平面上的直线

直线在平面上的几何条件是：

1）若一直线通过平面上的两个点，则此直线必定在该平面上。

2）若一直线通过平面上的一点并平行于平面上的另一直线，则此直线必定在该平面上。

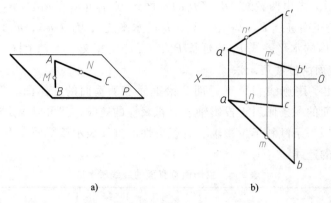

a)　　　　　　　　　b)

图 2-42　平面上的点

　　如图 2-43 所示，平面 P 由相交两直线 AB、AC 所确定，若点 M、N 分别为该平面上的两个已知点，连接 MN，则直线 MN 必在平面 P 上。作图方法如图 2-43b 所示。

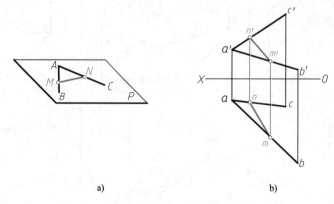

a)　　　　　　　　　b)

图 2-43　平面上的直线（通过平面上的两点）

　　再如图 2-44 所示，相交两直线 AB、AC 确定一平面 P，在直线 AC 上取点 E，过点 E 作直线 MN//AB，则直线 MN 为平面 P 上的直线。作图方法如图 2-44b 所示。

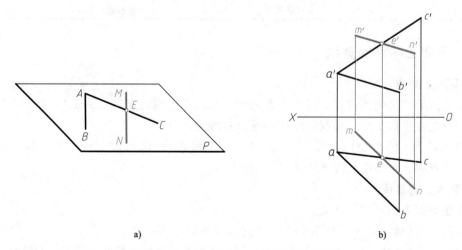

a)　　　　　　　　　b)

图 2-44　平面上的直线（通过平面上一点且平行于平面上的一直线）

例 2-9　如图 2-45a 所示，试判断点 K 是否在平面 △ABC 上。

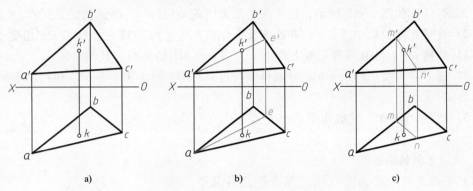

a)　　　　　　　　　　b)　　　　　　　　　　c)

图 2-45　判断点是否属于平面

a）已知　b）方法一　c）方法二

分析　若点 K 能位于平面 △ABC 的一条直线上，则点 K 在平面 △ABC 上，否则，就不在平面 △ABC 上。

作图　方法一：如图 2-45b 所示：

1）作辅助线 AE。连接 $a'k'$ 并延长，与 $b'c'$ 交于 e'。设点 E 在 BC 上，可由 e' 作图得 e，再连接 ae，所以辅助线 AE 在平面 △ABC 上。

2）由于 k 不在 ae 上，即点 K 不在 AE 上，所以判定 K 点不在平面 △ABC 上。

方法二：如图 2-45c 所示：

1）过点 k' 作直线 $m'n'//b'c'$，并在 △ABC 上作出 MN 的水平投影 $mn//bc$。

2）由于 mn 不通过点 k，即点 K 不在 MN 上，所以判定 K 点不在平面 △ABC 上。

例 2-10　如图 2-46a 所示，已知水平投影 $abcde$ 和正面投影 $a'b'c'$，又知其边 $AB//CD$，试完成五边形的正面投影。

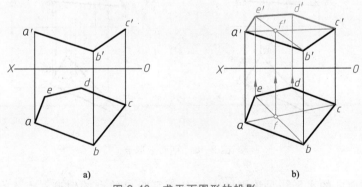

a)　　　　　　　　　　b)

图 2-46　求平面图形的投影

分析　本题主要是求平面 $ABCDE$ 上的点 D、E 的正面投影 d'、e'。由已知三个顶点 A、B 和 C 的两面投影可确定平面 △ABC，点 D 和 E 必在该平面上。用面上取点的方法，由水平投影 d 和 e，可作出正面投影 $d'e'$，最后依次连线即为所求。d' 也可以根据平行两直线的条件，由 $cd//ab$ 作直线 $c'd'//a'b'$，然后由 d 作出 d'。

作图 1）如图 2-46b 所示，连接水平投影中的 ac 及 be，两线相交于点 f。

2）连接正面投影中的 $a'c'$，并在该线上作出 f'（过 f 作 OX 的垂线与 $a'c'$ 相交于 f'）。

3）连接 $b'f'$，并在其延长线上作出 e'（过 e 作 OX 的垂线与其相交）。

4）过 c' 作直线平行于 $a'b'$，并且该线与过 d 作 OX 的垂线交于 d'（也可用求 e' 的方法求出 d'）。

5）连接 $c'd'e'a'$，完成作图。

3. 平面上的特殊直线

（1）平面上的投影面平行线　属于平面且又平行于一个投影面的直线称为平面上的投影面平行线。平面上的投影面平行线一方面要符合平行线的投影特性，另一方面又要符合直线在平面上的条件。

如图 2-47 所示，过点 A 在平面内要作一水平线 AD，可过 a' 作 $a'd'//OX$ 轴，再求出它的水平投影 ad，$a'd'$ 和 ad 即为 $\triangle ABC$ 上一水平线 AD 的两面投影。如过点 C 在平面内要作一正平线 CE，可过 c 作 $ce//OX$ 轴，再求出它的正面投影 $c'e'$，$c'e'$ 和 ce 即为 $\triangle ABC$ 上一正平线 CE 的两面投影。

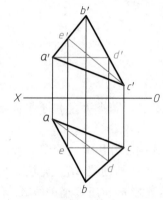

图 2-47　平面上的投影面平行线

例 2-11　平面 $\triangle ABC$ 如图 2-48a 所示，在 $\triangle ABC$ 平面上取一点 K，使点 K 在 H 面之上 $10mm$，在 V 面之前 $15mm$，试求出点 K 的两面投影。

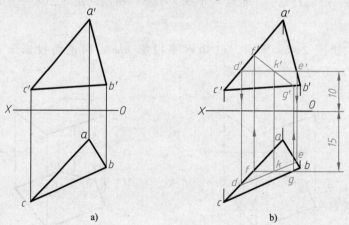

a)　　　　　b)

图 2-48　平面上取点

分析　平面内的水平线是该平面内与 H 面等距离的点的轨迹，点 K 位于平面 $\triangle ABC$ 的一条距 H 面之上 $10mm$ 的水平线上。平面内的正平线是该平面内与 V 面等距离的点的轨迹，点 K 又位于平面 $\triangle ABC$ 的一条距 V 面之前 $15mm$ 的正平线上。该平面上的水平线与正平线的交点，必须同时满足与 H 面和 V 面的距离为定值的要求。

作图　如图 2-48b 所示：

1）在 △ABC 内作一条与 H 面距离为 10mm 的水平线 DE，即作 d'e'//OX 轴，且距 OX 轴为 10mm，并由 d'e' 求出 de。

2）在 △ABC 内作一条与 V 面距离为 15mm 的正平线 FG，即作 fg//OX 轴，且距 OX 轴为 15mm，并由 fg 求出 f'g'。

3）水平线 DE 与正平线 FG 的交点 K（k、k'）即为所求。

（2）平面上的最大斜度线　平面上相对于某个投影面倾角最大的直线，称为该平面对某个投影面的最大斜度线。平面上的最大斜度线垂直于同一平面上的投影面平行线。所以这类直线有三种：在平面上垂直于平面上水平线的直线，称为该平面对 H 面的最大斜度线；垂直于平面上正平线的直线，称为该平面对 V 面的最大斜度线；垂直于平面上侧平线的直线，称为该平面对 W 面的最大斜度线。利用最大斜度线可相应地求出一般位置平面对投影面 H、V、W 的倾角 α、β、γ。

如图 2-49a 所示，过平面 P 上点 A 作一条与平面上水平线 MN 垂直的线 AK，则 AK 为 P 平面上对 H 面的最大斜度线。过点 A 在平面 P 上还可以作任意直线 AK_1，点 A 的投射线 Aa 与 AK、AK_1 及它们的投影形成等高的直角三角形 △AKa 和 $△AK_1a$。如图 2-49b 所示，将此两个直角三角形重合，由于 Aa 为公共边，因此斜边长度不同，其倾角 α 和 $α_1$ 也不同，显然斜边最短的 AK 倾角 α 最大，即 AK 为平面上过 A 点对 H 面的最大斜度线，α 角为 P 平面对 H 面的倾角。根据直角投影定理可知，在水平投影上，最大斜度线与水平线的水平投影互相垂直，即 ak⊥mn。

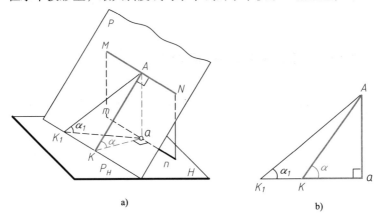

a)　　　　　　　　b)

图 2-49　平面上的最大斜度线

例 2-12　如图 2-50a 所示，求平面 △ABC 对 H 面的倾角 α。

分析　求平面对 H 面的倾角 α，需先求出该平面上对 H 面的最大斜度线，然后求出最大斜度线与 H 面的倾角 α。

作图　如图 2-50b 所示：

1）先在平面 △ABC 上任作一条水平线 AD，其正面投影 a'd'//OX 轴，根据平面上取线的方法求出其水平投影 ad。

2）作 be⊥ad，并求出 b'e'。BE（be，b'e'）即为 △ABC 对 H 面的最大斜度线。

3）用直角三角形法求出 BE 对 H 面的倾角 α，则 α 角就是平面 △ABC 对 H 面的倾角。

如果求平面 △ABC 对 V 面、W 面的倾角 β、γ，其投影特性和作图方法与上例类似。

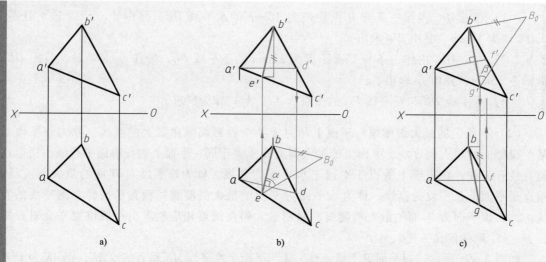

图 2-50　求解最大斜度线的作图方法

a）已知　b）平面上对 H 面的最大斜度线　c）平面上对 V 面的最大斜度线

图 2-50c 所示为作平面△ABC 上对 V 面的最大斜度线 BG，该线垂直于同一平面上的正平线 AF。由直角投影可知，它们的 V 面投影 $b'g' \perp a'f'$。利用直角三角形法求出最大斜度线 BG 对 V 面的倾角 β，即可获得平面△ABC 对 V 面的倾角 β。

2.5　直线与平面、平面与平面的相对位置

空间的直线与平面、平面与平面之间的相对位置可分为平行、相交和垂直三种情况。本节将分别研究它们的投影性质及作图方法。

2.5.1　平行关系

1. 直线与平面平行

直线与平面平行的几何条件是：如果平面外一条直线平行于平面上的某一条直线，则该直线与该平面相互平行。如图 2-51 所示，因为直线 AB 平行于平面 P 上的直线 CD，所以 $AB/\!/P$ 面。

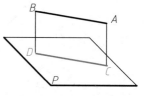

图 2-51　直线与平面平行

例 2-13　如图 2-52a 所示，试过点 E，作一正平线 EF 平行于平面△ABC。

分析　过空间点 E 可以作无数条直线与平面△ABC 平行，其中，只有与△ABC 上正平线平行的那一条才是本题所求。

作图　如图 2-52b 所示，先在平面△ABC 上作一条正平线 AD，再过点 E 作 $EF/\!/AD$，即 $ef/\!/ad$，$e'f'/\!/a'd'$，则 EF 为正平线，且与平面△ABC 平行。

若一条直线与某一投影面垂直面平行，则该平面有积聚性的投影与该直线的同面投影平行。或者，直线、平面在同一投影面上的投影都有积聚性。如图 2-53 所示，直线 AB 的水平投影 ab 平行于铅垂面 $CDEF$ 的水平投影 $cdef$，所以直线 AB 和铅垂面 $CDEF$ 在空间相互平行。mn、$cdef$ 都有积聚性。

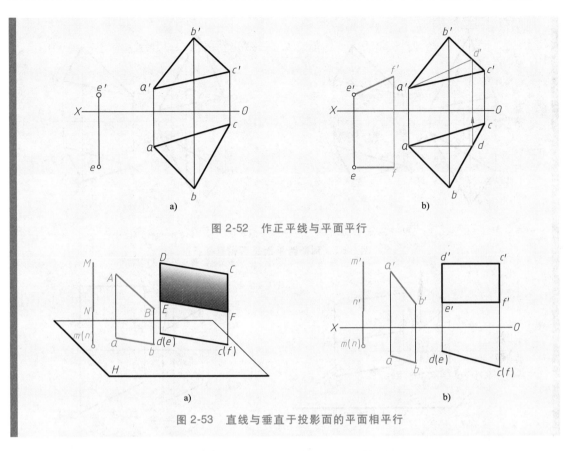

图 2-52 作正平线与平面平行

图 2-53 直线与垂直于投影面的平面相平行

2. 平面与平面平行

平面与平面平行的几何条件是：如果一平面上的相交两直线对应地平行于另一平面上的相交两直线，则这两个平面相互平行。如图 2-54 所示，平面 P 上的相交两直线 AB 和 BC 分别平行于 Q 面上的相交两直线 DE 和 EF，则平面 P 和平面 Q 平行。

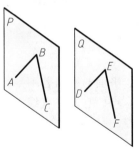

图 2-54 两平面相互平行

例 2-14 如图 2-55a 所示，试判别平面△ABC 是否平行于平面△DEF。

分析 可在任一平面上作两相交直线，如能在另一平面上找到与之相平行的两相交直线，则此两平面互相平行，否则两平面就不平行。

作图 如图 2-55b 所示，先在平面△ABC 上过点 A 作相交两直线 AG 和 AK，使 $a'g'$∥$d'e'$、$a'k'$∥$d'f'$，根据平面上取线的方法求出其水平投影 ag 和 ak，由于 ag∥de、ak∥df，即 AG∥DE、AK∥DF，所以平面△ABC 平行于平面△DEF。

如果两个投影面垂直面互相平行，那么它们具有积聚性的同面投影必然相互平行。如图 2-56a 所示，两个铅垂面 ABC 和 $DEFG$ 相互平行，它们的水平投影积聚成两条相互平行的直线，如图 2-56b 所示。

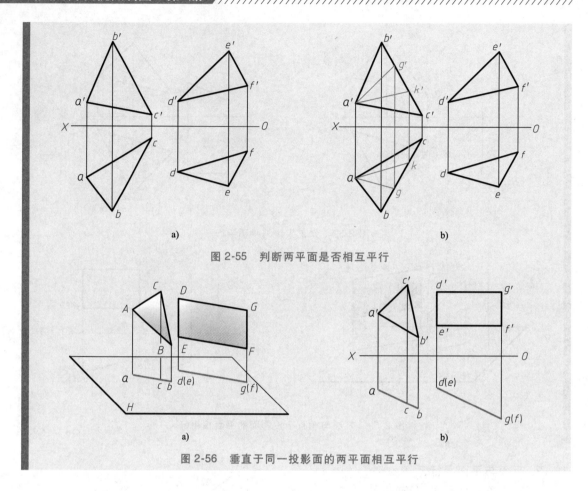

图 2-55 判断两平面是否相互平行

图 2-56 垂直于同一投影面的两平面相互平行

2.5.2 相交关系

直线与平面、平面与平面若不平行，就必定相交。直线与平面相交必产生交点，交点是直线和平面的共有点，它既在直线上又在平面上。两平面相交的交线是一条直线，它是两平面的共有线，所以，只要设法求出两平面的两个共有点或一个共有点和交线的方向，就可以画出交线。可见，求直线与平面的交点和两平面的交线，基本问题是求直线与平面的交点。下面讨论求交点、交线的两种方法。

1. 利用积聚性求交点、交线

当直线或平面垂直于某个投影面时，其投影有积聚性。利用积聚性就可以直接求出它们的交点或交线。

（1）特殊位置平面与一般位置直线相交 如图 2-57a 所示，求直线 *AB* 与铅垂面 *CDEF* 的交点。由于平面 *CDEF* ⊥ *H*，所以它的水平投影 *cdef* 积聚成一直线。因为交点 *K* 是直线 *AB* 与铅垂面 *CDEF* 的共有点，那么水平投影 *k* 必定在有积聚性的直线 *cdef* 上，可直接在 *ab* 与 *cdef* 的交点处定出 *k*，再由 *k* 在 *a′b′* 上作出 *k′*，如图 2-57b 所示（在未判定可见性前用细双点画线表示）。

直线与平面相交时，直线将被平面分割成两截而分别位于平面的两侧，投影时平面对直线的某一部分将产生遮挡。被遮挡部分的投影即为不可见，在投影图上应将该部分画成细虚线

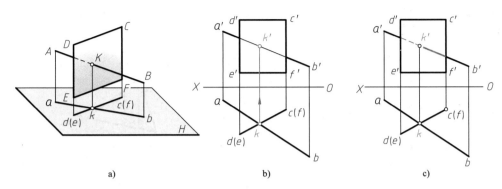

图 2-57　直线与投影面垂直面相交
a）立体图　b）求交点　c）表明可见性

（或不画），以增加投影图的直观性。因此，在求出交点后，要对直线的"可见性"进行判断。

判断可见性：只有直线与平面投影重叠的部分才存在可见性的问题，交点 K 是可见与不可见的分界点。在图 2-57 中，正面投影的可见性可以直观地从水平投影看出，当从前向后投影时，kb 位于平面 $cdef$ 的前方，因而在正面投影中 $k'b'$ 是可见的，应画粗实线。以 k 为界，而 ka 位于 $cdef$ 的后方，所以 $k'a'$ 正面投影中有一段（重叠部分）是不可见的，应画成细虚线。

例 2-15　如图 2-58a 所示，求一般位置直线 MN 与正垂面 $\triangle ABC$ 的交点。

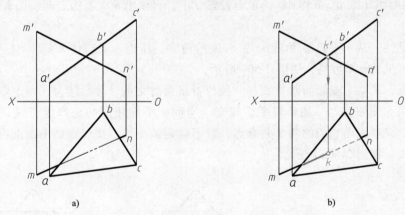

图 2-58　直线与正垂面相交

分析　正垂面 $\triangle ABC$ 的正面投影积聚成一直线，交点 K 的 V 面投影 k' 在 $\triangle ABC$ 所积聚的直线 $a'b'c'$ 上，又必在直线 MN 的 V 面投影 $m'n'$ 上，因此，交点 K 的 V 面投影 k' 就是 $m'n'$ 与 $a'b'c'$ 的交点，由 k' 作出水平投影 mn 上的点 k，如图 2-58b 所示。

作图　1）在正面投影上直接得出 $m'n'$ 与 $a'b'c'$ 的交点 k'。

2）由 k' 作水平投影 mn 上的点 k，则 K（k、k'）为所求交点。

3）判断可见性：在图 2-58b 中，水平投影的可见性可以从正面投影观察，当由上向下投射时，直线 MK 段在正垂面的上部，因此，mk 段可见，点 k 是分界点。kn 段被遮住部分不可见，未被遮住部分可见。

（2）投影面垂直线与一般位置平面相交　如图 2-59a 所示，求铅垂线 MN 与一般位置平面△ABC 的交点。

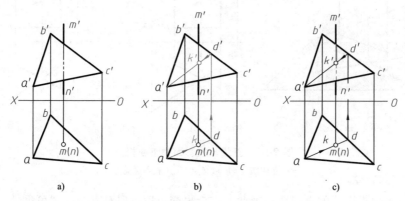

图 2-59　求铅垂线与平面相交的交点

a）题目　b）求交点　c）表明可见性

铅垂线 MN 的水平投影积聚为一点，MN 与平面△ABC 的交点 K 的水平投影 k 与该点重合，同时点 K 也是平面△ABC 上的点，因此，可利用在平面上取点的方法，求出点 K 的正面投影 k′。

作图方法如图 2-59b 所示：在水平投影上直接得出 mn 与 abc 的交点 k，然后过 k 在△abc 上作辅助线 ad，由 ad 作 AD 的正面投影 a′d′，再作出 a′d′ 上的点 k′。则 K（k、k′）为所求交点。

判断可见性：从水平投影可知 ac 在 mnk 的前方，所以 a′c′ 遮住 n′k′，n′k′ 与△a′b′c′ 的重叠部分不可见，m′k′ 可见，如图 2-59c 所示。

由上可见，求某一投影面垂直线与一般位置平面的交点，可归结为在面上取点。

（3）特殊位置平面与一般位置平面相交　空间两平面相交必定产生交线，交线是两平面的共有线，只要求出它们的两个共有点，就可确定该交线，交线也是平面上可见和不可见部分的分界线，如图 2-60a 所示。

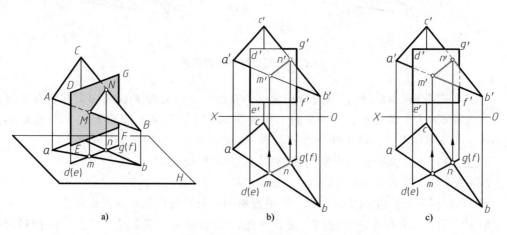

图 2-60　求两平面相交的交线

a）立体图　b）求交线　c）表明可见性

当相交两平面之一为特殊位置平面（投影面垂直面或投影面平行面）时，则可利用该平面有积聚性的投影直接求得交线，再根据交线是两平面共有线的特性，求出另外的投影。

作图方法如图 2-60b 所示：铅垂面 *DEFG* 的水平投影积聚为直线，交线的水平投影 *mn* 必定在 *defg* 上，而交线也在△*ABC* 上，可分别作出△*ABC* 的 *AB* 边和 *BC* 边与铅垂面 *DEFG* 的两个共有点 *M*（*m*、*m'*）和 *N*（*n*、*n'*），连接 *m'n'* 即为两平面交线的正面投影。

判断可见性：由于平面间的遮挡关系，它们的投影重合部分有一部分不可见，不可见部分的投影用细虚线画出。可见性的判断可以从平面有积聚性的投影中直接看出。如图 2-60c 所示，对于△*ABC* 来说，正面投影的可见性可从水平投影中看出，*mnb* 在铅垂面的前方，故 *m'n'b'* 可见，画成粗实线。而交线的另一侧 *m'n'c'a'* 在重影区内不可见，画成细虚线。另外，*DEFG* 平面在 *m'n'b'* 范围内的轮廓线不可见，也应画成细虚线。

（4）垂直于同一个投影面的两平面相交　垂直于同一个投影面的两平面相交，交线为该投影面的垂直线。如图 2-61a 所示，两正垂面 *ABC* 和 *DEFG* 相交，它们的交线应为正垂线。两平面在 *V* 面上所积聚的两直线交点即为交线 *MN*（正垂线）的正面投影 *m'n'*，由此在水平投影两平面的公共范围内，求出正垂交线 *MN* 的水平投影 *mn*。

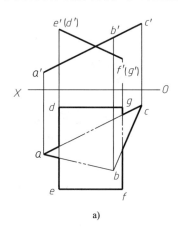 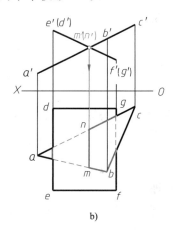

a)　　　　　　　　　　　　　　b)

图 2-61　求两个正垂面的交线

作图方法如图 2-61b 所示：先在 *V* 面上作出 *a'b'c'* 与 *d'e'f'g'* 的交线 *m'n'*（积聚为一点），由交线（正垂线）的正面投影 *m'n'* 直接求出水平投影 *mn*。

判断可见性：由正面投影观察两平面的上、下位置，直接得出水平投影的可见性，结果如图 2-61b 所示。

2. 利用辅助平面求交点、交线

（1）一般位置直线与一般位置平面相交　一般位置直线与一般位置平面的投影都没有积聚性，需要用作辅助平面的方法求交点，其作图原理如图 2-62 所示。一般位置直线 *AB* 与一般位置平面△*CDE* 相交，先包含直线 *AB* 作一辅助平面 *P*，然后求出 *P* 平面与△*CDE* 的交线 *MN*，直线 *MN* 和 *AB* 是平面 *P* 内不平行的两条直线，必相交于点 *K*，点 *K* 即为直线 *AB* 和平面△*CDE* 的交点。

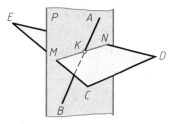

图 2-62　辅助平面法求交点的原理

综上所述，可以归纳出求一般位置直线与一般位置平面交点的作图步骤：

1）包含已知直线作一辅助平面，一般选特殊位置平面作为辅助平面。

2）利用辅助平面的积聚性，求出它与已知平面的交线。

3）求出此交线与已知直线的交点，该点即为已知直线与平面的交点。

例 2-16　如图 2-63a 所示，求直线 AB 与平面 $\triangle CDE$ 的交点 K，并判断可见性。

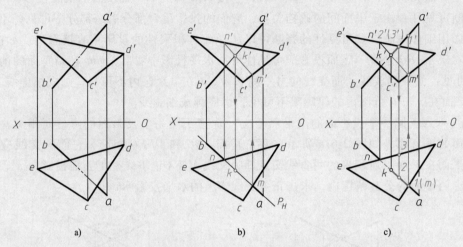

图 2-63　求一般位置直线与一般位置平面的交点
a）题目　b）求交点　c）表明可见性

分析　采用辅助平面法求解，如图 2-63b 所示，可根据上述三个步骤求交点。

作图　1）包含直线 AB 作辅助平面 P，P 为铅垂面，其水平迹线为 P_H，P_H 与 ab 重合。

2）作出平面 P 与 $\triangle CDE$ 的交线 MN。交线 MN 的水平投影 mn 与 P_H 重合，其端点 m、n 是 P 与直线 CD、ED 交点的水平投影，由 mn 可求出 $m'n'$。

3）求交线 MN 与直线 AB 的交点。在正面投影上，$a'b'$ 与 $m'n'$ 的交点 k' 即为所求交点 K 的正面投影，由 k' 可求出水平投影 k。

4）判断可见性：利用"重影点"判断直线 AB 的可见性。先判断水平投影的可见性。选取直线 CD 和 AB 在水平投影面上的重影点 m、1 来判断，其中 M 点在 CD 上，点 I 在 AB 上，找出它们的正面投影 m' 和 $1'$，可以看出点 I 在点 M 的上方，即在水平投影 m、1 处，直线 AB 位于 $\triangle CDE$ 的上方，所以，直线 ab 在交点 k 的右边部分 ka 是可见的，用粗实线表示，而交点 k 的左边部分 kn 是不可见的，作图时用细虚线表示。

用同样的方法，在正面投影上，利用重影点 $2'$、$3'$，可以判断出直线 AB 正面投影的可见性。

（2）两个一般位置平面相交

1）用线面交点法求作两平面的交线。两个一般位置平面相交时，同样可以用直线与一般位置平面相交求交点的方法，只是需在其中一个平面内取两条边线，经两次作图，分别求出两个共有点，其连线即为两平面的交线。

例 2-17　如图 2-64a 所示，求两个一般位置平面△ABC 和△DEF 的交线，并判断可见性。

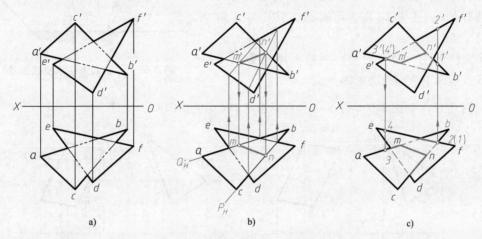

图 2-64　线面交点法求两平面的交线
a）题目　b）求交线　c）表明可见性

分析　将△ABC 中的两个边 AB、CB 作为两条一般位置直线，分别与平面△DEF 相交，利用直线与一般位置平面相交求交点的方法，分别求出两个交点，连接两交点即可得交线。

作图　1）如图 2-64b 所示，包含直线 AB 作铅垂辅助平面 Q（Q_H），求出 AB 与△DEF 的交点 M（m、m'）。

2）再包含直线 CB 作铅垂辅助平面 P（P_H），求出 CB 与△DEF 的交点 N（n、n'）。

3）连接 MN（mn，m'n'）即为两平面的交线。

4）判断可见性：交线一定是可见的，交线是可见与不可见的分界线，若交线的一侧为可见，则另一侧一定为不可见。如图 2-64c 所示，判断水平投影的可见性时，利用 cb 与 ef 的重影点 2（1）判定 ef 可见，bmn 中间部分不可见，mn 另一侧的可见性正相反；正面投影的可见性利用 a'b' 与 e'f' 的重影点 3'（4'）判定 c'a'm'n' 可见，e'f' 的重影区部分不可见，m'n' 另一侧的可见性正相反。

用线面交点法求交线要注意，在选取直线用来求它和另一平面图形的交点时，应选取两面投影均与另一平面的同面投影有重叠部分的直线，否则该线段在所示的平面图形有限的范围内无交点（需扩大平面图形后才有交点），如图 2-64 中的 AC、DF 和 DE 即为不宜选取的直线。

2）用三面共点法求作两平面的交线。当两平面离得较远，在图上的有限范围内无重叠区域时，可以使用三面共点法求作两平面的交线。

三面共点法的原理如图 2-65 所示。若要求平面△ABC 与平面 P 的交线，可作一个辅助

平面 R 与 $\triangle ABC$ 和 P 都相交，辅助平面 R 与 $\triangle ABC$ 和 P 的交线分别为 ⅠⅡ 和 ⅢⅣ。这两条交线都在平面 R 上，它们必相交，交点 K 为三个平面所共有，也必定是 $\triangle ABC$ 和平面 P 的共有点。用同样的方法，再作一个辅助平面 S，可以求出第二个共有点 L，连线 KL 即为所求的 $\triangle ABC$ 与 P 两平面的交线。

实际作图中，为了简便，一般采用投影面平行面或投影面垂直面作为辅助平面。

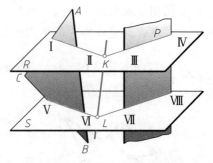

图 2-65　三面共点法求交线原理

例 2-18　如图 2-66a 所示，求两平面 $\triangle ABC$ 和 $\square DEFG$ 的交线。

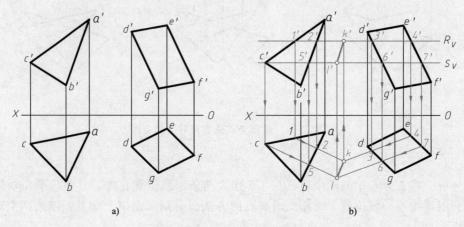

图 2-66　三面共点法求两平面的交线

分析　图示两平面图形在有限范围内无重叠部分，宜用三面共点法。只要求出两平面的两个共有点，即可以得到它们的交线。

作图　1）如图 2-66b 所示，首先选择水平面 R（R_V）作为辅助平面，分别求出 R 与 $\triangle ABC$ 的交线 ⅠⅡ（$1'2'$，12）和与 $\square DEFG$ 的交线 ⅢⅣ（$3'4'$，34），并求出 ⅠⅡ 和 ⅢⅣ 的交点 K（k，k'），作图过程如图中箭头所示。

2）选择水平面 S（S_V）为第二个辅助平面，用同样方法，分别求出 S 与 $\triangle ABC$ 的交线 CⅤ（$c'5'$，c5）和与 $\square DEFG$ 的交线 ⅥⅦ（$6'7'$，67），并求出 CⅤ 和 ⅥⅦ 的交点 $L(1, 1')$。

3）连接 KL（kl，$k'l'$）即为两平面的交线。

求两平面交线的问题，本质上是求出两平面的两个共有点或一个共有点及交线方向，只要掌握这一原则，就可以用多种方法求出交线。

2.5.3　垂直关系

1. 直线与平面垂直

直线与平面垂直的几何条件是：如果一条直线垂直于平面上的任意两条相交直线，则直线垂直于该平面。反之，如果一条直线垂直于一个平面，它必定垂直于平面上的所有直线，其中包括平面上的投影面平行线。如图 2-67a 所示，直线 DK 分别垂直于平面 P 中的两条相交直线，则 DK⊥P，此时 DK 垂直于平面内的任一直线，其中包括正平线、水平线和侧平线。上述几何条件也包括交叉垂直，如图中的 MN//DK，则 MN 也垂直于平面 P。

如图 2-67b 所示，将平面内两相交直线画成水平线 AⅠ 和正平线 BⅡ，两线交点为 K。根据直角定理，在水平投影中作 kd⊥a1，在正面投影 k'd'⊥b'2'，则直线 KD 在空间分别垂直于 AⅠ 和 BⅡ，KD⊥△ABC，点 K 为垂足。

综上所述，直线垂直平面的投影特性为：直线的水平投影垂直于平面内水平线的水平投影，直线的正面投影垂直于平面内正平线的正面投影。

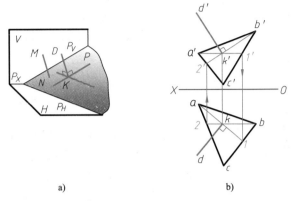

图 2-67 直线垂直于平面

例 2-19 如图 2-68a 所示，过点 K 作平面垂直于直线 AB。

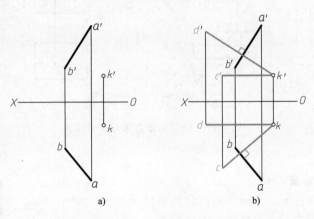

图 2-68 作平面垂直于直线

分析 过 K 点分别作垂直于直线 AB 的正平线和水平线，这两条相交的直线即为过点 K 垂直于定直线 AB 的平面。

作图 1）如图 2-68b 所示，过点 K 作水平线 KC⊥AB（k'c'//X 轴，kc⊥ab）。

2）过点 K 作正平线 KD⊥AB（kd//X 轴，k'd'⊥a'b'），由 KC 和 KD 所决定的平面即为所求平面。

应该注意：平面上任意作出的正平线和水平线，在一般情况下，它们与垂线 AB 是不相交的。如果要求垂足，还必须作垂线 AB 与平面的交点。

当直线与特殊位置平面（投影面平行面或投影面垂直面）相垂直时，直线一定平行于该平面所垂直的投影面，而且在平面有积聚性的投影面上，直线与平面的同面投影垂直。在图 2-69a 中，直线 AB 垂直于铅垂面 CDEF，AB 是水平线，且 ab⊥cdef，如图 2-69b 所示。

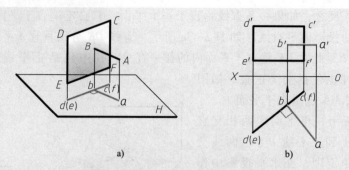

图 2-69　直线与特殊位置平面垂直

同理，与正垂面垂直的直线是正平线，它们的正面投影互相垂直；与侧垂面垂直的直线是侧平线，并且它们的侧面投影互相垂直。

与投影面垂直线相垂直的平面，一定是该直线所垂直的投影面的平行面。如图 2-70a 所示，与铅垂线 MN 垂直的平面 $ABCD$ 一定是水平面，且 $m'n' \perp a'b'c'd'$，如图 2-70b 所示。

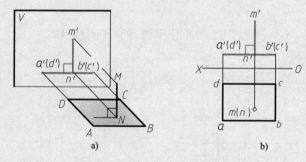

图 2-70　投影面垂直线与平面垂直

2. 平面与平面垂直

如果一条直线垂直于一平面，则包含此直线所作的一切平面都垂直于该平面。反之，如果两平面互相垂直，则由第一个平面上的任意一点向第二个平面所作的垂线，一定在第一个平面上。

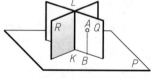

图 2-71　两平面垂直

在图 2-71 中，直线 KL 垂直平面 P，则包含 KL 的平面 Q 和 R 都垂直于平面 P。如果由 Q 面上的一点 A 向 P 面作垂线 AB，则 AB 一定在 Q 面内。

由上可知，解决两平面垂直问题的主要依据，还是直线与平面垂直。

例 2-20　如图 2-72a 所示，包含直线 DE 作一平面，使它垂直于平面 $\triangle ABC$。

分析　过直线 DE 上任一点 E 作一直线 EF，使 EF 垂直于 $\triangle ABC$，则相交两直线 DE 和 EF 所决定的平面即为所求。

作图　1）如图 2-72b 所示，先在 $\triangle ABC$ 上任作一水平线 $B\text{I}$ 和正平线 $B\text{II}$。

2）过直线上 E 点作 $ef \perp b1$ 和 $e'f' \perp b'2'$。

所作直线 EF（ef，$e'f'$）必垂直于 $\triangle ABC$。由 EF 和 DE 所决定的平面即为所求。

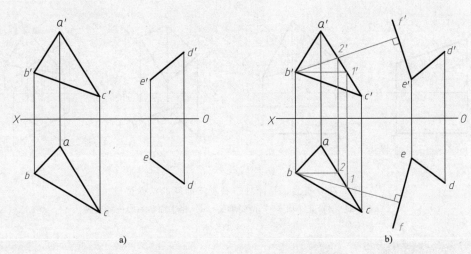

图 2-72 包含直线作已知平面的垂面

当两个互相垂直的平面同时垂直于某个投影面时,两平面有积聚性的同面投影相垂直,交线是该投影面的垂直线。

如图 2-73a 所示,两个铅垂面 ABCD、CBEF 互相垂直,它们 H 面上有积聚性的投影垂直相交,两面的交线是一条铅垂线 BC,水平投影积聚为一点 bc。它们的投影图如 2-73b 所示。

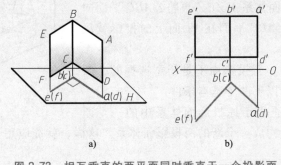

图 2-73 相互垂直的两平面同时垂直于一个投影面

2.6 投影变换

在工程实践中,经常遇到求解度量和定位的问题,如求线段的实长、平面的实形、两平面之间的夹角,以及求交点、交线等。通过对直线或平面的投影分析可知,当直线或平面与投影面处于一般位置时,在投影图上不能直接反映它们的实长、实形、夹角等。因此,常常设法把直线或平面与投影面的相对位置,由一般位置变为特殊位置,使得在投影图上就可以直接得到它们的实长、实形、夹角等,如图 2-74 所示。换面法就是研究如何改变空间几何元素对投影面的相对位置,以达到简化解题的目的。

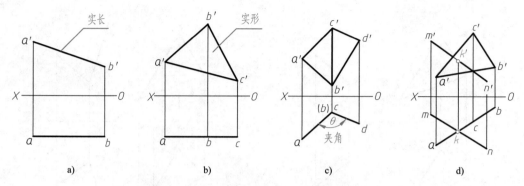

图 2-74 直线、平面处于有利于解题的特殊位置

a）正平线 b）正平面 c）两铅垂面 d）铅垂面与一般位置直线

2.6.1 换面法的概念

空间几何元素的位置保持不动，用新的投影面（辅助投影面）代替原来的某一投影面，使几何元素对新投影面处于有利于解题的某种特殊位置，这种方法称为变换投影面法，简称换面法。

如图 2-75 所示，平面 △ABC 在 V/H 两面体系中为铅垂面，它的三面投影都不反映实形，为使其投影反映实形，用一个平行于 △ABC 的新投影面 V_1 代替旧投影面 V，组成新的两投影面体系 V_1/H，再将 △ABC 平面向 V_1 面进行投影，这时 △ABC 平面在 V_1 面上的投影就反映实形。

在进行投影变换时，新投影面不是任意选择的，新投影面的选择必须符合以下两个基本条件：

1）新投影面必须垂直于原投影面体系中的一个原有的投影面，与其一起构成一个新的两投影面体系。这样，就能应用正投影原理，由原投影图作出新的投影图。

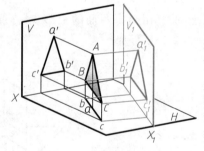

图 2-75 换面法的原理

2）新投影面必须使空间几何元素处于最有利于解题的位置。

2.6.2 点的投影变换

点是最基本的几何元素，因此必须首先掌握点的投影变换规律。

1. 点的一次投影变换

如图 2-76a 所示，a、a' 为点 A 在 V/H 体系中的投影，若 H 面保持不变，在适当的位置设一个新投影面 V_1 代替 V（必须使 $V_1 \perp H$），从而组成了新的投影体系 V_1/H。V_1 与 H 的交线 X_1 为新的投影轴。由于 H 面不变，称为不变投影面，点 A 在其上的投影 a 的位置不变，称为不变投影。由点 A 向 V_1 面作垂线，得到的投影 a'_1 为新投影。根据 V_1/H 两投影面体系中的两个投影 a'_1 和 a，同样可以确定点 A 的空间位置。

投影面展开时，V 面仍然不动，V_1 面绕 X_1 轴旋转到与 H 面重合，然后将 H 面连同 V_1 面一起绕 X 轴旋转到与 V 面重合，展开后如图 2-76b 所示。

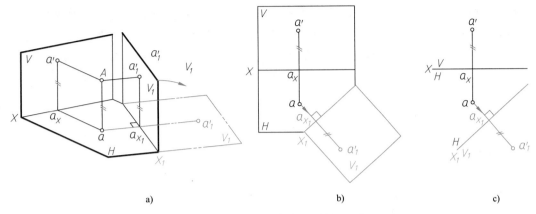

a)   b)   c)

图 2-76   点的一次变换（更换 V 面）

从以上点 A 的投影变换可以看出，点 A 的投影之间有以下关系：

1）由于 a'_1 和 a 是点 A 在 V_1/H 两投影体系中的正投影，因此 $aa'_1 \perp OX_1$。

2）由于新、旧两投影面体系具有同一个水平面 H，所以 A 点到 H 面的距离保持不变，即 $a'_1 a_{x_1} = a'a_x = Aa$。

根据以上分析，得出点的投影变换规律如下：

1）点的新投影和不变投影的连线，垂直于新投影轴。

2）点的新投影到新投影轴的距离，等于被更换的原投影到原投影轴的距离。

点的一次变换的作图方法如下：

如图 2-76c 所示，先在适当的位置画出新投影轴 X_1，然后过 a 点向新投影轴 X_1 作垂线，并在垂线上量取 $a'_1 a_{x_1} = a'a_x$，所得的 a'_1 点即为 A 点在 V_1/H 体系中的新投影。

同理，如果用一个垂直于 V 面的平面 H_1 代替 H 面，也可得到类似的结论，如图 2-77 所示。这时 H_1 面与原有的 V 面组成新投影面体系 V/H_1，由于 V 面不变，所以点 B 到 V 面的距离不变。即 $b_1 b_{x_1} = bb_x = Bb'$。在作图时，为了求出 B 点在 H_1 面上的新投影 b_1，只要由 b' 向 X_1 轴作垂线，并在垂线上量取 $b_1 b_{x_1} = bb_x$ 即可得到。

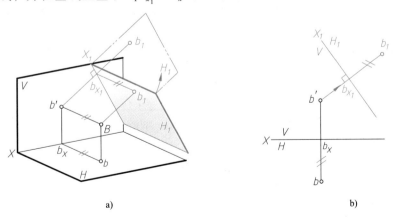

a)   b)

图 2-77   点的一次变换（更换 H 面）

2. 点的二次投影变换

在实际应用中，有时变换一次投影面还不能解决问题，必须连续变换两次或多次才能达到解题的目的。二次变换是在一次变换的基础上进行的，作图原理和方法与一次变换完全相同。如图 2-78a 所示，若第一次用 V_1 面更换 V 面，组成 V_1/H 新体系，新坐标轴用 X_1 表示，求得新投影 a_1'。第二次变换则应用 H_2 面更换 H 面，组成新的 V_1/H_2 体系，新坐标轴用 X_2 表示，求得新投影 a_2。展开后的投影如图 2-78b 所示，这时 $a_1'a_2 \perp X_2$ 轴，$a_2a_{x_2} = aa_{x_1}$。

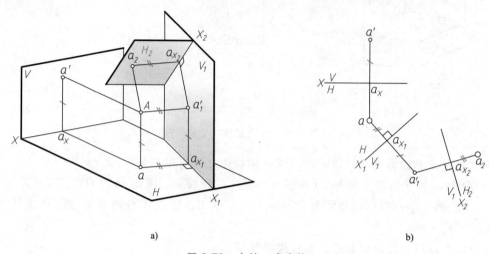

a)   b)

图 2-78　点的二次变换

二次变换投影面时，也可以先变换 H 面，再变换 V 面。变换投影面的先后顺序可根据实际需要而定。但是要特别注意：在更换投影面时，因为新投影面与不变的那个投影面必须保持垂直关系，所以只能按照顺序依次先更换一个投影面，然后再交替地更换另一个，而不能一次同时更换两个投影面。

2.6.3　直线的投影变换

直线是由两点决定的，因此当直线变换时，只要将直线上任意两点的投影加以变换，即可求得直线的新投影。

在解决实际问题时，根据实际需要经常要将一般位置直线变换成平行或垂直于新投影面的位置。

1. 把一般位置直线变为投影面平行线

如图 2-79a 所示，AB 为一般位置线，为了使 AB 在 V_1/H 中成为 V_1 面平行线，取平面 V_1 代替 V 面，使 V_1 面既平行 AB，又垂直于 H 面，这样 AB 在新体系 V_1/H 中就成为 V_1 面平行线，V_1 面上的投影 $a_1'b_1'$ 将反映 AB 的实长，$a_1'b_1'$ 与 X_1 轴的夹角反映直线对 H 面的倾角 α。

具体作图步骤如下：

1）如图 2-79b 所示，在适当位置作新投影轴 $X_1 /\!/ ab$。

2）求出直线 AB 两端点的新投影 a_1' 和 b_1'。

3）连接 $a_1'b_1'$，即为所求直线的新投影。

同理，如果用正垂面 H_1 代替 H 面，通过一次换面也可以把一般位置直线 AB 变换为 H_1 面平行线，这时，a_1b_1 反映实长，a_1b_1 与 X_1 轴的夹角反映直线对 V 面的倾角 β，如图 2-79c 所示。

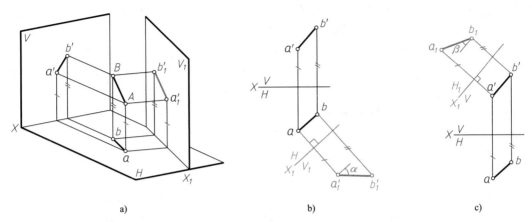

a)   b)   c)

图 2-79　把一般位置直线变换为投影面平行线

2. 把一般位置直线变为投影面垂直线

如图 2-80a 所示，要把一般位置直线 AB 变为投影面垂直线，只更换一次投影面是不可能的。因为与 AB 相垂直的平面一定是一般位置平面，它与 V 面或 H 面都不垂直，不能与原有投影面中的任何一个构成相互垂直的新投影面体系。因此，必须更换两次投影面：第一次将一般位置线变换为投影面平行线，第二次将投影面平行线变换为投影面垂直线。在图 2-80a 中，先把 V 面换为 V_1 面，使 V_1 垂直 H，且平行 AB，则 AB 在 V_1/H 体系中为投影面平行线。再变换 H 面，作 H_2 面垂直 V_1 面，且垂直 AB，则 AB 在 V_1/H_2 体系中为投影面垂直线。

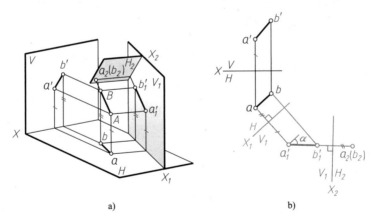

a)   b)

图 2-80　把一般位置线变换为投影面垂直线

投影作图步骤如下：

1）如图 2-80b 所示，先参照前面所述的方法把一般位置直线 AB 变成投影面平行线，做出直线 AB 在平面 V_1 上的投影 $a_1'b_1'$，此时新轴 $X_1//ab$。

2）二次变换确定新轴 X_2，使 $X_2 \perp a_1'b_1'$，作出直线 AB 在平面 H_2 上的投影 a_2b_2。a_2b_2 即为 AB 积聚成一点的 H_2 面投影。AB 就成为 V_1/H_2 体系中的投影面垂直线。

2.6.4　平面的投影变换

平面的投影变换，就是将决定平面的一组几何要素的投影加以变换，从而求得平面的新投影。根据具体要求，可以将平面变换成平行或垂直于新投影面的位置。

1. 把一般位置平面变为投影面垂直面

如图 2-81a 所示，△ABC 为一般位置平面，如要变换为投影面垂直面，根据两平面相互垂直的关系可知，新投影面应垂直于△ABC 内的某一条直线。因为要把一般位置直线变换成投影面垂直线必须变换两次，而把投影面平行线变换成投影面垂直线只需变换一次。所以，可先在△ABC 内任取一条投影面平行线，例如水平线 CD，然后再作平面 V_1 垂直于这条水平线，则 V_1 面也一定垂直于 H 面。具体作图步骤如图 2-81b 所示：

1）在△ABC 内作水平线 CD，其投影为 $c'd'$ 和 cd。

2）确定新投影轴 X_1 的位置，作 $X_1 \perp cd$。

3）作出 A、B、C 各点在 V_1 面上的新投影 a_1'、b_1'、c_1'，连接 $a_1'b_1'c_1'$ 即可得到△ABC 具有积聚性的新投影。新投影 $a_1'b_1'c_1'$ 与 X_1 轴的夹角，反映该平面与 H 面的倾角 α。

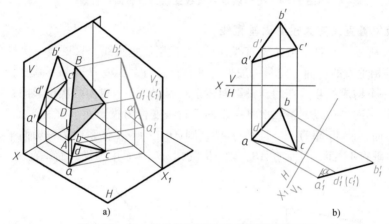

a)　　　　　　　　　　b)

图 2-81　把一般位置平面变换为投影面垂直面

同理，如果要求△ABC 对 V 面的倾角 β，可在此三角形平面上先作一正平线，然后作 H_1 面垂直于该平面内的正平线，则△ABC 在 H_1 面上的投影积聚为一直线，它与 X_1 轴的夹角反映△ABC 对 V 面的倾角 β。

2. 把一般位置平面变为投影面平行面

一般位置平面与各投影面都倾斜，如果直接取一个新投影面与它平行是不行的。需要经过两次换面：第一次将一般位置平面变换为投影面垂直面，第二次将投影面垂直面变换为投影面平行面。如图 2-82 所示，△ABC 在 V/H 体系中为一般位置平面，第一次换面用 V_1 面更换 V 面，使△ABC 成为 V_1/H 体系中的投影面垂直面，△ABC 在 V_1 面上的投影积聚为一条直线；第二次用 H_2 更换 H 面，使 H_2 面既平行于△ABC 又垂直于 V_1 面。这样，△ABC 在新体系 V_1/H_2 中就成为投影面 H_2 的平行面了。具体作图步骤如下：

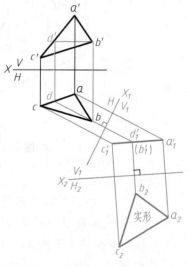

图 2-82　把一般位置平面变换
为投影面平行面

1）在图 2-82 中，先用前面的方法把△ABC 变成 V_1/H 体系中的 V_1 面垂直面，V_1 面上

的投影 $a_1'b_1'c_1'$ 积聚为一条直线。

2）在以上基础上，确定第二次换面的投影轴 X_2，作 $X_2 /\!/ a_1'b_1'c_1'$（△ABC 的积聚性投影）。

3）作出 △ABC 在 H_2 面上的投影 $\triangle a_2b_2c_2$，这就把 △ABC 变成了投影面 H_2 的平行面了。$\triangle a_2b_2c_2$ 反映了 △ABC 的真实形状。

2.7 综合应用举例

解题时，首先要根据已知几何元素和待求几何元素之间的关系，按题意进行空间分析。如果用换面法解题，还要考虑它们与投影面之间处于怎样的位置时，才能使问题最易于解答，然后确定新投影面的位置和变换步骤，最后进行作图。

例 2-21 已知交叉两直线 AB 和 CD，如图 2-83a 所示，求其最短连线 MN 的长度和连接位置。

分析 交叉两直线 AB 和 CD 的公垂线就是其最短连线。从图 2-83b 中可见，交叉两直线中，如果有一条直线为投影面垂直线（AB 为铅垂线），那么公垂线 MN 必是该投影面的平行线。公垂线 MN 与另一直线 CD 之间的夹角在该投影面上的投影经过点 ab，并为直角，即 $mn \perp cd$，投影 mn 反映其实际长度，即 $mn = MN$。

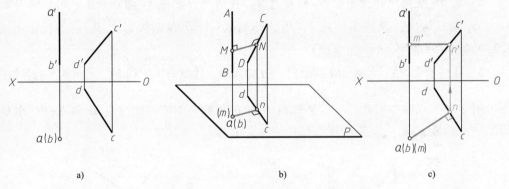

图 2-83 求交叉两直线的公垂线

作图 1）如图 2-83c 所示，根据直角投影定理，在水平投影面上，过 AB 的积聚性投影 ab 点作直线 $mn \perp cd$，mn 即为公垂线的水平投影，并且反映实长。

2）根据交点的水平投影 n，在直线 $c'd'$ 上作出其正面投影 n'。

3）由于 MN 是水平线，所以，$m'n'$ 与 X 轴平行，过 n' 作 X 轴的平行线，与 $a'b'$ 相交于 m'，作出的 $m'n'$、mn 即为公垂线 MN 的两面投影。

例 2-22 已知交叉两直线 AB 和 CD，如图 2-84a 所示，求其最短连线 MN 的长度和连接位置。

分析 该题与上例 2-21 的区别在于：交叉两直线 AB 和 CD 都是一般位置直线。如果用换面法，把两交叉直线之一变成某一投影面的垂直线，则问题就与上面的解法相同了。把一般位置直线变成投影面垂直线，须变换两次投影面。

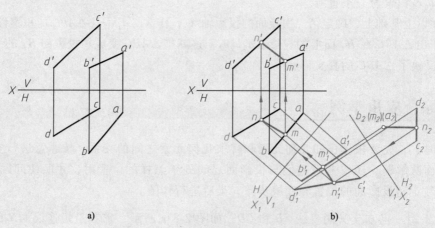

a)   b)

图 2-84　求交叉两（一般位置）直线的公垂线

作图　1）如图 2-84b 所示，将 AB 变换成新投影面 V_1 的平行线。在适当位置作 X_1 轴平行于 ab，将 V 面变换为 V_1 面，构成新投影面体系 V_1/H，作出 AB、CD 在新投影面 V_1 内的投影 $a_1'b_1'$、$c_1'd_1'$（直线 CD 也必须随同 AB 一起变换）。

2）将 AB 变换成新投影面 H_2 的垂直线。在适当位置作 X_2 轴垂直于 $a_1'b_1'$，将 H 面变换为 H_2 面，构成新投影面体系 V_1/H_2，作出 AB、CD 在新投影面 H_2 内的投影 a_2b_2、c_2d_2（直线 CD 随同 AB 一起变换）。

3）作公垂线 MN，并将 MN 返回到 V/H 体系中，注意 $m_1'n_1'//X_2$ 轴，求出 MN 的各投影。

例 2-23　如图 2-85a 所示，已知点 D 和正垂面 $\triangle ABC$，试过点 D 向 $\triangle ABC$ 作垂线 DE，并作出垂足 E 以及点 D 到 $\triangle ABC$ 的真实距离。

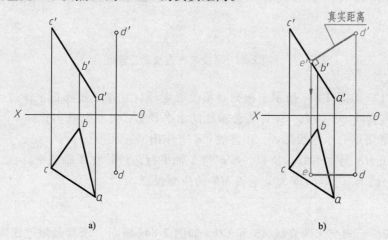

a)   b)

图 2-85　作投影面垂直面的垂线

分析　过一点向一个平面只能作一条垂线，因为 $\triangle ABC$ 是正垂面，所以 DE 必为正平线，并且 $d'e'\perp a'b'c'$；$d'e'$ 与 $a'b'c'$ 的交点，即为垂足 E 的正面投影 e'；$d'e'$ 即为点 D 到 $\triangle ABC$ 的真实距离。

作图 1）如图 2-85b 所示，过 d' 作 $d'e' \perp a'b'c'$，并得出交点 e'。

2）过 d 作 $de//X$ 轴，并由 e' 作投影连线，与 de 交得 e 点。

3）$d'e'$ 反映点 D 到 $\triangle ABC$ 的真实距离，$d'e'$、de 和 e'、e 即为所求的垂线 DE 和垂足 E 的两面投影。

例 2-24 如图 2-86a 所示，已知点 D 和一般位置平面 $\triangle ABC$，试过点 D 向 $\triangle ABC$ 作垂线 DE，并作出垂足 E 以及点 D 到 $\triangle ABC$ 的真实距离。

分析 该题与上例 2-23 的区别在于：$\triangle ABC$ 是一般位置平面。如果用换面法，把一般位置平面 $\triangle ABC$ 变成某一投影面的垂直面，则问题就与上面的解法相同了。经一次变换就可以把一般位置平面变成投影面垂直面。

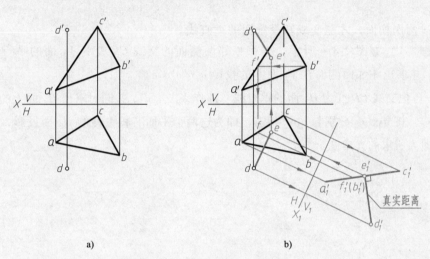

a)   b)

图 2-86 作一般位置平面的垂线

作图 1）如图 2-86b 所示，作 $\triangle ABC$ 内的水平线 BF（bf、$b'f'$）。

2）设立与 $\triangle ABC$ 垂直的 V_1 面，即作 $X_1 \perp bf$，并求 $\triangle ABC$ 及点 D 的 V_1 面投影 $a_1'b_1'c_1'$（积聚为一直线）和 d_1'。

3）过点 d_1' 作 $d_1'e_1' \perp a_1'b_1'c_1'$，得垂足 e_1'；在 H 面上作 $de//X_1$ 轴，并由 e_1' 作垂直于 X_1 的投影连线，与 de 交得 e 点。DE 就是垂线，E 点是垂足，$d_1'e_1'$ 就是点 D 到 $\triangle ABC$ 的真实距离。

4）将垂线 DE 和垂足 E 返回到 V/H 体系中，作出 $d'e'$ 和 e'，就作出了垂线 DE 和垂足 E 在 V/H 中的两面投影。

例 2-25 图 2-87a 所示为一薄钢板制成的加料斗，四个侧面完全一样，试求出相邻两侧面间的夹角 θ。

分析 如图 2-87b 所示，当两个平面同时垂直于某一个投影面时，它们在该投影面上的投影积聚成两条直线，这两条直线之间的夹角就是所求两侧面之间的夹角 θ，为此就必须将两平面的交线变成投影面垂直线。因为两面的交线 CD 是一般位置直线，所以

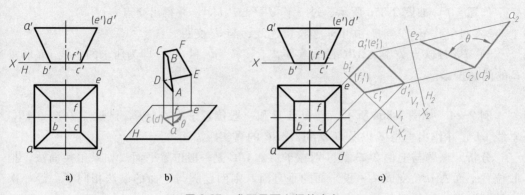

图 2-87 求两平面之间的夹角

需要经过两次换面，才能变成新投影面的垂直线。

作图 1）如图 2-87c 所示，先将相邻两侧面的交线 CD 变为 V_1 面的平行线。即作 $X_1 /\!/ cd$，并求出相邻两侧面在 V_1 面上的投影 $a_1' b_1' c_1' d_1' e_1' f_1'$。

2）再把交线 CD 变为 H_2 面的垂直线。即作 $X_2 \perp c_1' d_1'$，并同时求出 H_2 面上的投影 $c_2 d_2$ 和 a_2、e_2，将 a_2、e_2 分别与 $c_2 d_2$ 相连，即为这两个平面有积聚性的 H_2 面投影，它们之间的夹角即为所求的夹角 θ。

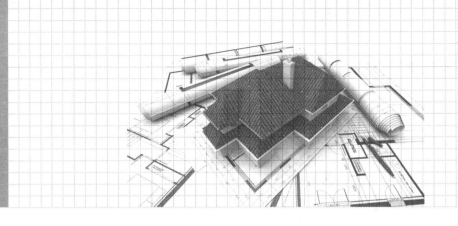

第 3 章

立体的视图

棱柱、棱锥、圆柱、圆锥、圆球、圆环等是组成机件的基本几何体，简称基本体。基本体通过叠加、切割等组合方式形成的复杂结构的立体称为组合体。本章重点讨论基本体的三视图及其表面上取点的原理和作图方法，平面与立体表面的交线、两回转体表面的交线的作图方法。

3.1 三视图的形成及投影规律

3.1.1 三视图的形成

将物体向投影面作正投射所得的图形称为视图。物体在三投影面体系中所得的 V 面投影、H 面投影、W 面投影分别称为主视图、俯视图和左视图。

主视图——从前往后投射，在 V 面上所得的投影；

俯视图——从上往下投射，在 H 面上所得的投影；

左视图——从左往右投射，在 W 面上所得的投影，如图 3-1a 所示。

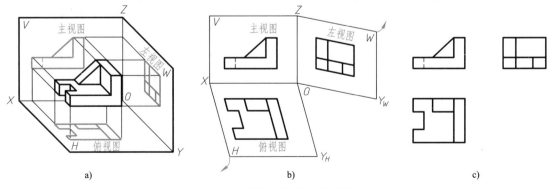

图 3-1 物体三视图形成过程

a）三视图的空间状态　b）三视图展开　c）展开后的三视图

为了使三个视图位于同一平面内，必须把空间互相垂直的三个投影面展成一个平面。即

V 面不动，H 面绕 X 轴向下转 90°，W 面绕 Z 轴向右转 90°，如图 3-1b 所示。

画三视图时，不必画出投影面的边框与投影轴，只需将各视图按照投影关系画出，如图 3-1c 所示。

3.1.2 三视图的投影规律

1. 位置关系

从三视图形成过程看，三视图的位置关系是：俯视图在主视图的正下方，左视图在主视图的正右方。按此位置配置的三视图，不需注写视图名称，如图 3-1c 所示。

2. 方位关系

物体具有上、下、左、右、前、后六个方位。从图 3-2 可以看出，每个视图只能反映 4 个方位，即：

主视图反映物体的上下、左右相对位置关系；

俯视图反映物体的前后、左右相对位置关系；

左视图反映物体的前后、上下相对位置关系。

3. 度量关系

物体具有长、宽、高三个方向的大小尺寸。沿左右方向（X 轴）可测得物体的长度尺寸；沿前后方向（Y 轴）可测得物体的宽度尺寸；沿上下方向（Z 轴）可测得物体的高度尺寸。

由图 3-3 可看出：

1）主视图与俯视图共同反映物体的长，即"主、俯视图长对正"。

2）主视图与左视图共同反映物体的高，即"主、左视图高平齐"。

3）俯视图与左视图共同反映物体的宽，即"俯、左视图宽相等"。

三个视图之间存在的"**长对正、高平齐、宽相等**"的投影规律，不仅适用于整个物体，也适用于物体局部，是画图、读图的依据。

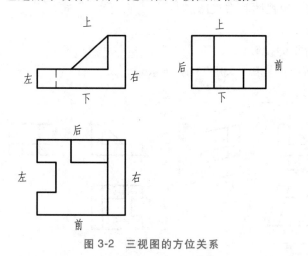

图 3-2　三视图的方位关系

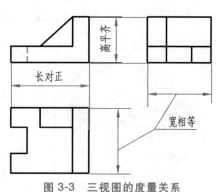

图 3-3　三视图的度量关系

3.2　基本体的视图

基本体按其表面性质不同，可分为平面立体和曲面立体两类。表面都是平面的立体称为平面立体，如棱柱、棱锥（包括棱台）等。表面含有曲面的立体称为曲面立体，常见的曲面立体是回转体，如圆柱、圆锥、圆球等。

3.2.1 平面立体

平面立体的表面都是平面多边形，绘制平面立体的视图，就是绘制组成它的各个平面多边形的投影。各个平面的交线为棱线，棱线与棱线的交点为顶点。因此，平面立体视图绘制也可归结为绘制其各棱线及各个顶点的投影问题。国家标准规定看得见的棱线投影画成粗实线，看不见的棱线投影画成细虚线。

1. 棱柱

（1）棱柱的三视图　如图 3-4 所示的正六棱柱，尽可能多地让主要表面和棱线与投影面平行或垂直，以方便画图和看图。六棱柱的顶、底面为水平面，在 H 面上的投影反映实形，即同为正六边形，并且两面投影重合。前后棱面为正平面，在 V 面上的投影重合并反映实形为矩形。另外四个棱面均为铅垂面，在 H 面上的投影均积聚成直线并重合于正六边形对应的边上。六棱柱的六条棱线均为铅垂线，其水平投影积聚在正六边形的六个顶点上，正面投影和侧面投影均反映实长。

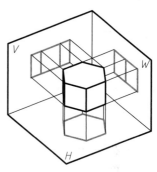

图 3-4　正六棱柱的投影

作图步骤如下：

1）定基准。正六棱柱前后、左右对称，要画出对称线，同时确定三视图位置，如图 3-5a 所示。

2）画顶、底面的投影。顶和底面为水平面，先画反映实形的 H 面投影—正六边形，再画积聚成直线的 V 和 W 面投影，如图 3-5b 所示。

3）画六个棱面的投影。根据投影关系画出正面和侧面投影，如图 3-5c 所示。

4）检查加粗图线，如图 3-5d 所示。

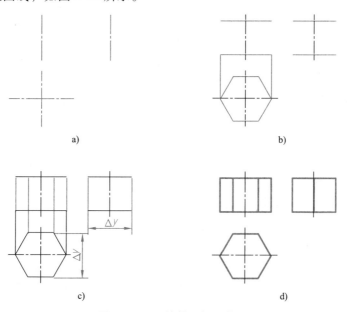

图 3-5　正六棱柱三视图作图
a）画基准线　b）画顶、底面的投影　c）画六个棱面的投影　d）检查加粗图线

（2）棱柱表面上的点 在棱柱表面上取点的作图方法与平面上取点的方法完全相同。在求点时要明确点所在的平面，并根据该平面的投影的可见性区分该点投影的可见性。

例3-1 如图3-6a所示，已知正六棱柱表面上的点 M、N 的正面投影，求其余两个投影。

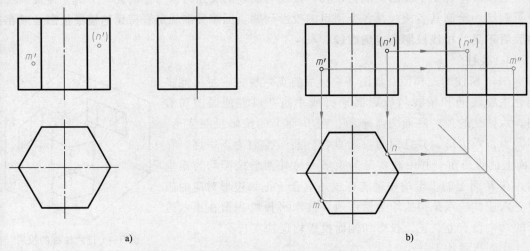

图3-6 正六棱柱表面上的点
a）已知 b）作图

分析 由图可知，正六棱柱的六个棱面均处于特殊位置，水平投影积聚为直线，因此在表面上取点可利用积聚性作图。由于 m′ 是可见的，因此，点 M 在左前棱面上。可先求出水平投影 m，再根据 m′ 和 m 求出 m″。由于 n′ 不可见，所以点 N 位于棱柱右后棱面上，其投影求解方法与点 M 相同。

作图 1）由正面投影 m′ 点引一条垂直线与 H 面上正六边形的相应边相交，交点即是水平投影 m 且可见。

2）利用投影规律求 W 面投影 m″，该投影可见。

3）同理求点 N 两面投影 n、n″。注意 n″ 不可见，应加上括号，即（n″），如图3-6b所示。

2. 棱锥

（1）棱锥的三视图 所有棱锥的棱面均为三角形。如图3-7所示的正三棱锥，锥顶为 S；底面 △ABC 为水平面，水平投影 △abc 为实形；棱面 △SAC 为侧垂面，其侧面投影积聚为一直线，棱面 △SAB、△SBC 为一般位置平面，它们的各面投影均为类似形。底边 AC 为侧垂线，AB、BC 为水平线，棱线 SB 为侧平线，SA、SC 为一般位置直线。

作图 1）画底面的投影。底面 △ABC 为水平面，

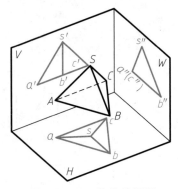

图3-7 正三棱锥的投影

先画反映实形的 H 面投影—正三角形 abc，再画有积聚性的 V 面和 W 面投影—水平直线，如图 3-8a 所示。

2）作锥顶 S 的投影。找到正三角形 abc 的几何中心点，即顶点 S 的水平投影 s，根据锥高作 s'，利用投影规律作 s''，如图 3-8b 所示。

3）连接锥顶 S 与 △ABC 各顶点的同面投影，得到正三棱锥的三视图，检查加深，如图 3-8c 所示。

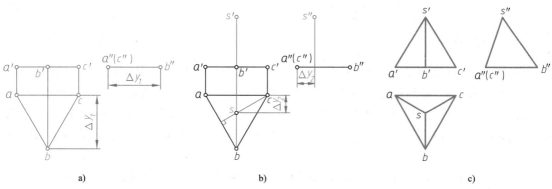

图 3-8　三棱锥三视图作图

a）画底面的投影　b）作锥顶 S 的投影　c）连线加粗完成作图

（2）棱锥表面上的点　在棱锥表面取点的方法与棱柱相似，属于平面上取点问题，也要注意投影的可见性。

例 3-2　如图 3-9a 所示，已知三棱锥表面上两点 M 和 N 的正面投影，求其水平投影和侧面投影。

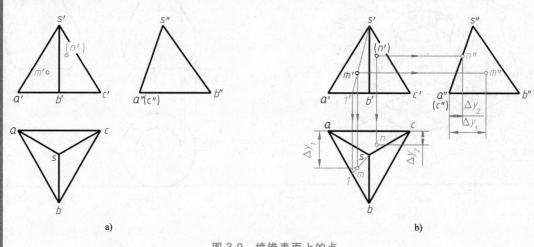

图 3-9　棱锥表面上的点

a）已知　b）作图

分析　由图中可以看出 m' 是可见的，因此，点 M 在左前棱面 △SAB 上。由于棱面 △SAB 是一般位置平面，因此需要过点 M 作一条辅助线来作 M 点的投影。由于 n' 是不可见的，所以点 N 位于棱面 △SAC 上，棱面 △SAC 为侧垂面，N 的侧面投影可以直接作出，如图 3-9b 所示。

作图 1) 作 s'、m' 两点的连线并延长与底边 $a'b'$ 交于 $1'$。

2) 由 $1'$ 求出 1，并连接 $s1$。由 m 在 $s1$ 上，求出 m。

3) 利用点的投影规律，由 m、m' 求出 m''。

4) 过点 n' 作一条水平线，该线与直线 $s''a''$（c''）的交点即为 n''。

5) 利用点的投影规律，由 n'、n'' 求出 n。

3.2.2 曲面立体

曲面立体是由曲面或曲面和平面围成的立体。常见的曲面立体是回转体，如圆柱、圆锥、圆球、圆环等。回转体的曲面是由动线（直线或曲线）绕一直线做回转运动而形成的。该定直线称为轴线，动线称为母线，母线的任一位置称为素线。母线上每一点的运动轨迹都是圆，称为纬圆。最小的纬圆称为喉圆，最大的纬圆称为赤道圆。纬圆平面垂直于回转轴线，如图 3-10 所示。

画回转体的投影，通常要画出回转轴线的投影和回转面转向线的投影。所谓转向线，是投射线与回转面切点的集合，一般是回转面投影可见与不可见的分界线。以图 3-10 所示的回转面为例，V 面投影是 V 面轮廓转向线和上下底圆的投影；W 面投影是 W 面的转向线和上下底圆的投影；H 面的投影为喉圆、赤道圆和上下底圆的投影。

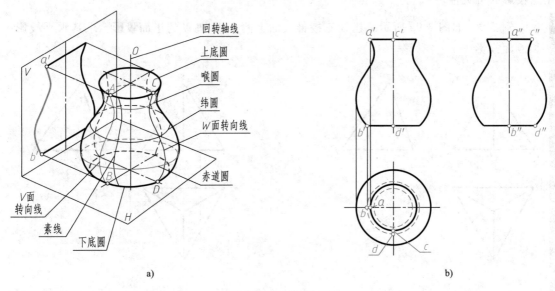

a) b)

图 3-10 回转面的投影
a) 立体图 b) 投影图

1. 圆柱

（1）圆柱的形成及三视图 圆柱体是由顶圆、底圆和圆柱面组成的。圆柱面是由一直母线绕着和它平行的轴线回转而形成的，圆柱面的任意一条素线都与轴线相平行，如图 3-11a所示。

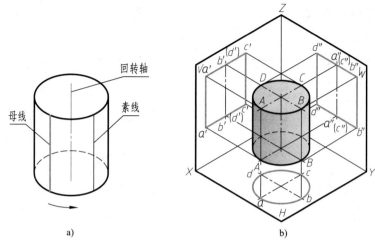

图 3-11 圆柱面的形成及圆柱的三面投影

a）圆柱面的形成 b）圆柱的三面投影

画圆柱的投影时，尽可能将圆柱的轴线放置为投影面的垂直线，如图 3-11b 所示，当圆柱的轴线垂直于 H 面时，圆柱的水平投影是圆，是上下底面圆反映实形的投影，也是圆柱面的积聚投影；圆柱的正、侧面投影为大小相同的矩形，矩形上下两条边为上下底面圆的积聚投影，两矩形的另外两边分别是圆柱面最左、最右两条素线 AA、CC 和最前、最后两条素线 BB、DD 的投影，即对 V 面和 W 面的转向线的投影。

作图步骤如下：

1）画中心线和回转轴线，定三视图位置，如图 3-12a 所示。

2）画上、下两底面的水平投影及正面和侧面投影，如图 3-12b 所示。

3）根据投影关系画出正面转向线 AA、CC 的投影 $a'a'$、$c'c'$ 和侧面转向线 BB、DD 的投影 $b''b''$、$d''d''$，并检查加深，如图 3-12c 所示。

（2）圆柱表面上的点 由于圆柱表面的投影具有积聚性，所以在圆柱表面取点可以利用积聚性来作图。

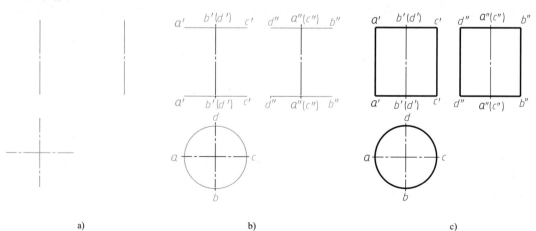

图 3-12 圆柱体三视图的作图步骤

a）布图 b）画底面 c）画转向线并加深

例 3-3 如图 3-13a 所示，已知圆柱面上两点 M、N 的正面投影 m' 和 n'，求其水平投影和侧面投影。

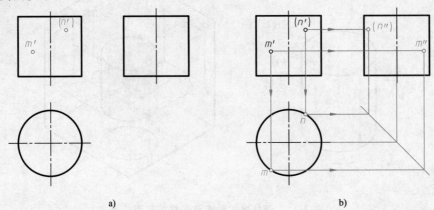

图 3-13 圆柱体表面的点

a）已知 b）作图

分析 由图可知，该圆柱的轴线为铅垂线，故其柱面水平投影积聚成一圆，点 M、N 的水平投影必在该圆周上。由于 m' 可见，故点 M 应在左前圆柱面上，其水平投影 m 在前半圆周上，m'' 是可见的，由 m 和 m' 可求出 m''。由于 n' 不可见，说明点 N 位于圆柱面的右后部，所以其水平投影 n 在后半圆周上，n'' 不可见。

作图 1）由正面投影 m' 点引一条垂直线与水平投影圆的前半个圆周相交，交点即是水平投影 m 且可见。

2）利用投影规律求 W 面投影 m''，该投影可见。

3）同理求点 N 的两面投影 n、n''。注意 n'' 不可见，应加上括号，即（n''），如图 3-13b 所示。

2. 圆锥

（1）圆锥的形成及三视图 圆锥体表面由圆锥面和底面所围成。圆锥面是由一条直母线绕着和它相交的轴线旋转而成的，如图 3-14a 所示。母线与轴线的交点即为锥顶，所以圆锥

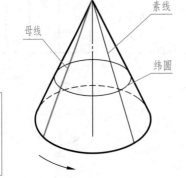

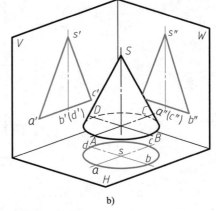

图 3-14 圆锥的形成及其三视图

a）圆锥面的形成 b）圆锥的三面投影

的任一素线都为通过锥顶的直线。

当圆锥的轴线垂直于 H 面时，圆锥的水平投影是一圆，该圆既是底面的实形投影，又是圆锥面的投影；正面投影和侧面投影都是相同的等腰三角形，三角形的底边为底圆面的积聚性投影，而两腰分别是圆锥面最左、最右两条素线 SA、SC 和最前、最后两条素线 SB、SD 的投影，即圆锥面对 V 面和 W 面的转向线的投影，如图 3-14b 所示。

画圆锥的三视图步骤如下：

1）画中心线和回转轴线，定三视图位置，如图 3-15a 所示。

2）画圆锥底面的水平投影及正面和侧面投影，如图 3-15b 所示。

3）画锥面对 V 的转向线的投影 $s'a'$、$s'c'$ 对 W 的转向线的投影 $s''d''$、$s''b''$，如图 3-15c 所示。

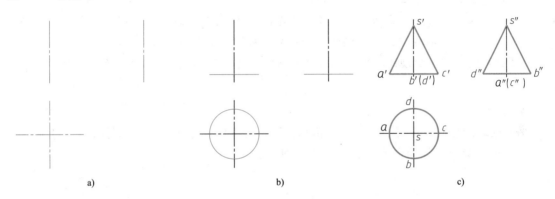

图 3-15 圆锥三视图的作图步骤

a）布图 b）画底面 c）作转向线并加深

（2）圆锥表面上的点 求圆锥表面上的点有素线法和纬圆法两种方法。

例 3-4 如图 3-16a 所示，已知两点 M、N 的正面投影 m'、n'，求两点的其余两个投影。

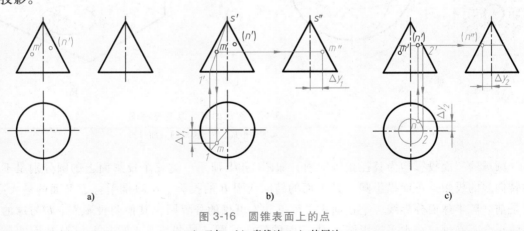

图 3-16 圆锥表面上的点

a）已知 b）素线法 c）纬圆法

分析 圆锥面的三个投影都没有积聚性，所以在圆锥面上求点时，必须要作一条通过所求点的辅助线。作出辅助线的三面投影，那么位于辅助线上的点的投影即可作出。

辅助线可以是直线，也可以是圆，因此圆锥表面上的点的作图方法有素线法和纬圆法两种。

作图

方法一：素线法求点 M，即过锥顶和点 M 作一辅助素线 SI，该素线交底圆于点 I。

1）作 s'、m' 两点的连线并延长与底圆交于 $1'$。

2）由 $1'$ 求出 1，并连接 $s1$。从 m' 作一条垂线与 $s1$ 相交，交点为 m。

3）利用点的投影规律，由 m、m' 求出 m''，m'、m'' 可见，如图 3-16b 所示。

方法二：纬圆法求点 N，即通过 N 点作一个纬圆。

1）通过 n' 点作一条垂直于轴线的直线 $n'2'$，即纬圆的正面投影。

2）过 $2'$ 点作一条垂线，交水平投影的中心线于 2 点。

3）以水平投影的中心为圆心，通过 2 点作一圆，即纬圆的水平投影。

4）过 n' 作一条垂线，与辅助圆于交点 n，为 N 点水平投影。

5）利用点的投影规律，由 n 和 n' 求出 n''。注意 n'' 不可见，如图 3-16c 所示。

3. 圆球

（1）圆球的形成及三视图　圆球是由球面围成的立体。球面是一半圆母线绕通过圆心的轴线（直径）旋转一周而形成的，如图 3-17 所示。

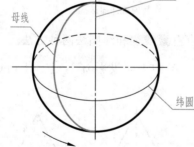

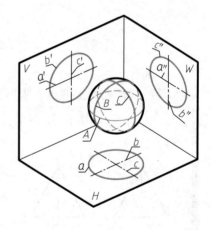

a)　　　　　　　　　　　　　　　　　　　b)

图 3-17　圆球的形成及其三视图

a）圆球的形成　b）圆球的三面投影

圆球的三面投影均为直径相等的圆，如图 3-17b 所示。这三个投影面上的圆分别是不同的转向线的投影。正面投影圆 b' 是 V 面的转向线圆 B 的投影。B 圆是平行于 V 面的最大圆，它是前、后半球面分界线，是正面投影可见和不可见的分界圆，其他两投影 b、b'' 与球的中心线重合不必画出；水平投影圆 a 是 H 面的转向线圆 A 的投影。A 圆是平行于 H 面的最大圆，它是上、下半球面分界线，是水平投影可见和不可见的分界圆，其他两投影 a'、a'' 与球的中心线重合，不必画出；侧面投影与正面、水平投影类似。

球的三视图作图过程如图 3-18 所示。

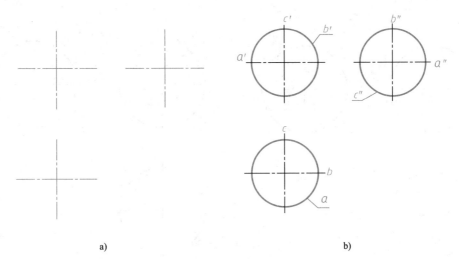

a)   b)

图 3-18   球的三视图作图过程

a）画投影圆的对称中心线   b）画三个轮廓线圆的投影

（2）球面上的点   在球面上求点的方法是纬圆法，而且所作的纬圆必须平行投影面，即可以是水平圆、正平圆或侧平圆。

    例3-5   如图3-19a所示，已知圆球面上点 M 的正面投影 m'，求其余两个投影。

    分析   球面在三个投影面上都没有积聚性，求一般位置点的投影必须作辅助线。由于球的素线为圆，在其表面上画不出直线，因此，球面上求点不能用辅助直线法，只能用纬圆法。为作图简便，所作纬圆必须平行于一个投影面，在所平行的投影面上的投影为实形圆，另外两个投影成直线。由图可知，点 M 位于球面的前左上部，水平和侧面投影均可见。

    作图

    方法一：用水平纬圆作辅助圆，如图3-19b所示。

    1）过 m' 作一水平线 1'2'，即为过点 M 的辅助水平纬圆的正面投影。

    2）过 1' 点作垂线交水平投影的中心线于 1 点，以水平投影中心为圆心，过 1 画圆，即为辅助纬圆的水平投影。

    3）过 m' 作垂线与辅助圆交于 m，即为所求 M 点的水平投影。

    4）由 m、m' 求出 m''。

    方法二：用正平纬圆作辅助圆，如图3-19c所示。

    1）以正面投影中心为圆心，过 m' 作一圆，即为过点 M 的辅助纬圆的正面投影。

    2）过辅助纬圆的正面投影与中心线的交点 1' 作垂线，交球的水平投影于 1 点，过 1 点作一水平线 12，即为辅助纬圆的水平投影。

    3）过 m' 作垂线与直线 12 交于 m，即为所求 M 点的水平投影。

    4）由 m、m' 求出 m''。

    方法三：用侧平纬圆作辅助纬圆，作图如图3-19d所示。

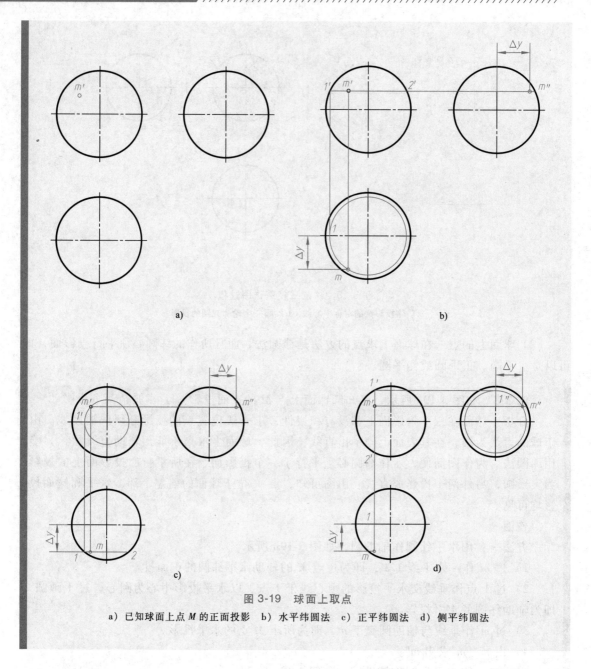

图 3-19 球面上取点

a）已知球面上点 *M* 的正面投影 b）水平纬圆法 c）正平纬圆法 d）侧平纬圆法

4. ＊圆环

（1）圆环的形成及其三视图 圆环的表面是环面，环面由圆绕圆所在平面上且在圆外的一条直线（轴线）旋转而成，如图 3-20a 所示。

图 3-20b 所示的圆环是圆心为 *O* 的正平圆绕该圆所在平面上且在圆外的铅垂线 Ⅰ Ⅱ 旋转而成的。圆上任意点的运动轨迹为垂直于轴线的水平圆（纬圆）。靠近轴线的半个母线圆形成的环面称内环面，远离轴线的半个母线圆形成的环面称外环面。

在主视图中，左、右两个圆和与该两圆相切的直线是环面正面投影的转向轮廓线的投影，粗实线半圆在外环面上，细虚线半圆在内环面上。上下两条直线是圆母线上最高点 *C*、最低点 *D* 绕

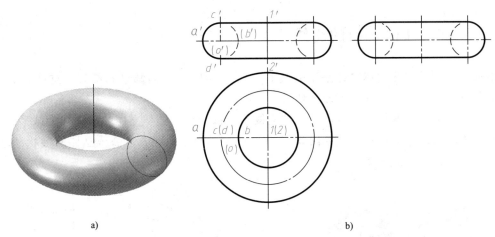

图 3-20 圆环的形成及其三视图

a) 圆环的形成 b) 圆环的三视图

轴旋转而形成的纬圆的正面投影，也是内、外环面的分界圆的投影。在主视图中，前半外环面的投影可见，后半外环面的投影不可见；内环面在主视图上均不可见。环面的俯视图是环面对水平投影面的两个转向轮廓线圆的投影，它们分别是环面上最大、最小纬圆的水平投影。该纬圆将圆环分成上、下两部分，上半部在水平投影中可见，下半部在水平投影中不可见，细点画线圆是圆母线的圆心 O 旋转而形成的水平圆的水平投影。环面在三个视图上的投影都没有积聚性。

（2）圆环表面上的点 在环面上求点的方法与球面上求点的方法相同，都是纬圆法。

例 3-6 如图 3-21a 所示，已知圆环面上点 A、B 的一个投影，求它们的另一投影。

分析 圆环面上取点，可过点作垂直于轴线的纬圆为辅助线（水平圆）。根据点 A 的正面投影（a'）可知，点 A 在圆环的上半部，又因点 A 的正面投影不可见，所以点 A 可能在圆环上半部的内环面及后半外环面上。由 B 点的水平投影（b）可知，点 B 在圆环下半部的前半外环面上。

作图 用纬圆法，如图 3-21b 所示。

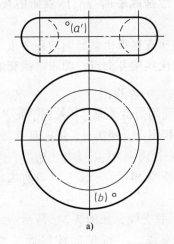

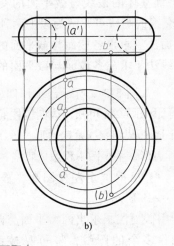

图 3-21 圆环表面取点

a) 已知条件 b) 作图过程

3.3　平面与立体表面的交线

组成机件的基本几何体往往是不完整的，如图 3-22 所示的螺母和阀芯，这些不完整的基本立体可看作是基本立体被平面截切后形成的。

基本立体被平面截切后，表面产生的交线称为截交线，截切立体的平面称为截平面，截交线所围成的图形称为截断面，如图 3-23 所示。为了能正确地表达被截立体的形状和结构，必须画出这些截交线的投影。

图 3-22　立体表面的截交线

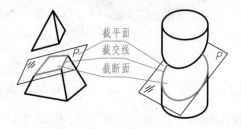

图 3-23　截交线的概念

截交线的形状取决于两个因素：①立体的形状；②截平面与立体的相对位置。立体形状不同，或截平面与立体的相对位置不同，所形成的截交线的形状一般也不同，但截交线均具有以下性质：

1）共有性。截交线是截平面和立体表面的共有线，截交线上的点既在截平面上，又在立体表面上，是截平面和立体表面的共有点。

2）封闭性。截交线一般是由直线、曲线或直线和曲线所围成的封闭的平面图形。

3.3.1　平面与平面立体相交

平面与平面立体相交，其截交线形状是由直线段组成的封闭多边形，多边形的顶点（折点）是平面立体的棱线与截平面的交点，它的边是截平面与立体表面的交线（直线）。平面立体截交线的画法可归结为以下两种：

（1）棱面法　求出各棱面与截平面的交线，因而直接得出截断面的各个边（截交线）。

（2）棱线法　求出各棱面与截平面的交点，依次连接各交点，即求得截交线。

例 3-7　如图 3-24a 所示，求作四棱柱被截切后的左视图。

分析　由图 3-24a 可知，该四棱柱的四个侧棱面均为铅垂面，其被侧平面 P 和正垂面 Q 所截。侧平面 P 截切交线是四边形，该四边形在左视图上反映实形。正垂面 Q 截切交线是五边形，该五边形在主视图中积聚成直线，俯视图和左视图中为缩小类似五边形。

作图　1）根据"主左视图高平齐、俯左视图宽相等"，画出截切前四棱柱的左视图，如图 3-24b 所示。

2）利用棱面法，求出两截平面与四棱柱表面的交线，如图 3-24c 所示。

3）擦除多余的图线，将可见棱线画成粗实线，不可见的棱线画成细虚线，如图 3-24d 所示。

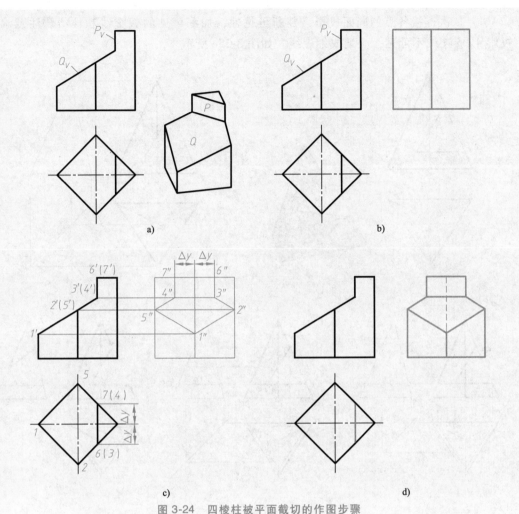

图 3-24 四棱柱被平面截切的作图步骤

a) 已知　b) 画截切前四棱柱的左视图　c) 画出各截面的投影　d) 擦除多余的图线加深完成作图

例 3-8　如图 3-25a 所示,求正三棱锥被平面截切后的水平投影和侧面投影。

分析　由已知图可知,正三棱锥被正垂面 P 和水平面 Q 切割。两截平面正面投影都有积聚性,即截交线正面投影已知。水平截面 Q 与三棱锥的底面平行,其与三棱面的交线同底面三角形的对应边相互平行,利用平行线的投影特性可求出截交线的投影。截面 P 与 Q 相交,交线为正垂线,交线的两个端点在棱面上。

作图　1) 画出完整正三棱锥的左视图,如图 3-25b 所示。

2) 求水平截面 Q 与三棱锥的截交线。利用点的投影规律由 1′求出水平投影 1。根据平行线投影特性,过 1 点作相应底边水平投影的平行线 12、23 和 31。两截面的交线是正垂线,利用点投影特性的求得 4、5 点。利用"高平齐、宽相等"定出 1″、3″、4″、5″点,如图 3-25c 所示。

3) 求正垂截面 P 与三棱锥的截交线。利用点的投影规律由 6′、7′求 6″、7″和 6、7,如图 3-25d 所示。

4）依次连接各点的同面投影，判断可见性，加深可见的截交线和棱线。注意水平投影4、5连线不可见，应画成细虚线，如图3-25e所示。

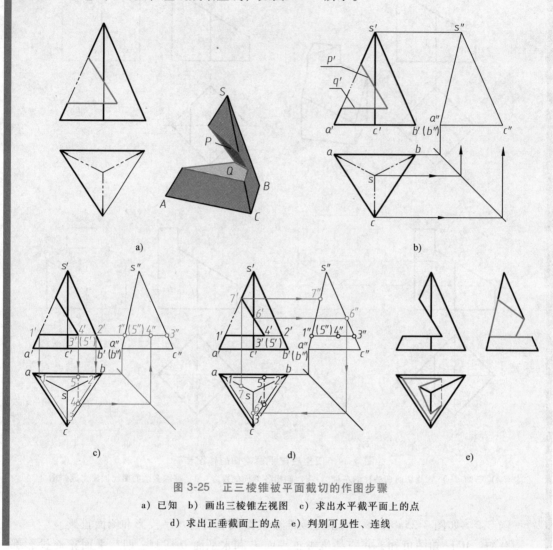

图 3-25　正三棱锥被平面截切的作图步骤

a）已知　b）画出三棱锥左视图　c）求出水平截平面上的点
d）求出正垂截面上的点　e）判别可见性、连线

3.3.2　平面与曲面立体相交

平面与曲面立体相交，截交线在一般情况下是平面曲线，特殊情况下为直线。在作图时要注意分析截交线的形状及其投影特征，同时要熟悉和了解常见回转体截交线的形状，以提高作图的精确性和效率。若截交线全部或部分为非圆曲线，其作图过程如下：

1）求作特殊点。截交线上最前、最后、最左、最右、最上、最下点，椭圆的长、短轴的端点，以及抛物线、双曲线的顶点等，它们不但会控制曲线范围，往往还是曲线走向改变的点。

2）求作中间点。根据所作曲线的范围大小，在特殊点之间求必要的中间点，以提高作图精确性。

3）顺序连接各点成曲线。连线时要注意曲线光滑并判断其可见性。

4）补全其他轮廓线。

如果立体被多个平面截切，一般应分别求各个截平面与立体的截交线，还需要求截平面与截平面之间的交线。

1. 平面与圆柱体相交

根据截平面与圆柱体轴线的相对位置不同，圆柱体的截交线有三种形状——矩形、圆和椭圆，见表 3-1。

表 3-1　圆柱体截交线

截平面位置	平行于轴线	垂直于轴线	倾斜于轴线
截交线形状	矩形	圆	椭圆
空间立体图	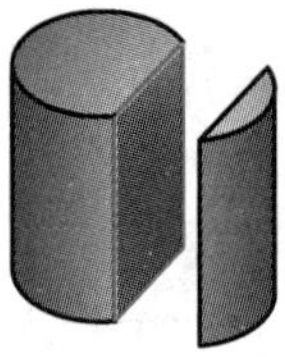	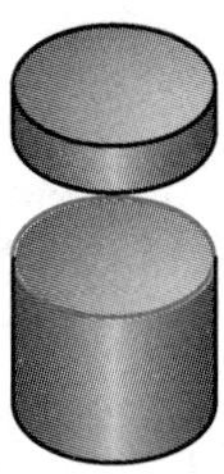	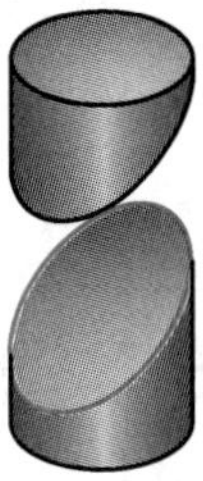
投影图	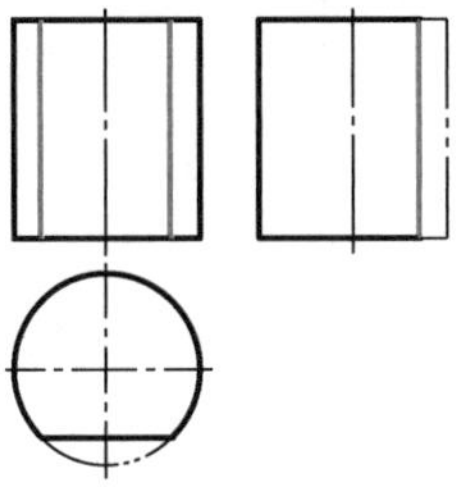	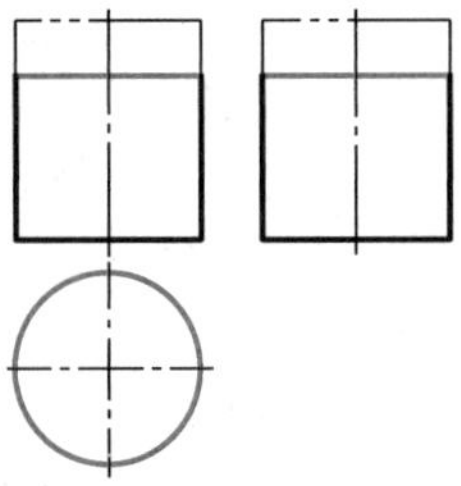	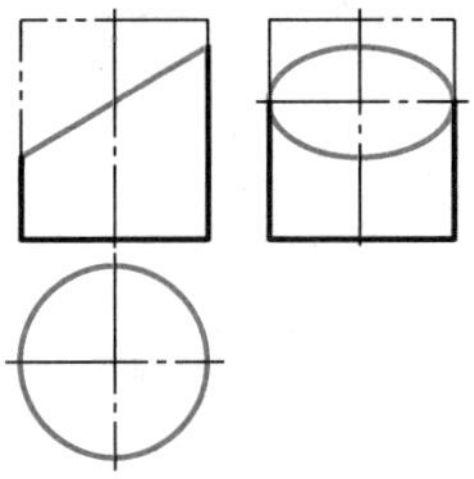

例 3-9　如图 3-26 所示，完成圆柱被截切后的水平和侧面投影。

分析　截平面 Q 与圆柱轴线倾斜，截交线为椭圆弧。截平面 P 与圆柱轴线平行，截交线为直线。

作图　1）作完整圆柱的左视图，如图 3-26b 所示。

2）求正垂面 Q 与圆柱的截交线，如图 3-26b 所示。Ⅰ、Ⅱ、Ⅲ、B、D 点为特殊点，Ⅳ、Ⅴ点为中间点。

3）求侧平面 P 与圆柱的截交线。侧平面 P 与圆柱轴线平行，截交线为直线 AB、CD；正垂面 Q 与侧平面 P 的交线 BD 为正垂线，与圆柱顶圆的交线也为正垂线，投影如图 3-26c 所示。

4）整理圆柱被截切后的外轮廓线，如图 3-26d 所示。

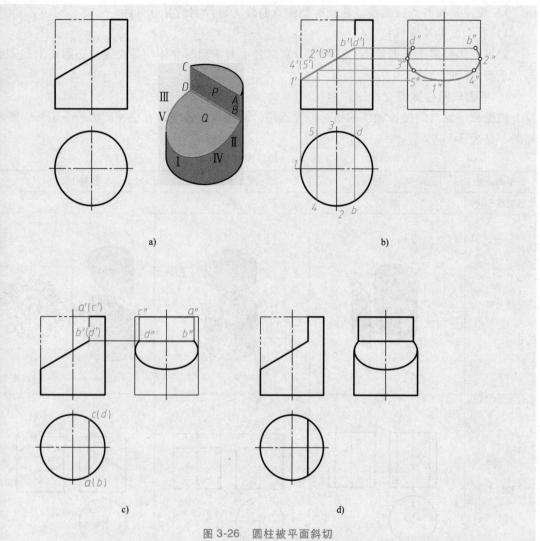

图 3-26　圆柱被平面斜切

a) 已知　b) 作正垂面与圆柱面的交线　c) 作侧平面与圆柱面的交线　d) 整理、描深

例 3-10　如图 3-27a 所示，已知带矩形切口圆柱体的正面投影，求其水平投影和侧面投影。

分析　圆柱体被左、右对称的两个侧平面和一个水平面截切，两侧平面平行于圆柱的轴线，其与圆柱面的截交线为平行轴线的铅垂线，截交线的水平投影积聚于圆柱面的水平投影上。由于两个侧平面左、右对称，截交线的侧面投影只求出一个侧平面 P 与圆柱面的交线 AB、CD 的侧面投影即可。水平面 Q 与圆柱面的截交线为水平圆弧。

作图　1）作完整圆柱的俯、左视图，如图 3-27b 所示。

2）求平面 P 的投影。作直线 AB、CD 的投影，连接 AC、BD，如图 3-27c 所示。

3）求平面 Q 的投影。水平投影反映实形，侧面投影积聚为一直线，注意可见性，如图 3-27d 所示。

4）整理外轮廓线。在侧面投影中，切口部分的转向轮廓线被切去，所以不画出，如图 3-27e 所示。

图 3-28 所示为套筒开通槽的三视图，其作图方法与图 3-27 相同，注意内轮廓线的画法。

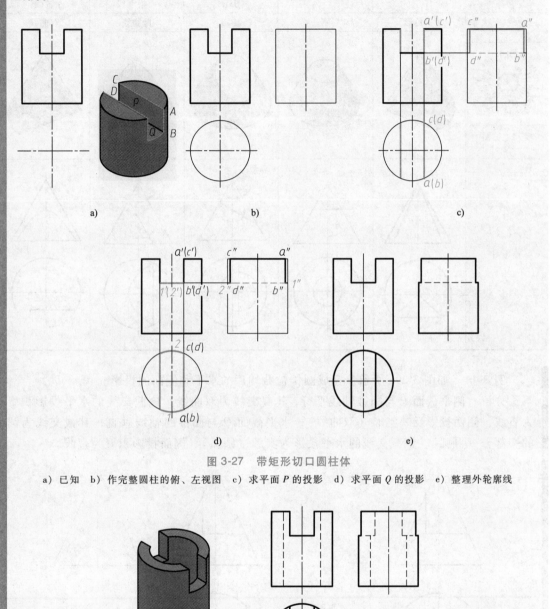

图 3-27 带矩形切口圆柱体

a）已知　b）作完整圆柱的俯、左视图　c）求平面 P 的投影　d）求平面 Q 的投影　e）整理外轮廓线

图 3-28 套筒开通槽

2. 平面与圆锥相交

根据截平面与圆锥轴线的相对位置不同，圆锥的截交线有五种形状，见表 3-2。

表 3-2　圆锥的截交线

截平面位置	过锥顶	垂直于轴线	倾斜于轴线 （β>α）	平行于 一根素线	平行于 轴线
截交线形状	三角形	圆	椭圆	抛物线	双曲线
空间立体图					
投影图					

例 3-11　如图 3-29a 所示，完成圆锥被截切后的水平和侧面的投影。

分析　侧平截面 P 与圆锥轴线平行，其截交线为双曲线。该截交线的水平投影积聚为直线，侧面投影反映实形（双曲线）；水平截面 Q 与圆锥的轴线垂直，其截交线为圆的一部分（圆弧），该截交线的水平投影为实形（圆弧），侧面投影积聚为直线。

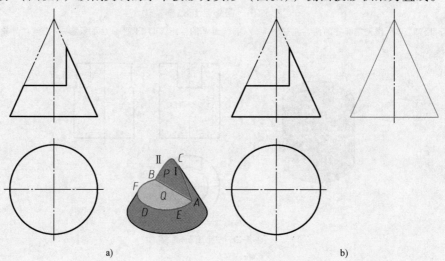

a)　　　　　　　　　　　　　　　　b)

图 3-29　圆锥被平面截切

a）已知　b）作完整圆锥的左视图

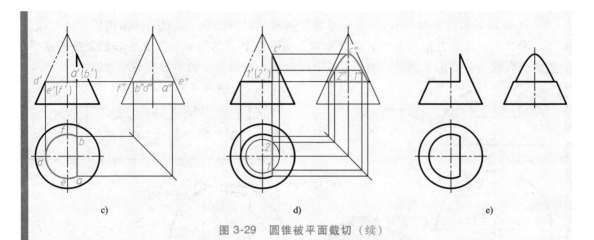

图 3-29　圆锥被平面截切（续）

c）求水平截面 Q 与圆锥的截交线　d）求侧平截面 P 与圆锥的截交线　e）整理、描深

作图　1）作完整圆锥的左视图，如图 3-29b 所示。

2）求水平截面 Q 与圆锥截交线的投影，如图 3-29c 所示。

3）求侧平截面 P 与圆锥截交线的投影，如图 3-29d 所示。

① 求作特殊点。A、B、C 点为特殊点。

② 求作中间点。Ⅰ、Ⅱ 点为中间点。

③ 顺序连接各点成曲线。

4）整理圆锥被截切后的外轮廓线，如图 3-29e 所示。

3. 平面与圆球相交

平面与圆球表面的交线是圆。当截平面平行于投影面时，在该投影面的投影为圆。当截平面与投影面倾斜时，在该投影面的投影为椭圆，见表 3-3。

表 3-3　球体截交线

截平面位置	投影面平行面	投影面垂直面
空间立体图	![P R Q 球体]	![球体]
投影图	![r' p' q' r'' p'' q'' r p q]	![球体投影]

例 3-12 如图 3-30a 所示，已知半球开通槽的正面投影，求其余两面投影。

分析 半球的通槽是由水平面 Q 和两个侧平面 P 截切形成的。水平面截交线的水平投影为反映实形的水平圆弧，侧平面截交线的侧面投影为反映实形的侧平圆弧。

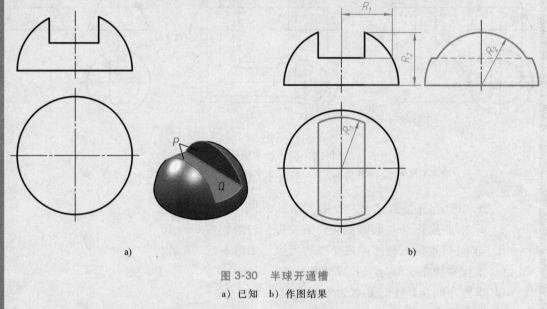

图 3-30 半球开通槽

a) 已知 b) 作图结果

作图 先作出截面有积聚性的投影，然后根据正面投影找出截交线圆弧的半径，完成其所缺的图线，整理完成作图，如图 3-30b 所示。

3.3.3 平面与组合回转体相交

组合回转体是由若干基本回转体组合而成的，其被平面截切时，截交线由各回转体表面的交线组成。作图时首先要分析各部分的曲面性质，然后按照它的几何特性确定其截交线形状，再分别作出其投影，注意应分析各回转体间的分界线。

例 3-13 如图 3-31a 所示，补主视图中所缺的线。

分析 此组合回转体是由同轴的圆柱、圆锥台及半球组合而成的，其前后被两个平行于轴线的对称正平面所截。截平面与圆锥面的交线为双曲线，与球面的交线为圆，截平面未切圆柱面，如图 3-31b 所示。作图时应找出各基本体间的分界线，然后分别求出截交线。

作图 作图步骤如图 3-31c 所示。

1）确定圆球面与圆锥面的分界线。在主视图中从球心 o' 作圆锥面外轮廓线的垂线得交点 $1'$，过点 $1'$ 作圆锥轴线的垂线 $1'2'$，连线 $1'2'$ 即为圆球面与圆锥面的分界线。

2）作与圆球面的交线（圆弧）。以 o' 为圆心，$a''d''$ 长度为半径画圆，该圆与分界线 $1'2'$ 的交点 b'、c'，即为截交线上圆与双曲线的结合点。

3）作截平面与圆锥面的交线（双曲线）。以 o'' 为圆心，$o''a''$ 为半径画圆弧，交对称线于点 $3''$，找到正面投影 $3'$，从点 $3'$ 向下作圆锥轴线的垂线，定出点 a'。在 a、c 中间作

一平面 P，用辅助平面法定出两中间点 m'、n'，画出截平面与圆锥面的交线（双曲线），即完成作图。

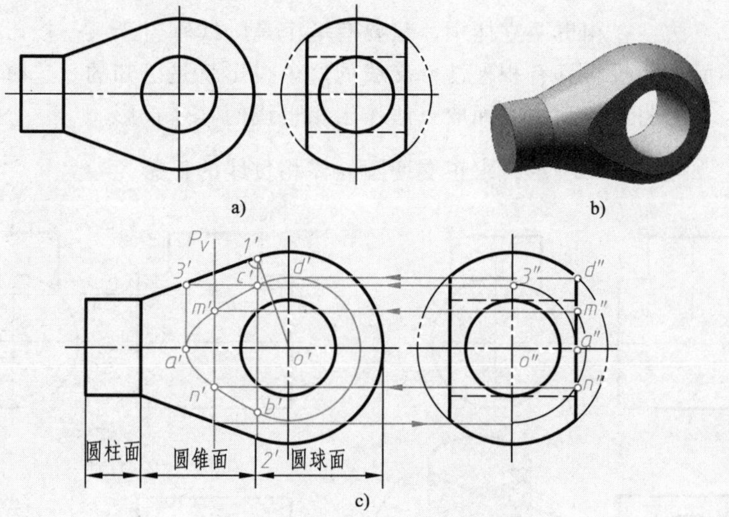

图 3-31　组合回转体被正平面截切

3.4　两回转体表面的交线

两立体相交称为相贯，两立体相交表面所产生的交线称为相贯线。相贯线的形状与相贯两立体的形状、大小及其相对位置有关。两回转体的相贯线一般情况下是一条封闭的空间曲线，如图 3-32a 所示。特殊情况下为平面曲线（圆或椭圆），如图 3-32b 所示。

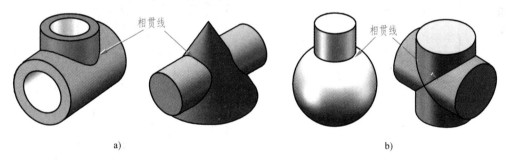

图 3-32　相贯线

a）相贯线为空间曲线　b）相贯线为圆、椭圆

1. 相贯线的性质

1）相贯线是相交两立体表面的共有线，相贯线上的点是两立体表面的共有点。

2）相贯线也是相贯两立体的分界线。

3）相贯线一般是封闭的空间曲线，特殊情况下可能是平面曲线或直线。

2. 相贯线的作图方法

常用的作图方法有表面取点法和辅助平面法。作图时先确定相贯线上的特殊点，再求一般点，然后依次平滑连接各点（区分可见性）。所谓特殊点，是指相贯线上最高点、最低点、最前点、最后点、最左点、最右点和转向轮廓线上的点等，找准特殊点才能保证画图准确。

（1）表面取点法 在相贯两立体中，只要有一个是轴线垂直于某一投影面的圆柱体，则圆柱面在该投影面上的投影具有积聚性，交线的这个投影就是已知的。这时，可以把交线看成另一个回转面上的曲线，利用表面取点法作出相贯线的其余投影。

例 3-14 如图 3-33a 所示，求正交两圆柱体相贯线的投影。

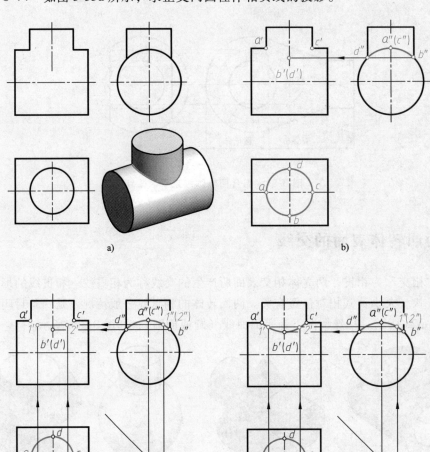

图 3-33 正交两圆柱体的相贯线
a）已知 b）求特殊点 c）求一般点 d）光滑连线

分析 由图 3-33a 可知，两圆柱的直径不等，轴线相互垂直（即正交），它们的相贯线是一条封闭的空间曲线，且前、后，左、右对称。根据相贯线的共有性，相贯线上的各点都是两圆柱体表面的共有点。

小圆柱的轴线垂直于 H 面，相贯线的水平投影积聚在小圆柱的水平投影上（即圆周上）；大圆柱的轴线垂直于 W 面，相贯线的侧面投影积聚在大圆柱的侧面投影上，为两圆柱侧面投影共有的一段圆弧。因此只需求出相贯线的正面投影。

作图 1）求特殊点。在水平投影中直接定出相贯线上的最左、最右、最前、最后点 A、C、B、D 的水平投影 a、c、b、d，然后求出它们的侧面投影 a''、c''、b''、d'' 和正面投影 a'、c'、b'、d'，如图 3-33b 所示。

由图还可看出，点 A、C 为两圆柱正面投影转向轮廓线的交点，为相贯线上的最高点；点 B、D 为相贯线上的最低点。

2）求一般点。在相贯线的水平投影上任取两个左右对称的点 1、2，然后求出它们的侧面投影 $1''$、$2''$ 和正面投影 $1'$、$2'$，如图 3-33c 所示。

3）用光滑曲线依次连点，并判别可见性。由于相贯线前后对称，所以在正面投影中只需画出前半部可见的投影 $a'1'b'2'c'$，后半部不可见投影与它重合，如图 3-33d 所示。

（2）辅助平面法 辅助平面法就是假想用一个平面截切两相交立体，所得截交线的交点，是相交两立体表面、辅助平面三面共有点，就是相贯线上的点。在两立体相交部分作出一系列辅助平面，求出相贯线上一系列点的投影，依次光滑连接，即得相贯线的投影。

辅助平面的选择原则是：选用特殊位置平面，并使辅助平面与两曲面立体表面交线的投影都为最简单的线条（直线或圆弧），如图 3-34 所示。

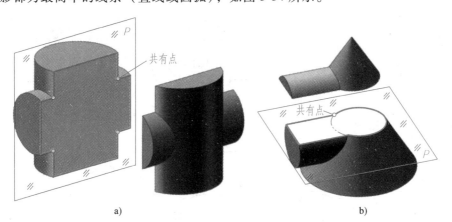

a) b)

图 3-34 辅助平面法
a）交线为直线 b）交线为直线和圆

例 3-15 求作图 3-35a 所示的轴线正交圆柱与圆锥的相贯线。

分析 由图 3-35a 可知，圆柱与圆锥正交的相贯线为一前后对称的空间曲线。由于圆柱的轴线为侧垂线，所以相贯线的侧面投影与圆柱面侧面投影重合，即为圆。因此只需求出水平投影和正面投影。

作图 1）选择辅助平面。此题选择水平面作为辅助平面最为适宜。水平面与圆锥面的交线为圆，与圆柱面的交线为两条平行直线。两截交线的水平投影均反映实形，两截交线的交点即为相贯线上的点。

2）求特殊点。如图 3-35b 所示，点 Ⅰ、Ⅲ 分别为相贯线上的最高、最低点，其三面投影可直接求出。

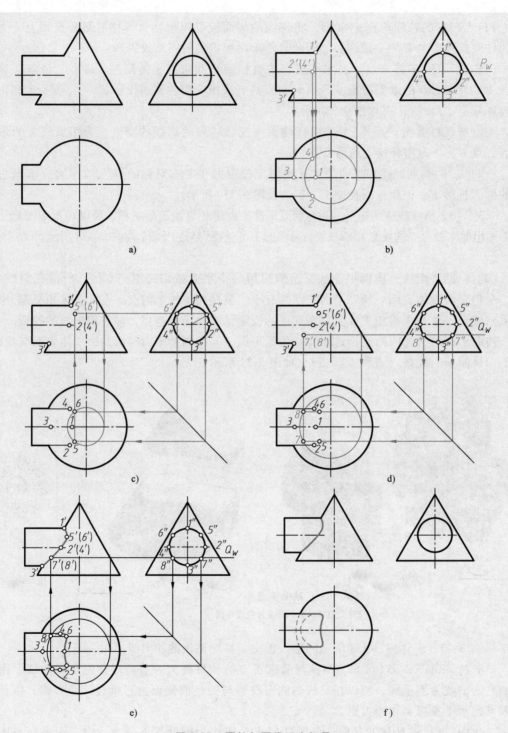

图 3-35 圆柱与圆锥正交相贯
a) 已知 b) 求特殊点 c) 求最右点 d) 求一般点
e) 判别可见性、光滑连线 f) 整理轮廓、描深点Ⅱ、Ⅳ为相贯线上的最前、最后点,其侧面投影2″、4″可直接求出,而水平和正面投影需利用过圆柱轴线的水平面 P 作为辅助平面,它与圆柱面的截交线位于圆柱面的最前、最后素线上,与圆锥的截交线为圆,直线与圆的水平投影的交点即为2、4,这两点即为相贯线水平投影曲线的可见性分界点,并由此求出2′、4′。

点Ⅴ、Ⅵ为相贯线上的最右点。在左视图中,从圆心向圆锥轮廓线作垂线,再从垂线与圆锥轮廓线的交点向圆锥轴线作垂线,交圆上于点5″、点6″,根据宽相等、长对正及纬圆法,求出点5、6及点5′6′,如图 3-35c 所示。

3)求一般点。在点Ⅱ、Ⅲ之间的适当位置作辅助水平面 Q,求出一般点Ⅶ、Ⅷ,如图 3-35d 所示。

4)依次连接各点,并判别可见性。由于相贯线的正面投影前后对称,可见部分与不可见部分重合,故相贯线的正面投影均为粗实线。相贯线上半部的水平投影在圆锥面和圆柱面的上部,故可见。相贯线下半部的水平投影在圆柱面的下部,故不可见,如图 3-35e 所示。

5)整理轮廓、完成作图。由于相贯线是两立体表面的分界线,所以在正面投影中应将两立体的外轮廓线画到1′、3′为止,在水平投影中将圆柱的外轮廓线画到2、4为止,如图 3-35f 所示。

3. 两圆柱面相交的三种基本形式

相交的表面可以是立体的外表面,也可能是内表面,因此就会出现图 3-36 所示的两外表面相交、外表面与内表面相交、两内表面相交的三种基本形式,它们的交线形状和作图方法是相同的。

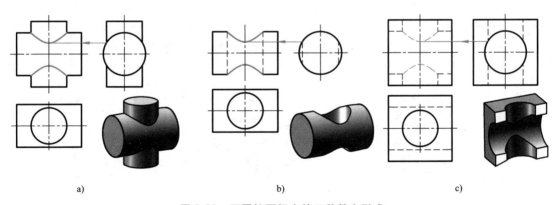

图 3-36 两圆柱面相交的三种基本形式

a)两外表面相交 b)外表面和内表面相交 c)两内表面相交

4. 圆柱直径大小和相对位置的变化对相贯线的影响

1)两圆柱面相交时,交线的形状和位置取决于它们直径的相对大小和轴线的相对位置。

表 3-4 所示为两圆柱直径的相对变化对相贯线的影响。表 3-5 所示为两圆柱轴线的相对位置变化对相贯线的影响。

2)圆柱与圆锥相交,圆柱面的直径变化对相贯线的影响。

图 3-37 所示为圆柱与圆锥的轴线垂直相交时,圆柱直径变化对相贯线的影响。

表 3-4 两圆柱直径的相对变化对相贯线的影响

直径关系	水平圆柱比竖直圆柱直径大	两圆柱直径相等	竖直圆柱比水平圆柱直径大
立体图	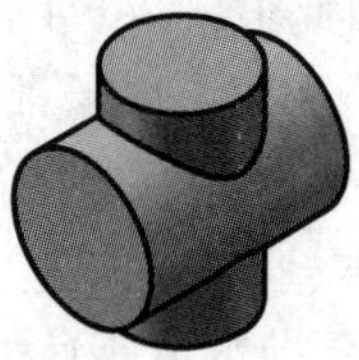	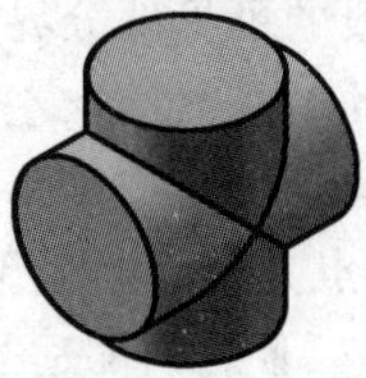	
投影图	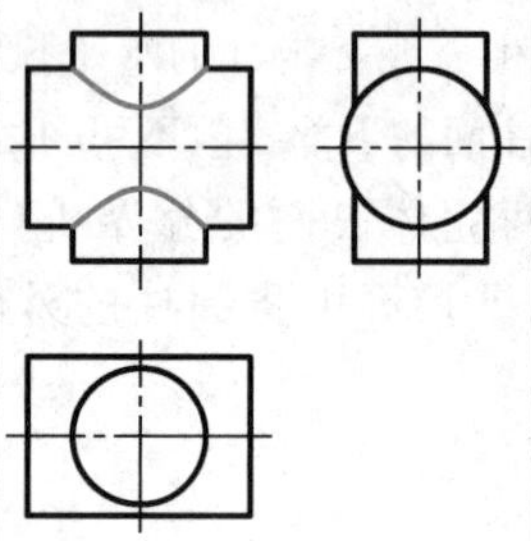	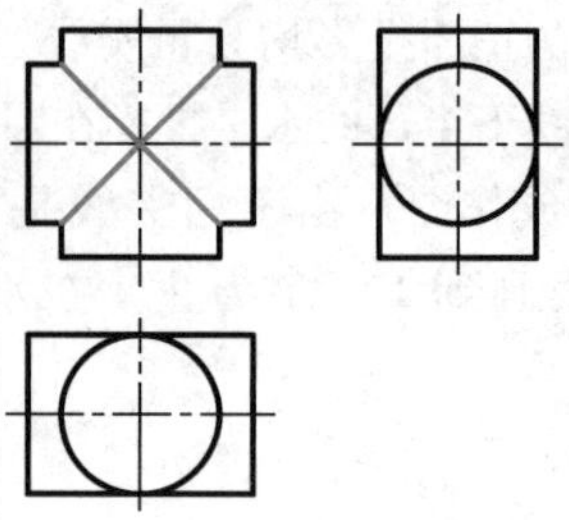	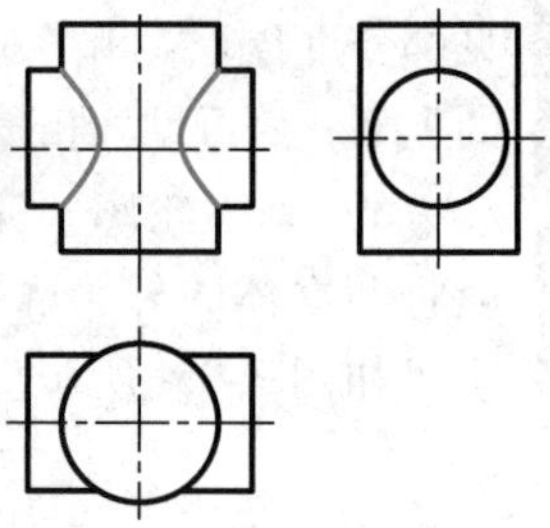
相贯线的特点	上、下两条空间曲线	两个互相垂直的椭圆	左、右两条空间曲线

表 3-5 两圆柱轴线的相对位置变化对相贯线的影响

两轴线相对位置	两轴线交叉(全贯)	两轴线交叉(最前素线相交)	两轴线交叉(互贯)
立体图	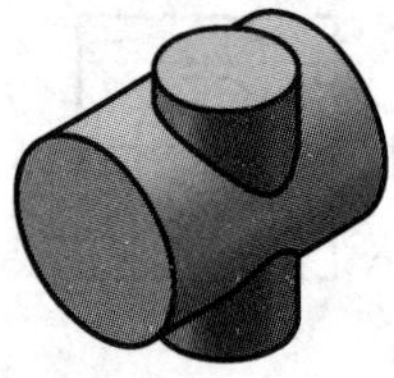	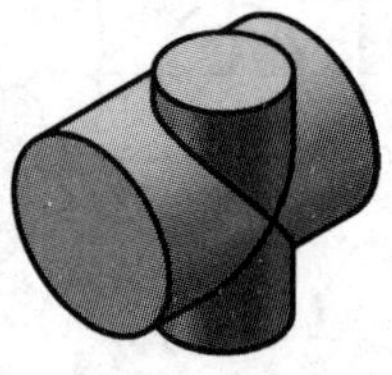	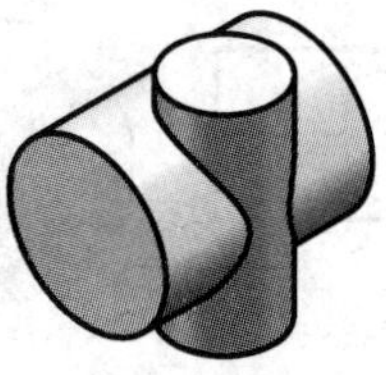
投影图	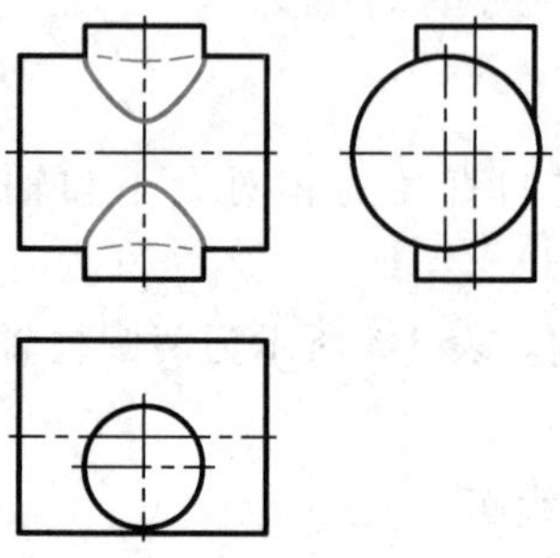	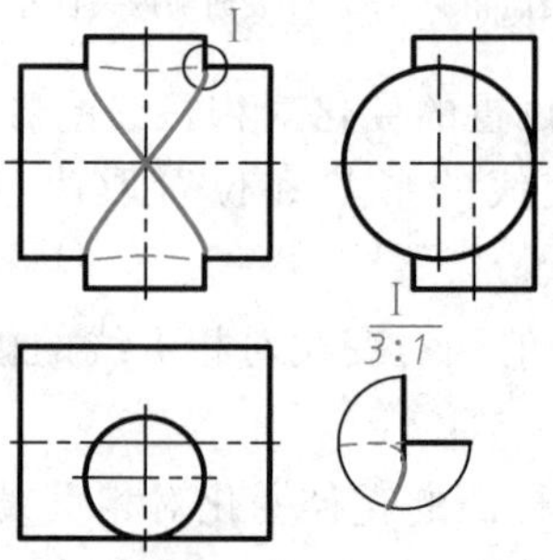	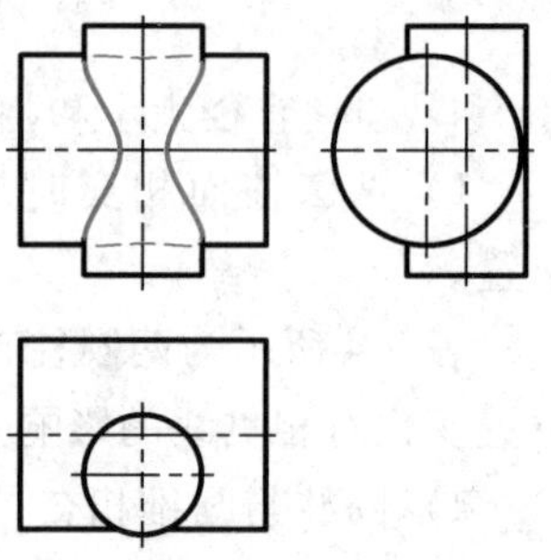

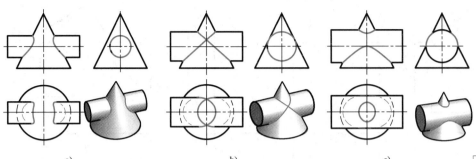

图 3-37 圆柱直径变化对相贯线的影响

a）圆柱穿过圆锥 b）公切于球 c）圆锥穿过圆柱

5. 相贯线的特殊情况

两曲面立体的相贯线一般情况下是空间封闭曲线，但在特殊情况下也可能是直线或平面曲线，如图 3-38～图 3-40 所示。

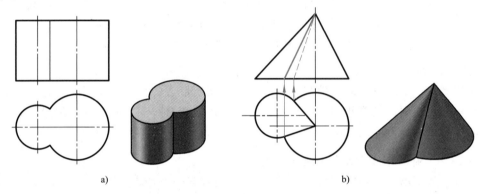

图 3-38 相贯线为直线

a）两圆柱轴线平行 b）两圆锥共锥顶

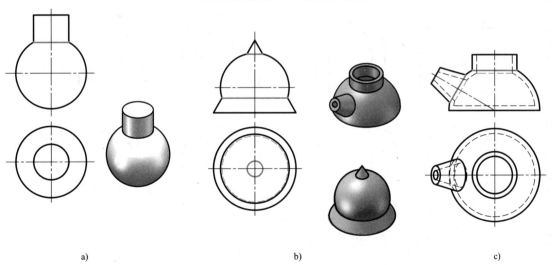

图 3-39 相贯线为圆

a）圆柱轴线过球心 b）圆锥轴线过球心 c）回转面轴线过球心

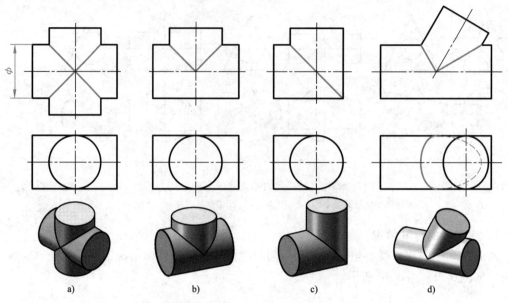

图 3-40 两直径相等圆柱相交，交线为椭圆、半椭圆的情况

a）两圆柱互贯 b）两圆柱半接 c）两圆柱对接 d）两圆柱斜交

6. 多体相贯的情况

多体相贯是三个或三个以上的基本体相交其表面所形成的交线。作图时，先进行形体分析，弄清各部分基本体的形状和相对位置，判断出各段相贯线的空间形状、位置、方向，再两两表面逐段求出相贯线的投影。

例 3-16 补画图 3-41a 中所缺的图线。

分析 从所给已知视图可以看出，此立体是由半球、大圆柱、小圆柱和 U 形柱组成的。U 形柱回转面与圆柱的轴线均过球心，因此与球面的交线均为圆。因大圆柱的直

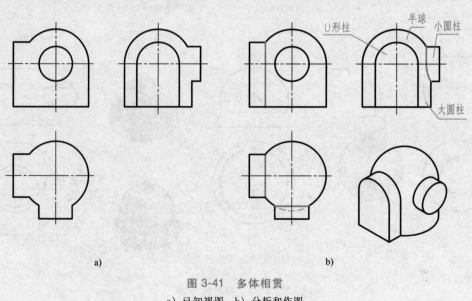

图 3-41 多体相贯

a）已知视图 b）分析和作图

径与半球的直径相等，两表面相切不画线。小圆柱与半球面的交线是正平半圆，水平投影和侧面投影为直线；小圆柱与大圆柱轴线垂直相交，交线为左右对称的空间曲线。U形柱的圆柱面与半球的交线是侧平半圆，水平投影和正面投影为直线；U形柱的前后平面部分与大圆柱相交，交线是前后对称的两条铅垂线。

作图结果如图 3-41b 所示。

7. 相贯线的简化画法与模糊画法

（1）简化画法　在不引起误解时，图形中的相贯线可以简化成圆弧或直线。如图 3-42所示，轴线正交且平行于 V 面的两圆柱相贯，相贯线的 V 面投影可以用与大圆柱半径相等的圆弧来代替。圆弧的圆心在小圆柱的轴线上，圆弧通过 V 面转向线的两个交点，并凸向大圆柱的轴线。

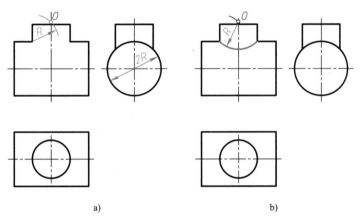

a)　　　　　　　　　　　　　　　　b)

图 3-42　用圆弧代替非圆相贯线

a）定圆心　b）画圆弧

对于轴线垂直偏交且平行于 V 面的两圆柱相贯，非圆曲线的相贯线可以简化为直线，如图 3-43 所示。

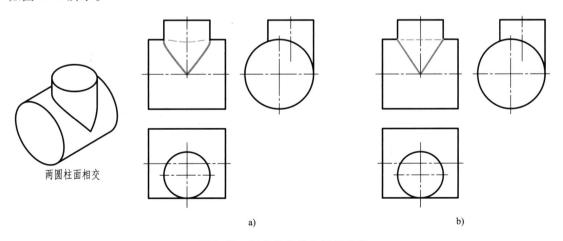

两圆柱面相交

a)　　　　　　　　　　　　　　　　b)

图 3-43　用直线代替非圆相贯线

a）简化前　b）简化后

（2）模糊画法 大多数情况下的相贯线是零件加工后自然形成的交线，所以，零件图上的相贯线实质上只起示意的作用，在不影响加工的情况下，还可以采用模糊画法表示相贯线。图3-44b 所示为圆台与圆柱相贯时相贯线的模糊画法。

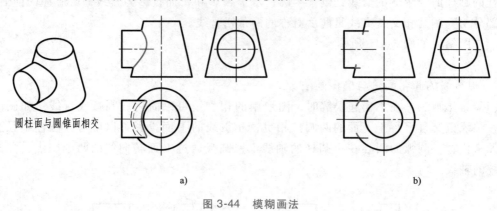

圆柱面与圆锥面相交

a)   b)

图 3-44 模糊画法
a）简化前 b）简化后

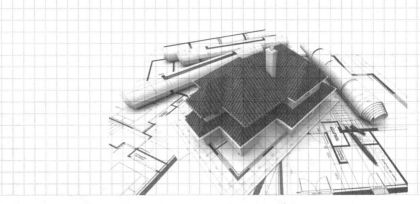

第4章

组合体及其三维建模方法

任何复杂的机械零件,从形体角度看,都是由一些简单的形体按一定的方式组合而成的。由基本体通过叠加或切割形成的立体称为组合体。掌握组合体的画图和看图方法十分重要,可进一步巩固前面学习的知识,也可以为学习零件图的绘制和阅读打下基础。

4.1 组合体的组合方式分析

4.1.1 组合体的组合方式

从组合体的模型制作或模型创建过程分析,常将组合体分为叠加和切割两种方式。

1. 叠加

叠加式组合体是由基本体叠加在一起而形成的。如图4-1a所示的立体,可看成是由圆柱和六棱柱叠加而成的,如图4-1b所示。

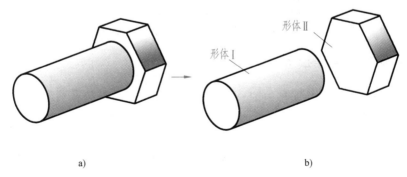

a)   b)

图4-1　叠加式组合体

a) 组合体　b) 叠加形体

2. 切割

切割式组合体由基本体经截切和挖孔而形成。如图4-2a所示的立体,可看成是长方体切割去形体Ⅰ、Ⅱ、Ⅲ后形成的,如图4-2b所示。

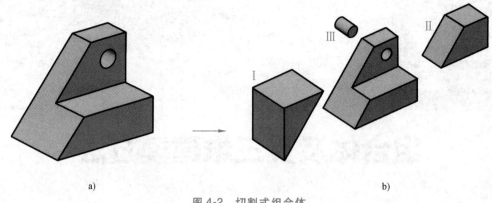

a)   b)

图 4-2 切割式组合体
a) 组合体 b) 切割形体

一般在组合体中，常常为两种形式并存。如图 4-3a 所示组合体的构成方式，既有叠加，又有切割（挖切），叠加和切割形体如图 4-3b 所示。

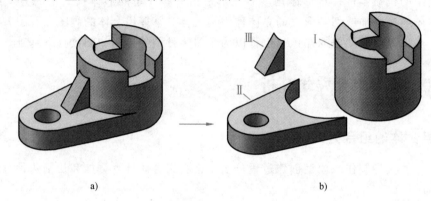

a)   b)

图 4-3 叠加、切割综合
a) 组合体 b) 叠加和切割形体

另外，同一组合体的形成方法不是唯一的。如图 4-4a 所示的组合体，可以看成是一柱体切去形体Ⅰ、Ⅱ、Ⅲ（图 4-4b）后形成，也可看成由底板和侧立板叠加而成（图 4-4c、d）。

4.1.2 组合体的表面连接关系

由于组合体表面间的相对位置不同，或者性质不同，连接关系也就不同，一般可分为四种：相错、共面、相交和相切。

1. 相错

相错是指两形体间两平行表面前后（或上下、左右）互相错开，如图 4-5 所示。

2. 共面

共面是指两形体间有的表面互相重合。两个形体的表面共面时，中间不应画分界线，如图 4-6 所示。

3. 相交

相交是指两形体的表面相交。当两个形体的表面相交时，相交处产生交线，在视图中应该画出这些交线的投影，如图 4-7 所示。

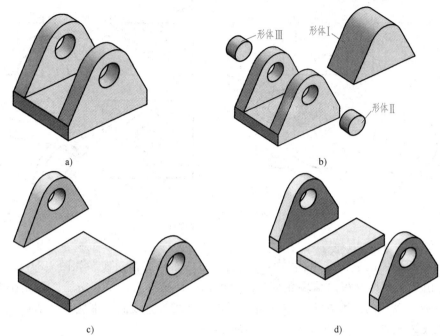

图 4-4 同一组合体的不同形成方式

a）组合体 b）切割形体 c）叠加形式 1 d）叠加形式 2

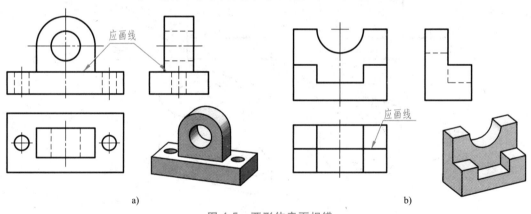

图 4-5 两形体表面相错

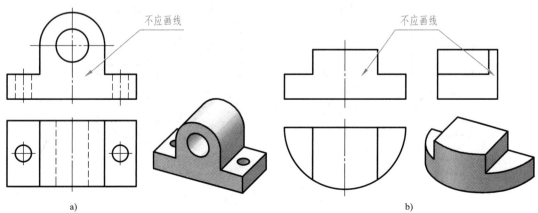

图 4-6 两形体表面共面

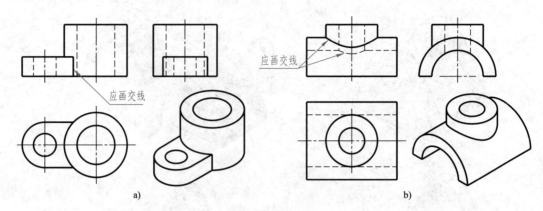

图 4-7 相交情况

4. 相切

相切是指两形体的表面（平面与曲面或曲面与曲面）光滑过渡，如图 4-8、图 4-9 所示。图 4-8 中，由于两形体底板的前端面与圆柱面相切，是光滑的，没有交线，因此在视图中不应该画分界线。底板的顶面在主、左视图上积聚成直线，直线的末端应画至切点处。切点位置依据俯视图，根据"长对正、宽相等"来确定。

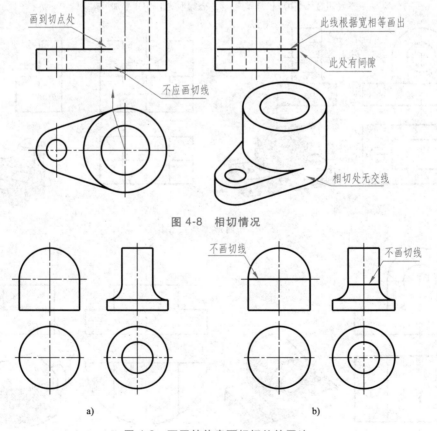

图 4-8 相切情况

图 4-9 两回转体表面相切处的画法

a）正确 b）错误

4.2　组合体视图的画法

本节主要介绍根据实物或立体图画组合体三视图的方法和步骤。

4.2.1　叠加式组合体视图的画法

画叠加式组合体视图时，通常采用形体分析法。所谓形体分析法，就是分析组合体的形体构成、组合方式、表面连接关系以及形体间的相对位置进行画图和看图的方法。应用形体分析法，能化繁为简，化难为易。

现以图4-10所示的轴承座为例，说明此类组合体的画图方法和步骤。

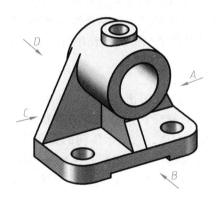

图 4-10　轴承座

1. 形体分析

应用形体分析法，可以把此轴承座分解为五部分：底板Ⅰ、圆筒Ⅱ、支承板Ⅲ、肋板Ⅳ和凸台Ⅴ，如图4-11所示。

该轴承座的结构特点是：左右对称；支承板在底板上方，后端面与底板后端面平齐，左右两侧面与圆柱筒相切；肋板在支承板正前方，圆筒正下方，其左右两侧面与圆筒相交；凸台在圆柱筒上方，并与其垂直相交。

2. 选主视图

在三面视图中，主视图是最主要的视图，因此画

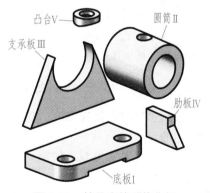

图 4-11　轴承座的形体分析
（形体分析法）

图时应首先选择主视图。选择时，通常将物体放正（主要平面或轴线平行或垂直于投影面），并选择最能够反映物体形体结构特征的视图作为主视图，同时考虑尽量使其他视图中的细虚线少。

按要求放好后（图4-10），主视图的投射方向选择视图中的 *A* 向或 *B* 向，比选择 *C* 向或 *D* 向好，如图4-12所示。考虑到三视图的合理布局，选择 *B* 向作为主视图。

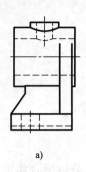 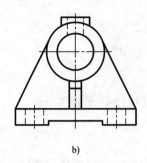 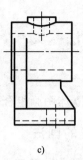 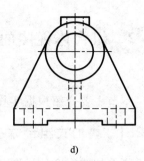

a)　　　　　　　　b)　　　　　　　　c)　　　　　　　　d)

图 4-12　轴承座主视图的选择

a) *A* 向　b) *B* 向　c) *C* 向　d) *D* 向

3. 确定绘图比例、布置视图

布置视图就是根据各视图的最大轮廓尺寸和各视图间应留有的间隙，在图纸上均匀地布置各视图的位置。依据组合体的总体尺寸，选定合适的比例，画出确定各视图在两个方向上的基线，如图 4-13a 所示。可以作为基线的一般是组合体上大的底面、端面、对称平面和回转体轴线等的投影。

4. 画底稿

要用硬细铅芯，轻、准、快地逐个画出各形体的视图。画图的一般顺序是：先画主要形体，后画次要形体；先定位置，后画形状；先画具有特征形状的视图（如圆柱应先画圆形视图），后画其他视图；先画各基本体，后画形体间的交线等，如图 4-13b、c、d、e 所示。

注意，由于各形体是依次画出的，应注意组合体的完整性。即每画上一个形体都要分析与之相连接形体的连接关系（叠合、相切、相交），并判断它们之间的可见性，应不断地擦去多余的线条，补上产生的线条。

5. 按国标要求加深图线

底稿画好后，应仔细检查。检查时，还是应用形体分析法，逐一分析各形体的投影是否正确，位置及表面连接关系是否准确，擦去多余的图线。

检查完成后加深图线。加深时，先圆弧，后直线；从上到下，从左到右，依次加深。完成的结果如图 4-13f 所示。

4.2.2　以切割为主的组合体三视图的画法

绘制这类组合体视图时，先搞清切割前基本体的形状，然后分析组合体是被哪些平面截切得到的。

画图时，通常先画出切割前完整基本体的投影，然后画出切割后的形体；各切口部分应从截面有积聚性的视图画起，再根据投影规律，画出其他视图；最后用线面分析法分析所绘图形的正确性。

所谓**线面分析法**，就是根据立体上表面及线段的投影特性（积聚性、实形性、类似性等），分析表面及线段的形状和相对位置，进行画图和看图的方法。

下面绘制如图 4-14a 所示组合体的三视图。

将反映其主体特征的 *A* 向作为主视图投射方向。由形体分析可知，该组合体可看成是一个长方体经过切割（用正垂面 *P* 切去形体Ⅰ，水平面与正平面切去形体Ⅱ、Ⅲ）、钻孔（挖去圆柱Ⅳ）而形成的组合体，如图 4-14b 所示。切割过程如图 4-15 所示。

具体的作图过程如图 4-16 所示。

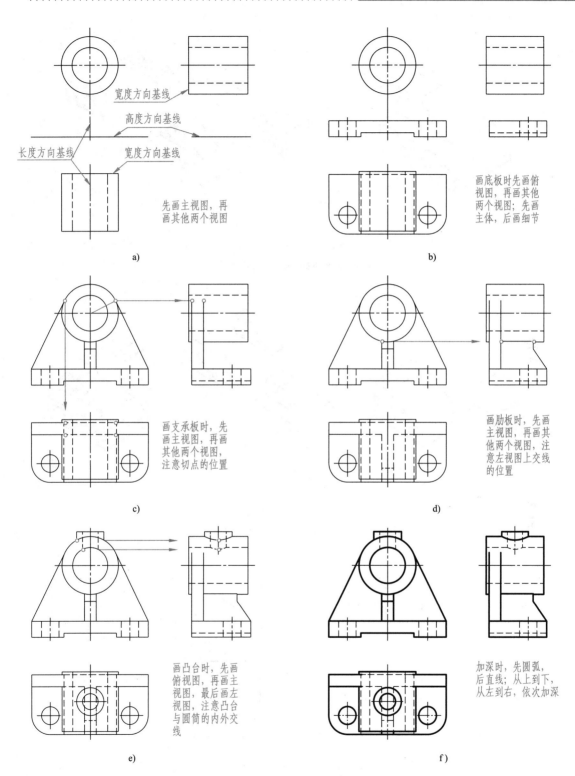

宽度方向基线

高度方向基线

长度方向基线

宽度方向基线

先画主视图，再
画其他两个视图

a)

画底板时先画俯
视图，再画其他
两个视图；先画
主体，后画细节

b)

画支承板时，先
画主视图，再画
其他两个视图，
注意切点的位置

c)

画肋板时，先画
主视图，再画其
他两个视图，注
意左视图上交线
的位置

d)

画凸台时，先画
俯视图，再画主
视图，最后画左
视图，注意凸台
与圆筒的内外交
线

e)

加深时，先圆弧，
后直线；从上到下，
从左到右，依次加深

f)

图 4-13　画轴承座三视图的过程

a）先画出基线，再画出圆筒三视图　b）画底板的三视图　c）画支承板的三视图

d）画肋板的三视图　e）画凸台的三视图　f）检查后，加深图线

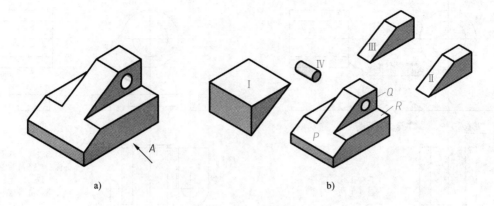

图 4-14　切割式组合体
a) 组合体　b) 切割分析

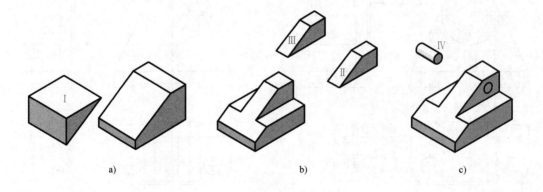

图 4-15　切割过程
a) 切去形体Ⅰ　b) 切去形体Ⅱ、Ⅲ　c) 挖去形体Ⅳ

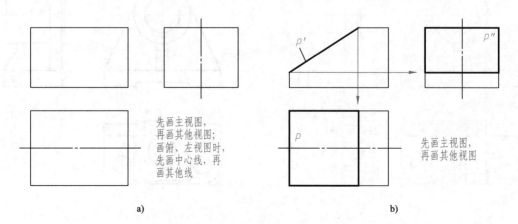

先画主视图,
再画其他视图;
画俯、左视图时,
先画中心线,再
画其他线

先画主视图,
再画其他视图

图 4-16　切割式组合体的画图方法
a) 画长方体的三视图　b) 画切去形体Ⅰ

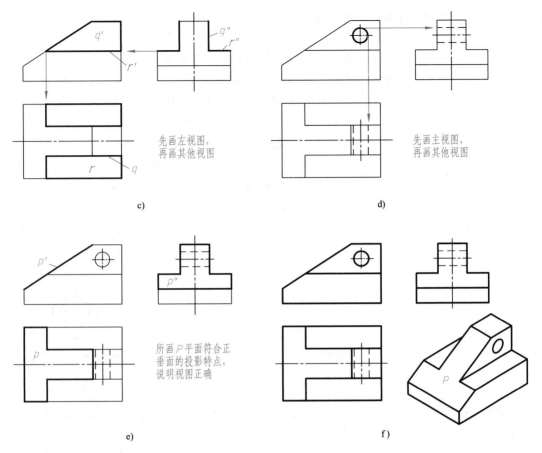

图 4-16　切割式组合体的画图方法（续）

c）画切去形体Ⅱ、Ⅲ　d）画挖去圆柱Ⅳ　e）分析正垂面 P 的三投影　f）检查无误后加深

4.3　组合体的尺寸标注

视图只能表示组合体的形状结构，而其真实大小及各形体的相对位置则要通过尺寸数值来确定。标注组合体尺寸要满足以下几点要求：

1）正确。尺寸线、尺寸界线、尺寸数值的注写要符合国家标准有关尺寸注法的规定。

2）完整。所注尺寸必须将各形体的大小及相对位置确定下来，不遗漏、不重复尺寸。

3）清晰。每个形体的尺寸都必须标注在反映该形体形状和位置最清晰的图形上，以便于看图。

要达到这些要求，掌握组合体尺寸标注的基本方法和步骤是十分必要的。

4.3.1　组合体上的尺寸分类

组合体上的尺寸按其作用可分为定形尺寸、定位尺寸和总体尺寸三种。

1. 定形尺寸

确定组合体各组成部分形体形状大小的尺寸，称为定形尺寸。如图 4-17a 所示，所注的均为定形尺寸，这些尺寸确定了组合体中底板和立板的形状和大小。

2. 定位尺寸

确定组合体各组成部分形体间或各截平面间相互位置的尺寸，称为定位尺寸。如图 4-17b 所示，所注的均为定位尺寸，其中尺寸 11 确定立板的左右位置，尺寸 16 确定立板上圆心的位置，尺寸 30、6、12 确定底板上圆柱孔的位置。如图 4-18 所示，主视图上的尺寸 12、6 定正垂面 P 的位置，俯视图中的尺寸 12、20 定铅垂面 S 的位置，左视图中的两个尺寸 10，既起定位作用（定 Q、R 平面的位置），又起定形作用（定厚度）。

标注组合体的定位尺寸时，首先应在长、宽、高三个方向上各选一个尺寸基准，以便从基准出发标注定位尺寸。一般选择组合体的对称面、大的底面、大的端面及回转体的轴线作为尺寸基准，如图 4-17b、图 4-18、图 4-19 所示。

尺寸基准选定后，可直接或间接从基准出发，注出每一形体上的对称面、回转体轴线、端面、截平面等的定位尺寸。

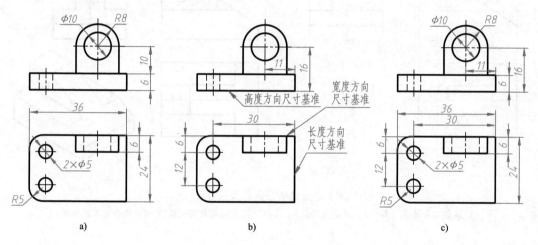

图 4-17 组合体的尺寸

a）定形尺寸 b）定位尺寸 c）最终标注

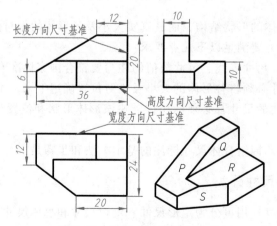

图 4-18 切割式组合体的尺寸

定位尺寸的数量与组合体中各形体间的相对位置有关，当各形体间在某个方向上的相对位置处于叠加、共面、同轴以及处于对称公共对称面时，则不标注该方向的定位尺寸。如图4-19所示的组合体，长度方向对称，宽度方向平齐，高度方向叠加，因此，不需标注定位尺寸。

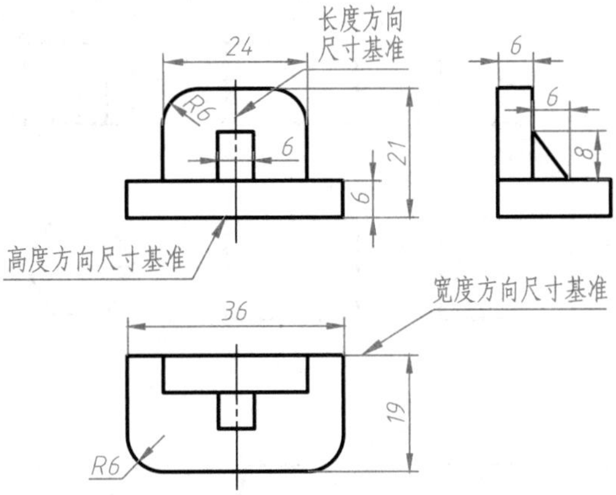

3. 总体尺寸

表示组合体总长、总宽、总高的尺寸，称为总体尺寸。总体尺寸有时就是组合体上某个基本形体的定形尺寸或定位尺寸。如图4-17c所示，组合体的总长36、总宽24尺寸，也是底板的定形尺寸。

当组合体某个方向的形体具有回转面时，一般不应注出该向的总体尺寸，而应注出轴线的定位尺寸和回转面的半径或直径尺寸，如图4-20所示（图中画"×"的尺寸，为多余尺寸）。

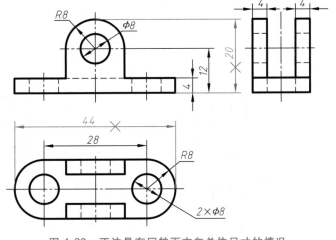

图4-19 无需标注定位尺寸的组合体

4.3.2 基本立体的尺寸标注

组合体可看作是由基本立体或简单形体按一定的方式组合而成的。标注组合体的尺寸是按照形体分析法进行的，因此要正确标注组合体的尺寸，必须掌握基本立体及常见形体的尺寸注法。

常见基本立体的尺寸注法如图4-21所示。

图4-20 不注具有回转面方向总体尺寸的情况

4.3.3 切割体的尺寸标注

对于切割体，一般只标注原始形体的定形尺寸和截平面的定位尺寸，不能对其交线标注尺寸，如图4-22、图4-23所示（图中画"×"的尺寸均为错误尺寸）。

4.3.4 相贯体的尺寸标注

对于相贯体，应标注组成部分的定形尺寸及定位尺寸，不能对相贯线标注尺寸，因相贯线是自然形成的，如图4-24所示。图4-25所示为常见的错误标注形式（图中画"×"的尺寸）。

4.3.5 清晰标注尺寸

为了便于看图，尺寸标注除正确、完整外，还要布置整齐、清晰。

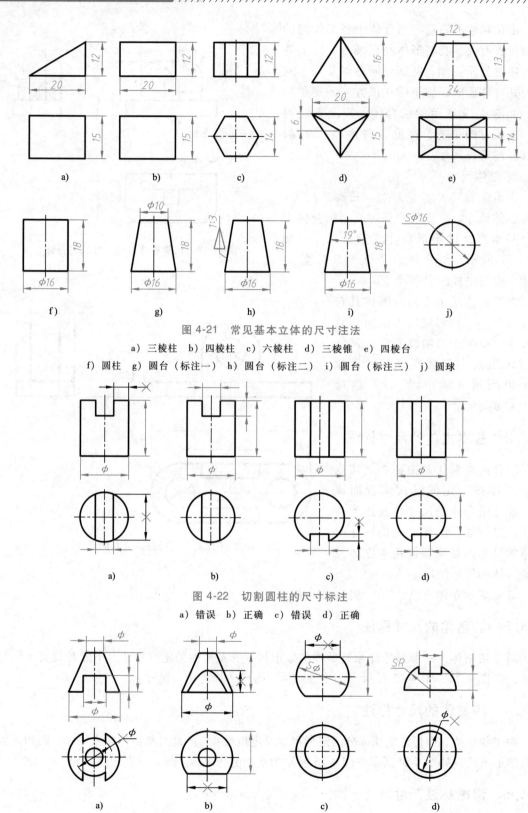

图 4-21　常见基本立体的尺寸注法

a）三棱柱　b）四棱柱　c）六棱柱　d）三棱锥　e）四棱台

f）圆柱　g）圆台（标注一）　h）圆台（标注二）　i）圆台（标注三）　j）圆球

图 4-22　切割圆柱的尺寸标注

a）错误　b）正确　c）错误　d）正确

图 4-23　切割圆锥、圆球的尺寸标注

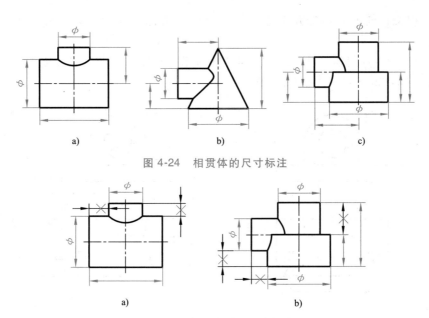

图 4-24 相贯体的尺寸标注

图 4-25 常见的错误尺寸标注
a) b)

1）尺寸应尽量标注在形状特征明显的视图上，有关联的尺寸尽量标注在该形体的两视图之间，以便于读图和想象立体的空间形状。虚线处尽量不要标注尺寸，如图4-26所示。

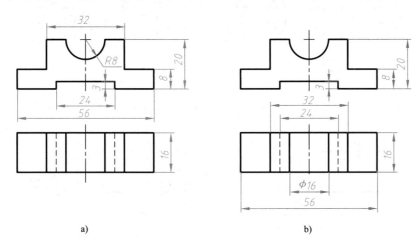

图 4-26 尺寸应尽量标注在形状特征明显的视图上
a）好 b）不好

2）同一个形体尺寸应尽量集中标注。如图 4-27a 所示，底板的尺寸集中在俯视图上标注，立板的尺寸集中在主视图上标注。半径尺寸只能标注在投影为圆弧的视图上，而且尺寸线应过圆心。

3）回转体的直径尺寸最好标注在反映为非圆的视图上，同心轴的直径尺寸不宜集中标注在反映为圆的视图上，缺口的尺寸应标注在反映实形的视图上，如图4-28所示。

4）尺寸标注要排列清晰整齐。尺寸应尽量标注在视图的外部，当图形内有足够的空白处并不影响图形的清晰时也可标注在视图内；小尺寸在内，大尺寸在外，应避免尺寸线与其他尺寸界线相交；同一方向的几个连续尺寸，应尽量标注在同一条尺寸线上，如图4-29所示。

5）应避免标注成封闭尺寸链。如图4-30a所示，长度方向两个尺寸就够了，若标注三个尺寸（如图4-30b所示），就成了封闭尺寸链。

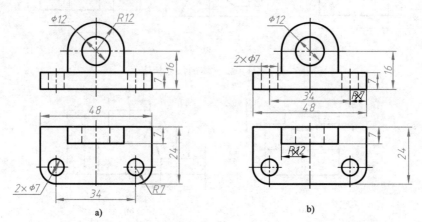

图4-27 同一个形体尺寸应尽量集中标注

a）好 b）不好

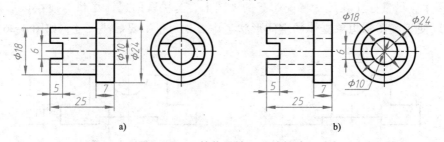

图4-28 回转体及缺口尺寸标注

a）好 b）不好

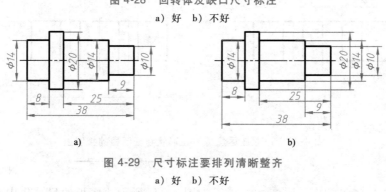

图4-29 尺寸标注要排列清晰整齐

a）好 b）不好

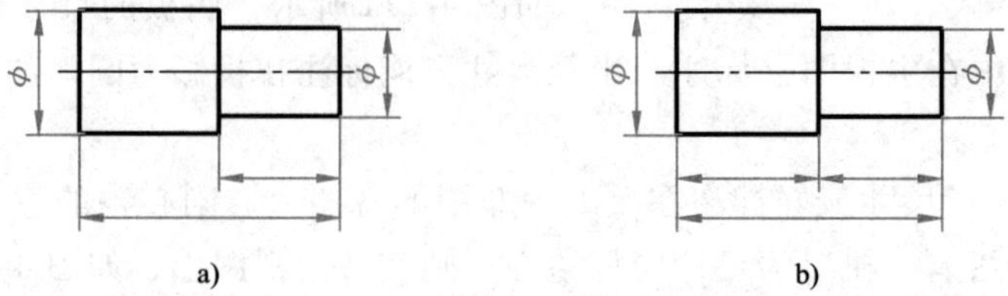

图4-30 应避免标注成封闭尺寸链

a）好 b）不好

关于尺寸标注的合理性，参见零件图的尺寸标注。

4.3.6　组合体尺寸标注的方法和步骤

标注组合体尺寸的基本方法是形体分析法，即先分析组合体的构成，确定尺寸基准，然后标注各形体的定形、定位尺寸，最后综合调整，标注总体尺寸。

下面以图 4-10 所示的轴承座为例说明组合体尺寸标注的方法和步骤。

1. 分析构成特点，确定尺寸基准

该轴承座由底板Ⅰ、圆筒Ⅱ、支承板Ⅲ、肋板Ⅳ和凸台Ⅴ（图 4-11）五个部分叠加组成。轴承座左右对称，以对称面作为长度方向的尺寸基准，以底板和支承板的后端面（平齐）作为宽度方向的尺寸基准，以底板的底面（是安装面）作为高度方向的尺寸基准，如图 4-31a 所示。

2. 标注各组成形体的定形尺寸和定位尺寸

标注各个形体的定形、定位尺寸，如图 4-31b、c、d、e 所示。标注时，先标注大的、重要的形体，后标注小的、次要的形体。

3. 标注总体尺寸

组合体的总体尺寸并非要全部标出，而是根据其结构特点确定。该组合体的总长由底板长 120 确定，无需再单独标注；总宽由底板宽 60 加圆筒前后定位尺寸 3 确定，由于要保证圆筒的定位尺寸 3 和底板的宽度尺寸 60，因此，也无需再标注宽度方向的总体尺寸。总高由定位尺寸 72+34 确定，尺寸 72 定圆筒的上下位置，要保留，尺寸 34 定凸台顶面高度，可用总高尺寸 106 替代，如图 4-31f 所示。

4. 检查调整尺寸

按定形尺寸、定位尺寸、总体尺寸的顺序进行检查调整，保证标注的尺寸正确、完整和清晰。

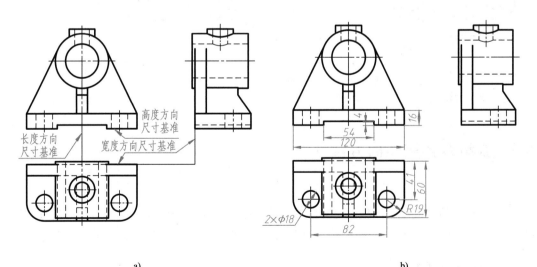

图 4-31　标注轴承座尺寸的方法步骤

a）分析构成特点，确定尺寸基准　b）标注底板的尺寸

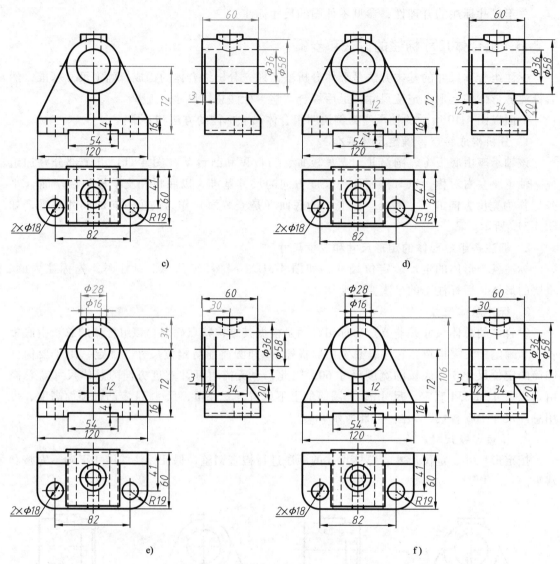

图 4-31 标注轴承座尺寸的方法步骤（续）

c）标注圆筒的尺寸　d）标注支承板、肋板的尺寸　e）标注凸台的尺寸　f）检查、调整标注全尺寸

4.4 看组合体视图的方法

看图是画图的逆过程，即根据已知的视图想象出其表示的空间物体结构形状的过程。看图的基本方法是形体分析法，对于一些比较复杂的局部形状或切割式组合体，采用线面分析法。

4.4.1 看图的基本要点

1. 几个视图联系起来看

组合体的形状常需要几个视图来表达，单个视图只反映一个投射方向的形状，不能确定组合体的全部形状。如图 4-32a、b、c 所示的主视图相同，但俯视图不同；如图 4-32d、e、f 所示的俯视图相同，但主视图不同；如图 4-33 所示的主、左视图都相同，而俯视图不同，它们各自表达不同的组合体。因此，在看图时要将几个视图联系起来看。

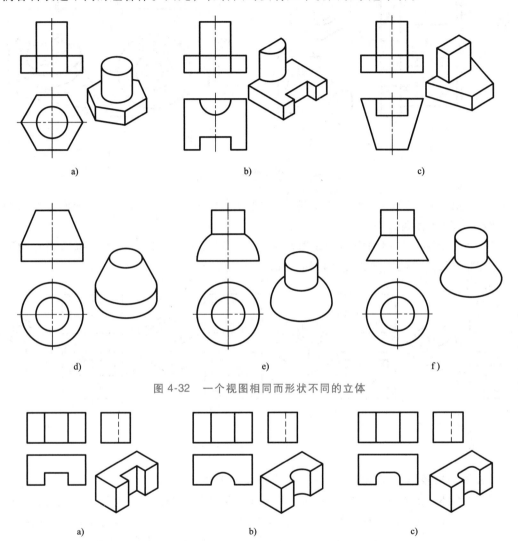

图 4-32 一个视图相同而形状不同的立体

图 4-33 两个视图相同而形状不同的立体

2. 明确视图中图线的空间含义

视图中的每一条图线，可能是平面或曲面的积聚性投影、两个面交线的投影、转向轮廓线的投影，如图 4-34 所示。

3. 明确视图中线框的空间含义

视图上的每个封闭线框的空间含义包括形体上一个面的投影（平面或曲面）、一个孔或空腔的投影、平面与曲面或两曲面相切的投影，如图 4-34 所示。

视图中线框与线框的位置关系有相邻线框和线框套线框两种。

（1）相邻线框 视图中任何相邻的两个封闭线框，必然表示立体上的两个面，这两个面可能性质不同（如平面与曲面、圆柱面与圆锥面等），或方位不同（如正平面与铅垂面

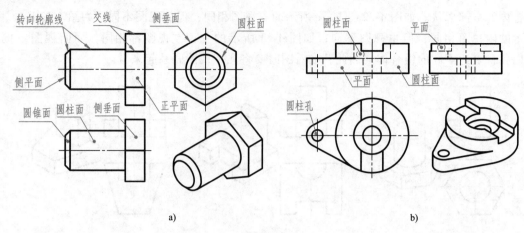

图 4-34　视图中图线、线框的含义

等，在空间相交），或相互错开（一面在前一面在后，一面在上一面在下，一面在左一面在右），如图 4-34 所示的线框。

（2）线框套线框　视图中的大线框套小线框，则表示小线框是在大线框所表示的面的基础上或者突起或者凹下即叠加或挖切，如图 4-35 所示。

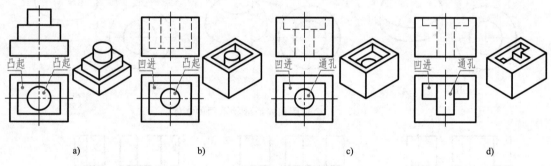

图 4-35　线框套线框的空间含义

4. 善于捕捉各基本体的特征视图来构思形体的形状

多数基本体可通过特征视图拉伸或旋转生成。从特征视图出发，有助于快速想象出形体的形状。如图 4-32a、b、c 所示组合体的俯视图是特征视图，组合体可看作是按主视图所给高度，拉伸俯视图上的两封闭线框，再按俯视图所给两形体位置叠加而成；图 4-32d、e、f 所示组合体的主视图是特征视图，组合体可看作是由主视图外轮廓绕轴线旋转而成。

由于组合体某些结构的特征视图不一定在一个视图上，因此，看图时应三个视图对照来看，要善于在视图中捕捉反映各基本体形状特征的视图。如图 4-36 所示，底板在俯视图中反映其形状特征；圆筒、支承板在主视图中反映其形状特征（通过拉伸各特征图形可生成形体）。

5. 注意视图中反映形体间连接关系的图线

根据各形体间连接关系的图线（交线、切线、实线、细虚线），可判断两形体表面之间的关系。

图 4-37a 所示的主视图中，肋板（三角形）与 L 形的板之间的线是实线，说明二者前面不共面，因此肋板是在 L 形板的中间。图 4-37b 所示的主视图中，三角形与 L 形的板之间的线是细虚线，说明二者前面共面，因此，三角形肋板有两块，一块在前，一块在后。当然，

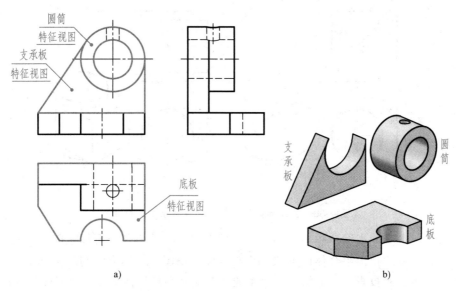

图 4-36 各形体的特征视图

图 4-37b 所示组合体也可看作是将主视图的外轮廓（作为草图）拉伸俯视图所给定的深度后，再在中间挖去一个三棱柱形成。

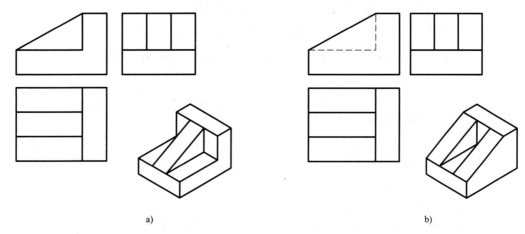

图 4-37 由表面间的虚实线判别前后位置关系

图 4-38a 所示的主视图中，两形体间的交线投影是斜直线，说明是两直径相等的圆柱相交。图 4-38b 所示的主视图中，两形体间的交线投影为上下两直线，中间无交线，说明是棱柱与圆柱相交，且棱柱的前后面与圆柱相切。

4.4.2 看组合体的方法与步骤

看图的方法与画图的方法类似，也是以形体分析法为主，辅以线面分析法。看图时，依然本着"先主体后细节、先特征后其他"的原则，依次看出各形体的形状、截切面的位置，再全面考虑它们之间的相对位置，从而想象出组合体的整体形状。

1. 形体分析法

一般从反映组合体形状特征的主视图入手，根据视图的特点将组合体分成若干部分，根

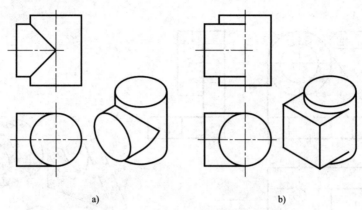

图 4-38 由表面间的交线、切线判别形体形状

据投影关系，对照其他视图，想象出各个部分的形状，再分析各个形体之间的组合方式与相对位置关系，正确地得出组合体的形状。看组合体三视图的具体方法与步骤如下：

（1）分线框，对投影 一般情况下一个线框对应一个形体，按"主、俯视图长对正，主、左视图高平齐，俯、左视图宽相等"的投影关系，找出各个线框在其他视图上的对应位置。

（2）按投影，想形体 按照每个线框在三视图中的位置和形状，用拉伸、旋转或切割的方法想象出各形体的形状。

（3）综合起来想整体 依照主、俯、左三视图所反映的上下、左右、前后位置关系，分析出各形体之间的相对位置，综合想象出整个组合体的形状。

例 4-1 根据图 4-39a 所示支架的三视图，想象出其空间结构形状。

看图过程如下：

1）分析。先大致看一下所给支架的三视图，可知这是一个前后对称，由四个基本形体通过叠加与切割而形成的组合体。

2）分线框，对投影。从主视图出发，将其分为四个线框，如图 4-39a 所示。按"长对正、高平齐、宽相等"的投影规律，对应找出它们在另外两个视图中的投影（线框），因相切，线框Ⅱ、Ⅲ不封闭。

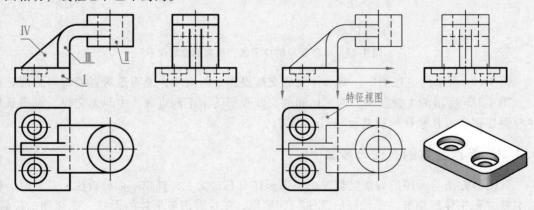

特征视图

a)   b)

图 4-39 看支架三视图的步骤

a）题目 b）想象出底板形状

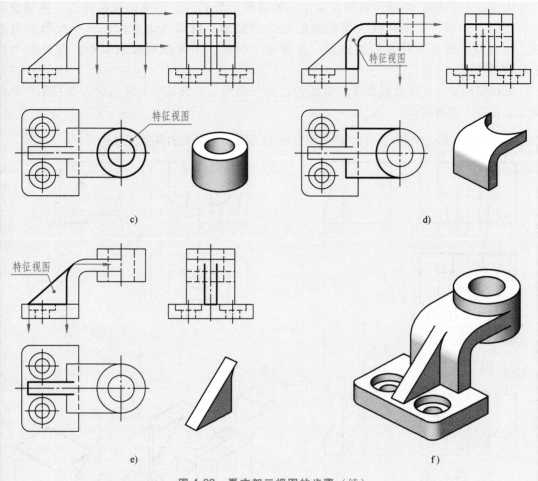

图 4-39 看支架三视图的步骤（续）

c）想象出圆筒形状　d）想象出支承板形状　e）想象出肋板形状　f）综合想象出支架的三维形状

3）按投影，想形体。从形体的特征图形出发，对照另两个视图（用拉伸或旋转的方法）想象出各个线框所代表的形体形状，如图 4-39b、c、d、e 所示。形体Ⅰ是底板（成形方法：由俯视图外轮廓向上拉伸主视图所给厚度后，再挖去两个沉孔）；形体Ⅱ是圆筒（成形方法：由俯视图轮廓向上拉伸主视图所给高度后成形）；形体Ⅲ是支承板（成形方法：由主视图轮廓前后对称拉伸俯视图所给厚度后，再挖去半圆槽成形）；形体Ⅳ是肋板（成形方法：由主视图轮廓前后对称拉伸俯视图所给厚度后成形）。

4）综合起来想整体。从图 4-39a 所示的主、俯视图，可清楚看出各形体间的相对位置。支承板和肋板前后对称叠加在底板上；支承板与底板的右端面平齐；肋板靠在支承板的左边，且上部与支承板的柱面相切；圆筒在支承板的右边，左右与支承板相交，上下对称于支承板水平部分，前后与支承板表面相切，结果如图 4-39f 所示。

2. 线面分析法

对于切割式的组合体，或对于一些比较复杂且具有局部切割特征的复杂组合体，采用线面分析法。

用线面分析法，必须要熟知前面学习的各种位置直线、平面的投影特性，两面交线的性质等。一般位置平面其各面的投影均为类似形；投影面垂直面，一个投影积聚成线，另外两个投影为缩小的类似形；投影面平行面，一个投影反映实形，另外两个投影积聚成直线。

具体用线面分析法看组合体三视图的过程可归纳为：分线框、对投影，按投影、识线面，定位置，想整体。

例 4-2　如图 4-40a 所示，已知组合体的三视图，想象出其空间立体形状。

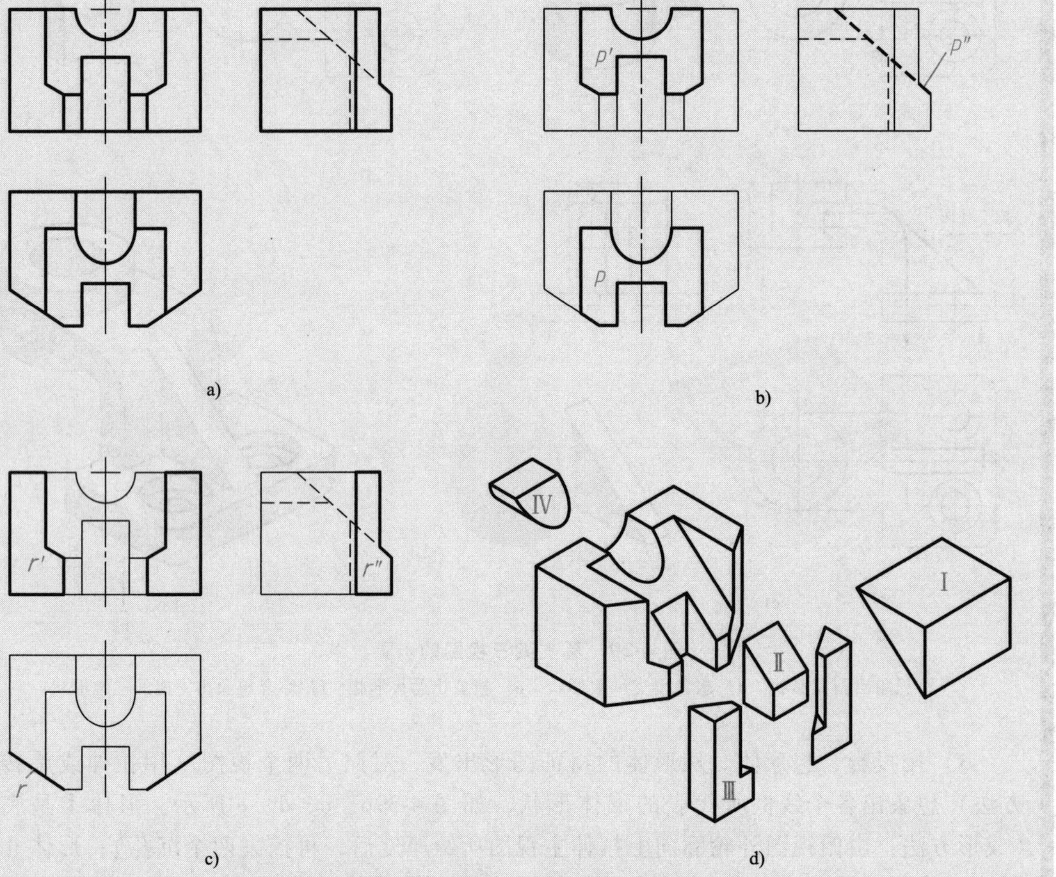

图 4-40　线面分析法看组合体三视图的步骤

a）立体的三视图　b）侧垂面 P　c）铅垂面 R　d）切割形体

1）分析。从三视图的外轮廓可知，组合体的基本体是长方体，经切割后得到该形体。用线面分析法看图的步骤如下：

2）分线框，对投影。从主、俯视图看，该组合体左右对称，在主视图上有六个封闭线框，俯视图有三个封闭线框，依据投影规律，通过对投影分别找到它们在其他视图中的投影。对投影时注意，若非类似形，必有积聚性。

3）按投影，识线面。在图 4-40b 中，由线段对应的俯视图中的线框 p 与左视图上的斜线 p″可知，表面 P 是侧垂面，其正面投影 p′和水平投影 p 有类似性；在图 4-40c 中，线框 r′对应的俯视图中的线段 r 与左视图中的线框 r″，表明 R 是铅垂面；其他线框除一个半圆槽外，是投影面平行面。

4）定位置、想整体。按上述分析，将各表面按各自投影位置组合起来，该组合体可看作是由长方体切去形体Ⅰ、Ⅱ、Ⅲ、Ⅳ（图 4-40d）后而形成的，其切割过程如图 4-41 所示。

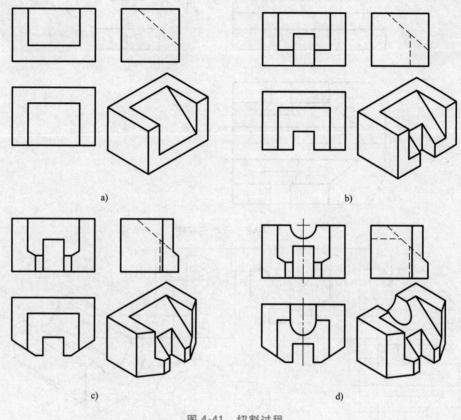

图 4-41 切割过程

a) 切去形体Ⅰ　　b) 切去形体Ⅱ　　c) 切去形体Ⅲ　　d) 切去形体Ⅳ

例 4-3　如图 4-42 所示，已知导块的三视图，想象出其空间立体形状（用 CAD 建模方法）。

根据所给三视图，从中找出最能够代表其主体结构特征的视图，以其特征轮廓拉伸出其基本体形状；再分析截切面的位置及特性，在有积聚性的投影面上，确定截切面的位置；最后综合想出切割体的整体形状。想象空间形状的步骤如下：

1）找主体结构的特征视图，拉伸出主体特征。从给出的三视图看，截切面在主、左视图上积聚较多。其中，左视图轮廓线最能够代表其主体结构特征，如图 4-43a 所示。以左视图轮廓线作为基本体的轮廓线，拉伸出柱状基体，如图 4-43b 所示。

2）确定各截切平面的位置，切去不要的形体。从图 4-43c 可以看出，平面 P 是正垂面，正面投影有积聚性，因此，p′确定了该截平面的位置，从前到后以 P 平面为界，切去基本体的左上部，如图 4-43d 所示。从图 4-43e 可以看出，前后对称的燕尾槽，可用两

正垂面 Ⅰ、Ⅱ 和水平面 Ⅲ 切出，这三个截切平面在主视图上都有积聚性，因此，1′、2′、3′ 就确定了截平面的位置，以它们为界，切去基本体上的形体 Ⅱ、Ⅲ，得到导块的最后形状。

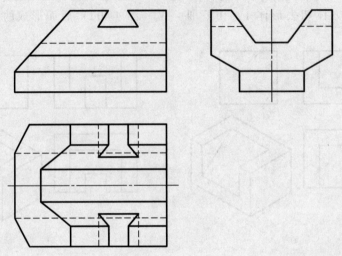

图 4-42　导块三视图

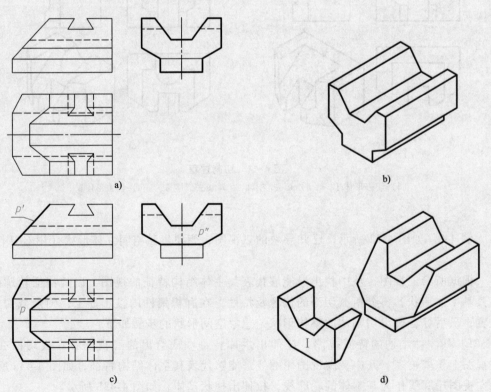

a)　　　　　　　　　　　　　　b)

c)　　　　　　　　　　　　　　d)

图 4-43　基于 CAD 特征建模法看导块三视图的步骤

a）找出导块的主体结构特征视图　　b）拉伸出基本体特征

c）在主视图上确定正垂面 P 的位置　　d）切除形体 Ⅰ

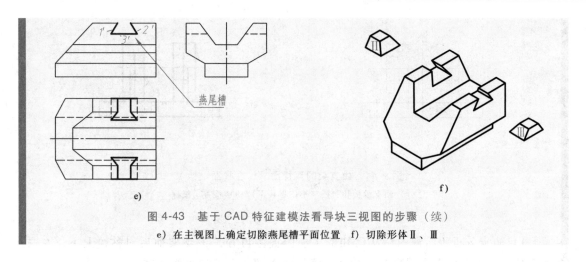

图 4-43 基于 CAD 特征建模法看导块三视图的步骤（续）

e）在主视图上确定切除燕尾槽平面位置 f）切除形体Ⅱ、Ⅲ

4.4.3 已知组合体两个视图补画第三视图

由已知两个视图求作第三视图，是培养看图和画图能力的重要方法。步骤是：先应用形体分析法和线面分析法看懂所给视图，想象出立体的结构形状，然后根据投影规律，画出第三视图。

例 4-4 如图 4-44a 所示，已知支架的主、俯视图，求左视图。

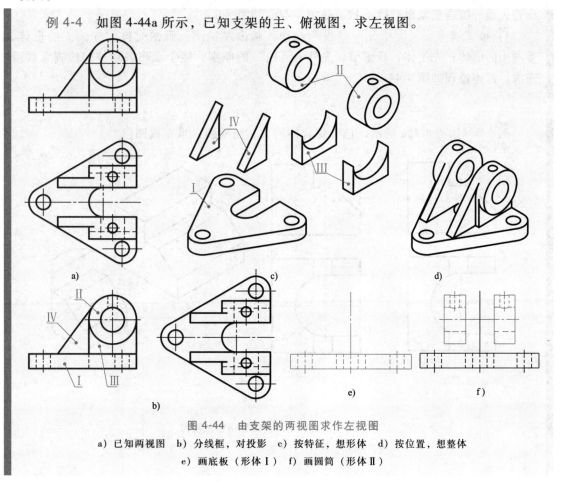

图 4-44 由支架的两视图求作左视图

a）已知两视图 b）分线框，对投影 c）按特征，想形体 d）按位置，想整体

e）画底板（形体Ⅰ） f）画圆筒（形体Ⅱ）

g)   h)

图 4-44　由支架的两视图求作左视图（续）

g）画支承板和肋板（形体Ⅲ和Ⅳ）　h）检查、描深

1）初步分析所给视图。从已知的主、俯视图可知，该支架前后对称，上下、左右不对称，主视图由多个线框叠合构成，表明该支架是一叠加式组合体。

2）看懂所给视图，想象出组合体的形状。将主视图分为四个主要的封闭线框Ⅰ、Ⅱ、Ⅲ、Ⅳ，如图 4-44b 所示，根据投影关系，找出它们在俯视图中的投影。线框Ⅰ表示底板，俯视图反映其特征；线框Ⅱ表示两个圆筒，线框Ⅲ表示两个支承板，线框Ⅳ表示两个肋板，主视图反映它们的特征。通过特征草图可拉伸出它们的形体，根据它们的位置关系，综合想象出整体形状，如图 4-44c、d 所示。

3）按"高平齐、宽相等"的投影规律，画出左视图。画图时按"先画大的形体，后画小的形体；先主体，后细节；先外，后内"的原则，逐个画出各形体，检查无误后描深，具体过程如图 4-44e、f、g、h 所示。

例 4-5　如图 4-45a 所示，已知组合体的主、俯视图，求左视图。

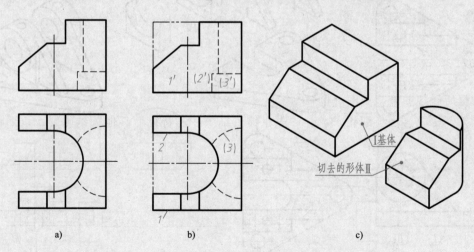

a)   b)   c)

图 4-45　由题给两视图补画第三视图

a）已知两视图　b）分线框，对投影　c）按特征，拉伸出基体Ⅰ

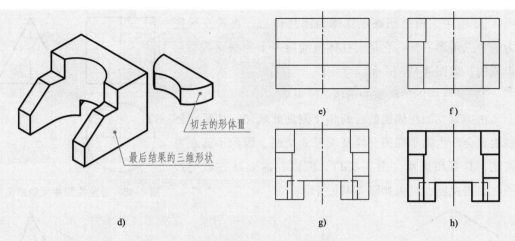

图 4-45　由题给两视图补画第三视图（续）

d）在基体上挖去形体Ⅱ、Ⅲ，得到最终形体　e）画出基体Ⅰ左视图　f）画出切去形体Ⅱ的交线

g）画出切去形体Ⅲ的交线　h）检查、描深

1）分析。从已知的主、俯视图可知，该组合体前后对称，主视图只有一个粗实线框，俯视图外轮廓是在一个矩形内，表明它是切割式组合体。

2）看懂所给视图，想象出组合体的形状。将主视图粗实线框Ⅰ看作特征视图，如图 4-45b 所示，向前拉伸出基体（形体Ⅰ），如图 4-45c 所示；将俯视图的线框Ⅱ（由 U 形及细双点画线围成）向上拉伸（形体Ⅱ）切除，切出左侧 U 形槽；将俯视图的线框Ⅲ（由细虚线圆弧及实线圆弧和直线围成）向上拉伸（形体Ⅲ）切除，切出底部半圆槽，得到最终结果，如图 4-45d 所示。

3）按"高平齐、宽相等"的投影规律，画出左视图。画图时，先画基体视图，再画 U 形槽交线，然后画底部的半圆槽，并注意各交线的位置，最后检查、描深，具体过程如图 4-45e、f、g、h 所示。

4.4.4　补画视图中所缺的图线

根据所给视图补全视图的投影，是培养空间想象能力、构思能力的重要方法之一。看图时，要善于构思，逐步细化，本着"先主体后细节、先特征后其他"的原则，以形体分析法为主，先构思出组合体的主体结构，并根据其特征图形，构思出立体形状的几种可能，对照其他视图，想象出立体的正确形状；再辅以线面分析法，构思出组合体的细部结构，最终得出组合体的整体形状。

例 4-6　如图 4-46 所示，已知组合体三视图的外轮廓，补全视图中所缺的图线。

解题步骤：

1）构思立体的空间形状。根据所给视图，构思过程如下：

① 主视图为矩形的立体有多种形状，如三棱柱、四棱柱、圆柱体等，如图 4-47a 所示。

② 主视图为矩形、俯视图为圆的立体，一定是圆柱体，如图 4-47b 所示。

③ 由主、俯视图确定立体为圆柱体后，再看左视图为一个三角形可知，它是圆柱体被前后两个侧垂面截切后形成的，如图 4-47c 所示。

2）补画视图中所缺的图线。

由于直立圆柱体被前后两相交侧垂面截切，切后在圆柱表面会产生两半椭圆交线及侧垂线交线，因截平面在左视图上具有积聚性（图 4-47d），所以只需要补齐截交线的主、俯视图，结果如图 4-47e 所示。

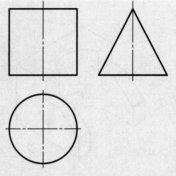

图 4-46　补全视图中所缺的图线

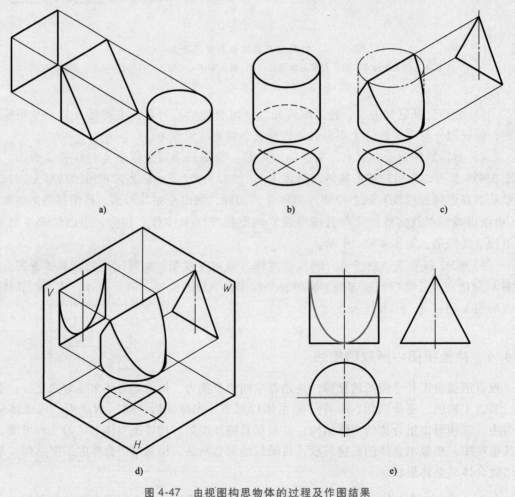

a)　　　　　　　b)　　　　　　　c)

d)　　　　　　　　　　　e)

图 4-47　由视图构思物体的过程及作图结果

例 4-7　如图 4-48a 所示，补全主视图中所缺的图线，并画出左视图。

解题步骤：

1）根据所给视图，想象出立体形状。

根据所给的主、俯视图可以看出，该组合体左右对称，为叠加式组合体，其俯视图是特征视图。先考虑主体：根据俯视图外轮廓向上拉伸出两基本体（圆柱体和U形板），如图4-48b所示；后考虑细节：根据主视图中的细虚线与俯视图中图线的对应关系，圆柱体上是T形孔，U形板上是沉孔，如图4-48c所示。组合后的空间形状，如图4-48d所示。

2）根据形体间的线面关系，补画出所缺图线。

补画的图线如图4-48e所示。

该组合体的左视图，如图4-48f所示。

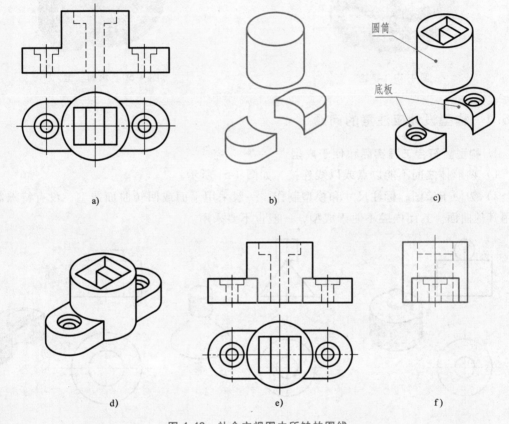

图4-48 补全主视图中所缺的图线

a）已知视图 b）基本体 c）组成形体 d）空间形状 e）补画出所缺图线 f）左视图

4.5 组合体的构型设计

构型设计就是以工程零件或工业产品为观察对象，以几何形体为基础，按叠加或切割的方法，构造出新的组合体，如图4-49、图4-50所示。进行构型设计的学习和训练，就是在前面学习的基础上，进一步进行发散思维的训练，提高想象力和创造力，为今后的工程设计打基础。

构型设计时，应以几何形体为主，遵循美学法则，创造出工程上能够成形的形体。

图 4-49 手轮

图 4-50 水阀模型

4.5.1 构型设计应注意的问题

1. 构型要符合工程实际和便于成型

1）两形体之间不能以点或以线连接，如图 4-51 所示。

2）为便于绘图、标注尺寸和模型制作，一般采用平面或回转曲面造型，没有特殊需要不用其他曲面。封闭内腔不便于成型，一般也不要采用。

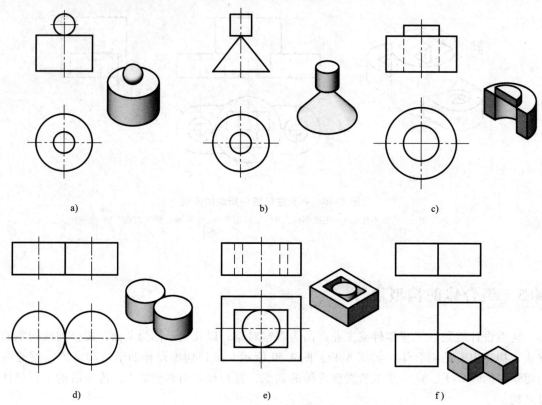

a)   b)   c)

d)   e)   f)

图 4-51 两形体间的不合理连接

a）点连接 b）点连接 c）线连接 d）线连接 e）线连接 f）线连接

2. 要具备以下方面的能力

1）观察实物或轴测图，能有对观察对象进行几何形体分解的能力。

2）灵活运用形体分析法、线面分析法分析所给已知视图，想象出其空间形状的能力。

3）进行空间思维、徒手绘图或用三维 CAD 软件进行图形表达和模型制作的能力。

4.5.2　组合体构型设计举例

1. 通过给定的视图进行构型设计

根据所给的一个或几个视图，构思出不同的组合体。可通过表面的凸凹、正斜、平曲来构思，也可通过基本体之间的组合方式来构思。

例 4-8　根据所给的主视图（图 4-52），构思不同形状的组合体，并画出其俯视图。

分析　根据所给的主视图是三个方框，可知其正前方由三个面组成。

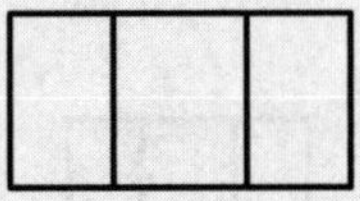

构思一：假定组合体的基本体是长方体，其前方有三个可见表面。这三个表面的凸凹、正斜、平曲可构成多种不同形状。

图 4-52　由一个主视图构思组合体

先分析中间的线框，通过凸与凹的联想，构思出图 4-53a、b 所示的组合体；通过正与斜，构思出图 4-53c、d 所示的组合体；通过平与曲的联想，构思出图 4-53e、f 所示的组合体。

用同样的方法考虑两边的线框，能够构思出许多组合体，如图 4-54 所示的十个不同的组合体（省去了其主、俯视图）。

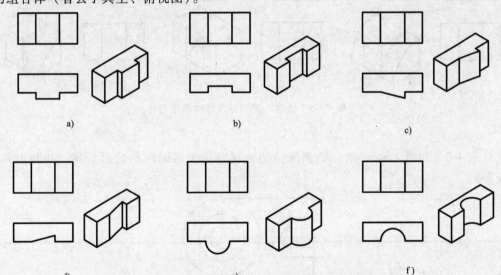

图 4-53　考虑中间线框的凸凹、正斜、平曲构思组合体

a）凸　b）凹　c）凸斜　d）凹斜　e）凸曲　f）凹曲

构思二：假定不同的基本体来构思组合体。

三个线框可对应不同的基本体，如三棱柱、四棱柱、圆柱等。构思的组合体如图 4-55 所示。

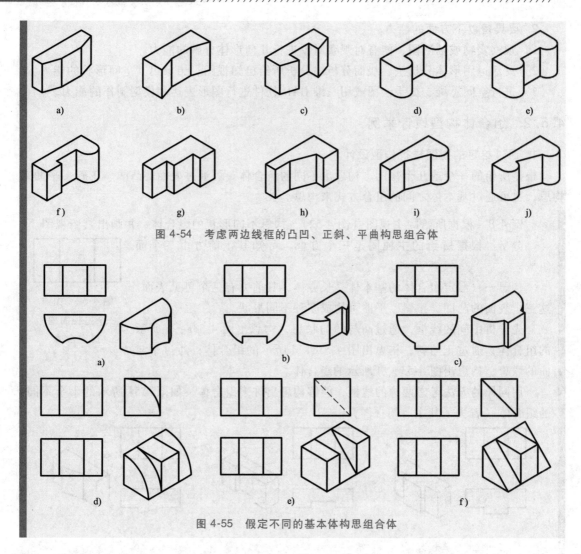

图 4-54 考虑两边线框的凸凹、正斜、平曲构思组合体

图 4-55 假定不同的基本体构思组合体

例 4-9 如图 4-56 所示，根据所给的俯视图构思不同形状的组合体，并画出其三视图。

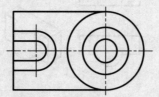

图 4-56 由一个俯视图构思组合体

分析 所给的俯视图是由六个封闭线框组成，可知其正上方由六个不同的可见面（或孔、槽）组成。通过表面的凸凹、正斜、平曲可构思出不同的组合体。

图 4-57 所示是利用凸凹构思的四种不同的组合体。读者还可根据正斜、平曲及不同的基本体构思更多不同的组合体。

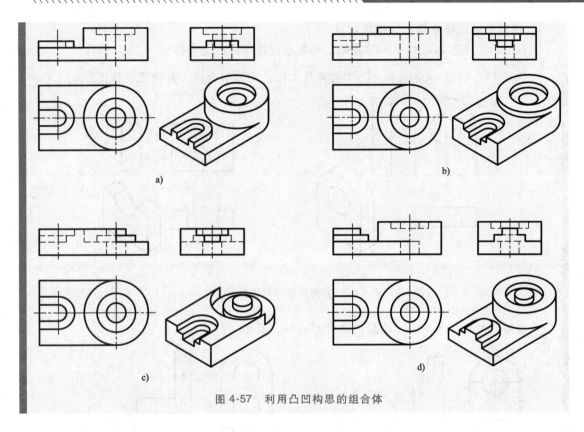

图 4-57 利用凸凹构思的组合体

2. 通过给定形体的外形投影轮廓进行构型设计

根据所给形体的外形轮廓进行构型设计，构思出不同的组合体。可通过对基本体的切割和叠加来构思。

例 4-10 如图 4-58 所示，已知组合体的三个方向外形投影图，构思组合体，并完成其三视图。

分析 根据所给的三个外形投影，最容易想到的是圆柱的投影，因圆柱三投影中，有两个与所给的外轮廓吻合，因此，可在基本体包含圆柱的基础上构思。

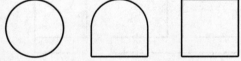

图 4-58 已知三个方向的外形投影图

图 4-59 所示为三种不同的组合体。读者还可构思更多不同的组合体。

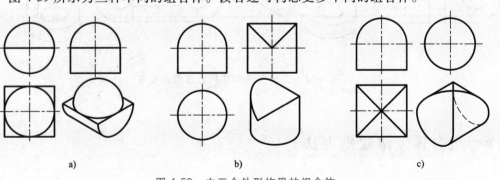

图 4-59 由三个外形构思的组合体

3. 通过给定的基本体进行构型设计

根据所给的基本体进行不同的叠加，构型设计出不同的组合体。

例 4-11　如图 4-60 所示，已知两种基本体，构思组合体，并完成三视图。

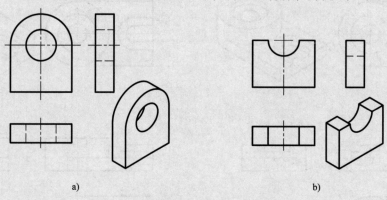

图 4-60　由两种基本体构思组合体

根据所给的基本体，可构思出多种组合体，其中一些如图 4-61 所示。

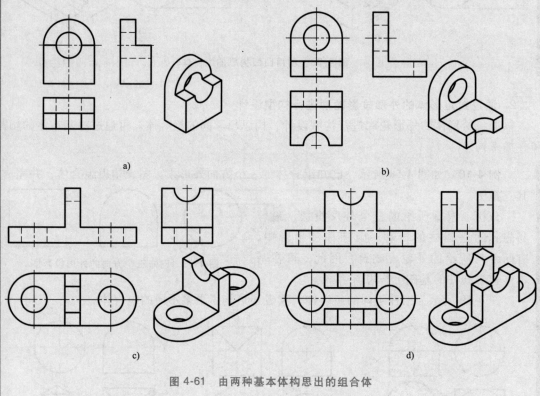

图 4-61　由两种基本体构思出的组合体

4.6　组合体三维建模方法

目前机械设计人员大多是用三维 CAD 软件进行产品设计与开发。设计过程一般从三维建模开始。多数 CAD 软件（如 SolidWorks、Inventor、Creo、CATIA 等）提供的三维建模功能，都是基于特征的。创建零件的三维模型，必须先创建一个基体特征。基体特征是建模过程中第一个创建的特征，相当于零件的毛坯，然后在此基础上进行切除、圆角、倒角、拉伸等操作，完成零件模型的创建。

4.6.1 草图

草图是由直线、圆、中心线、曲线等组成的二维或三维图形。二维草图必须绘制在一个平面上。草图中含有几何关系约束和尺寸约束。图 4-62 所示是用 SolidWorks 绘制的两个二维草图，含有尺寸标注，以及水平▣、竖直▣、相切▣、对称▣的几何关系。

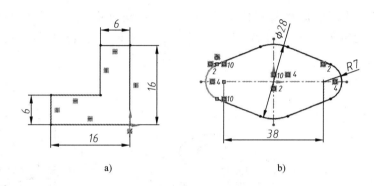

图 4-62　二维草图

4.6.2 创建基体特征的方法

基体特征是创建三维模型的第一个特征。一般创建基体特征是通过对二维草图进行拉伸、旋转、扫描、放样等操作来完成的。二维草图是拉伸、旋转、扫描和放样生成模型的横截面，一般是封闭的平面图形。

1. 拉伸基体

拉伸就是将二维草图（形体的某个截面图形）按照某一特定的方向进行伸长，形成实体的过程，如图 4-63 所示。拉伸实体在垂直于拉伸方向的所有截面都完全相同，所以拉伸特征一般用于创建垂直截面相同的实体。

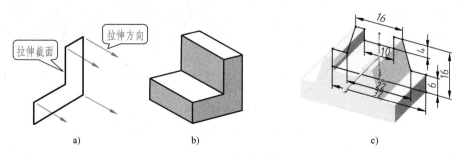

图 4-63　拉伸实体

a）拉伸截面及方向　b）拉伸结果　c）SolidWorks 中的拉伸草图及方向

常见拉伸实例如图 4-64 所示。

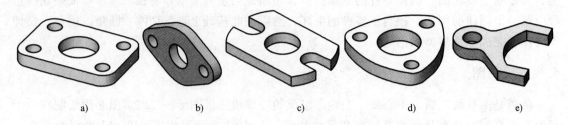

图 4-64 拉伸实例

2. 旋转基体

旋转就是某个截面图形绕某一特定的轴进行一定角度的旋转，形成实体的过程，如图 4-65 所示。在旋转实体中，过旋转轴的任意平面所截得的截面都相同。旋转特征一般用于创建回转体模型。

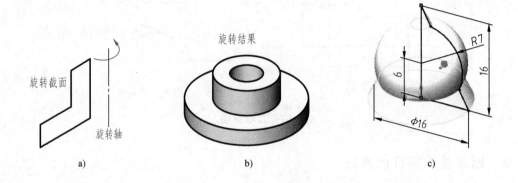

图 4-65 旋转实体

a）旋转截面及旋转轴 b）旋转结果 c）SolidWorks 中的旋转草图及方向

常见旋转实例如图 4-66 所示。

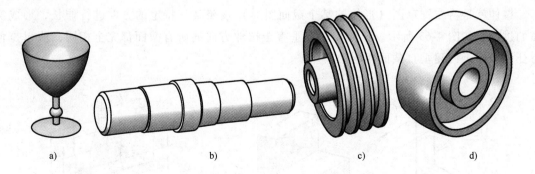

图 4-66 旋转实例

a）酒杯 b）轴 c）三角带轮 d）轮

3. 扫描基体

扫描是用二维截面沿一定的路径运动，形成实体的过程，如图 4-67、图 4-68 所示。拉伸和旋转可以看作是扫描的特例，拉伸的扫描路径是垂直于草图平面的直线，旋转的扫描路径是圆周。

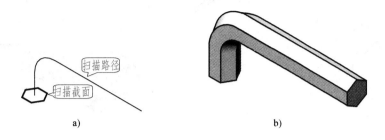

图 4-67　无引导线的扫描实体

a）扫描截面及扫描路径　b）扫描结果

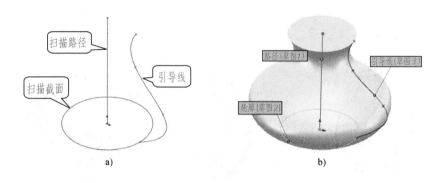

图 4-68　带引导线的扫描实体

a）扫描截面、扫描路径及引导线　b）扫描结果

常见扫描实例如图 4-69 所示。

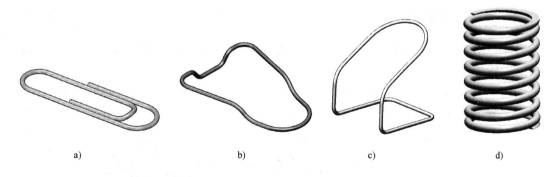

图 4-69　扫描实例

a）曲别针　b）自行车车座架　c）椅子架　d）弹簧

4. 放样基体

放样是用两个或多个不在同一平面上的二维截面，按指定的位置形成实体的过程，如图 4-70 所示。放样主要用于截面形式变化较大的场合。

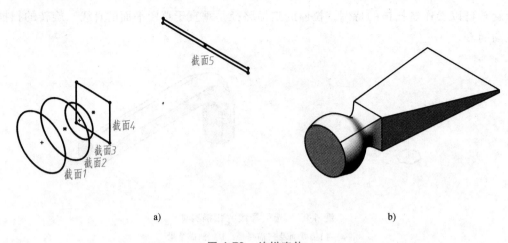

a)   b)

图 4-70　放样实体

a）放样截面　b）放样结果

常见放样实例如图 4-71 所示。

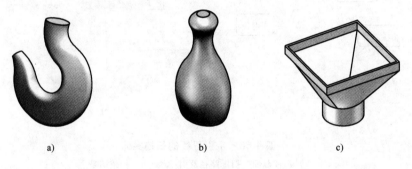

a)   b)   c)

图 4-71　放样实例

a）吊钩主体　b）瓶体　c）下料斗

4.6.3　添加其他特征

基体特征创建后，可以在此基础上添加其他特征，如圆角、倒角、拉伸切除、旋转切除、筋、抽壳等特征，创建出所需的三维模型。

图 4-72 所示为在拉伸基体特征的基础上添加肋板、圆角、圆孔、倒角特征的过程。图 4-73 所示为吊钩的创建过程。

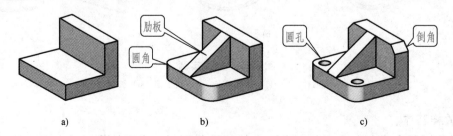

a)   b)   c)

图 4-72　添加其他特征的过程

a）基体　b）添加肋板和圆角　c）添加圆孔和倒角

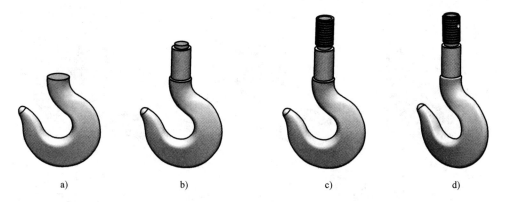

图 4-73 吊钩的创建过程

a) 基体上加圆顶　b) 添加圆柱部分　c) 添加螺纹部分　d) 添加圆孔和圆角

4.6.4 建模举例

例 4-12 如图 4-74 所示，已知支架的三视图，分析其建模步骤。

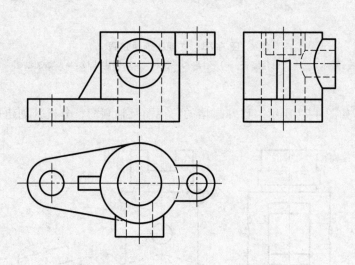

图 4-74 支架三视图

该支架是叠加式组合体。对其进行形体分析，想象出其空间形状，如图 4-75 所示，并将其主要的形体圆柱筒Ⅰ作为初始建模的基体。建模时，先创建大的形体，后创建小的形体；先主体、后细节。对于形体上的孔，若是与别的形体无相交关系，可以直接创建。若是几个形体与之有关，可在形体外形创建后再挖切。其创建的顺序是：形体Ⅰ→形体Ⅱ→形体Ⅲ→形体Ⅳ→形体Ⅴ。具体如图 4-76 所示。

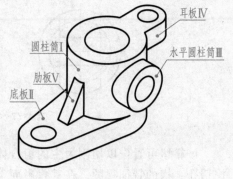

图 4-75 支架轴测图

耳板Ⅳ

圆柱筒Ⅰ

水平圆柱筒Ⅲ

肋板Ⅴ

底板Ⅱ

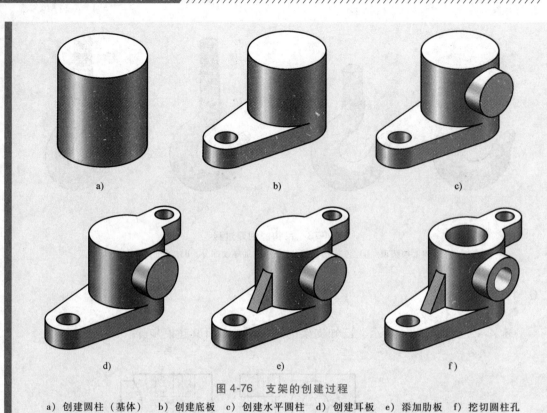

图 4-76　支架的创建过程

a）创建圆柱（基体）　b）创建底板　c）创建水平圆柱　d）创建耳板　e）添加肋板　f）挖切圆柱孔

例 4-13　如图 4-77 所示，已知靠堵的三视图及轴测图，分析其创建过程。

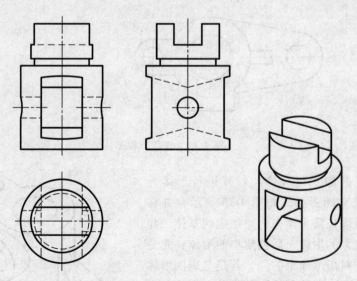

图 4-77　靠堵的三视图及轴测图

该靠堵可看作以切割为主的组合体。其创建方法是：先分析出其基体，然后分析各挖切孔、槽的特征视图，在其投影面上画出孔、槽的草图，拉伸（或旋转等）出孔、槽。

该靠堵的基体是圆柱回转体，创建过程如下：

1）创建基体。在前视基准面上绘制出基体草图，旋转出基体，如图4-78a、b所示。

2）挖切梯形孔。在右视基准面上画出梯形孔草图，对称拉伸切出梯形孔，如图4-78c、d所示。

3）同理，在右视基准面上画出圆孔草图和方槽草图，拉伸挖切出圆孔和方槽，如图4-78e、f、g、h所示。

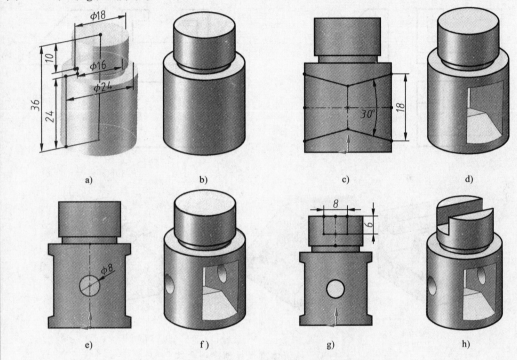

a）　　　b）　　　c）　　　d）

e）　　　f）　　　g）　　　h）

图 4-78　靠堵的创建过程

a）基体草图　b）基体　c）梯形孔的草图　d）挖切梯形孔　e）圆柱孔草图　f）挖切圆柱孔

g）上切槽草图　h）挖切上方槽

建模时也可用几何构形中的并、交、差运算创建组合体。并交差的概念如图4-79所示。

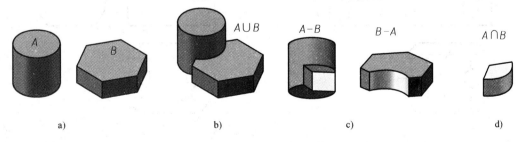

a）　　　b）　　　c）　　　d）

图 4-79　并交差运算

a）已知两基本形体　b）两形体的并　c）两形体的差（A-B）、（B-A）

d）两形体的交

例 4-14 如图 4-80a 所示,已知立体的三视图,创建其三维模型。

用形体求交的方法创建模型,步骤如下:

1) 分析三视图的边沿轮廓,如图 4-80b 所示。

2) 按各轮廓画出草图,拉伸出形体,如图 4-80c 所示。因三形体均为平面立体,故只需创建主、左视图轮廓形体。

3) 组合求交得出结果,如图 4-80d 所示。

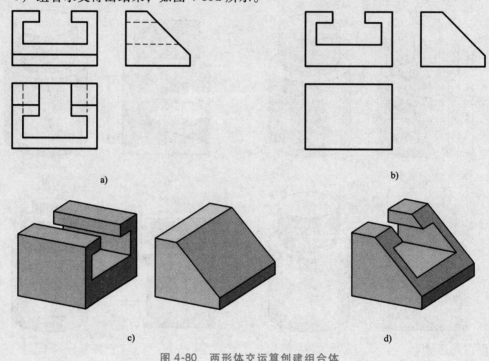

图 4-80 两形体交运算创建组合体

a) 已知三视图 b) 三视图边沿轮廓 c) 拉伸出的主左视图轮廓形体 d) 组合求交后的形体

例 4-15 如图 4-81a 所示,已知立体的三视图,创建其三维模型。

用形体求交的方法创建模型,步骤如下:

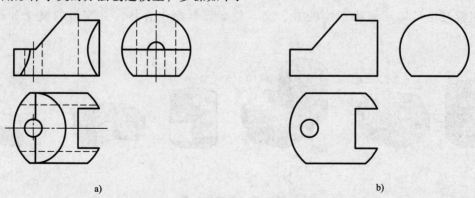

图 4-81 三形体交运算创建组合体

a) 已知三视图 b) 三视图边沿轮廓

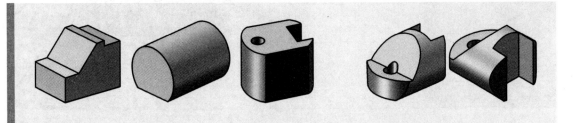

c) d)

图 4-81 三形体交运算创建组合体（续）

c）拉伸出的主、左、俯视图轮廓形体　d）组合求交后的形体

1）分析三视图的边沿轮廓，如图 4-81b 所示。

2）按各轮廓画出草图，拉伸出形体，如图 4-81c 所示。

3）组合求交得出结果，如图 4-81d 所示。

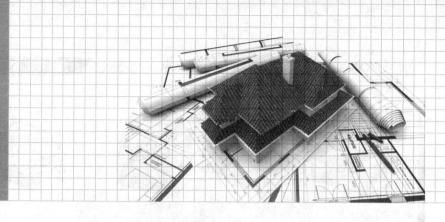

第5章

轴 测 图

5.1 轴测图的基本知识

轴测图是一种能同时反映物体的正面、顶面和侧面形状的单面投影图，直观性强，容易看懂。但它不能同时反映上述各面的实形，度量性差，而且对形状比较复杂的物体不易表达清楚，手工作图又相对麻烦，在生产中一般作为辅助图样。

5.1.1 轴测图的形成和投影特性

将物体连同其参考直角坐标系，沿不平行于任一坐标面的方向，用平行投影法将其投射在单一投影面上所得到的具有立体感的图形，称为轴测图，如图5-1所示。

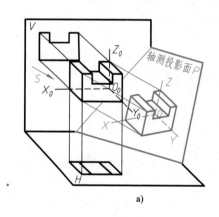
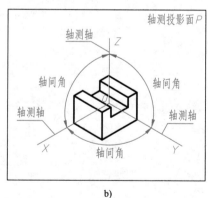

a)   b)

图 5-1 轴测图的形成

轴测图是用平行投影法得到的，具有下述投影特性：

1）物体上相互平行的线段，在轴测图上仍相互平行。

2）物体上两平行线段或同一直线上的两线段长度之比，在轴测图上仍保持不变。

3）物体上平行于轴测投影面的直线和平面，在轴测图上反映实长和实形。

5.1.2 轴间角和轴向伸缩系数

1. 轴测轴

直角坐标轴在轴测投影面上的投影，称为轴测轴，如图 5-1b 中的 OX、OY、OZ 轴。

2. 轴间角

轴测图中两轴测轴之间的夹角，称为轴间角，如图 5-1b 中的 $\angle XOY$、$\angle YOZ$、$\angle XOZ$。

3. 轴向伸缩系数

轴测轴上的单位长度与相应坐标轴上的单位长度的比值，称为轴向伸缩系数。OX、OY、OZ 三个方向上的伸缩系数分别用 p_1、q_1、r_1 来表示，故 $p_1 = OX/O_0X_0$，$q_1 = OY/O_0Y_0$，$r_1 = OZ/O_0Z_0$。为便于作图，常对轴向伸缩系数进行简化，简化后的系数称为简化伸缩系数，分别用 p、q、r 来表示。

若已知轴间角和轴向伸缩系数，就可以根据物体或物体的视图绘制轴测图。工程上主要使用正等轴测图和斜二轴测图。本章将介绍它们的画法。

5.2 正等轴测图

5.2.1 正等轴测图的形成、轴间角和轴向伸缩系数

1. 形成

当三根坐标轴与轴测投影面倾斜的角度相同时，用正投影法得到的投影图称为正等轴测图，简称正等测。

2. 轴间角和轴向伸缩系数

由于三根坐标轴与轴测投影面的倾斜角度相同，故三个轴间角相等，都是 120°，其中 OZ 轴规定画成铅垂方向。三根轴的轴向伸缩系数相等，约为 0.82。为了作图简便，常采用简化伸缩系数，即 $p = q = r = 1$。采用简化系数作图时，沿各轴向的所有尺寸都用真实长度量取，简捷方便。这样画出的正等轴测图，沿各轴向的长度都分别放大了约 $1/0.82 \approx 1.22$ 倍，如图 5-2 所示。

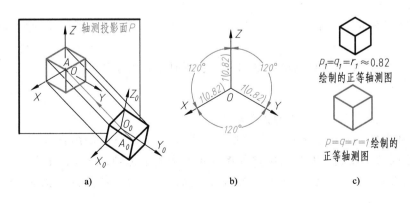

a)　　　　　　　　　　　b)　　　　　　　　　　　c)

图 5-2 正等轴测图的形成和基本参数

5.2.2 平面立体的正等轴测图的画法

绘制平面立体轴测图的基本方法，就是按照轴测图的投影原理，根据立体表面上各顶点的坐标值，定出它们的轴测投影，连接各顶点，即完成平面立体的轴测图。对于立体表面上平行于坐标轴的轮廓线，则可在该线上直接量取尺寸。下面举例说明。

例 5-1 作图 5-3a 所示正六棱柱的正等轴测图。

1）形体分析，确定坐标轴 所给正六棱柱的顶面和底面都是水平面，画轴测图需从平行于坐标轴的直线量取尺寸，为减少擦除不必要的图线，将坐标原点 O 定在顶面的中心，如图 5-3a 所示。

2）作图过程如下：

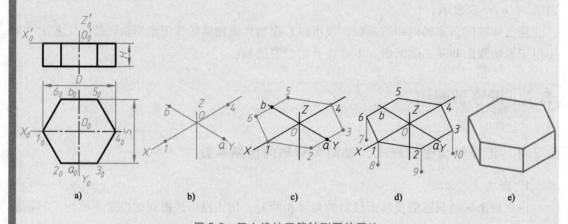

图 5-3 正六棱柱正等轴测图的画法

a）定坐标系 b）画轴测轴并定点 c）画顶面六边形 d）画可见棱边 e）擦去多余图线并描深

① 画轴测轴 OX、OY、OZ，并分别在 X 和 Y 轴上量得点 1、4 和 a、b，如图 5-3b 所示。

② 过点 a、b 作 X 轴的平行线，量得点 2、3 和 5、6，连接顶面六边形，如图 5-3c 所示。

③ 由点 6、1、2、3 作 Z 轴的平行线，沿 Z 轴量取六棱柱的高度 H，得点 7、8、9、10，如图 5-3d 所示。

④ 连接底面可见轮廓 7、8、9、10，擦去作图线和符号，加深，即得作图结果，如图 5-3d 所示。

注意：轴测图中一般只画出可见部分，必要时才画出不可见部分。

例 5-2 作图 5-4 所示垫块的正等轴测图。

1）形体分析，确定坐标轴 由垫块的三视图可知，垫块是由长方体被一个正垂面和一个铅垂面截切而成。因此可确定如图 5-4 所示的坐标轴，先画出长方体的正等轴测图，然后依次画出截切平面，即正垂面和铅垂面，擦除多余的图线，描深，完成垫块的正等轴测图。

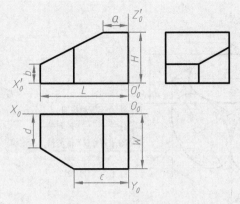

图 5-4　垫块的三视图

2）作图过程如下：

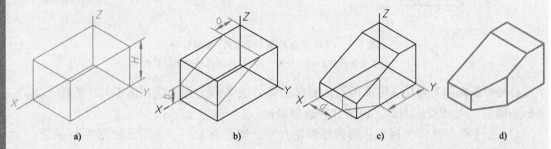

图 5-5　作垫块正等轴测图的过程

a）画轴测轴及长方体　b）画正垂面　c）画铅垂面　d）擦去多余图线并描深

① 画轴测轴，按尺寸 L、W、H 画出被截切前的长方体的正等轴测图，如图 5-5a 所示。

② 根据尺寸 a 和 b 画出长方体左上角被正垂面截切后的正等轴测图，如图 5-5b 所示。

③ 根据尺寸 c 和 d 画出左前方被铅垂面截切后的正等轴测图，如图 5-5c 所示。

④ 擦去多余的图线，描深，结果如图 5-5d 所示。

5.2.3　回转体的正等轴测图的画法

1. 平行于坐标面的圆的正等测投影及其画法

（1）投影分析　从正等轴测图的形成可知，各坐标面对轴测投影面都是倾斜的。因此，平行于坐标面的圆的正等测投影是椭圆。如图 5-6 所示，当以立方体的三个不可见的表面为坐标面时，其余三个平面内切圆的正等测投影有以下特点：

1）三个椭圆的形状和大小是一样的，但方向各不相同。

2）各椭圆的短轴与相应菱形（圆外切正方形的轴测投影）的短对角线重合，其方向与相应的轴测轴一致，该轴测轴就是垂直于圆所在平面的坐标轴投影。

（2）近似画法　为了简化作图，上述椭圆一般用四段圆弧代替。由于这四段圆弧的四

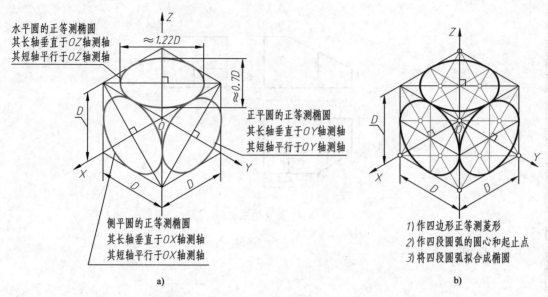

图 5-6　平行于坐标面的圆的正等测投影

a）平行于坐标面的圆的正等测　b）外切四边形法作近似椭圆

个圆心是根据椭圆的外切菱形求得的，所以这种方法又称为四心法。图 5-7 以平行于 $X_0O_0Y_0$ 坐标面圆的正等测投影为例，说明这种近似画法。

1）通过圆心 O 作坐标轴和圆的外切正方形，切点为 a、b、c、d，如图 5-7a 所示。

2）作轴测轴和切点 A、B、C、D，通过这些点作外切正方形的正等测菱形，并作对角线，Z 轴上的点 1、2 即为大圆弧的圆心，如图 5-7b 所示。

3）连接 $1A$、$1B$、$C2$、$D2$，交点 3、4 即为小圆弧的圆心，如图 5-7c 所示。

4）分别以 1、2 为圆心，$A1$ 为半径，作弧 AB、弧 CD；以 3、4 为圆心，$A3$ 为半径，作弧 DA、弧 BC，连成近似椭圆，如图 5-7d 所示。

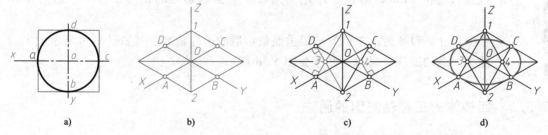

图 5-7　用四心法作平行于 $X_0O_0Y_0$ 坐标面圆的正等测投影

2. 圆柱的正等轴测图的画法

图 5-8 所示为轴线垂直于水平面的圆柱的正等轴测图的作图步骤：

1）选定参考坐标轴，如图 5-8a 所示。

2）作上下底面圆的正等测投影，其中心距等于圆柱高度 h，如图 5-8b、c 所示。

3）作两个椭圆的外公切线，如图 5-8d 所示。

4）完成圆柱的轴测图，如图 5-8e 所示。

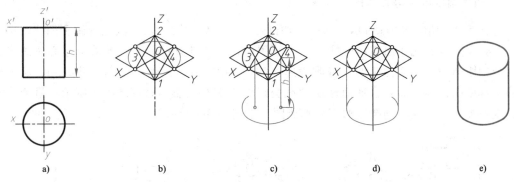

图 5-8　圆柱的正等轴测图的作图步骤

3. 圆角的正等轴测图的画法

圆角一般是指整圆的四分之一段圆弧。图 5-9b 表示了水平圆角的正投影图与其正等轴测图（近似椭圆弧）的关系，即该四分之一段圆弧（图 5-9a 的弧 ab）的正等轴测图是四分之一段椭圆弧（图 5-9b 的弧 AB）。画四段圆弧替代四段椭圆弧，是画四段圆角正等轴测图的简便方法。作圆角的正等轴测图的要点是，找出各段圆弧（替代各段相应椭圆弧）的圆心、半径和起止点。

水平圆角（图 5-9a）的作图过程如下：

1）先画平板的正等轴测图，然后自左右两顶点沿两边量取 R 得点 A、B、C、D，过这四点分别作棱线的垂线，交得二圆心（1、4），从而画出 AB 和 CD 圆弧来拟合两段椭圆弧（这两段圆弧即为平板上表面的两段水平圆角的正等轴测图），如图 5-9b 所示。

2）分别将圆心向下平移 h，得 5、6 点，以这两点为圆心分别画出底面上两段圆弧，如图 5-9c 所示。

3）作转向轮廓线 EF，如图 5-9d 所示。

4）整理完成圆角平板的正等轴测图，如图 5-9e 所示。

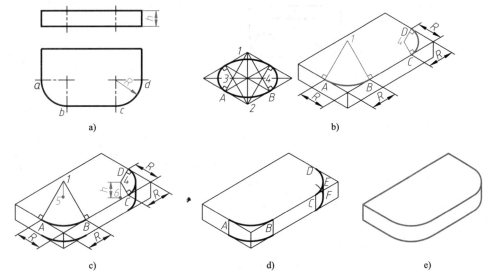

图 5-9　圆角的正等轴测图的作图步骤

4. 切槽圆柱的正等轴测图的画法

例 5-3　如图 5-10a 所示，根据切槽圆柱的主、俯视图，求作其正等轴测图。

作图要点：先作出整体圆柱的正等轴测图，如图 5-10b 所示；再采用移心法画出距上面圆距离为 h 的切槽圆的正等测投影，如图 5-10c 所示；然后根据尺寸 h、l，画出圆柱上部中间被侧平面和水平面截切的截交线的正等测投影，如图 5-10d 所示；最后整理图线并加深，完成切割圆柱的正等轴测图，如图 5-10e 所示。

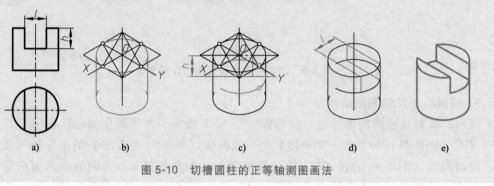

图 5-10　切槽圆柱的正等轴测图画法

5.2.4　组合体的正等轴测图的画法

画组合体的轴测图，用形体分析法。图 5-11 所示的组合体由底板和正立板组成，其正等轴测图的作图步骤如图 5-12 所示。

图 5-11　组合体视图

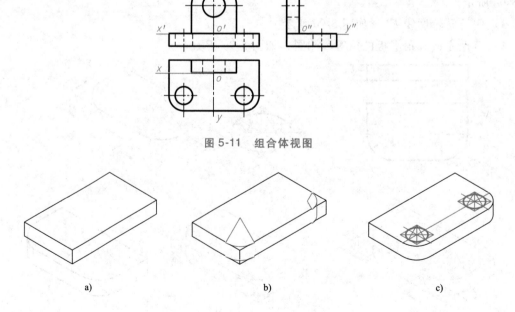

图 5-12　组合体正等轴测图的作图步骤

a）画底板轮廓　b）画底板圆角　c）画底板上的圆柱孔

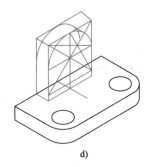 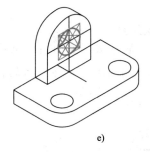 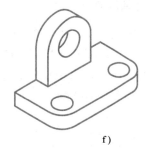

d) e) f)

图 5-12 组合体正等轴测图的作图步骤（续）

d）画立板外轮廓 e）画立板上的圆柱孔 f）擦去多余的图线，检查、描深

5.3 斜二轴测图

5.3.1 斜二轴测图的形成

如图 5-13 所示，将物体上参考坐标系的 O_0Z_0 轴铅垂放置，并使坐标面 $X_0O_0Z_0$ 平行于轴测投影面，用斜投影法将物体连同其坐标轴一起向轴测投影面投射得到的轴测图，称为斜二轴测图（简称斜二测）。

5.3.2 斜二轴测图的画图参数

图 5-14 所示为斜二轴测图的轴间角和轴向伸缩系数：

$\angle XOZ = 90°$，$\angle XOY = \angle YOZ = 135°$；$p_1 = r_1 = 1$，$q_1 = 0.5$。

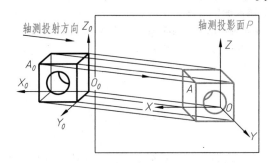

图 5-13 斜二轴测图的形成

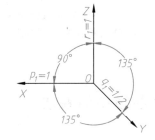

图 5-14 斜二轴测图的画图参数

5.3.3 斜二轴测图的画法

1. 平行于坐标面的圆的斜二轴测图的画法

图 5-15 所示为平行于坐标面的圆的斜二轴测投影。平行于坐标面 XOZ 的圆的斜二轴测投影，仍是大小相同的圆；平行于坐标面 XOY 和 YOZ 的圆的斜二轴测投影是椭圆，其长轴分别与 OX 和 OZ 轴倾斜约 7°，短轴与长轴垂直。

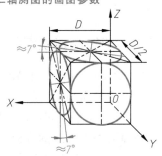

图 5-15 平行于坐标面的圆的斜二轴测投影

2. 画法举例

例 5-4 作图 5-16a 所示端盖的斜二轴测图。

作图要点：对单向有圆、圆弧的物体，采用斜二轴测图较为方便。将坐标原点设定在前端面上，用移心法依次画出各端面图形，注意各转向轮廓线（与 *Y* 轴平行）。作图过程如图 5-16 所示。

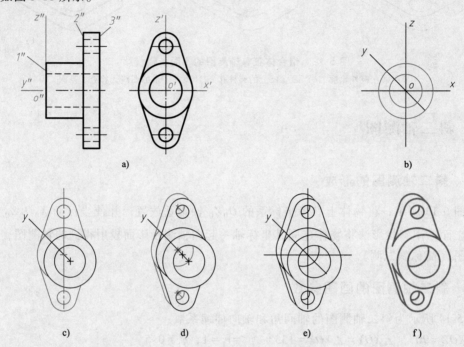

图 5-16 作端盖斜二轴测图的过程

a）以平行于圆的平面为轴测投影面，设坐标轴　b）作轴测轴和端面Ⅰ的斜二轴测图　c）作端面Ⅱ的斜二轴测图
d）作端面Ⅲ的斜二轴测图　e）作转向轮廓线　f）整理完成斜二轴测图

5.4　轴测剖视图的画法

为表达物体的内形，可假想用剖切平面切去物体的一部分，画出物体的轴测剖视图。

5.4.1　画轴测剖视图的有关规定

1）为了能同时在轴测图上表达出立体的内外结构形状，通常采用平行于坐标面的两个互相垂直的平面来剖切物体，剖切平面一般应通过立体的主要轴线或对称平面。

2）被剖切平面切出的截断面上，应画剖面线（互相平行的细实线），平行于各坐标面的截断面上的剖面线的方向，如图 5-17 和图 5-18 所示。

3）可根据表达需要采用局部剖切方法，如图 5-19a 所示。局部剖切的剖切平面也应平行于坐标面；断裂面边界用波浪线表示。

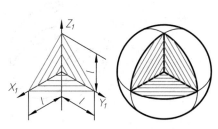

图 5-17　正等轴测图中的剖面线方向

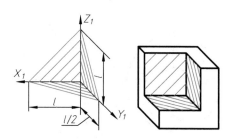

图 5-18　斜二轴测图中的剖面线方向

4）剖切平面通过零件的肋或薄壁等结构的纵向对称平面时，这些结构都不画剖面符号，而用粗实线将它与邻接部分分开，如图 5-19b 所示；在图中表现不够清楚时，也允许在肋或薄壁部分用点表示被剖切部分，如图 5-19c 所示。

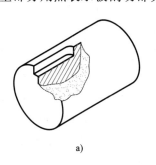

a)

b)

c)

图 5-19　轴测图的剖切画法

a）局部剖切　b）纵向剖切肋板不画剖面线　c）纵向剖切肋板用点表示

5）在轴测装配图中，当剖切平面通过轴、销、螺栓等实心零件的轴线时，这些零件应按未剖切绘制。

5.4.2　画轴测剖视图的方法

画轴测剖视图的方法一般有两种：

1）先画完整物体的轴测图，再画剖切面和可见内形。这种方法初学时容易掌握。图 5-20 所示物体正等轴测剖视图的作图步骤如图 5-21 所示。

2）先画剖切面，后画内外结构形状。这种方法可减少不必要的作图线，但不易掌握。图 5-22 所示物体斜二测剖视图的作图步骤如图 5-23 所示。

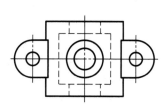

图 5-20　已知物体的两视图（一）

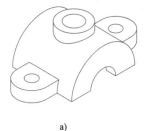

a)

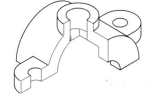

b)

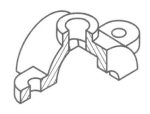

c)

图 5-21　物体正等轴测剖视图的作图步骤

a）画出物体完整的正等轴测图　b）画剖切面及可见内形　c）画剖面线、整理及描深

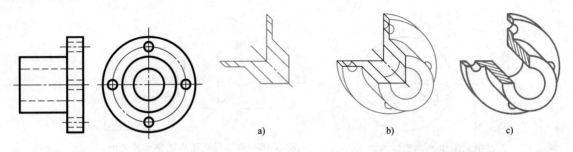

图 5-22　已知物体的两视图（二）　　　　图 5-23　物体斜二测剖视图的作图步骤

a）画出剖切面的形状　b）画外形及可见内形　c）画剖面线、整理及描深

5.5　轴测图的尺寸注法

5.5.1　在轴测图中标注尺寸应遵循的原则

1）轴测图的线性尺寸，一般应沿轴测轴方向标注。尺寸数值为零件的公称尺寸，尺寸数字应按相应的轴测图形标注在尺寸线的上方。尺寸线必须和所标注的线段平行，尺寸界线一般应平行于某一轴测轴。当在图形中出现字头向下时应引出标注，将数字按水平位置注写，如图 5-24 所示。

2）标注圆的直径时，尺寸线和尺寸界线应分别平行于圆所在平面内的轴测轴，标注圆弧半径和较小圆的直径时，尺寸线应从（或通过）圆心引出标注，但注写尺寸数字的横线必须平行于轴测轴，如图 5-24 所示。

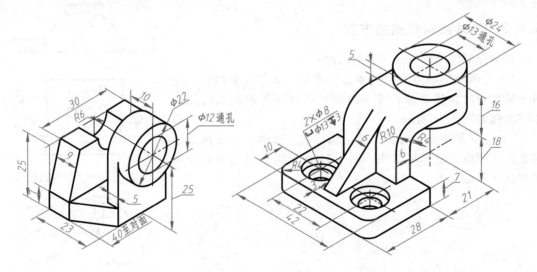

图 5-24　叠加式组合体轴测图的尺寸注法

3）标注角度的尺寸线，应画成与该坐标平面相应的椭圆弧，角度数字一般写在尺寸线的中断处，字头朝上，如图 5-25 所示。

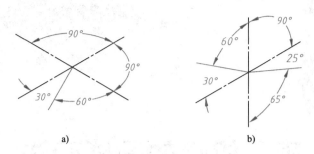

图 5-25 轴测图中角度的尺寸注法

a) 水平方向的角度尺寸注法 b) 垂直方向的角度尺寸注法

5.5.2 轴测图标注尺寸举例

标注轴测图尺寸时, 按尺寸标注的规则, 用形体分析法逐步标注尺寸。叠加式组合体轴测图的尺寸注法如图 5-24 所示; 切割式组合体轴测图的尺寸注法如图 5-26 所示。

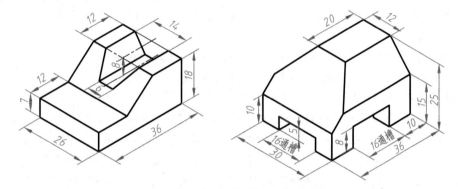

图 5-26 切割式组合体轴测图的尺寸注法

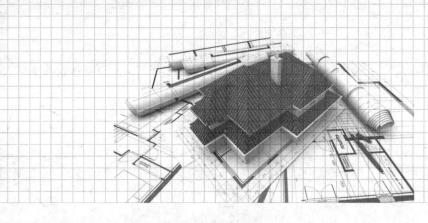

第6章

表示机件的图样画法

在生产实际中，机件的结构形状复杂多样，仅用三视图和"可见部分画粗实线，不可见部分画细虚线"的方法通常不能完整、清晰、简便地表达它们的结构形状，主要存在以下几方面的问题：

1) 可能出现重复表达（有多余视图）或表达不清（缺少视图）。

2) 过多的细虚线会导致表达不清晰和绘图效率低。

3) 对于倾斜结构不能直接表达实形。

为此，国家标准（GB/T 17451—1998、GB/T 17452—1998、GB/T 17453—2005、GB/T 4458.1—2002、GB/T 4458.6—2002 等）中规定了对机件的各种表达方法，即视图、剖视图、断面图、简化画法等。在绘制机件的技术图样时，应根据机件的结构特点，选择适当的表达方法，在完整、清晰地表达机件形状的前提下，力求画图、看图简便。

6.1　视图

根据有关标准和规定，用正投影法绘制出的物体的图形称为视图。视图主要用来表达机件的外部结构和形状，画图时仍然采用组合体画图的方法，但一般只画出机件的可见部分，必要时才用细虚线表达其不可见部分。视图的种类通常有基本视图、向视图、局部视图和斜视图。

6.1.1　基本视图

基本视图是机件向基本投影面投射所得的视图。

为了清楚地表达机件的上、下、左、右、前、后六个方向的结构形状，在原有的三个投影面的基础上增加了三个投影面，这六个基本投影面正好围成了一个六面体，将机件置于其内，分别向六个基本投影面进行投射，即可得到六个基本视图，如图 6-1 所示。六个基本视图中，除前面学过的主视图、俯视图、左视图外，还有：由右向左投射所得到的右视图；由下向上投射所得到的仰视图；由后向前投射所得到的后视图。

基本视图展开的方法：正立投影面（V 面）保持不动，其他各投影面按图 6-2 中所指的

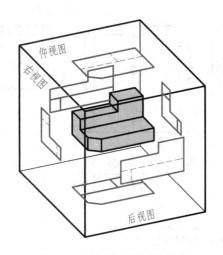

图 6-1 六个基本视图的形成

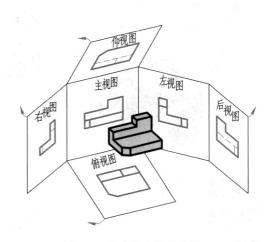

图 6-2 六个基本视图的展开

方向旋转至与正立投影面（V面）共面的位置。展开后的六个基本视图的位置、度量及方位对应关系如图 6-3 所示。各视图按此位置配置时，称为基本配置位置。

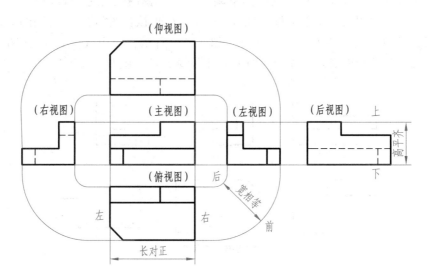

图 6-3 六个基本视图的配置

同一张图纸内，各基本视图按此配置时，可不标注视图的名称。此时，六个基本视图之间仍然符合"长对正、高平齐、宽相等"的投影规律。左、右、俯、仰视图靠近主视图的一边代表物体的后面，远离主视图的一边代表物体的前面。

实际应用时，并不是所有机件都需要画六个基本视图，而是要根据机件形状的复杂程度和结构特点，在将机件表达清楚的前提下，选择必要的基本视图，尽量减少视图的数量，并尽可能避免出现不可见轮廓线（绘制视图时可以省略在其他视图中已经表达清楚结构所对应的细虚线）。一般优先选用主、俯、左三个视图。无论机件的形状结构是简单还是复杂都必须有主视图。图 6-4 所示为机件表达中应用基本视图的举例。

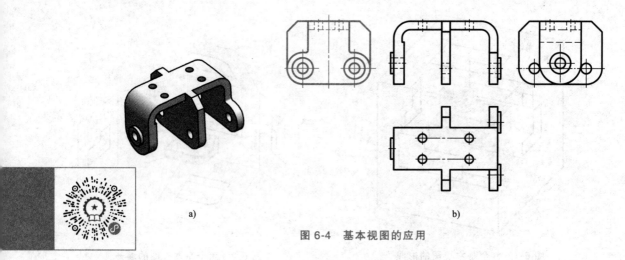

a)　　　　　　　　　　　　　　b)

图 6-4　基本视图的应用

6.1.2　向视图

向视图是可以自由配置的视图。

在表达机件时，有时为了合理利用图纸幅面，可将视图位置进行自由配置，即为向视图。向视图上方必须用大写拉丁字母（如 A、B 等）标出该视图的名称，并在相应视图附近用箭头指明其投射方向，注上相同的字母，如图 6-5 所示，图中 A、B、C 视图为向视图，另外三个未加标注的视图是基本视图（分别是主视图、俯视图和左视图）。

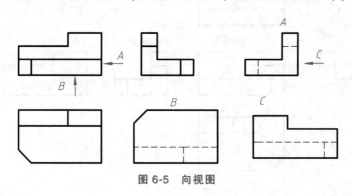

图 6-5　向视图

6.1.3　局部视图

局部视图是将机件的某一部分向基本投影面投射所得的视图。

当机件的主要形状已经表达清楚，只需要对局部结构进行表达时，为了简化画图，不必再增加一个完整的基本视图，即可采用局部视图。如图 6-6a 所示的机件，选用主、俯两个基本视图，其主要结构已表达清楚，仅左、右两个凸台的形状尚未充分表达。如果绘制左视图和右视图，则上顶板、中间圆柱等结构进行了不必要的重复表达。此时可选用图 6-6b 所示的局部视图 A 和局部视图 B，既避免了重复表达，简化了作图，又使表达简单明了、重点突出。

局部视图的断裂边界用波浪线（或双折线）表示，波浪线是断裂边界的投影，不应超出断裂机件的轮廓线，也不能穿过中空处，如图 6-6b 中局部视图 A 所示。当局部视图所表达的局部结构是完整的，且外形轮廓线封闭时，则可省略表示断裂边界的波浪线，如图 6-6b 中局部视图 *B* 所示。

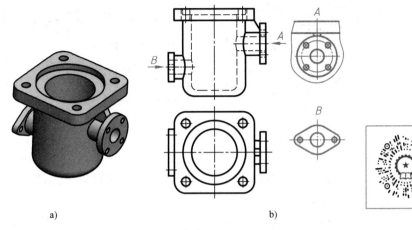

a)　　　　　　　　　　　　　　　b)

图 6-6　局部视图

局部视图可按基本视图的配置形式配置，也可按向视图的配置形式配置并标注，在其上方用大写拉丁字母标注出视图名称，在相应视图的相应结构的附近用箭头指明投射方向，并注上相同的字母，如图 6-6b 所示。当局部视图按基本视图配置，中间又没有被其他视图隔开时，可省略标注，如图 6-8b 所示。

局部视图还可以按照第三角画法（见 6.5 节，局部视图的投射方向为俯视图的投射方向，但放置在主视图上方，注意槽的前后位置）配置在视图上所需表达物体局部结构的附近，并用细点画线将两者相连，如图 6-7 所示。

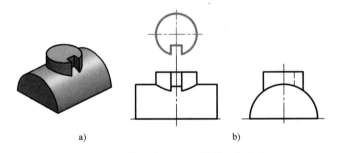

a)　　　　　　　　　　b)

图 6-7　按第三角画法配置的局部视图

6.1.4　斜视图

斜视图是物体向不平行于基本投影面的平面投射所得的视图。

当物体上有不平行于基本投影面的倾斜结构时，用基本视图均无法表达这部分的真实形状，同时也不利于标注尺寸，给画图和看图带来了不便。为表达该结构的实形，可以用换面法的原理，选用一个与倾斜结构的主要平面平行的辅助投影面，将倾斜结构向该投影面投射，便可得到倾斜部分的实形，如图 6-8a 所示。

画斜视图的注意事项：

1）斜视图通常只用于表达机件倾斜部位结构特征的真实形状，其余部分省略不画，所

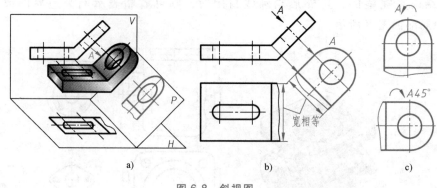

图 6-8 斜视图

以用波浪线或双折线断开。同样，在相应的基本视图中也可省去倾斜部分的投影，用局部视图表达，如图 6-8b 所示。

2）绘制斜视图时，注意两个坐标方向的尺寸度量：其一与投射方向平行，其二与投射方向垂直。如图 6-8b 中箭头方向所示。

3）斜视图必须标注。斜视图通常按向视图的配置形式配置（也可按投影关系放置）并标注，在斜视图的上方标注表示视图名称的大写拉丁字母，在相应视图中相应结构的附近用箭头指明投射方向，并注写相同的表示视图名称的字母，表示视图名称的字母应水平注写，如图 6-8b 所示。

4）必要时，允许将斜视图旋转配置，但须画出旋转符号，如图 6-9 所示，旋转符号的箭头方向应与视图旋转方向一致。表示该视图名称的大写拉丁字母应靠近旋转符号的箭头端，也允许将旋转角度标注在字母之后，如图 6-8c 所示。

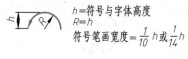

$h=$符号与字体高度
$R=h$
符号笔画宽度$=\frac{1}{10}h$或$\frac{1}{14}h$

图 6-9 旋转符号

6.2 剖视图

当机件的内部结构比较复杂时，视图中的细虚线较多，这些细虚线往往与实线或细虚线相互交错重叠，既影响图形的清晰度和层次性，又不便于看图和标注尺寸，如图 6-10a 所示。为了将视图中不可见的部分变为可见的，从而使细虚线变为实线，国家标准中规定了用剖视图来表达机件内部结构的方法。

6.2.1 剖视图的概念和基本画法

1. 剖视图的形成

假想用剖切面剖开物体，将处在观察者和剖切面之间的部分移去，而将其余的部分向投影面投射（并在剖面区域内画上剖面符号），所得的图形称为剖视图，简称剖视，如图 6-10c 中的 A—A 剖视图所示。

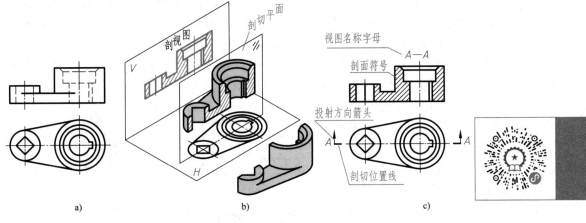

图 6-10　剖视图的基本概念

2. 剖视图的画法

（1）确定剖切面的位置和投射方向　剖切面一般应为投影面垂直面或投影面平行面，为充分表达机件的内部孔、槽等真实结构、形状，剖切面一般应通过孔的轴线、槽的对称面等。投射方向与剖切面垂直。选择原则为：完整、清晰表达相应形体，避免不必要的重复表达，并力求画图、看图简便。

（2）画剖视图

1）绘制剖切后机件剩余部分的投影。按照绘制组合体视图的方法（形体分析法和线面分析法），逐个画出机件剩余部分可见形体（或截切面）的投影，不可见形体（或截切面）的投影一般应省略不画。

2）在断面（剖面区域）内绘制剖面符号。剖切面与机件实体接触的部分称为断面（也称为剖面）。画剖视图时，应把断面及剖切面后方的可见轮廓线用粗实线画出，并在断面上用细实线画出剖面符号。剖面符号不仅仅用来区分机件的空心及实体部分，同时还表示制造该机件所用材料的类别。国家标准 GB/T 4457.5—2013 中规定了剖面区域的表示法，见表 6-1。

表 6-1　部分材料的剖面符号

材料名称	剖面符号	材料名称	剖面符号	材料名称	剖面符号
金属材料（已有规定剖面符号者除外）		型砂、填砂、粉末冶金、砂轮、硬质合金刀片等		混凝土	
非金属材料（已有规定剖面符号者除外）		玻璃及供观察用的其他透明材料		钢筋混凝土	
线圈绕组元件		木材　纵断面		砖	
转子、电枢、变压器和电抗器等叠钢片		木材　横断面		液体	

在同一金属零件的图中，所有剖视图的剖面线应画成间隔相等、方向相同且一般与剖面区域的主要轮廓线或对称线成45°的平行线，如图 6-11a 所示。必要时，剖面线也可画成与主要轮廓线成适当角度，如图 6-11b 所示，在主视图中，部分主要轮廓线与水平方向成45°角，为便于区分，将剖面线画成与水平轮廓成30°角，但此时 A—A 视图中的剖面线仍需画成与水平方向成45°角。剖面区域的其他表示方法请查阅有关标准。

3）标注剖切位置、投射方向和剖视图的名称。为了看图时便于找出剖视图与其他视图的投影关系，一般应对剖视图进行剖切的标注。

① 标注剖视图的名称。在剖视图的正上方注写 "×—×"（"×" 为大写拉丁字母），表示视图名称。不同剖视图的名称一般不能重复。

② 标注剖切位置及投射方向。在与剖切面垂直的视图中，剖切面的投影积聚为线，称为剖切线（用细点画线绘制或省略不画）。一般情况下，在剖切线

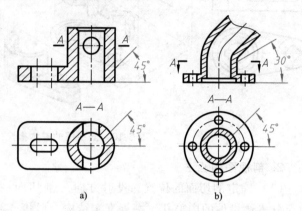

图 6-11　与主要轮廓成适当角度剖面线的应用实例

的起、讫和转折位置画出剖切符号。剖切符号由粗短画和箭头组成，粗短画（长 5～10mm，尽可能不与图形轮廓线相交）用来表示剖切位置，箭头（画在粗短画的外端，并与粗短画垂直）表示投射方向。在剖切符号附近还要注写与剖视图名称相同的大写拉丁字母 "×"，如图 6-12、图 6-10c 所示。

当剖视图按投射关系配置，中间又没有其他图形隔开时，可以省略箭头。

当单一剖切平面通过机件的对称平面或基本对称平面，且剖视图按投射关系配置，中间没有其他图形隔开时，可以省略剖视图的标注，故图 6-10c 中，剖视图的标注也可以省略。

（3）画剖视图应注意的几点

1）剖切是假想的，一次剖切仅针对某一个视图。当机件的某一个视图画成剖视之后，其他视图仍按完整结构画出，如图 6-10c 所示。同

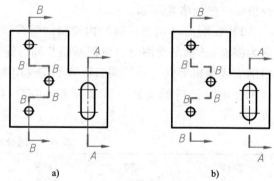

图 6-12　剖切符号的标注方法
a）完整标注　b）省略剖切线的组合标注

时，其他视图也可以根据表达的需要，另选合适的剖切面，画成剖视图，如图 6-11a、b 所示。

2）剖视图可以按照基本视图的配置规定进行配置，如图 6-13 中 A—A 剖视图所示，也可以按照投射关系配置在与剖切符号相对应的位置，如图 6-13 中 B—B 剖视图所示，必要时允许配置在其他适当位置。

3）相同剖切位置，不同投射方向所得到的剖视图一般不相同，如图 6-14 所示。

4）要仔细分析立体剖切后剩余部分的形体，剖切面后方的可见轮廓线应全部画出，不应遗漏，如图 6-15 所示。

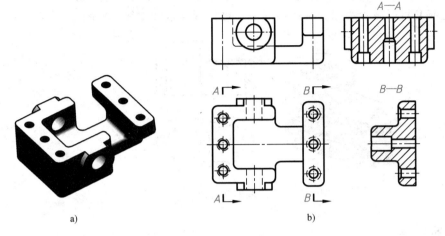

a)   b)

图 6-13 剖视图的配置实例

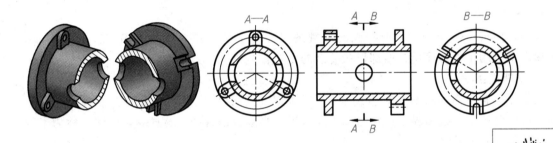

图 6-14 相同剖切位置、不同投射方向的剖视图

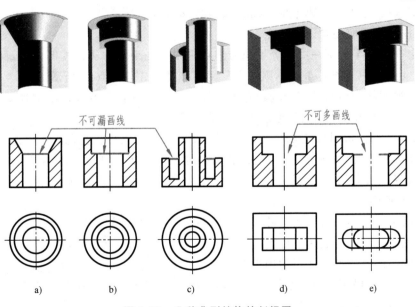

不可漏画线   不可多画线

a)   b)   c)   d)   e)

图 6-15 几种典型结构的剖视图

5）在剖视图中，已经表达清楚的结构，虚线省略不画。对没有表达清楚的结构，在不影响剖视图清晰度而又可以减少视图数量的情况下，可以画少量细虚线，如图6-16所示。

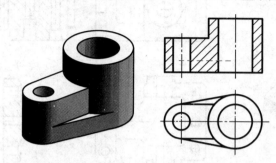

图 6-16　应画细虚线的剖视图

6.2.2　剖视图的种类

按机件被剖切的范围不同，剖视图可以分为全剖视图、半剖视图和局部剖视图三种。

1. 全剖视图

用剖切面将机件完全剖开所得到的剖视图，称为全剖视图，如图 6-10、图 6-16 所示。全剖视图主要用于外形简单、内部形状复杂的不对称机件。

2. 半剖视图

当机件具有对称（或基本对称）平面时，向垂直于对称平面的投影面上投射所得到的图形，可以对称中心线为界，一半画成视图，另一半画成剖视图，这样获得的图形称为半剖视图，如图 6-17b 所示。

半剖视图主要用于内、外形状都需要表达的对称机件，其优点在于，一半（剖视图）能表达机件的内部结构，另一半（视图）表达外形，由于机件是对称的，能够容易想象出机件的整体结构形状，如图 6-17d 所示。有时，机件的形状接近对称，且不对称部分已另有图形表达清楚时，也可以画成半剖视图，如图 6-18 所示。

画半剖视图时，应注意以下几点：

1）半个视图与半个剖视图的分界线为细点画线，如果对称机件视图的轮廓线与半剖视图的分界线（对称中心线）重合，则不宜采用半剖视图，如图 6-19 所示。

2）半剖视图的剖切面是完全剖开立体，仅画了一半剖视。所以，半剖视图剖切符号的标注应完全等同于全剖视图，按照全部剖开进行标注。

3）由于半剖视图可同时兼顾机件的内、外形状的表达，所以，在表达外形的那一半视图中一般不必再画出表达内形的细虚线。标注机件结构对称方向的尺寸时，只能在表示了该结构的那一半画出尺寸界线和箭头，尺寸线应略超过对称中心线，如图 6-17d 中的 $\phi16$ 和 18。

3. 局部剖视图

用剖切面局部地剖开机件所得的剖视图，称为局部剖视图。

局部剖视图具有同时表达机件内、外结构的优点，且不受机件是否对称的条件的限制，所以应用比较广泛，局部剖视图常用于下列情况：

1）当机件只有局部的内部结构需要表达，或因需要保留部分外部形状而不宜采用全剖视图时，可采用局部剖视图，如图 6-20 所示。

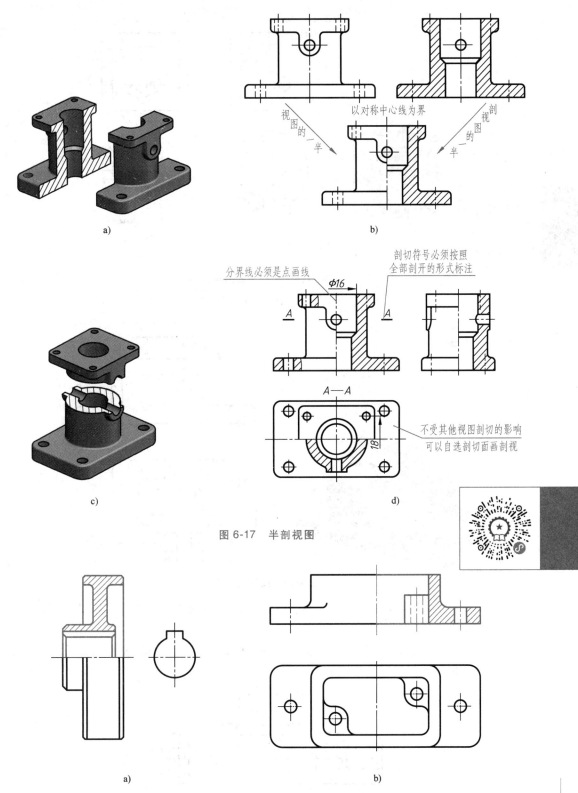

图 6-17 半剖视图

图 6-18 基本对称机件的半剖视图

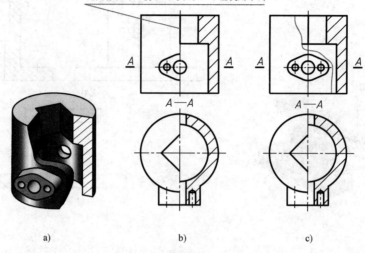

此处存在可见投影(粗实线)，不能使用半剖

a)　　　　　　　b)　　　　　　　c)

图 6-19　不宜半剖的机件

a）立体图　b）错误画法　c）正确画法

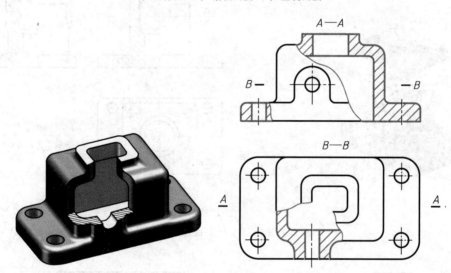

图 6-20　局部剖视图

2）当机件的轮廓线与对称中心线重合，不宜采用半剖视图时，可采用局部剖视图，如图 6-19c 所示。

3）某些纵向剖切时按不剖绘制的实心杆件，如轴、手柄等，需要表达某处的内部结构形状时，可采用局部剖视图，如图 6-21 所示。

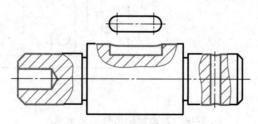

图 6-21　局部剖视图应用示例

画局部剖视图时，应注意以下几点：

1）局部剖视是一种比较灵活的表达方法，但在一个视图中，局部剖的数量不宜过多，否则图形过于零碎，不利于看图。

2）在局部剖视图中，视图与剖视的分界线为波浪线。波浪线可以看作机件断裂面的投影，因此，波浪线不能超出视图的轮廓线，不能穿过中空处，也不允许波浪线与图样上的其他图线重合，如图 6-22 所示。

3）当被剖切结构为回转体时，允许将该结构的中心线作为局部剖视图与视图的分界线，如图 6-23 所示。

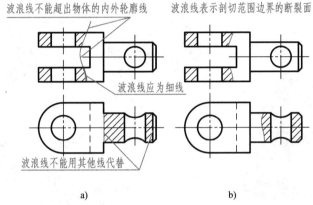

图 6-22 局部剖视图波浪线正、误画法示例

a）错误画法 b）正确画法

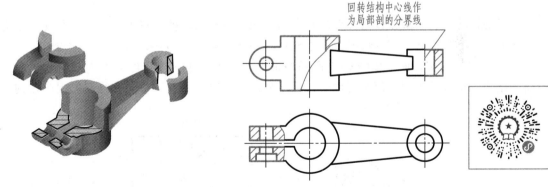

图 6-23 被剖切结构为回转体的局部剖视图

4）局部剖视图的标注方法与全剖视图的标注方法基本相同。若为单一剖切平面，且剖切位置明显时，可以省略标注，如图 6-21、图 6-22、图 6-23 所示的局部剖视图。

6.2.3 剖切面的种类和剖切方法

由于机件的结构形状千差万别，因此画剖视图时应根据机件的结构特点，选用不同形式的剖切面来画任何一种全剖、半剖或局部剖视图，使机件的结构形状表达得更充分、更突出。国家标准规定常用的剖切面有以下几种：

1. 单一剖切面

（1）单一平行于基本投影面的剖切平面　本章前面所讲的全剖视图、半剖视图及局部剖视图的实例中，都是用一个平行于基本投影面的平面剖开机件，如图 6-10、图 6-17、图 6-20 所示，这是最常用的剖切方法。

（2）单一不平行于任何基本投影面的剖切平面　为了表达机件倾斜部分的内部结构，假想用一个与倾斜部分平行，且垂直于某一基本投影面的剖切平面剖开机件，然后将剖切平面后面的部分向与剖切平面平行的投影面上进行投射。这种剖切方法，习惯上称为"斜剖"。用这种剖切方法得到的视图，必须加标注，如图 6-24 中的 A—A 全剖视图所示。

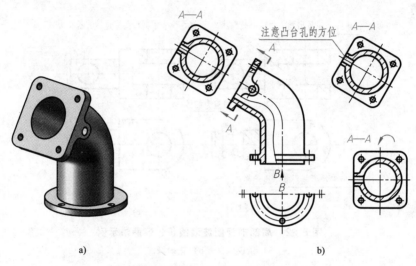

图 6-24　单一斜剖切平面剖切

画斜剖视图时，一般按投射关系配置在与剖切符号相对应的位置上，也可平移到其他适当的地方，在不致引起误解的情况下，也允许将图形旋转，如图 6-24 所示。

（3）单一剖切圆柱面　如图 6-25 所示的扇形块，为了表达该零件上处于圆周分布的孔与槽等结构，可以采用圆柱面进行剖切。采用柱面剖切时，一般应按展开绘制，因此在剖视

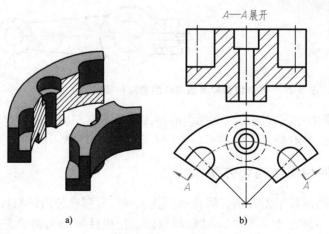

图 6-25　单一圆柱面剖切

图上方应标出"×—×展开"。

2. 几个平行的剖切平面

用几个互相平行的剖切平面剖开机件的方法，习惯上称为"阶梯剖"。这种剖切形式主要适用于机件内部有一系列不在同一平面上的孔、槽等结构，如图6-26所示。

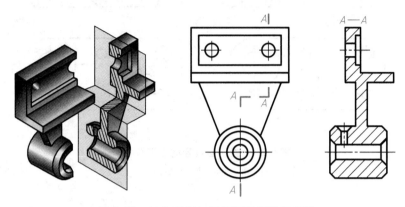

图6-26 几个平行剖切平面获得的剖视图

画图时应注意以下几点：

1）采用这种剖切面的剖视图必须标注，标注方法如图6-26所示。剖切平面的转折处不允许与图上的轮廓线重合。在转折处如因位置有限，且不致引起误解时，可以不注写字母。当剖视图按投射关系配置、中间又无其他视图隔开时，可省略箭头，如图6-26所示。

2）剖视图上不允许画出剖切平面转折处台阶的投影，如图6-26所示。

3）不应出现不完整的结构要素。只有当两个不同的孔、槽等要素在图形上具有公共对称中心线或轴线时，才允许剖切平面在孔、槽的公共中心线或轴线处转折，在剖视图中，二者以公共的对称中心线或轴线为分界线，两个不同的孔、槽等要素各画一半，如图6-27所示。

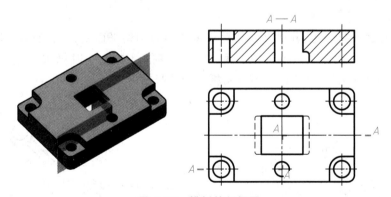

图6-27 模板的剖视图

用几个平行的剖切平面来剖切时，剖视图的常见错误如图6-28所示。

3. 几个相交的剖切平面

在绘制剖视图时，可以使用几个相交的剖切平面（交线垂直于某一基本投影面）剖开机件，将倾斜的结构绕交线旋转到与选定的投影面平行后再投射。其中，用两个相交的剖切面剖切习惯上称为"旋转剖"，如图6-29所示。

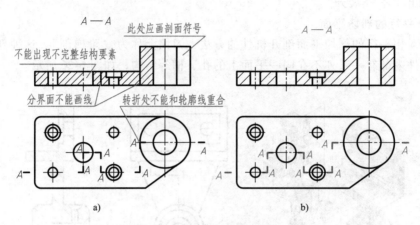

图 6-28 剖切面位置的正误分析

a）错误画法 b）正确画法

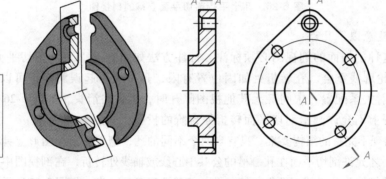

图 6-29 用两相交的剖切平面获得的剖视图（一）

画图时应注意以下几点：

1）先假想按剖切位置剖开机件，然后将被倾斜的剖切平面剖开的结构绕交线旋转到与选定的投影面平行后再投射。在剖切平面之后的其他结构，一般仍按原来位置投射，如图 6-30 所示机件上的小孔的投影（图中肋板的画法见 6.3 节）。

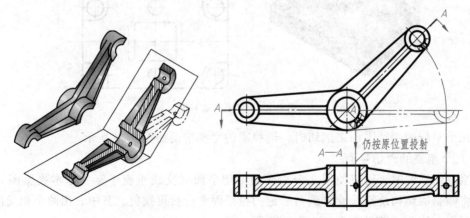

图 6-30 用两相交的剖切平面获得的剖视图（二）

2）当剖切后产生不完整要素时，应将此部分按不剖绘制，如图 6-31 所示。

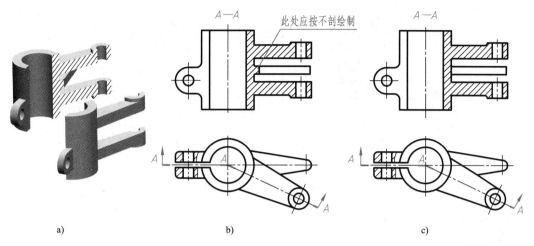

图 6-31　按不剖绘制的剖视图
a）立体图　b）错误　c）正确

3）该方法获得的视图必须进行标注，如图 6-29 所示。但当剖视图按投射关系配置，中间又无其他图形隔开时，允许省略箭头。

4）用两个以上相交的剖切平面剖切得到的剖视图，可以采用展开画法，图名应标注"×—×展开"，如图 6-32 所示。

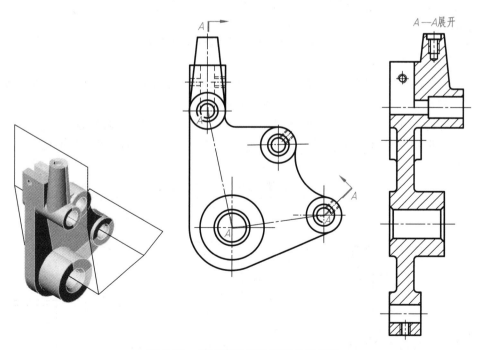

图 6-32　使用展开画法获得的剖视图

5）相交的剖切面可以是平面，可以是圆柱面，也可以是不同位置类型的剖切面，表达机件时应根据表达的需要选择剖切面，如图 6-33 和图 6-34 所示。

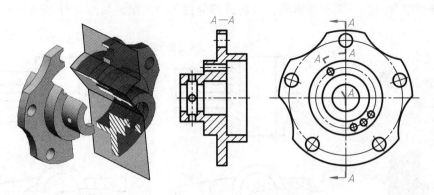

图 6-33　用几个相交的剖切面获得的剖视图

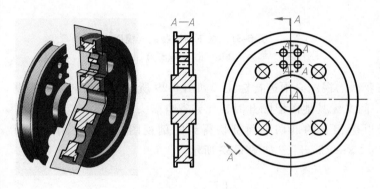

图 6-34　用组合的剖切面获得的剖视图

6）该方法主要用于表达孔、槽等内部结构不在同一剖切平面内，但又具有公共回转轴线的机件，如盘盖类及摇杆、拨叉等需表达内部结构的零件。

由以上各种剖切面剖切所得到的剖视图，可以是全剖视图、半剖视图或者局部剖视图。在应用时，应根据机件的结构特点，采用最适当的剖切面和合适的剖视图类型，现列表举例，见表 6-2。

表 6-2　剖视图的种类和剖切方法

种类		全剖视图	半剖视图	局部剖视图
单一剖切平面	平行于基本投影面			

（续）

<table>
<tr><th colspan="2">种类</th><th>全剖视图</th><th>半剖视图</th><th>局部剖视图</th></tr>
<tr><td>单一剖切平面</td><td>不平行于基本投影面</td><td>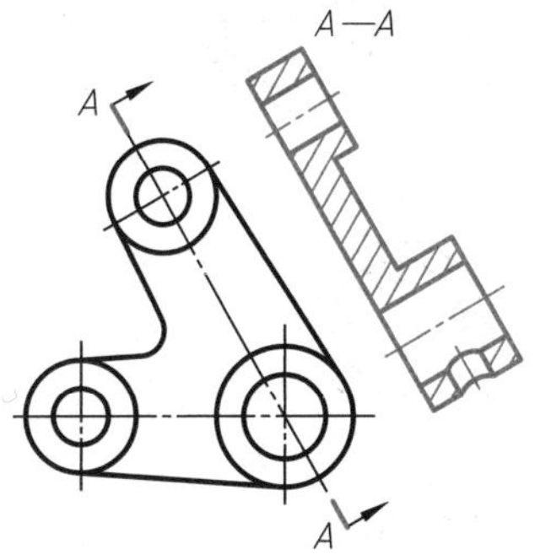A—A
A
A</td><td>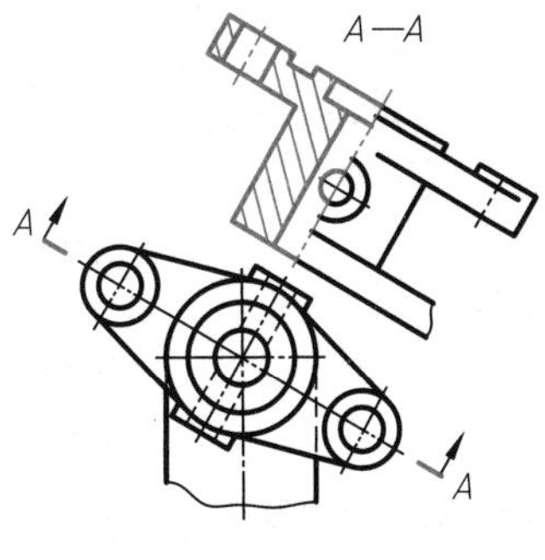A—A
A
A</td><td>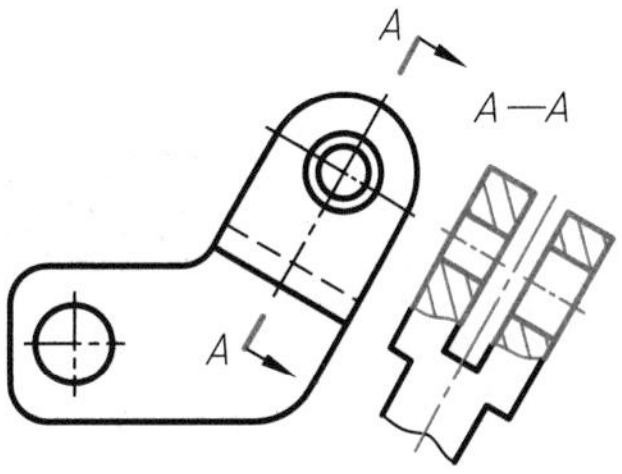A—A
A
A</td></tr>
<tr><td colspan="2">几个相交的剖切平面</td><td>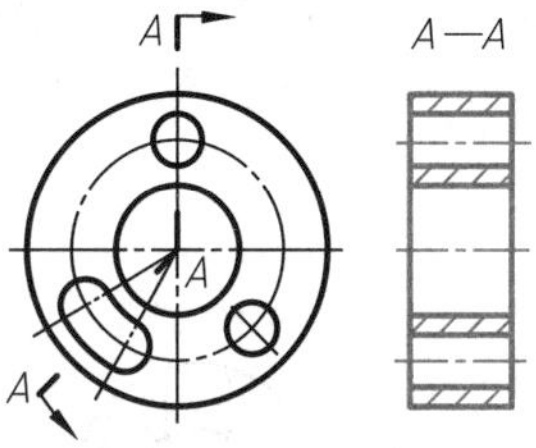A—A
A
A
A</td><td>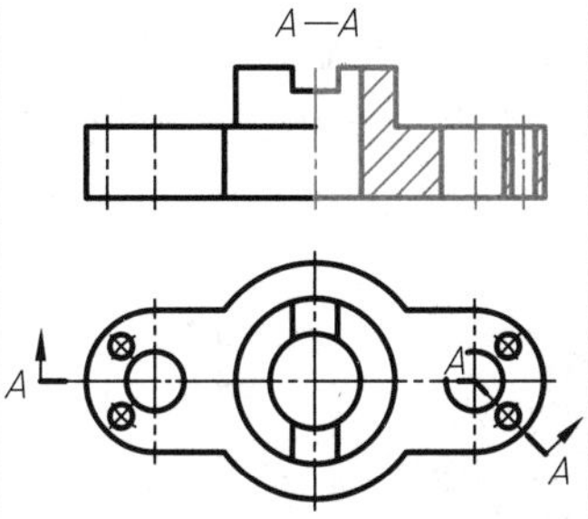A—A
A
A
A</td><td>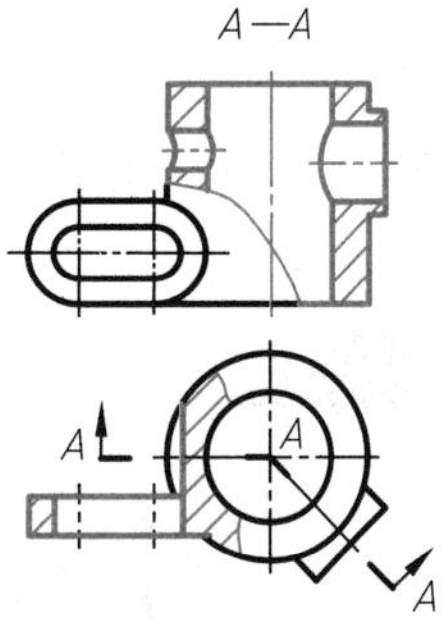A—A
A
A
A</td></tr>
<tr><td colspan="2">几个平行的剖切平面</td><td>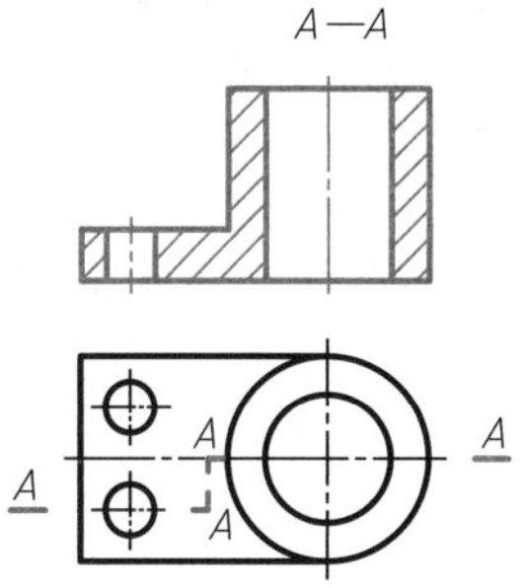A—A
A
A
A
A</td><td>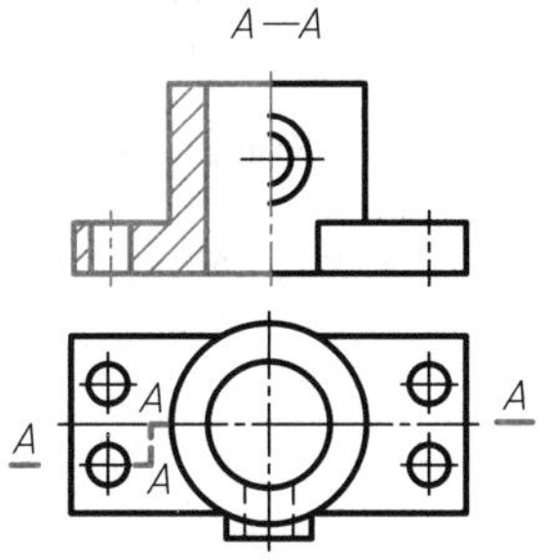A—A
A
A
A
A</td><td>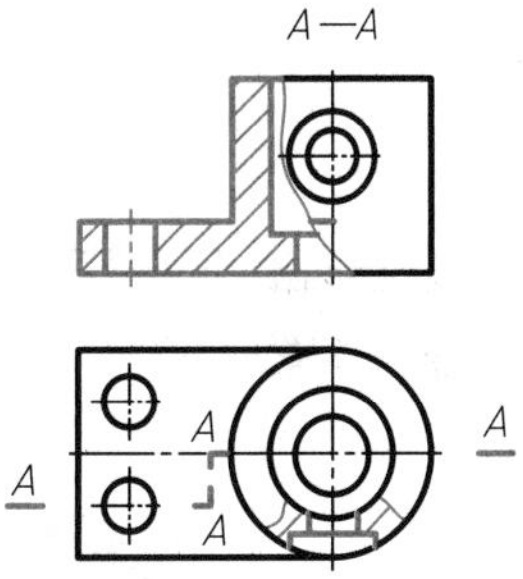A—A
A
A
A
A</td></tr>
</table>

6.3 断面图

6.3.1 断面图的概念

假想用剖切面将物体的某处切断，仅画出该剖切面与物体接触部分的图形，称为断面图，简称断面，如图 6-35 所示。断面图主要用于表达机件上某一局部的断面（截面）形状，如实心杆件中的孔、槽，型材、肋板、轮辐等的断面形状。

断面图与剖视图的主要区别在于：剖视图既要画出机件断面形状，又要画出剖切面之后的可见轮廓线；而断面图是仅画出机件断面形状的图形，如图 6-35 所示。但是，在绘制断面图时，对于以下两类典型结构要按照剖视来绘制：

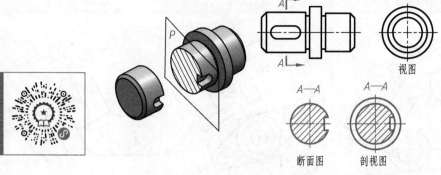

图 6-35　断面图的形成及其与视图、剖视图的比较

1）当剖切平面通过由回转而形成的孔或凹坑的轴线时，这些结构按剖视图绘制。如图 6-36 所示，剖切平面通过上方竖直圆柱孔的轴线，对于这个结构需要按照剖视来绘制，即画出与其相关的投影（本表达方案中，主视图存在较多细虚线，在 6.4 节中有优化方案）。

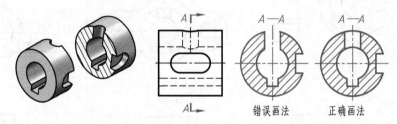

图 6-36　断面图的特殊情况（一）

2）当剖切平面通过非圆孔，会导致出现完全分离的两个断面时，这些结构也应按剖视图绘制，如图 6-37 所示。

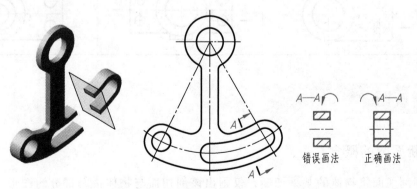

图 6-37　断面图的特殊情况（二）

6.3.2　断面图的种类及画法

断面图根据其配置位置不同，可分为移出断面图和重合断面图两类。

1. 移出断面图的画法与标注

画在视图以外的断面图，称为移出断面图，如图 6-35 所示。

（1）移出断面图的画法

1）移出断面图的轮廓线用粗实线绘制，如图 6-35 所示。

2）剖切平面应与被剖切部分的主要轮廓垂直。若由两个或多个相交剖切面剖切，其断面图形中间一般应用波浪线断开，如图 6-38 所示。

3）移出断面图通常配置在剖切线的延长线上，必要时可将移动断面配置在其他适当的位置。在不引起误解时，允许将图形旋转（图 6-37）。当移出断面的图形对称时也可画在视图的中断处，如图 6-39 所示。

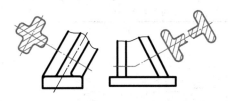

图 6-38　移出断面图（剖切面与主要轮廓垂直）

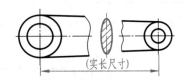

图 6-39　配置在视图中断处的移出断面

（2）移出断面图的标注

移出断面图的标注与剖视图相同，一般应在移出断面图的上方用"×—×"（×为大写拉丁字母）标注出移出断面图的名称，在相应的视图上用剖切符号表示剖切位置（短粗实线）和投射方向（箭头），并标注与移出断面图名称相同的字母，剖切符号之间的剖切线可省略不画，如图 6-35 所示。

根据移出断面图的对称性和配置位置的不同，在某些情况下，可以省略标注剖切符号的箭头、剖切符号的短粗实线和视图名称字母三者中的一项或多项，如配置在视图中断处的对称移出断面可以省略标注，其他可以省略的情况见表 6-3。

表 6-3　移出断面图的配置与标注

配置	对称的移出断面图	不对称的移出断面图
配置在剖切线或剖切符号所表示的剖切位置延长线上	可省略标注视图名称字母、剖切符号,但需要绘制剖切线(细点画线)	可省略标注视图名称字母
按投影关系配置	可省略标注剖切符号的箭头(投射方向)	可省略标注剖切符号的箭头(投射方向)

（续）

配置	对称的移出断面图	不对称的移出断面图
配置在其他位置	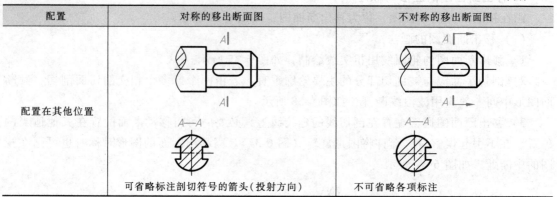 可省略标注剖切符号的箭头（投射方向）	不可省略各项标注

移出断面图的应用示例如图 6-40 所示。

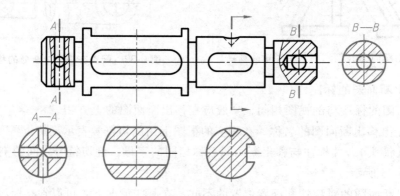

图 6-40 移出断面图的应用示例

2. 重合断面图的画法与标注

画在视图内的断面图称为重合断面图，如图 6-41 所示。

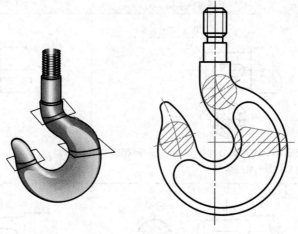

图 6-41 重合断面图

（1）重合断面图的画法

1）重合断面配置在剖切位置上，与体现其剖切位置的视图重叠。

2）重合断面的轮廓线用细实线绘制。

3）当视图中的轮廓线与重合断面的图形重叠时，视图中的轮廓线仍应连续画出，不可间断。

（2）重合断面图的标注

1）对称的重合断面，其对称中心线即为剖切线，不必添加其他标注。

2）不对称的重合断面可以仅标注剖切符号（明确剖切位置和投射方向），也可以省略标注，如图6-42所示。

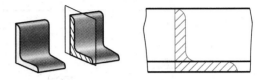

图6-42　不对称的重合断面图

（3）移出断面与重合断面图的比较　机件中常见的肋板结构，在表达时通常会使用移出断面图或重合断面图，如图6-43所示。

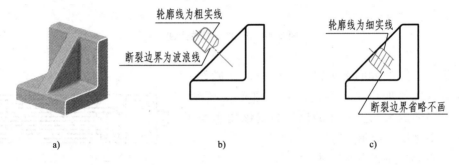

图6-43　肋板的移出断面图和重合断面图

a）立体图　b）肋板的移出断面图　c）肋板的重合断面图

6.4　其他表达方法

为使图形清晰和画图简便，国家标准规定了局部放大图、简化画法等其他表达方法，供绘图时选用。

6.4.1　局部放大图

1. 局部放大图的概念

将机件的部分结构用大于原图形所采用的比例画出的图形称为局部放大图。

当机件按一定比例绘制视图后，其中一些细小结构表达不够清晰，又不便于标注尺寸时，可使用局部放大图，如图6-44所示。

2. 局部放大图的画法与标注

（1）局部放大图的画法　绘制局部放大图时，一般先在原视图中用细实线圈出被放大部位（通常用圆圈或长圆圈），然后在被放大部位的附近绘制局部放大图。

局部放大图可画成视图，也可画成剖视图、断面图，它与被放大部分的表示方法无关。

（2）局部放大图的标注　当同一机件上有几个被放大的部分时，应用罗马数字依次标明被放大的部位，并在局部放大图的上方标注出相应的罗马数字和所用的比例，如图6-44

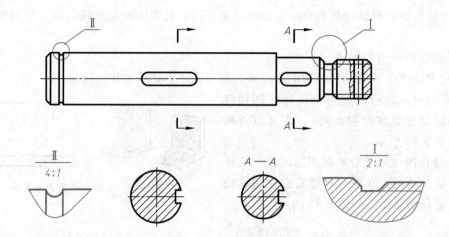

图 6-44 轴的局部放大图

所示。当机件上被放大的部分仅有一个时，在局部放大图的上方只需注明所采用的比例，如图 6-45 所示。特别注意：局部放大图上标注的比例是指该图形与零件的实际大小之比，而不是与原图形之比。

（3）局部放大图的其他要求

1）同一机件上不同部位的局部放大图，当图形相同或对称时，其放大部位用同一个罗马数字注明，对应画出一个局部放大图。

2）当使用局部放大图清晰表达某一结构时，该结构在原视图中可以简化绘图（不必画出详细的完整结构）。

3）必要时可用几个图形来表达同一个被放大部位的结构，如图 6-46 所示。

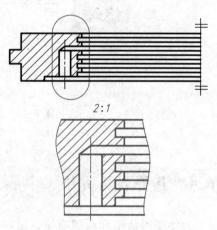

图 6-45 仅有一个放大部分的局部放大图

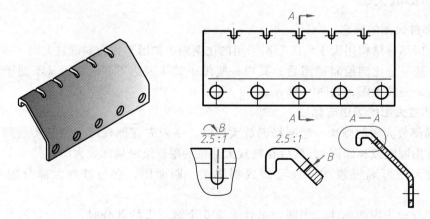

图 6-46 用几个图形表达同一部位的局部放大图

6.4.2 简化画法（包括规定画法、省略画法、示意画法等）

国家标准所规定的简化画法见表6-4。

表 6-4 简化画法

内容	图　例	说　明
相同结构的简化画法	 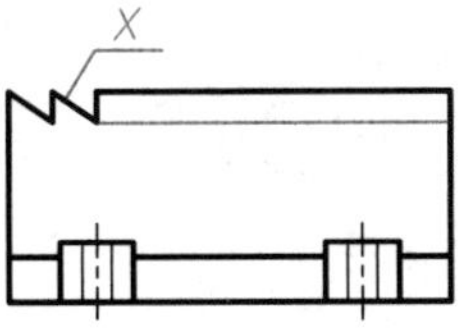  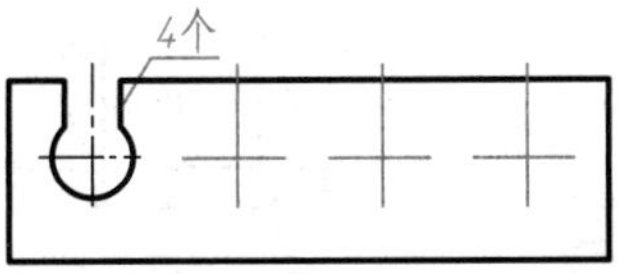	当机件具有相同结构（如齿、槽等），并按一定规律分布时，允许只绘制出其中的一个或几个完整的结构，其余用细实线相连，并在图中注明该结构的总数 不对称的重复结构用细实线表示分布范围，对称的重复结构用细点画线表示各对称结构要素的位置
网状结构的画法	 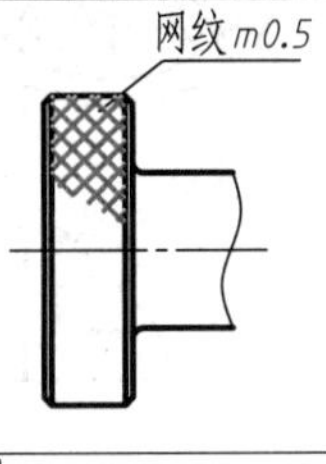	滚花、沟槽等网状结构应用粗点画线完全或部分地表示出来，也可省略不画，需在图纸中注明具体的要求
对称机件的省略画法	 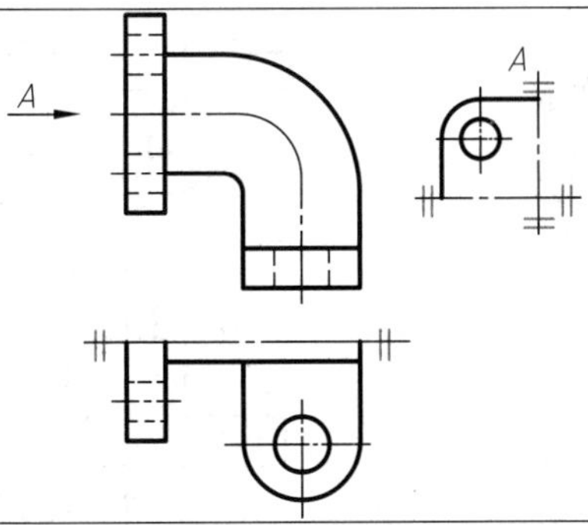	为了节省绘图时间和图幅，对称构件或零件的视图可只画（表达）一半或四分之一，并在对称中心线的两端分别画出两条与其垂直的平行细实线
圆柱形法兰上均布的孔的画法	 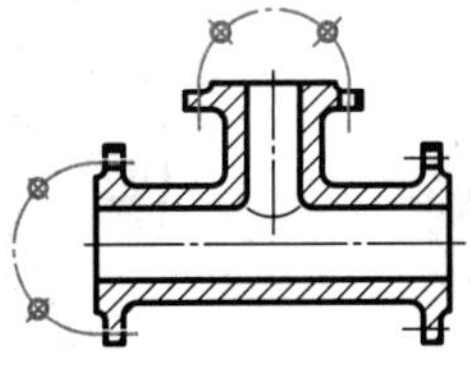	圆柱形法兰和类似零件上的均布孔，可由机件外向该法兰端面方向投射画出

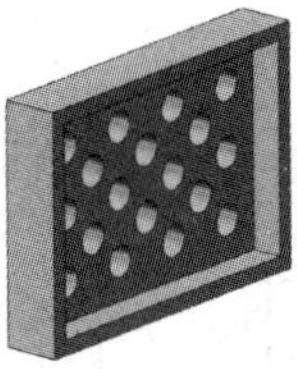

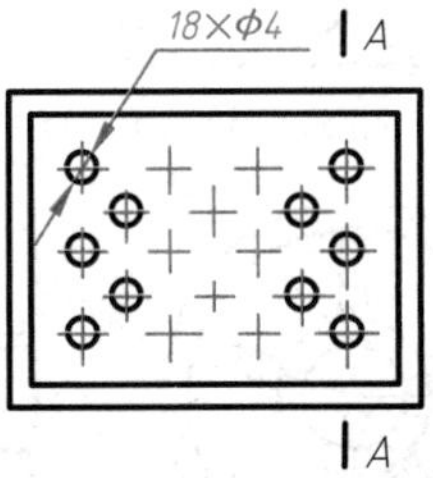

（续）

内容	图　例	说　明
较长机件的断开画法	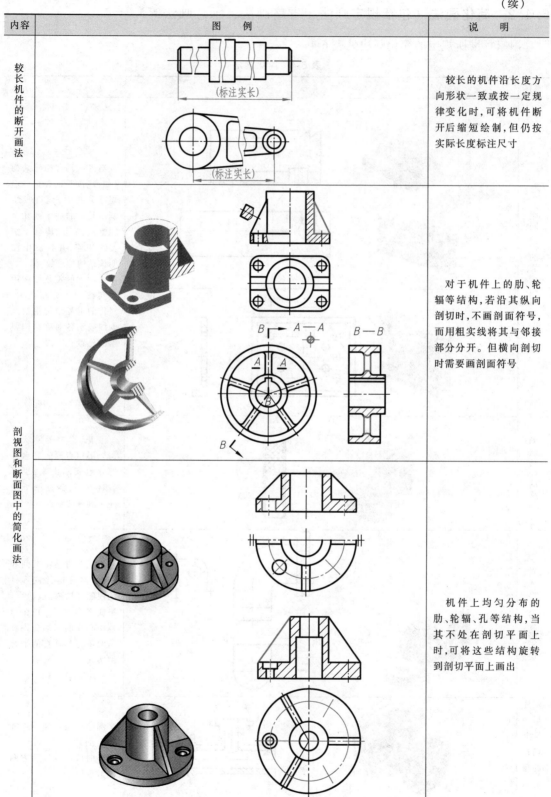	较长的机件沿长度方向形状一致或按一定规律变化时，可将机件断开后缩短绘制，但仍按实际长度标注尺寸
剖视图和断面图中的简化画法		对于机件上的肋、轮辐等结构，若沿其纵向剖切时，不画剖面符号，而用粗实线将其与邻接部分分开。但横向剖切时需要画剖面符号
		机件上均匀分布的肋、轮辐、孔等结构，当其不处在剖切平面上时，可将这些结构旋转到剖切平面上画出

（续）

内容	图 例	说 明
剖视图和断面图中的简化画法	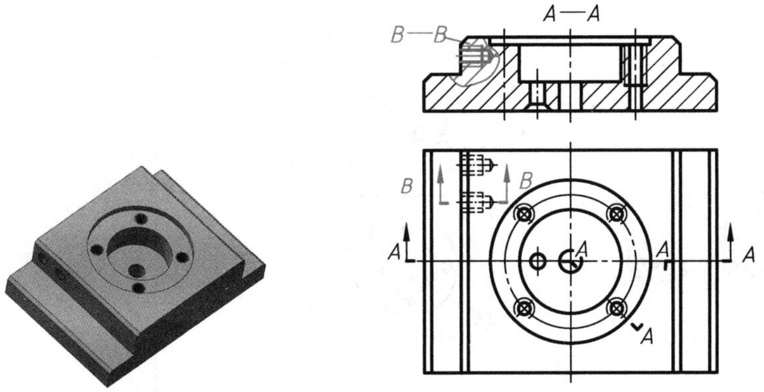	在剖视图的剖面区域中可再作一次局部剖切,两个剖面的剖面线应画成同方向、同间隔,但要互相错开,并用细实线引出标注其名称(如剖切位置明显,也可省略不标)
	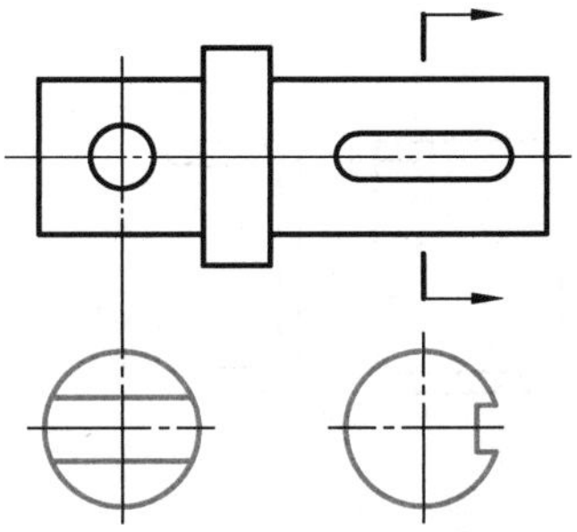	在移出断面图中,一般要画出剖面符号。当不致引起误解时(如只有一个封闭线框),允许省略剖面符号,但剖切位置和断面图的标注必须遵守规定
	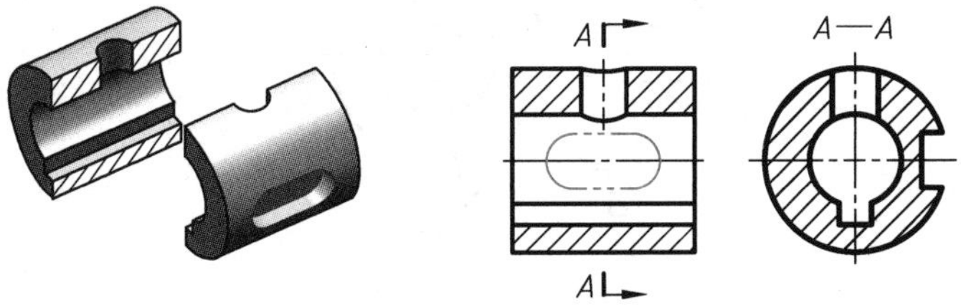	在需要表示位于剖切平面前面的结构时,这些结构可假想地用细双点画线绘制
	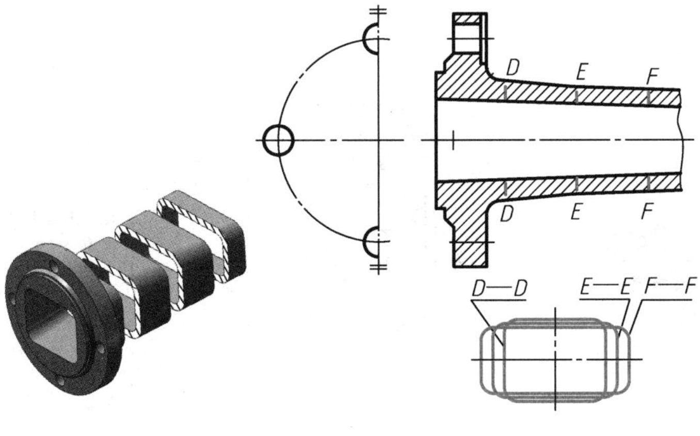	用一系列剖面表示机件上较复杂的曲面时,可以只画出曲面轮廓。并可以配置在同一个位置上

（续）

内容	图 例	说 明
倾斜角度较小的圆弧投影	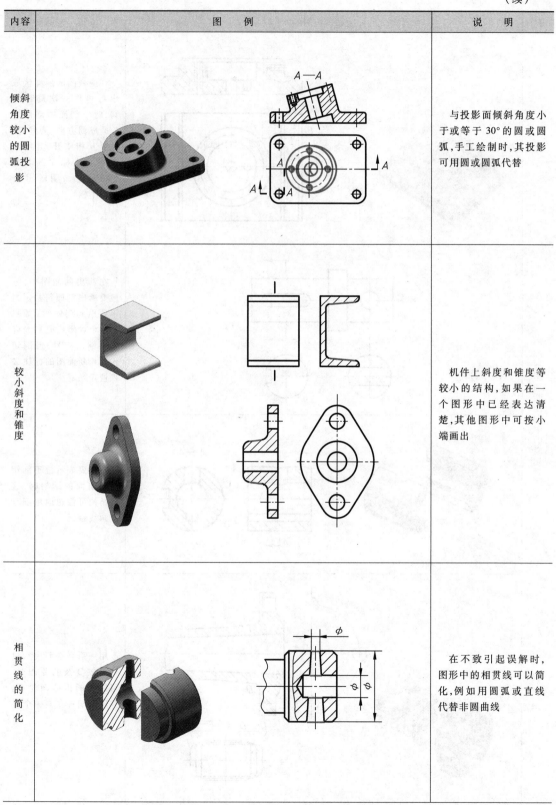	与投影面倾斜角度小于或等于 30° 的圆或圆弧，手工绘制时，其投影可用圆或圆弧代替
较小斜度和锥度		机件上斜度和锥度等较小的结构，如果在一个图形中已经表达清楚，其他图形中可按小端画出
相贯线的简化		在不致引起误解时，图形中的相贯线可以简化，例如用圆弧或直线代替非圆曲线

（续）

内容	图　例	说　明
回转体上平面的简化表示	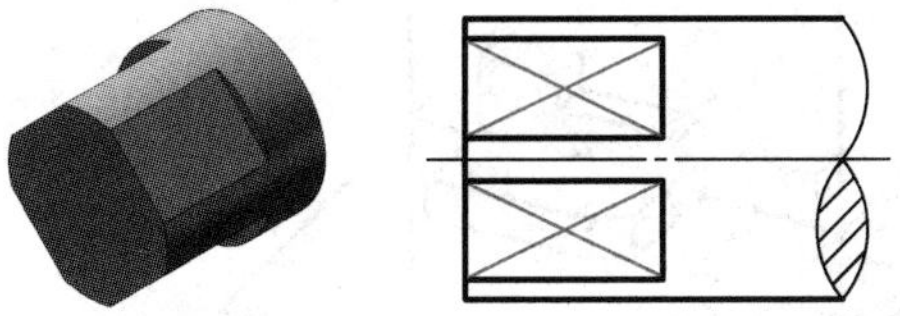	当回转体零件上的平面在图形中不能充分表达时，可用两条相交的细实线表示这些平面
小倒角和小圆角的画法	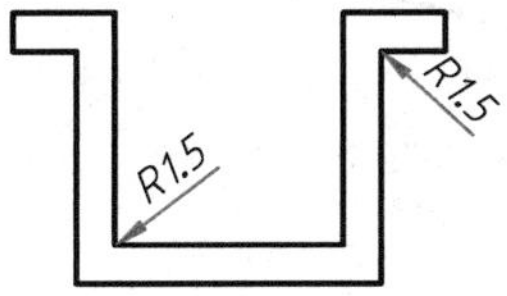 R1.5　R1.5	零件图中的小圆角、锐边的小倒圆或45°倒角允许省略不画，但必须标注出尺寸或在技术要求中加以说明
使用尺寸或标准规定的符号等简化视图	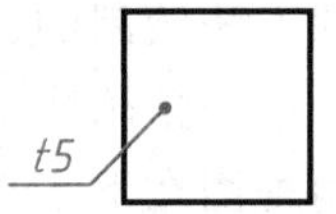 t5　锐边倒角C0.5	图中所加注的符号"t"表示板状零件的厚度，可以省去左视图或俯视图
	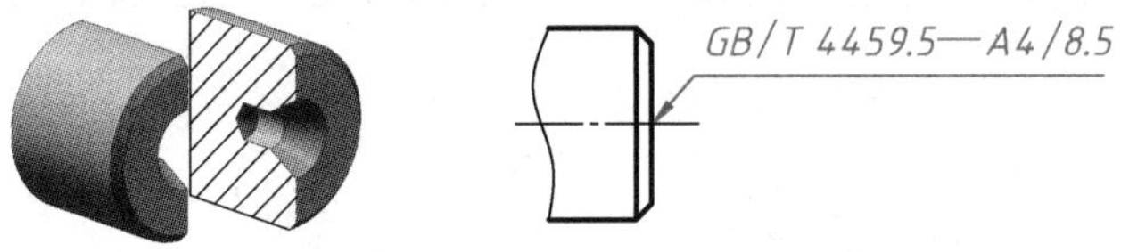 GB/T 4459.5—A4/8.5	尽可能使用有关标准中规定的符号表达设计要求 对于已有相应标准规定的中心孔，在图样中可不绘制其详细结构，只需在零件轴端面绘制出对中心孔要求的符号，随后标注出其相应标记

6.5　第三角画法简介

目前世界各国的工程图样有两种画法：第一角画法和第三角画法。我国国家标准规定优先采用第一角画法，而有些国家（如美国、日本等）则采用第三角画法。为了适应国际技术交流的需要，下面对第三角画法作一简单的介绍。

6.5.1　第三角画法的概念

V、H 两个投影面把空间划分为四部分，每一部分称为一个分角。如图 6-47 所示，V 面的上半部，H 面的前半部分为第一分角；V 面的下半部，H 面的后半部分为第三分角；其余为二、四分角。第一角画法是将机件放在投影面和观察者之间，即保持"人→机件→投影面"的位置关系，用正投影法获得视图。第三角画法是将投影面处于观察者和机件之间（假设投影面是透明的），即保持"人→投影面→机件"的相对位置关系，用正投影法获得视图。

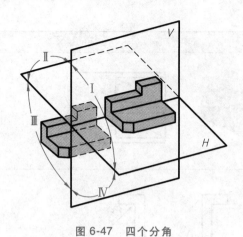

图 6-47 四个分角

6.5.2 第三角画法的视图

第三角画法与第一角画法都是按照正投影的方法绘制的，各方向投射得到的视图名称相同，但各视图所在的投影面发生了变化。例如：第一角画法主视图在后正立投影面上，第三角画法主视图在前正立投影面上；第一角画法俯视图在下水平投影面上，第三角画法俯视图在上水平投影面上。

投影面展开时，主视图位置不变，其他视图都向主视图一侧展开，最终处于同一平面上。所以，使用第三角画法的投影面展开时，前正立面不动，上、下水平投影面，左、右两侧立面均按箭头所指向前旋转90°，与前立面展开在一个投影面上（后直立面随右侧面旋转180°），如图 6-48 所示。

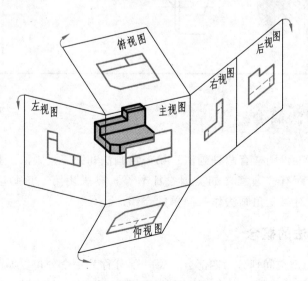

图 6-48 第三角画法的展开

投影面展开后，第三角画法各视图的配置如图 6-49 所示。

第三角与第一角视图配置相比，主视图的配置一样，其他视图的配置一一对应相反。俯

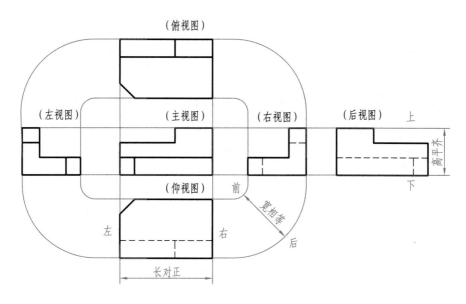

图 6-49 第三角画法各视图的配置

视图、仰视图、右视图、左视图，靠近主视图的一边（里边），均表示机件的前面；而远离主视图的一边（外边），均表示机件的后面，即"里前外后"，这与第一角画法的"里后外前"正好相反。

国家标准规定，第一角画法用图 6-50 所示的识别符号表示，第三角画法用图 6-51 所示的识别符号表示。

我国优先采用第一角画法。因此，采用第一角画法时，无须标注识别符号。当采用第三角画法时，必须在图样中（在标题栏内或附件中）画出第三角画法的识别符号。

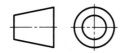

图 6-50 第一角画法的识别符号

图 6-51 第三角画法的识别符号

6.6 机件图样画法的综合应用

在绘制机件图样时，应根据机件的结构形状，选择适当的表达方法，确保完全、正确、清楚、简便地表达机件。同时，在确定表达方案时，还应考虑尺寸标注的问题，以便于画图和看图。下面举例说明机件图样画法的综合应用。

6.6.1 看机件的表达视图

看机件图样的方法与看组合体视图的方法和步骤基本相同，只是由于图样表达方法的多样性，应先弄清各视图的类型及重点表达的形体。

例 6-1　图 6-52 所示为四通接头的一组视图，看懂各视图，确定四通接头的空间形状。

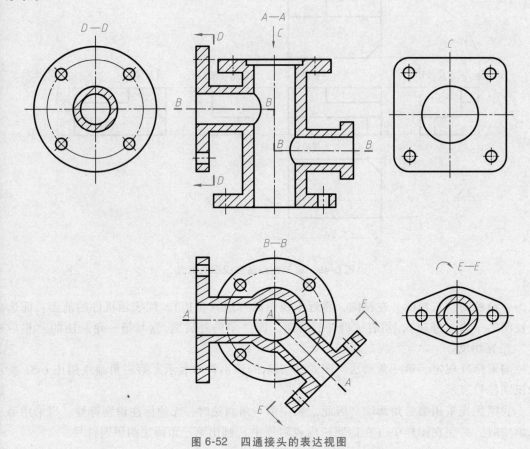

图 6-52　四通接头的表达视图

1）看懂各视图所采用的表达方法及其投影关系。用来表达四通接头的视图共有 5 个。通过纵观各视图的布局及特点，确定主视图为 *A—A* 剖视图，各视图的表达方法如下：

① *A—A* 视图：主视图，全剖视图（使用两个相交的剖切平面）。

② *B—B* 视图：俯视图，全剖视图（使用两个平行的剖切平面）。

③ *C* 向视图：局部视图（主要表达上方法兰的形状）。

④ *D—D* 视图：全剖视图（使用与基本投影面平行的单一剖切平面）。

⑤ *E—E* 视图：全剖视图（使用不与任何基本投影面平行的单一剖切平面）。

2）对四通接头进行形体分析。根据各视图综合来看，该四通接头为叠加式组合体，从主视图（*A—A* 剖视图）入手，对四通接头进行形体分析，可将该四通接头分为 7 个形体，如图 6-53 所示。

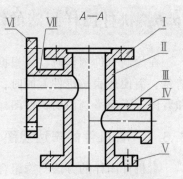

图 6-53　四通接头的形体组成

3）找到各形体对应的投影，分别确定各形体的形状和位置。

4）综合归纳，确定四通接头的空间形状。

将分散想象出的各部分形体及它们之间的相对位置和连接形式加以综合，即可确定四通接头的空间形状，如图6-54所示。

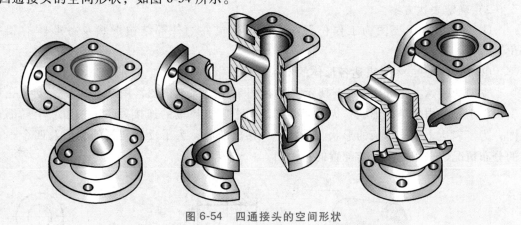

图6-54 四通接头的空间形状

6.6.2 画机件的表达视图

画机件表达视图的方法和步骤与画组合体视图的方法和步骤基本相同，只是视图的表达方法更加丰富，选择上更加灵活。其基本过程如下：

1. 对机件进行形体分析（或线面分析）

根据机件的组成特点，对机件进行形体分析（或线面分析），确定机件的组成部分，并分清主要形体和次要形体。

2. 选择主视图的投射方向

将机件按照工作位置或加工位置放置，选择最能体现机件各形体相对位置和主要形体形状特征的方向作为主视图的投射方向。

3. 确定机件的表达方案

确定机件表达方案的基本原则为：选择一组视图，使用适当的表达方法，完整、清晰地表达机件的结构形状，并力求画图、看图简便。需要掌握的基本要领如下：

1）根据机件中各组成形体的特点，按照先主要形体、后次要形体的顺序，根据各形体形状和位置表达的需要，合理选择适合的表达方法，参见例6-2。

2）善于合理地使用各种视图、剖视图、断面图和简化画法等，使看图和画图简便，参见例6-3。

3）可选择多种表达方案，按照基本原则进行比较择优，参见例6-4。

4. 绘制机件的各表达视图

绘制机件各视图时，仍然使用与画组合体视图相同的方法，即利用形体分析法（或线面分析法），逐个画出各形体（或各截平面）的投影，然后根据需要对视图进行标注，并绘制剖面线等。

5. 标注机件的尺寸（方法同组合体的尺寸标注）

6. 整理完成全图

画机件表达视图的关键在于机件表达方案的选择，其内容包括主视图的选择、视图的表达方法和视图的数量。以下将通过三个实例来分析机件表达方案选择的要领。

例 6-2 确定图 6-55a 所示 "支架" 的表达方案。

1) 形体分析。该支架由圆筒、连接板、安装板共三个形体组成。

2) 确定表达方案。

① 主视图：主视图为工作位置，用以表达机件的外部结构形状及各形体的相对位置。

② 其他视图：主要表达各形体的形状特征。

支架的表达方案如图 6-55b 所示。主视图采用局部剖视图，用来表达圆筒上大孔和斜板上小孔的内部结构形状；为了明确圆筒与十字支撑板的连接关系，采用一个局部视图；为了表达十字支撑板的形状，采用一个移出断面；为了反映斜板的实形及四个小孔的分布情况，采用一个旋转配置的斜视图。

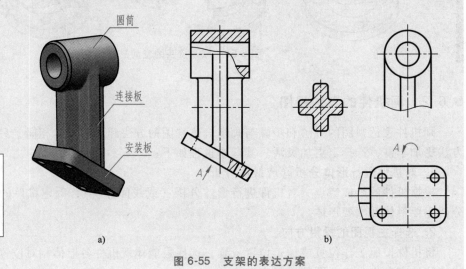

a)   b)

图 6-55 支架的表达方案

例 6-3 确定图 6-56 所示 "接头" 的表达方案。

图 6-56 接头

1) 形体分析。该接头由中间圆筒、圆柱形法兰、方形法兰共三个形体组成。

2) 确定表达方案。

① 主视图：主视图为工作位置，因具有内部孔结构，主视图采用全剖视。

② 其他视图：主要表达两个法兰的形状特征。

接头的表达方案分析见表6-5。

表6-5　接头的表达方案

方案号	方案构成	表达方案图	说明
方案一	全剖主视图、基本视图（左视图、右视图）		有重复表达部分，且表达不够清晰（图线干扰）
方案二	全剖主视图、局部视图		较为合理
方案三	全剖主视图、简化画法		合理且画图简单（线条少）

例6-4　确定图6-57所示"轴承座"的表达方案。

图6-57　轴承座

1）形体分析。该轴承座由圆筒、底板、支撑板、肋板、凸台共五个形体组成。

2）确定表达方案。

①主视图：主视图为工作位置，主要用来表达各形体的相对位置。

②其他视图：主要表达各形体的形状特征。

轴承座的表达方案分析见表6-6。

表 6-6　轴承座的表达方案

方案号	方案构成	表达方案图	备注
方案一	主视图（局部剖视图） A—A 视图（全剖视图） B—B 视图（移出断面图） C 视图（局部视图） D 视图（向视图） 肋板断面图（移出断面图）		6 个视图
方案二	主视图（A—A 全剖视图） 左视图（局部剖视图） B—B 视图（全剖视图） C 视图（局部视图） 肋板断面图（移出断面图）		5 个视图。俯视图前后方向较长，图纸幅面安排欠佳
方案三	主视图（局部剖视图） A—A 视图（全剖视图） B—B 视图（全剖视图） C 视图（局部视图） 肋板断面图（移出断面图）		5 个视图。表达效果与方案一基本相同，但视图总数量减少（推荐方案）

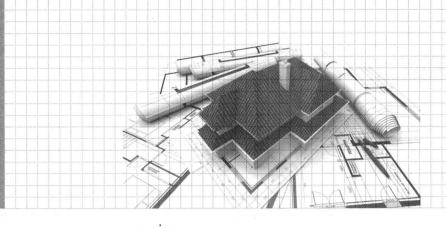

第 7 章

机械图概述

7.1　机械图样概述

　　机械是一切具有确定的运动系统的机器和机构的总称。机械是指能够帮人们降低工作难度或省力以及代替人做某些事的工具装置，如机床、拖拉机等。通常把比较复杂的机械称为机器。表示机械的结构形状、尺寸大小、工作原理和技术要求的图样称为机械图样。机械图样主要有零件图和装配图，此外还有布置图、示意图等。零件图表达零件的形状、大小、材料以及制造和检验零件的技术要求，是指导加工、检验零件的依据；装配图表达机器中所属各零件与部件间的装配关系、工作原理和技术要求等信息，用以指导装配、调试、安装、检验机器等；布置图表达机械设备在厂房内的位置；示意图表达机械的工作原理，如表达机械传动原理的机构运动简图、表达液体或气体输送线路的管道示意图等。

　　图 7-1 所示为带式输送系统原理图，用于表达带式输送系统主要设备的组成、布局及工作原理等，是根据功能要求最初形成的整体系统设计方案图。

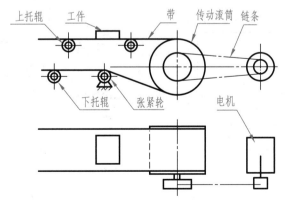

图 7-1　带式输送系统原理图

　　图 7-2 所示为蜗杆减速器装配示意图，主要用于表达蜗杆减速器的各零件间的装配关系、工作原理和主要零件的大致结构等，是根据设计要求确定的部件（或机器）初步设计

方案图。

图 7-3 所示为蜗杆零件图，完整表达了蜗杆各部分的结构形状、尺寸大小，加工和检验时应达到的技术要求，以及所用材料和蜗杆各部分参数等；是根据设计及加工工艺要求绘制的零件图，用于对此蜗杆的加工和检验。

图 7-4 所示为蜗杆减速器装配图，表达了蜗杆减速器的工作原理、零件组成、各零件之间的装配连接关系、各零件的主要结构形状，及其密封、润滑、对外安装等；是根据设计要求绘制的部件（或机器）装配图，用于装配和检验。

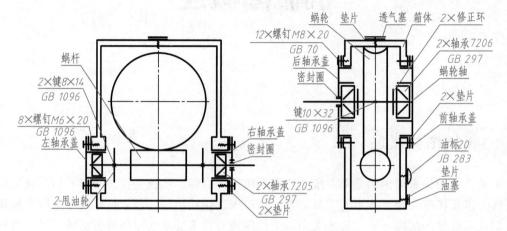

图 7-2　蜗杆减速器装配示意图

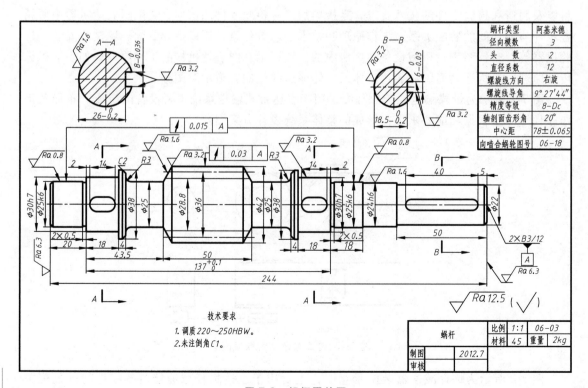

图 7-3　蜗杆零件图

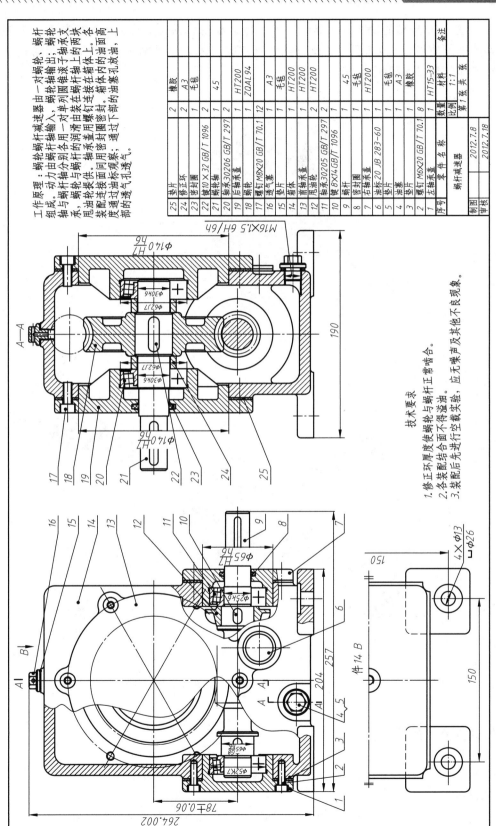

工作原理：蜗轮蜗杆减速器由一对蜗轮、蜗杆组成。动力由蜗杆轴输入，蜗轮轴输出；蜗杆轴与蜗轮轴分别用一对圆锥滚子轴承在箱体上的两块支承，用油盖盖面的润滑油封支在箱体上；蜗杆与蜗轮用圆锥滚子连接连接用螺钉密封。蜗轮轴装接在箱体内的油向放油，蜗杆轴端盖面同用密封圈密封；轴承内的油通过下部的油塞孔观察、通过上部的透气孔透气。

技术要求

1.修正环厚度使蜗轮与蜗杆正常啮合。
2.各装配结合面不得渗油。
3.装配后先进行空载实验，应无噪声及其他不良现象。

图 7-4 蜗杆减速器装配图

25	表片	2	橡胶	
24	修正环圈	2	A3	
23	密封圈	1	毛毡	
22	键 10×32 GB/T 1096	2		
21	蜗轮轴	1	45	
20	轴承30206 GB/T 297	2		
19	后轴承盖	1	HT200	
18	蜗轮	1	ZQAL94	
17	螺钉 M8×20 GB/T 70.1	12		
16	透气塞	1	A3	
15	垫片	1	毛毡	
14	箱体	1	HT200	
13	前轴承盖	1	HT200	
12	轴承30205 GB/T 297	2		
11	轴承30205 GB/T 297	1		
10	键 8×14 GB/T 1096	1	45	
9	蜗杆	1		
8	密封圈盖	1	毛毡	
7	右轴承盖	1	HT200	
6	油标 20 JB 283-60	1		
5	垫片	1	A3	
4	油塞	1	橡胶	
3	垫片	1	橡胶	
2	螺钉 M6×20 GB/T 70.1	8		
1	左轴承盖	1	HT15-33	
序号	零 件 名 称	数量	材 料	备注
制图	2012.7.8	蜗杆减速器	比例	1:1
审核	2012.7.18		第1张 共1张	

随着三维 CAD 技术的发展，机器的三维实体装配图、爆炸图，三维虚拟装配、拆卸动画也已开始广泛使用。图 7-5 所示为蜗杆减速器三维实体装配剖视图，图 7-6 所示为蜗杆减速器三维实体装配爆炸图。

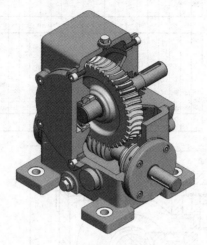

图 7-5　蜗杆减速器三维实体装配剖视图

图 7-6　蜗杆减速器三维实体装配爆炸图

7.2　零件的分类

零件按其在部件中所起的作用和标准化程度，一般将其分为以下三类。

1. 标准件

结构、尺寸、材料、产品质量、画法等都有国家标准规定的零件，称为标准件，如螺纹紧固件（螺栓、螺钉、螺母、垫圈等）、键、销、滚动轴承等，如图7-7所示。这类产品一般由专门的厂家用专用机床生产，设计时查有关标准，即可得到所有结构尺寸，一般不需要绘制零件图。使用时可从市场上购买或在标准件厂定做。

| 螺栓 | 螺柱 | 螺钉 | 螺母 | 垫圈 | 普通平键 | 开口销 | 滚动轴承 |

图 7-7　常用标准件

2. 传动件

在机械中主要起传动作用的零件，称为传动件，如齿轮、链轮、带轮、蜗轮、蜗杆、丝杠等，如图7-8所示。国家标准只对这类零件的功能结构部分（如齿轮、链轮的轮齿、丝杠的螺纹等）实行了标准化，并有规定画法，其余结构形状则按实际需要进行设计。传动件需要绘制零件图。

| 圆柱齿轮 | 链轮 | 带轮 | 蜗轮蜗杆 |

图 7-8　常用传动件

3. 一般零件

除标准件、传动件外的零件，如轴、盘、盖、叉架、壳体、箱体等，称为一般零件。它们的结构形状、尺寸大小、技术要求等都要根据它在部件中所起的作用、与相邻零件的关系以及制造工艺来确定。一般零件都需要绘制零件图。

此外，还有焊接件、钣金件、冲压件、注塑件等，如图7-9所示。

| 焊接件 | 钣金件 | 冲压件 | 注塑件 |

图 7-9　焊接件、钣金件、冲压件、注塑件

7.3 零件的常见工艺结构

零件的结构形状既要满足设计要求，还要符合制造和加工工艺的要求。零件加工常用的方法有热加工（如铸造、锻造、焊接、冲压、塑料成型）和冷加工（如车削、磨削、铣削、刨削、钻削、线切割等）。常见的工艺结构有铸造工艺结构和机械加工工艺结构。

7.3.1 铸造工艺结构

1. 起模斜度

用铸造方法制造的零件称为铸件。铸造零件的毛坯时，为了便于从砂型中起模，铸件的内外壁沿起模方向应设计一定的斜度，称为起模斜度，如图 7-10a 所示。一般沿木模起模的方向做成约 1∶20 的斜度，如图 7-10b 所示。起模斜度在图中一般不画出，也可以不标注（图 7-10c），必要时可在技术要求中注明。

起模斜度大小：木模造型常选 $1°\sim 3°$，金属模手工造型常选 $1°\sim 2°$，机械造型常选 $0.5°\sim 1°$。

2. 铸造圆角

为了满足铸造工艺要求，在铸件毛坯各表面的相交处，都有铸造圆角，如图 7-10b 所示。这样既便于起模，又能防止在浇注时铁液将砂型转角处冲坏，还可避免铸件在成形时产生裂纹或缩孔，如图 7-10d 所示。

铸造圆角的大小一般取壁厚的 $20\%\sim 40\%$，也可从机械设计手册中查出。在图上一般不标注铸造圆角的半径，而在零件图的技术要求中写出，如 "未注铸造圆角 $R3$"。

图 7-10c 所示的铸件毛坯底面（安装面）常需切削加工，这时铸造圆角会被削平。

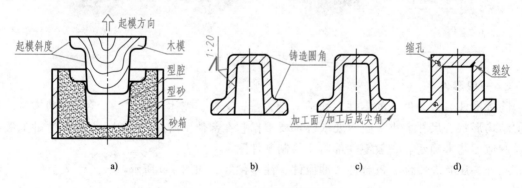

图 7-10 起模斜度和铸造圆角

3. 铸件壁厚

在浇注零件时，为了避免各部分因冷却速度不同而产生缩孔或裂纹，铸件的壁厚应保持大致均匀，或采用渐变的方法，尽量保持壁厚均匀，如图 7-11 所示。设计时，一般壁厚可通过查表获得。

4. 过渡线

由于圆角的存在，铸件表面的交线变得不明显，为区分不同表面，仍要画出交线，但交

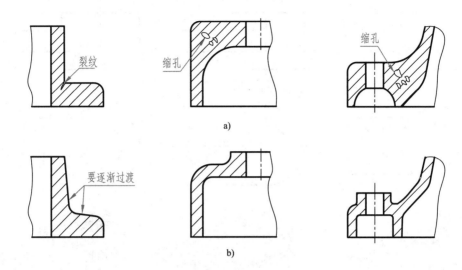

图 7-11 铸件壁厚的变化

a）错误 b）正确

线的两端不与轮廓线的圆角相交，这种交线称为过渡线。国家标准规定，过渡线用细实线绘制，如图 7-12 所示。过渡线的画法与相贯线的画法一样，按没有圆角的情况求出相贯线的投影，画到理论上的交点为止，过渡线与轮廓线之间应留有空隙。过渡线的画法如图 7-13、图 7-14 所示。

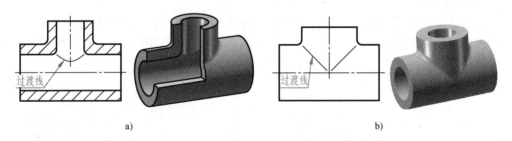

图 7-12 两圆柱面的过渡线

a）两不等径圆柱表面相交 b）两等径圆柱表面相交

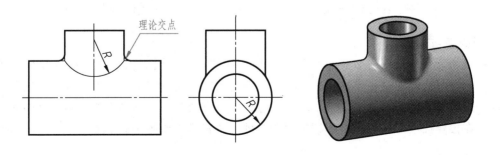

图 7-13 两圆柱面的过渡线画法

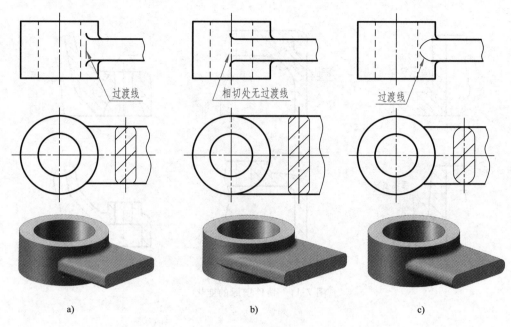

图 7-14 过渡线画法

a）圆柱与肋板相交 b）圆柱与肋板相切 c）圆柱与肋板相贯

7.3.2 机械加工工艺结构

1. 倒角与倒圆

为了便于零件的装配并消除毛刺或飞边，轴和孔的端部都要加工成倒角；为减少应力集中，有轴肩处往往制成圆角过渡形式，称为倒圆，如图 7-15、图 7-16 所示。国家标准对倒角和倒圆的大小进行了规定，设计绘图时，可按轴（孔）直径查阅确定。

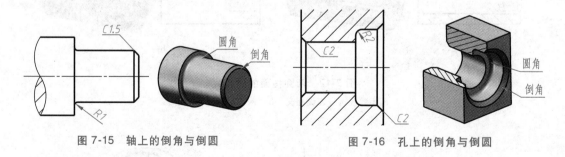

图 7-15 轴上的倒角与倒圆   图 7-16 孔上的倒角与倒圆

2. 退刀槽与越程槽

在机械加工中，越程槽与退刀槽的结构是一样的，为方便磨削而开的槽一般称为越程槽，为车削方便而开的槽一般称为退刀槽。在车削加工（特别是在车螺纹）和磨削加工时，在零件表面转折处，因退刀产生越来越浅的螺纹或产生圆角，影响轴上零件与轴肩端面紧密接触，常在接触面根部预先车出螺纹退刀槽或砂轮越程槽，如图 7-17 所示。

3. 钻孔结构

用钻头钻出的盲孔，底部自然形成锥坑，圆柱部分的深度称为钻孔深度，如图 7-18a 所

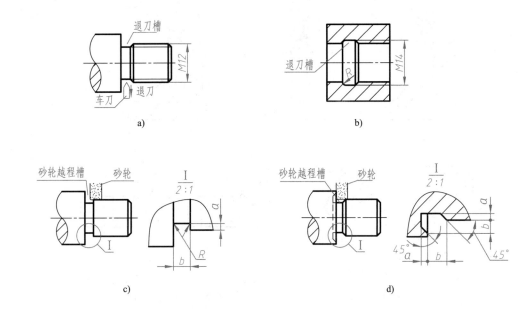

图 7-17　螺纹退刀槽与砂轮越程槽

a）外螺纹退刀槽　b）内螺纹退刀槽　c）磨外圆砂轮越程槽　d）磨外圆及端面砂轮越程槽

示。钻出的阶梯形孔中，中部自然形成圆锥台，如图 7-18b 所示。锥坑和圆锥台画成 120° 角，图中不必标注该角度尺寸。

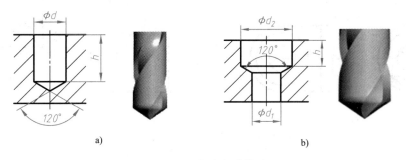

图 7-18　盲孔和阶梯孔

a）盲孔　b）阶梯孔

用钻头钻孔时，要求钻头轴线尽量垂直于被钻孔的端面，以避免钻头折断。图 7-19 表示三种不正确的钻孔端面结构及其修正方法。

4. 凸台和凹坑

为了使螺栓、螺母、垫圈等紧固件或其他零件与相邻铸件表面接触良好，并减少加工面积，或为了使钻孔时钻头垂直于零件表面，常在铸件上设计出凸台或凹坑，如图 7-20a、b 所示。

为了保证零件在装配时接触良好，应合理地减少接触面积，常将箱体类零件的底面、铸件内孔设计成凹槽结构，同时也减少了加工面积，节省加工费用，如图 7-20c、d 所示。

凸台和凹坑（槽）结构在零件上的应用实例如图 7-21 所示。

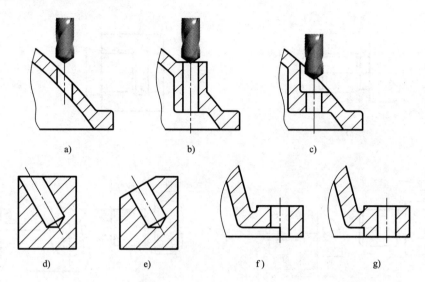

图 7-19 钻孔端面结构

a) 不正确 b) 正确—在斜面处预置凸台 c) 正确—在斜面处预置凹坑

d) 不正确 e) 正确 f) 不正确—钻头受力不均匀 g) 正确

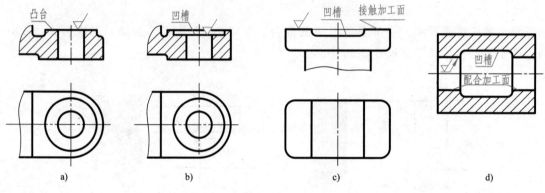

图 7-20 凸台和凹坑（槽）结构

a) 凸台 b) 凹坑 c) 凹槽 d) 凹槽

图 7-21 凸台和凹坑（槽）结构在零件上的应用实例

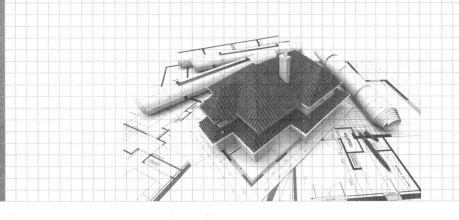

第8章

工程常用零件

8.1 概述

在机器零件中，有些零件在各种不同机器中都经常用到，如螺栓、螺钉、螺母、垫圈、键、销、滚动轴承、齿轮、弹簧等。为便于设计、生产和使用，对其中一些零件的结构要素、形状大小和规格等都制定了标准，这些零件称为标准件。由于标准件的结构和尺寸均已标准化，这些零件可组织专业化大批量生产，提高生产效率，降低生产成本，同时在设计、装配和维修机器时，也便于按规格选用和更换。

本章将介绍工程常用零件的基本知识、规定画法、代号与标记等内容。

8.2 螺纹及螺纹紧固件

8.2.1 螺纹的形成和要素

1. 螺纹的形成

螺纹是指在圆柱（或圆锥）表面上，沿螺旋线所形成的具有相同轴向断面的连续凸起和沟槽。螺纹的表面可分为凸起和沟槽两部分，凸起部分的顶端称为牙顶，沟槽部分的底部称为牙底。加工在零件外表面的螺纹，称为外螺纹；加工在零件内表面上的螺纹，称为内螺纹。螺纹是零件上常用的一种结构，如各种螺钉、螺母、丝杠等都具有螺纹结构。

螺纹的加工方法很多，如在车床上车削螺纹、用丝锥攻制螺纹（图8-1）、用板牙套制螺纹，或用碾搓机碾制螺纹等。

2. 螺纹的要素

（1）牙型　在螺纹轴线平面内的螺纹轮廓形状，称为牙型。它由牙顶、牙底和两牙侧构成，两牙侧形成一定的牙型角。常见的牙型有三角形、梯形、锯齿形和矩形等，如图8-2所示。

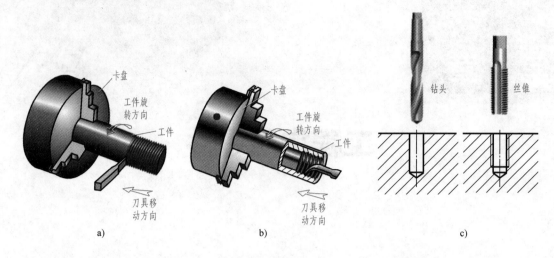

图 8-1　螺纹加工方法

a）车削外螺纹　b）车削内螺纹　c）加工内螺纹

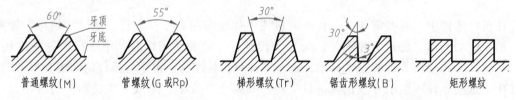

普通螺纹(M)　　管螺纹(G 或 Rp)　　梯形螺纹(Tr)　　锯齿形螺纹(B)　　矩形螺纹

图 8-2　常见的螺纹牙型

（2）直径　螺纹的直径有大径（d、D）、小径（d_1、D_1）和中径（d_2、D_2）三种，如图 8-3 所示。对内螺纹直径使用大写字母代号"D"，对外螺纹直径使用小写字母代号"d"。

大径：与外螺纹牙顶或内螺纹牙底相切的假想圆柱或圆锥的直径。

小径：与外螺纹牙底或内螺纹牙顶相切的假想圆柱或圆锥的直径。

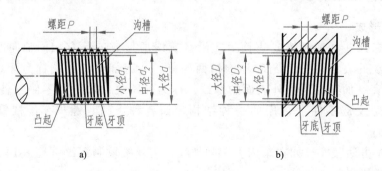

图 8-3　螺纹的结构

a）外螺纹　b）内螺纹

中径：一个假想圆柱（圆锥），该圆柱（圆锥）母线通过圆柱（圆锥）螺纹上牙厚与牙槽宽度相等的地方。

公称直径：代表螺纹尺寸的直径称为公称直径。对紧固螺纹和传动螺纹，其大径基本尺寸是螺纹的代表尺寸。对管螺纹，其管子公称尺寸是螺纹的代表尺寸。

（3）线数 螺纹有单线和多线之分。只有一个起始点的螺纹称为单线螺纹（图8-4a）；具有两个或两个以上起始点的螺纹称为多线螺纹（图8-4b）。线数用 n 表示。

（4）螺距 P 和导程 P_h 螺距是相邻两牙体上的对应牙侧与中径线相交两点间的轴向距离。导程是最相邻的两同名牙侧与中径线相交两点间的轴向距离（也是一个点沿着中径圆柱或圆锥上的螺旋线旋转一周所对应的轴向位移）。

螺距、导程、线数之间的关系是：$P=P_h/n$。对于单线螺纹，则有 $P=P_h$。

（5）旋向 内、外螺纹旋合时的旋转方向称为旋向。螺纹的旋向有左、右之分。顺时针旋转时旋入的螺纹，称为右旋螺纹；逆时针旋转时旋入的螺纹，称为左旋螺纹。也可按图8-5所示的方法判断。工程上常用右旋螺纹。

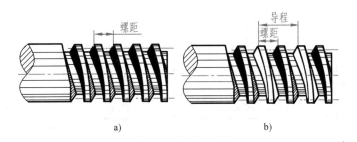

图 8-4 螺纹的线数、螺距和导程
a）单线螺纹 b）多线螺纹

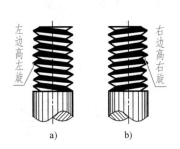

图 8-5 螺纹的旋向
a）左旋螺纹 b）右旋螺纹

只有当上述五个要素完全相同时，内、外螺纹才能够相互旋合。

牙型、直径、螺距符合国家标准的螺纹称为标准螺纹。螺纹牙型符合标准，而直径、螺距不符合标准的称为特殊螺纹。若螺纹牙型也不符合标准，则称为非标准螺纹。

8.2.2 螺纹的规定画法

螺纹结构要素均已标准化，绘图时不必画出其真实投影，国家标准 GB/T 4459.1 中规定了螺纹的画法。

1. 外螺纹的画法

如图8-6所示，在投影为非圆的视图上，外螺纹的大径画成粗实线，小径画成细实线，螺纹终止线画成粗实线。小径在倒角或倒圆部分也应画出。小径的直径可在附录有关表中查到，画图时小径通常画成大径的0.85倍。在投影为圆的视图上，大径用粗实线圆画出，小径用3/4圈细实线圆弧画出，倒角圆省略不画。图8-6a所示为外螺纹不剖时的画法，图8-6b所示为剖切时的画法。

2. 内螺纹的画法

当内螺纹画成剖视图时（图8-7），在投影为非圆的视图上，内螺纹的小径画成粗实线，大径画成细实线，剖面线画到粗实线处，螺纹终止线画成粗实线；在投影为圆的视图上，小径画成粗实线圆，大径画成约3/4圈的细实线圆弧，倒角圆省略不画，如图8-7a所示。对于不穿通的螺孔（不穿通孔也称盲孔），钻孔深度比螺孔深度大 0.5D，锥尖角画成120°

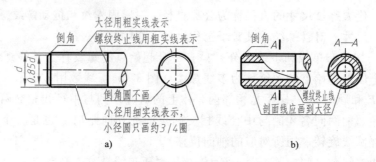

图 8-6　外螺纹的画法

a）不剖画法　b）剖切画法

（由钻尖顶角所形成，无需标注），如图 8-7b 所示。不可见螺纹的所有图线（轴线除外），均用细虚线绘制，如图 8-7c 所示。

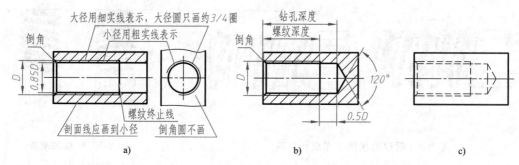

图 8-7　内螺纹的画法

a）通孔　b）盲孔　c）不剖切

3. 螺纹连接的画法

内、外螺纹连接画成剖视图时，旋合部分按外螺纹绘制，其余部分仍按各自的规定画法绘制；而且，表示内、外螺纹大、小径的粗实线和细实线应分别对齐，而与倒角大小无关；剖面线均应画到粗实线处，如图 8-8 所示。

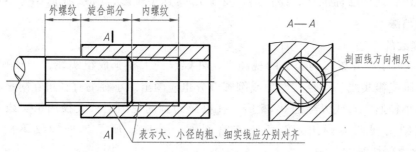

图 8-8　螺纹连接的画法

4. 其他的一些规定画法

（1）螺纹牙型的表示方法　螺纹的牙型一般不要求画出，如有要求，可用局部剖视图或局部放大图表示，如图 8-9 所示。

（2）螺尾的表示方法　螺纹长度是指完整螺纹的长度，不包括螺尾。螺尾部分一般不需要画出，若要画出时，采用与轴线成30°角的细实线绘制，如图8-10所示。

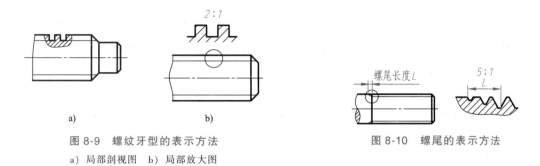

图8-9　螺纹牙型的表示方法

a）局部剖视图　b）局部放大图

图8-10　螺尾的表示方法

8.2.3　螺纹种类及标注

1. 螺纹的种类

螺纹通常按用途分为连接螺纹和传动螺纹。连接螺纹起连接作用，常见的有普通螺纹和管螺纹；传动螺纹用于传递动力和运动，常见的传动螺纹有梯形螺纹和锯齿形螺纹。

2. 螺纹的标注（GB/T 197—2018）

由于各种不同的螺纹的画法都是相同的，因此需要在图上进行标注，以表明其牙型、公称直径、螺距、线数和旋向等要素。

（1）普通螺纹　普通螺纹是最常用的连接螺纹，其牙型为三角形，牙型角为60°。根据螺距不同，又可将其分为粗牙普通螺纹和细牙普通螺纹两种。

普通螺纹的完整标记由螺纹代号、螺纹公差带代号和螺纹旋合长度代号三部分组成，其格式如下：

| 螺纹特征代号 公称直径×Ph 导程 P 螺距 | — | 中径公差带代号 顶径公差带代号 | — | 旋合长度代号 | — | 旋向 |
| 螺纹代号 | | 公差带代号 | | 旋合长度代号 | | |

普通螺纹代号是由螺纹特征代号、螺纹公称直径、螺距以及旋向组成。普通螺纹特征代号为"M"；粗牙普通螺纹不标注螺距，而细牙普通螺纹则必须标注螺距；右旋螺纹应用较多，故右旋螺纹不标注旋向，左旋螺纹须标注"LH"，与前面用"-"号分开。例如：M24表示粗牙普通螺纹，公称直径为24mm，右旋；M24×2 LH表示细牙普通螺纹，公称直径为24mm，螺距为2mm，左旋。

公差带代号包括中径公差带代号和顶径（指外螺纹的大径和内螺纹的小径）公差带代号，若两个公差带代号相同，则只标注一个。公差带代号由表示螺纹公差带等级的数字和表示其偏差的字母组成（外螺纹用小写字母，内螺纹用大写字母）。例如：M10-5g6g，其中5g为中径公差带代号，6g为顶径公差带代号；M20×2-6H，其中径公差带代号和顶径公差带代号均为6H。

旋合长度分为长（L）、中（N）、短（S）三种。一般情况下不标注旋合长度，其默认为中等旋合长度，必要时加注旋合长度代号S或L。

当内、外螺纹连接在一起时，其公差带代号用斜线分开，左边为内螺纹的公差带代号，右边为外螺纹的公差带代号，例如M20×2-6H/5g6g-LH。

普通螺纹的标注方法是将规定标记注写在尺寸线或尺寸线的延长线上，尺寸线的箭头指向螺纹大径，参见表8-1。

（2）管螺纹 管螺纹是位于管子的管壁上，用于连接水管、油管等管子的螺纹，它是一种寸制螺纹，其牙型为三角形，牙型角为55°，分为55°非密封管螺纹和55°密封管螺纹两类。

管螺纹代号是由特征代号、尺寸代号、公差等级以及旋向组成。格式如下：

| 特征代号 | 尺寸代号 | 公差等级 | 旋向 |

55°非密封管螺纹的特征代号为G，其连接由圆柱外螺纹和圆柱内螺纹旋合获得，其中外螺纹的公差等级有A级和B级，标记时须在尺寸代号后注出公差等级A或B；55°密封管螺纹有四种，其特征代号分别为Rp（圆柱内管螺纹）、Rc（圆锥内管螺纹）、R_1（与圆柱内管螺纹旋合的圆锥外管螺纹）、R_2（与圆锥内管螺纹旋合的圆锥外管螺纹），其连接则有Rp/R_1和Rc/R_2两种。

管螺纹尺寸代号代表管子的孔径，单位为英寸。左旋螺纹还须注出左旋代号"LH"。例如，非密封的外管螺纹，尺寸代号为3/4，公差等级为A级，右旋，其标记为G3/4A；非密封的内管螺纹，尺寸代号为2，左旋，其标记为G2LH。

当内、外螺纹连接在一起时，其内、外螺纹的标记用斜线分开，左边为内螺纹的标记，右边为外螺纹的标记，例如：G1/G1A。

管螺纹的标注方法是用一条斜向细实线，一端指向螺纹大径，另一端引一横向细实线，将螺纹标记注写在横线上侧，参见表8-1。

（3）梯形螺纹和锯齿形螺纹 梯形螺纹和锯齿形螺纹都是常见的传动螺纹。梯形螺纹的牙型为等腰梯形，牙型角为30°，锯齿形螺纹的牙型为梯形，牙型角为33°。梯形螺纹和锯齿形螺纹的完整标记基本一样，都由螺纹代号、公差带代号、旋合长度代号、旋向四部分组成，其格式如下：

| 螺纹代号 |-| 公差带代号 |-| 旋合长度代号 |-| 旋向 |

其中螺纹代号格式为：

| 特征代号 | 公称直径 |× 或 | 螺距（单线螺纹）／ 导程（P 螺距） |

梯形螺纹的特征代号为Tr，锯齿形螺纹的特征代号为B；右旋螺纹不注旋向，左旋螺纹标注"LH"。

梯形螺纹和锯齿形螺纹的公差带代号只标注中径公差带代号，公差带代号由表示螺纹公差带等级的数字和表示其偏差的字母组成（外螺纹用小写字母，内螺纹用大写字母）。

梯形螺纹和锯齿形螺纹的旋合长度分为中等旋合长度（N）和长旋合长度（L）两组。当旋合长度代号为N时，不标注旋合长度代号；当旋合长度代号为L时，须标注其代号L。

梯形螺纹和锯齿形螺纹的标记示例如下：

Tr52×16（P8）-8e-L-LH

表示梯形外螺纹，公称直径52mm，导程16mm，螺距8mm，双线，中径公差带代号8e，长旋合长度，左旋。

Tr40×7-7H

表示梯形内螺纹，公称直径40mm，螺距7mm，单线，中径公差带代号7H，中等旋合长度，右旋。

　　B40×10（P5）LH-8c

　　表示锯齿形外螺纹，公称直径40mm，导程10mm，螺距5mm，双线，中径公差带代号8c，中等旋合长度，左旋。

　　当内、外螺纹连接在一起时，其公差带代号用斜线分开，左边为内螺纹的公差带代号，右边为外螺纹的公差带代号，例如Tr40×7-7H/7e。

　　梯形螺纹和锯齿形螺纹的标注方法同普通螺纹的标注方法是一样的，将规定标记注写在尺寸线或尺寸线的延长线上，尺寸线的箭头指向螺纹公称直径，见表8-1。

表8-1　常用螺纹的分类及标注示例

螺纹分类		牙型放大图	特征代号	标注示例	说明
连接螺纹	普通螺纹	60°	M	*M20-6g*（粗牙）	粗牙普通螺纹，公称直径20mm，右旋；中径、顶径（即大径）公差带均为6g；旋合长度属于中等的一组
				M20×2-6H-L-LH（细牙）	细牙普通螺纹，公称直径20mm，螺距2mm；中径、顶径（即小径）公差带均为6H；旋合长度属于长的一组，左旋
	管螺纹	55°	G（55°非密封管螺纹）	*G1/2 A*	55°非密封管螺纹，尺寸代号为1/2，公差等级为A级的右旋外螺纹（外螺纹公差等级分A、B两级，内螺纹不分级）
			Rp Rc R₁ R₂（55°密封管螺纹）	*Rc 3/4*	55°密封管螺纹，与圆锥外管螺纹（R₂）旋合的圆锥内管螺纹，尺寸代号为3/4，右旋（圆柱内管螺纹与圆锥外管螺纹旋合时，前者和后者的特征代号分别为Rp和R₁）
传动螺纹	梯形螺纹	30°	Tr	*Tr40×7-6e*	梯形螺纹，公称直径40mm，螺距7mm，单线，右旋；中径公差带代号为6e；旋合长度属于中等的一组
	锯齿形螺纹	30° 3°	B	*B32×12(P6)-7H-L-LH*	锯齿形螺纹，公称直径32mm，螺距6mm，导程12mm，双线；中径公差带代号为7H；旋合长度属于长的一组，左旋

8.2.4　螺纹紧固件

1. 螺纹紧固件的种类和标记

　　螺纹紧固件就是用一对内、外螺纹来连接和紧固一些零部件。常用的螺纹紧固件有螺栓、螺钉、螺柱、螺母和垫圈等, 如图 8-11 所示。这类零件一般都是标准件, 在设计时, 标准件不必画零件图, 只需用规定画法或比例画法在装配图中画出, 并注出标准件的标记即可。

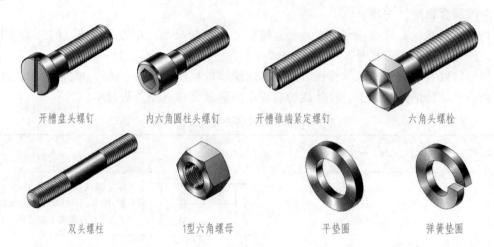

开槽盘头螺钉　　内六角圆柱头螺钉　　开槽锥端紧定螺钉　　六角头螺栓

双头螺柱　　　　1型六角螺母　　　　平垫圈　　　　弹簧垫圈

图 8-11　常用螺纹紧固件示例

常用螺纹紧固件的结构形式和标记见表 8-2。

表 8-2　常用螺纹紧固件的结构形式和标记

名　称	图　　例	标　记	说　明
六角头螺栓	$M8$　50	螺栓 GB/T 5780—2016 M8×50	A 级六角头螺栓, 螺纹规格 d = M8, 公称长度 l = 50mm
双头螺柱	$M10$　b_m　30	螺柱 GB/T 898—1988 M10×30	A 型 b_m = 1.25d 的双头螺柱, 螺纹规格 d = M10, 公称长度 l = 30mm, 旋入机体端长 b_m = 1.25d
开槽圆柱头螺钉	$M6$　25	螺钉 GB/T 65—2016 M6×25	开槽圆柱头螺钉, 螺纹规格 d = M6, 公称长度 l = 25mm
开槽沉头螺钉	$M6$　25	螺钉 GB/T 68—2016 M6×25	开槽沉头螺钉, 螺纹规格 d = M6, 公称长度 l = 25mm
开槽锥端紧定螺钉	$M6$　20	螺钉 GB/T 71—2018 M6×20	开槽锥端紧定螺钉, 螺纹规格 d = M6, 公称长度 l = 20mm

（续）

名 称	图 例	标 记	说 明
1型六角螺母		螺母 GB/T 6170—2015 M8	A级1型六角螺母，螺纹规格 d=M8
平垫圈		垫圈 GB/T 95—2002 6-100HV	C级平垫圈，规格6mm，性能等级为100HV（硬度）级
标准型弹簧垫圈		垫圈 GB/T 93—1987 6	标准型弹簧垫圈，规格6mm

2. 单个螺纹紧固件的画法

螺纹紧固件各部分的尺寸，可根据其公称尺寸查相关国家标准得到，但画图时为了简便和提高效率，通常以其公称尺寸（d，D）为依据，采用比例画法或简化比例画法画出，如图8-12所示。

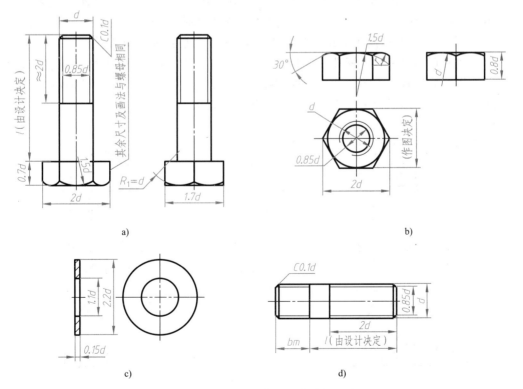

图 8-12 常用螺纹紧固件的比例画法

a）螺栓的比例画法 b）螺母的比例画法 c）垫圈的比例画法 d）螺柱的比例画法

3. 螺纹紧固件连接的画法

螺纹紧固件连接属于可拆卸连接，其形式有螺栓连接、双头螺柱连接和螺钉连接等，如图 8-13 所示。

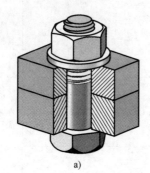
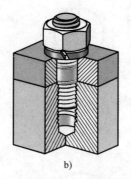
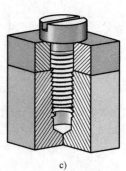

a) b) c)

图 8-13　常用螺纹紧固件的连接

a) 螺栓连接　b) 双头螺柱连接　c) 螺钉连接

螺纹紧固件连接是几个零件装配在一起的装配体，画图时应遵循下述基本规定：

1）相邻两零件表面接触时，只画一条粗实线；两零件表面不接触时，应画成两条线，如间隙太小，可夸大画出。

2）在剖视图中，当剖切平面通过螺纹紧固件的轴线时，螺纹紧固件按不剖画出。

3）在剖视图中，相邻两被连接件的剖面线方向应相反，必要时也可以相同，但要相互错开或间隔不等。在同一张图纸上，同一零件的剖面线在各个剖视图中方向应相同，间隔应相等。

（1）螺栓连接　螺栓连接适用于连接两个厚度不大并允许钻成通孔的零件。连接前，先在两个被连接的零件上钻出通孔（孔径 $d_0 \approx 1.1d$），螺栓穿过两被连接件上的通孔，在另一端套上垫圈，拧紧螺母，就将两个零件连接在一起，如图 8-13a 所示。图 8-14a 所示为螺栓连接的比例画法，也可以采用省略倒角的简化比例画法，如图 8-14b 所示。

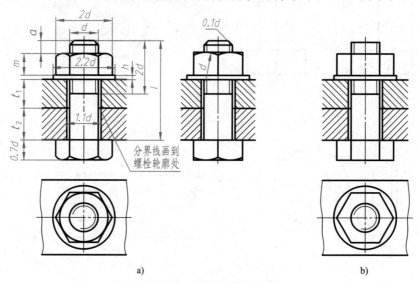

a) b)

图 8-14　螺栓连接的画法

a) 螺栓连接的比例画法　b) 螺栓连接的简化画法

螺栓的公称长度 l 可按下式计算

$$l = t_1 + t_2 + h + m + a$$

式中，t_1、t_2 为被连接零件的厚度；h 为垫圈厚度，$h = 0.15d$（采用弹簧垫圈时，$h = 0.25d$）；m 为螺母厚度，$m = 0.8d$；a 为螺栓伸出螺母的长度，$a \approx 0.3d$。

按上式计算出螺栓长度后，根据螺栓的标准长度系列选取标准长度值。

（2）双头螺柱连接　双头螺柱连接常用于被连接件之一较厚而不适宜加工成通孔的情况。连接时，在较薄的零件上钻出通孔（孔径 $d_0 \approx 1.1d$），在较厚的零件上加工出螺纹孔；双头螺柱两端都有螺纹，其中一端（旋入端）全部旋入被连接件的螺孔内，另一端（紧固端）穿过另一被连接件的通孔，套上垫圈，旋紧螺母，如图 8-13b 所示。

图 8-15a 所示为螺柱连接的比例画法，也可以采用图 8-15b 所示的简化比例画法。

画图时，应按螺柱的大径和螺孔件的材料确定旋入端的长度 b_{m}。旋入端螺纹长度 b_{m} 是根据被连接件的材料来决定的，被连接件的材料不同，则 b_{m} 的取值不同。通常 b_{m} 有四种不同的取值：

被连接件材料为钢或青铜时，$b_{\mathrm{m}} = 1d$（GB/T 897—1988）；

被连接件材料为铸铁时，$b_{\mathrm{m}} = 1.25d$（GB/T 898—1988）或 $1.5d$（GB/T 899—1988）；

被连接件材料为铝合金时，$b_{\mathrm{m}} = 2d$（GB/T 900—1988）。

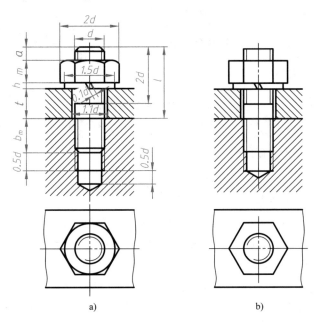

图 8-15　螺柱连接的画法

a）螺柱连接的比例画法　b）螺柱连接的简化画法

螺柱的公称长度 l 可按下式计算：

$$l = t + h + m + a$$

式中，t 为通孔零件的厚度；h 为垫圈厚度，$h = 0.15d$（采用弹簧垫圈时，$h = 0.25d$）；m 为螺母厚度，$m = 0.8d$；a 为螺栓伸出螺母的长度，$a \approx 0.3d$。

计算出 l 后，需从螺柱的标准长度系列中选取与 l 相近的标准值。

双头螺柱旋入端长度 b_m 应全部旋入螺孔内，即双头螺柱下端的螺纹终止线应与两个被连接件的结合面重合，画成一条线。故螺孔的深度应大于旋入端长度，一般取 $H_1 = b_m + 0.5d$。

（3）螺钉连接　螺钉按用途不同可分为连接螺钉和紧定螺钉两类。前者用于连接零件，后者用于固定零件。

1）连接螺钉连接。连接螺钉用于连接受力不大且不经常拆卸的零件。较薄的零件加工有通孔（孔径 $\approx 1.1d$），较厚的零件加工有螺纹孔，连接时，螺钉穿过薄零件的通孔而旋入厚零件的螺孔，依靠螺钉头部压紧被连接件。如图 8-13c 所示。

图 8-16a 所示为螺钉连接的比例画法，也可以采用图 8-16b 所示的简化比例画法。

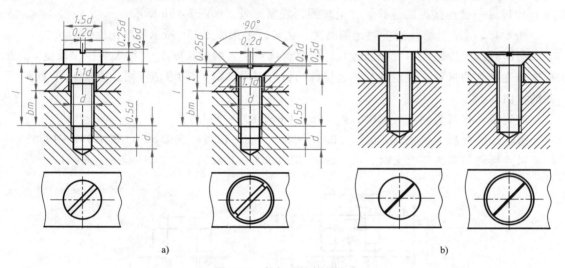

a)　　　　　　　　　　　　　　　　　　　b)

图 8-16　螺钉连接的画法

a）螺钉连接的比例画法　b）螺钉连接的简化画法

螺钉的公称长度计算如下：

$$l \geq t(通孔零件厚) + b_m$$

式中，b_m 为螺钉的旋入长度，其取值与螺柱连接时相同。

计算出 l 后，需从螺钉的标准长度系列中选取与 l 相近的标准值。

螺钉的螺纹长度应大于螺钉的旋入长度，使连接牢固。因此，画图时螺纹终止线应画在两个被连接件的结合面之上。

2）紧定螺钉连接。紧定螺钉用来固定两个零件的相对位置，使它们不产生相对转运。如图 8-17 所示，为了将轴和齿轮（图中只画出了轮毂部分）固定在一起，在轮毂上加工出

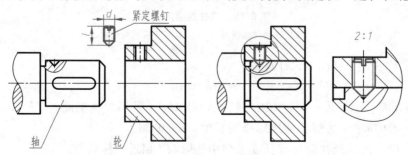

图 8-17　紧定螺钉连接的画法

螺孔，在轴上对应位置钻出锥坑，然后旋入一个开槽锥端紧定螺钉，使螺钉端部的锥顶角顶入锥坑并压紧，即可固定轴和齿轮的相对位置。

8.3　键、花键和销

8.3.1　键

1. 键的作用

键主要用于轴和轴上的零件（如带轮、齿轮等）之间的连接，起着传递转矩或转动的作用。如图8-18所示，在轴和带轮上加工有键槽，将键嵌入轴和齿轮的键槽中，当轴（或带轮）转动时，因为键的存在，带动带轮（或轴）同步转动，从而传递转动和动力。

2. 键的种类和标记

键是标准件，常用的有普通平键、半圆键和钩头楔键三种，其中普通平键最为常用。普通平键有三种结构形式：A型（圆头）、B型（平头）和C型（单圆头），其标注形式参见附表17。

常用键的形式和标记见表8-3。

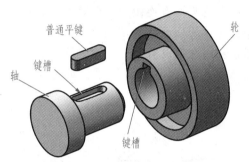

图8-18　键连接

表8-3　常用键的形式和标记

名称	简图	标记示例及说明
普通平键		标记：GB/T 1096 键 8×7×26 说明：普通A型平键，宽度 $b=8$mm，高度 $h=7$mm，长度 $L=26$mm
半圆键		标记：GB/T 1099.1 键 6×10×25 说明：半圆键，宽度 $b=6$mm，高度 $h=10$mm，直径 $d=25$mm
钩头楔键		标记：GB/T 1565 键 8×7×28 说明：钩头楔键，宽度 $b=8$mm，高度 $h=7$mm，长度 $L=28$mm

3. 键的选用规则

在选用键时可根据轴的直径查有关标准，得出它的尺寸。平键和钩头楔键的长度 L 应根据毂（轮盘上有孔，穿轴的那一部分）的长度及受力大小通过设计计算后选取相应的系列值。

4. 键连接的装配图画法

（1）普通平键连接的装配图画法 用普通平键连接时，键的两侧面是工作面，因此画装配图时，键的两侧面和下底面与轴上键槽的相应表面之间只画一条线，键的上底面与轮毂上的键槽底面间画两条线。此外，在剖视图中，当剖切平面通过键的纵向对称面时，键按不剖绘制；当剖切平面垂直于轴线剖切时，被剖切键应画出剖面线，如图 8-19 所示。为了表示轴上的键槽，轴采用了局部剖视图。

（2）半圆键和钩头楔键连接的装配图画法 半圆键连接的装配图画法和普通平键连接的装配图画法类似，如图 8-20 所示。

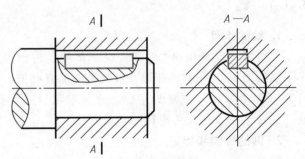

图 8-19 普通平键连接的装配图画法

在钩头楔键连接中，键是打入键槽中的，键的顶面和底面同为工作面，与槽顶和槽底都没有间隙，键的两侧面与键槽的两侧面有配合关系，如图 8-21 所示。

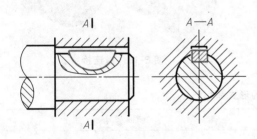

图 8-20 半圆键连接的装配图画法

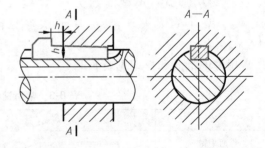

图 8-21 钩头楔键连接的装配图画法

轴上的键槽与轮毂上的键槽的画法和尺寸注法，如图 8-22 所示。

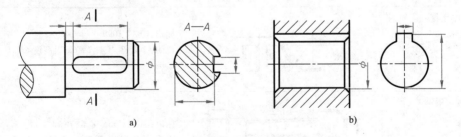

a)　　　　　　　　　　　　　　　b)

图 8-22 键槽的画法和尺寸注法
a）轴上的键槽 b）轮毂上的键槽

8.3.2 花键

花键具有传递转矩大、连接强度高、工作可靠、同轴度和导向性好等优点，是机床变速箱、汽车变速器等常用的转动轴。花键的齿形有矩形、渐开线和三角形等。常用的是矩形花键，如图 8-23 所示。

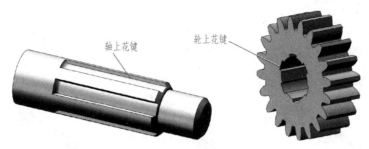

图 8-23　矩形花键

1. 花键的画法和标注

GB/T 4459.3—2000 中规定了花键的画法。

1）在平行于花键轴线的投影面的视图中，外花键的大径用粗实线、小径用细实线绘制，并在断面图中画出一部分或全部齿形，如图 8-24 所示。垂直于花键轴线的投影面的视图按图 8-25 绘制。

2）在平行于花键轴线的投影面的剖视图中，内花键的大径及小径均用粗实线绘制，并在局部视图中画出一部分或全部齿形，如图 8-26 所示。

3）外花键工作长度的终止端和尾部长度的末端均用细实线绘制，并与轴线垂直，尾部则画成斜线，其倾斜角度一般与轴线成 30°，必要时，可按实际情况画出。

4）花键连接用剖视图表示时，其连接部分按外花键绘制，如图 8-27 所示。

花键长度可采用以下三种形式之一标注：①标注工作长度；②标注工作长度和尾部长度；③标注工作长度和全长。

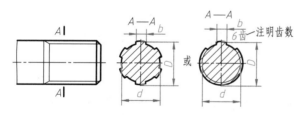

图 8-24　矩形花键轴的画法和尺寸标注

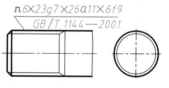

图 8-25　外花键的画法和标记

2. 矩形花键的标记

花键类型由图形符号表明。花键的标记应注写在指引线的基准线上。标注方法如图 8-25 所示。图 8-25 中矩形花键标记的含义为：$\sqcap$ 表示矩形花键；6 表示 6 个键齿；23 表示小径 d 为 23mm，g7 为小径公差带代号；26 表示大径 D 为 26mm，a11 表示大径公差带代号；6 表示键宽 b 为 6mm，f9 表示键宽公差带代号。

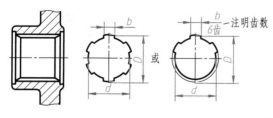

图 8-26　内花键的画法和尺寸标注

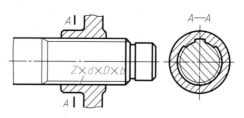

图 8-27　花键连接的画法和标记

233

8.3.3 销

销通常用于零件的连接和定位。常用的销有圆柱销、圆锥销和开口销三种，如图 8-28 所示。它们的简图和规定标记见表 8-4。

图 8-28 常用的销
a) 圆柱销 b) 圆锥销 c) 开口销

表 8-4 销的简图和规定标记

名称及标准	简 图	标记示例及说明
圆柱销 GB/T 119.1—2000	$\phi 8m6$ 32	标记:销 GB/T 119.1 8m6×32 说明:表示公称直径 $d=8$mm、公差为 m6,公称长度 $L=$ 32mm,材料为钢,不淬火,不经表面处理的圆柱销
圆锥销 GB/T 117—2000	1:50 $\phi 8$ 32	标记:销 GB/T 117 8×32 说明:公称直径 $d=8$mm,长度 $L=32$mm,材料为 35 钢,热处理硬度为 28—38HRC,表面氧化处理的 A 型圆锥销
开口销 GB/T 91—2000	20 $\phi 4.6$	标记:销 GB/T 91 5×20 说明:公称规格 $d=5$mm,公称长度 $L=20$mm,材料为 Q235,不经表面处理的开口销

图 8-29 所示为常用销连接的画法,当剖切平面通过销的基本轴线时,销按不剖绘制。当剖切平面垂直于销的轴线时,被剖切的销应画出剖面线。用销连接和定位的销孔（图 8-29a、b）,一般需一起加工,并在图上注写"装配时作"或"与××件配"。开口销是在用带孔螺栓和六角开槽螺母时,将它穿过螺母的槽口和螺栓的孔,并在销的尾部叉开,防止螺母与螺栓松脱（图 8-29c）。

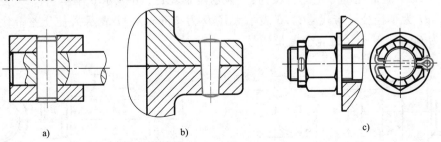

图 8-29 常用销连接的画法
a）圆柱销连接装配图 b）圆锥销连接装配图 c）开口销连接装配图

8.4 齿轮

齿轮是广泛应用于机器或部件中用以传递动力、改变转动方向和转速的传动零件。齿轮的种类很多，常见的齿轮传动有三种形式，如图8-30所示。其中圆柱齿轮用于两平行轴之间的传动，锥齿轮用于两相交轴之间的传动，蜗杆蜗轮则用于两交叉轴之间的传动。

a)　　　　　　　　b)　　　　　　　　c)

图 8-30　常见的齿轮传动形式

a）圆柱齿轮　b）锥齿轮　c）蜗杆蜗轮

8.4.1 圆柱齿轮

圆柱齿轮的轮齿有直齿、斜齿和人字齿三种。这里主要介绍标准直齿圆柱齿轮（图8-31）的各部分名称和参数。

1. 直齿圆柱齿轮各部分名称及尺寸代号

（1）齿顶圆　通过轮齿顶部的圆，其直径用 d_a 表示。

（2）齿根圆　通过轮齿根部的圆，其直径用 d_f 表示。

（3）分度圆　设计和加工齿轮时的基准圆，直径用 d 表示。

（4）齿顶高　分度圆与齿顶圆之间的径向距离，用 h_a 表示。

（5）齿根高　分度圆与齿根圆之间的径向距离，用 h_f 表示。

（6）全齿高　齿顶圆与齿根圆之间的径向距离，用 h 表示。

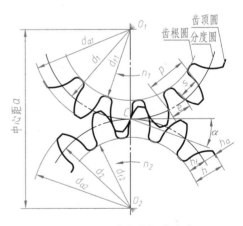

图 8-31　两啮合的标准直齿
圆柱齿轮几何要素示意图

（7）齿厚　在分度圆上，同一齿两侧齿廓之间的弧长，用 s 表示。

（8）槽宽　在分度圆上，同一齿槽两侧齿廓之间的弧长，用 e 表示。

（9）齿距　在分度圆上，相邻两齿同侧齿廓之间的弧长，用 p 表示。

（10）齿宽　轮齿沿齿轮轴线方向的宽度，用 b 表示。

2. 直齿圆柱齿轮的基本参数

（1）齿数　一个齿轮的轮齿总数，用 z 表示。

（2）模数 齿轮的分度圆直径为 d，齿距为 p，齿数为 z，则其分度圆周长为 $\pi d = zp$，即 $d = zp/\pi$，其中 π 为无理数。为便于齿轮的设计、加工以及标准化，国家标准规定 $m = p/\pi$，称之为模数。于是，$d = mz$。

模数是设计、制造齿轮的重要参数。模数越大，则齿距 p 越大，齿厚 s 也越大，齿轮的承载能力也就越大。不同模数的齿轮要用不同模数的刀具来加工，为了便于设计和加工，模数值已经标准化，我国规定的标准模数数值见表 8-5。

表 8-5 标准模数（圆柱齿轮，摘自 GB/T 1357—2008）

第一系列	$1,1.25,1.5,2,2.5,3,4,5,6,8,10,12,16,20,25,32,40,50$
第二系列	$1.125,1.375,1.75,2.25,2.75,3.5,4.5,5.5,(6.5),7,9,11,14,18,22,28,36,45$

注：选用时，优先采用第一系列，括号内的模数尽可能不用。

（3）压力角 齿廓曲线在分度圆上的一点处的速度方向与曲线在该点处的法线方向之间所夹锐角称为压力角，用 α 表示。压力角也已经标准化，我国规定 $\alpha = 20°$。

3. 两齿轮啮合时的相关参数

两个齿轮正确啮合时，它们的模数和压力角必须相同。两齿轮的一对齿廓的啮合接触点位于两齿轮中心的连线上，该点称为节点。分别以两齿轮的中心为圆心，以中心到节点的距离为半径作圆，这两个圆称为齿轮的节圆。齿轮的传动可以假想为它们的节圆作无滑动的纯滚动。

（1）节圆直径 用 d' 表示，标准齿轮按照标准中心距安装时，其节圆与分度圆重合，即 $d' = d$。

（2）传动比 主动轮转速 n_1 与从动轮转速 n_2 之比，用 i 表示。

（3）中心距 两啮合齿轮轴线之间的距离，用 a 表示。

4. 标准直齿圆柱齿轮各部分的尺寸关系

当齿轮的模数 m 及齿数 z 确定后，即可计算出齿轮其他部分的几何尺寸，见表 8-6。

表 8-6 标准直齿圆柱齿轮各部分的尺寸关系　　　　　　　　　　　（单位：mm）

名称及代号	公　式	名称及代号	公　式
模数 m	由强度计算或其他方法确定	齿根圆直径 d_f	$d_f = m(z-2.5)$
齿数 z	通过运动设计确定	齿距 p	$p = m\pi$
齿顶高 h_a	$h_a = m$	齿厚 s	$s = p/2 = \pi m/2$
齿根高 h_f	$h_f = 1.25m$	槽宽 e	$e = p/2 = \pi m/2$
全齿高 h	$h = h_a + h_f$	压力角 α	$\alpha = 20°$
分度圆直径 d	$d = mz$	传动比 i	$i = n_1/n_2 = z_2/z_1$
齿顶圆直径 d_a	$d_a = m(z+2)$	中心距 a	$a = (d_1+d_2)/2 = m(z_1+z_2)/2$

5. 圆柱齿轮规定画法

（1）单个圆柱齿轮画法 根据国家标准规定的齿轮画法，画齿轮外形视图时，齿顶圆和齿顶线用粗实线绘制，分度圆和分度线用细点画线绘制，齿根圆和齿根线用细实线绘制（也可以省略不画），如图 8-32a 所示；在剖视图中，当剖切平面通过齿轮的轴线时，轮齿一律按不剖处理，齿根线用粗实线绘制，如图 8-32b 所示。需要表示斜齿或人字齿时，在外形

视图（或半剖视图，局部剖视图）上画三条与齿线方向一致的细实线来表示，如图 8-32c、d
所示。

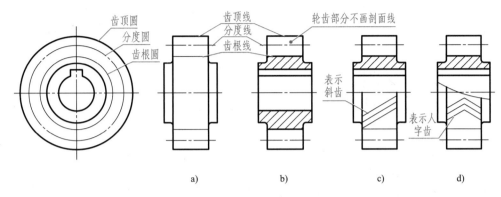

图 8-32　圆柱齿轮的画法（一）
a）直齿　b）直齿　c）斜齿　d）人字齿

（2）两齿轮啮合的画法　在平行于齿轮轴线的投影面上的视图中，一般画成剖视图，
啮合区内的两条分度线（节线）重合为一条，用细点画线绘制；两条齿根线都用粗实线画
出；一个齿轮的齿顶线用粗实线绘制，另一齿轮（一般为从动轮）的齿顶线及轮齿上被遮
挡的部分用细虚线绘制或省略不画；齿顶线与齿根线之间有 0.25m 的间隙，如图 8-33a 所
示。画成外形视图时，啮合区内的齿顶线和齿根线都不必画出，只用粗实线画出一条分度线
（节线），如图 8-33c 所示。

在垂直于齿轮轴线的投影面上的视图中，两齿轮的分度圆（节圆）在啮合区内应画成
相切，齿顶圆在啮合区内的部分也可以省略不画，如图 8-33b、d 所示。

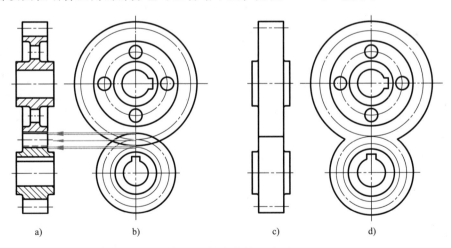

图 8-33　圆柱齿轮的画法（二）

齿轮图中不仅要表示轮齿的形状、尺寸和技术要求，而且要列出制造齿轮所需的参数和
公差值，如图 8-34 所示。

有时在齿轮零件图上还需要画出一个齿形轮廓以便标注尺寸。一般采用近似画法，如
图 8-35 所示。

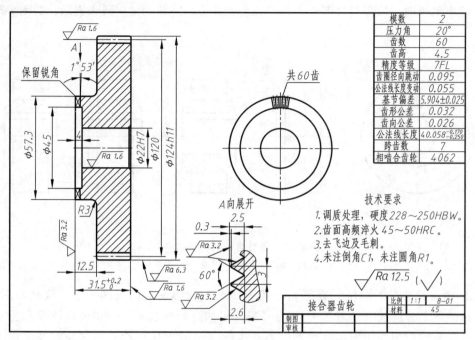

图 8-34 齿轮零件图

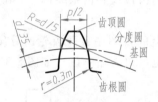

图 8-35 齿形轮廓的近似画法

8.4.2 锥齿轮

1. 直齿锥齿轮各部分名称及其相互关系

锥齿轮（图 8-36）的轮齿是在圆锥面上加工出来的，齿轮一端大，另一端小，因此其模数也随着齿距变小而变小。为了计算和测量方便，规定以大端模数为标准模数。标准直齿锥齿轮轮齿各部分之间的尺寸计算公式见表 8-7。

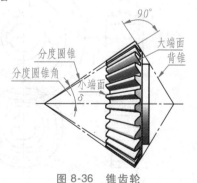

图 8-36 锥齿轮

表 8-7 标准直齿锥齿轮轮齿各部分之间的尺寸计算公式

基本参数：大端模数 m，齿数 z 和节锥角 δ			
名称及代号	公式	说明	
齿顶高 h_a	$h_a = m$	均用于大端 式中 m 为大端模数 （模数系列见表 8-5）	三个尺寸均沿背锥方向测量
齿根高 h_f	$h_f = 1.2m$		
齿高 h	$h = h_a + h_f = 2.2m$		

（续）

基本参数：大端模数 m，齿数 z 和节锥角 δ		
名称及代号	公式	说明
分度圆直径 d 齿顶圆直径 d_a 齿根圆直径 d_f	$d = mz$ $d_a = m(z + 2\cos\delta)$ $d_f = m(z - 2.4\cos\delta)$	均用于大端 式中 m 为大端模数 （模数系列见表 8-5）　三个尺寸均沿背锥方向测量
锥距 R 齿顶角 θ_a	$R = \dfrac{mz}{2\sin\delta}$ $\tan\theta_a = \dfrac{2\sin\delta}{z}$	分度圆锥素线的长度
齿根角 θ_f 分锥角 δ_1 分锥角 δ_2	$\tan\theta_f = \dfrac{2.4\sin\delta}{z}$ $\tan\delta_1 = z_1/z_2$ $\tan\delta_2 = z_2/z_1$	"1"表示小齿轮 "2"表示大齿轮 适用于 $\delta_1 + \delta_2 = 90°$　分度圆锥素线和轴线的夹角
顶锥角 δ_a 根锥角 δ_f 齿宽 b	$\delta_a = \delta + \theta_a$ $\delta_f = \delta - \theta_f$ $b \leqslant R/3$	沿分度圆锥素线方向度量

注：1. 分度圆锥是指以分度圆为底的正圆锥。
　　2. 背锥是指包含锥齿轮大端面的圆锥。背锥和分度圆锥的素线互相垂直。
　　3. 背锥角 δ_v 是指背锥素线和轴线的夹角，$\delta_v = 90° - \delta$。

2. 单个锥齿轮的画法

锥齿轮的画法（图 8-37）除了和圆柱齿轮的画法有一定共性外，还有如下特点：

1）在垂直于齿轮轴线投影面上的投影，只画出大端齿顶圆、分度圆和小端的齿顶圆。

2）在剖切平面通过齿轮轴线的剖视图中，齿顶线和齿根线应和分度圆锥素线交于齿顶 O。

锥齿轮轮齿的作图过程，如图 8-38 所示。

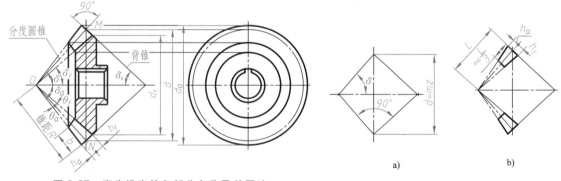

图 8-37　直齿锥齿轮各部分名称及其画法

图 8-38　锥齿轮轮齿的作图过程
a）画中心线、大端分度圆直径、分
度圆锥和背锥　b）画轮齿

3. 锥齿轮啮合画法

两个标准锥齿轮啮合时，两分度圆锥在它们的素线上相切，分度圆锥顶点与两轴线交点相重合。最常用的啮合形式为两齿轮轴线垂直相交，这时两分锥角之和为

$$\delta_1 + \delta_2 = 90°, \quad \tan\delta_1 = \frac{d_1/2}{d_2/2} = \frac{mz_1}{mz_2} = \frac{z_1}{z_2}$$

因此，知道两啮合锥齿轮的齿数，便可求出两齿轮分锥角 δ_1、δ_2。

此外，锥距 R 可按下式计算：

$$R = \sqrt{\left(\frac{d_1}{2}\right)^2 + \left(\frac{d_2}{2}\right)^2} = \frac{m}{2}\sqrt{z_1^2 + z_2^2}$$

图 8-39 所示为按照上述关系画出的一对锥齿轮啮合的装配图。齿轮啮合部分的规定画法和圆柱齿轮相同。

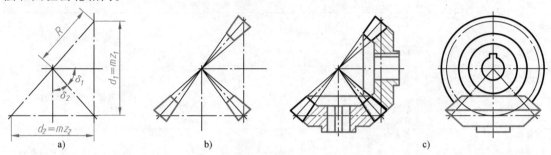

图 8-39　锥齿轮啮合的装配图画法
a）画两轮中心线、两轮分锥角　b）画轮齿　c）画其余部分，完成作图

不作剖视时，锥齿轮的啮合画法如图 8-40 所示。

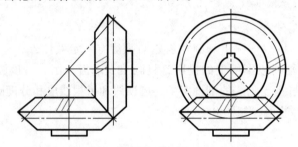

图 8-40　不剖视时锥齿轮的啮合画法（斜锥齿轮）

图 8-41 所示为锥齿轮的零件图。

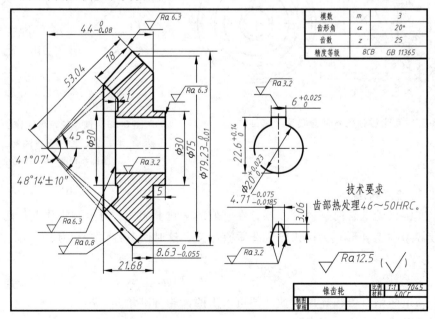

图 8-41　锥齿轮零件图

8.4.3 蜗杆蜗轮

1. 蜗杆

常用的蜗杆传动是阿基米德蜗杆传动，因其应用较广而称为普通蜗杆传动。该蜗杆外形像梯形蜗杆，其轴向剖面和梯形螺纹相似（图8-42a、b）。蜗杆的齿数相当于螺纹的线数。单线蜗杆旋转一周，蜗轮只转一个齿。蜗杆（及蜗轮）的模数以蜗杆的轴向模数 m_x 为准，即蜗轮的端面模数 m_t 等于蜗杆的轴向模数 m_x，其标准值见表8-8。

蜗杆的画法与圆柱齿轮的画法相同，如图8-42c所示。

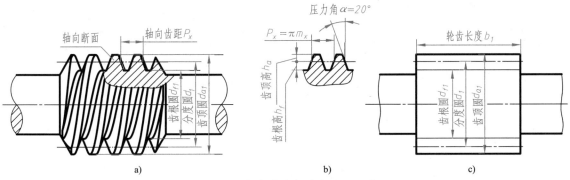

图8-42 蜗杆的各部分名称及画法

a）蜗杆外形 b）轮齿轴向剖面 c）外形规定画法

表8-8 蜗杆的基本尺寸（GB/T 10085—2018）（摘录） （单位：mm）

模数 m	1	1.25	1.6	2	2.5	3.15	4	5	6.3	8	10	12.5	16	20	25
轴向齿距 p_x	3.142	3.927	5.027	6.328	7.854	9.896	12.566	15.708	19.792	25.133	31.416	39.270	50.265	62.832	78.540

一般的蜗轮用与蜗杆形状和尺寸基本相同（仅外径稍大于蜗杆外径）的蜗轮滚刀加工。为了减少蜗轮滚刀的数目，除规定标准模数外，还必须规定对应于一定模数的蜗杆分度圆直径 d_1。如图8-43所示，从蜗杆螺旋线的展开图可知：

$$\tan\gamma = \frac{z_1 p_x}{\pi d_1}$$

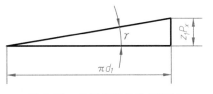

图8-43 蜗杆螺旋线的展开图

所以

$$d_1 = \frac{z_1 p_x}{\pi \tan\gamma} = \frac{m_x z_1}{\tan\gamma}$$

令

$$q = \frac{z_1}{\tan\gamma}$$

则

$$d_1 = m_x q$$

q 称为蜗杆直径系数。q 与 m_x 的关系参见 GB/T 10085。

蜗杆轮齿各部分的尺寸关系如下：

齿顶高 $h_a = m_x$

齿根高 $h_f = 1.2 m_x$

齿顶圆直径 $d_a = d_1 + 2m_x = m_x(q+2)$

蜗杆零件图参见图7-3。

2. 蜗轮

蜗轮齿轮的顶部通常加工成凹弧形，以增加与蜗杆的接触面积，延长蜗杆、蜗轮的使用寿命。蜗轮轮齿各部分的尺寸，以中间平面为准（图 8-44）。轮齿各部分尺寸之间的关系与圆柱齿轮基本相同：

齿顶高　　$h_a = m_t$

齿根高　　$h_f = 1.2 m_t$

分度圆直径　　$d_2 = m_t z_2$

齿顶圆直径　　$d_{a2} = m_t(z_2 + 2)$

齿根圆直径　　$d_{f2} = m_t(z_2 - 2.4)$

蜗轮最大外圆直径　　$d_{w2} = d_{a2} + m_t$

蜗杆蜗轮啮合的中心　　$a = \dfrac{1}{2}(d_1 + d_2)$

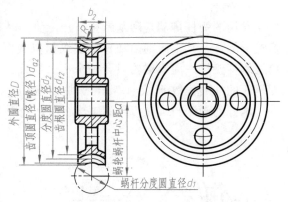

图 8-44　蜗轮的各部分名称及画法

图 8-45 所示为蜗轮零件图。

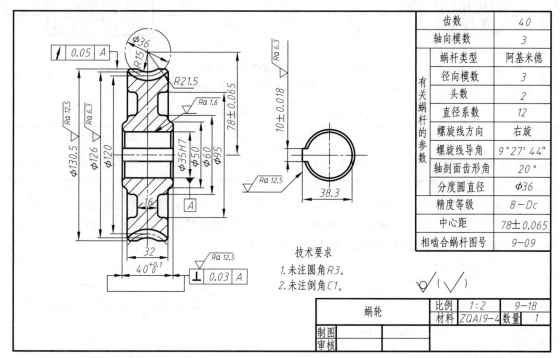

齿数	40
轴向模数	3
蜗杆类型	阿基米德
径向模数	3
头数	2
直径系数	12
螺旋线方向	右旋
螺旋线导角	9°27′44″
轴剖面齿形角	20°
分度圆直径	Φ36
精度等级	8 – Dc
中心距	78±0.065
相啮合蜗杆图号	9 – 09

（左列竖排：有关蜗杆的参数）

技术要求
1. 未注圆角 R3。
2. 未注倒角 C1。

	蜗轮	比例	1:2	9–18
		材料	ZQA19–4	数量 1
制图				
审核				

图 8-45　蜗轮零件图

3. 蜗杆蜗轮的啮合画法

蜗杆、蜗轮啮合的画法与圆柱齿轮相似，其画法如图 8-46 所示。

外形图中，在垂直于蜗轮轴线的投影面的视图上，蜗轮的分度圆与蜗杆的分度线相切，啮合区的齿顶圆与齿顶线用粗实线绘制；在垂直于蜗杆轴线的视图上，啮合区只画蜗杆不画蜗轮（图 8-46a）。

在剖视图中，当剖切平面通过蜗轮轴线并垂直于蜗杆的轴线时，在啮合区内将蜗轮的轮齿用粗实线绘制，蜗轮的轮齿被遮挡的部分可省略不画；当剖切平面通过蜗杆轴线并垂直于蜗轮的轴线时，在啮合区内，蜗轮的外圆、齿顶圆可以省略不画（图8-46b），蜗杆的齿顶线也可省略不画。

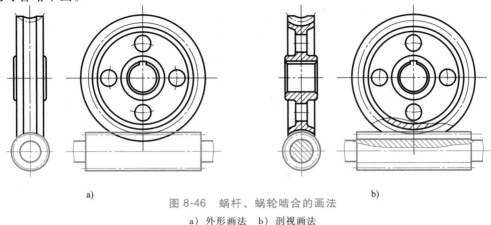

图 8-46　蜗杆、蜗轮啮合的画法

a）外形画法　b）剖视画法

8.5　滚动轴承

8.5.1　滚动轴承的结构、分类及画法

滚动轴承是支撑旋转轴的一种标准件。由于其结构紧凑、摩擦力小、拆装方便等优点，所以被广泛应用在各种机器和部件中。滚动轴承的种类很多，但其结构大体相同，一般都由内圈、外圈、滚动体和保持架等零件组成，如图8-47所示。一般情况下，外圈装在机座（或轴承座）的孔内，固定不动，内圈套在轴上，随轴转动。

滚动轴承通常按其所能承受的载荷方向分为三类：

（1）向心轴承　主要承受径向载荷。

（2）推力轴承　只能承受轴向载荷。

（3）向心推力轴承　能同时承受径向载荷和轴向载荷。

图 8-47　滚动轴承的结构

8.5.2　滚动轴承的标记及代号

滚动轴承的规定标记是"滚动轴承　基本代号　国家标准编号"。

例如：滚动轴承　6208　GB/T 276—2013

按照国家标准规定，滚动轴承的完整代号由前置代号、基本代号、后置代号构成。基本代号表示轴承的基本类型、结构和尺寸，是轴承代号的基础。轴承通常用基本代号表示。

基本代号由轴承类型代号、尺寸系列代号和内径代号三部分组成，其中类型代号用数字或字母表示，其余都用数字表示，最多为8位，自左至右顺序排列组成。

例如：滚动轴承6208　6—类型代号，表示深沟球轴承；2—尺寸系列代号，表示02系列（0表示宽度系列代号，2表示直径系列代号，"0"常省略）；08—内径代号，表示轴承内径 $d = 8 \times 5 = 40$ mm（注：轴承内径为 10mm、12mm、15mm、18mm 时，内径代号分别为 00、01、02、03。当 20mm $\leq d \leq$ 480mm 时，代号数字乘以5即为轴承内径 d 的毫米数，当

$d \geqslant 500mm$ 时，直接用内径数字表示内径代号）。

8.5.3 滚动轴承的画法

滚动轴承是标准部件，不必画零件图。GB/T 4459.7—2017《机械制图 滚动轴承表示法》中规定了滚动轴承的通用画法、特征画法和规定画法。当较详细地表示滚动轴承的主要结构时，可采用规定画法；当只是简单地表示滚动轴承的结构时，可采用特征画法；如果不需要确切地表示滚动轴承的外形轮廓、载荷特性、结构特征，可用通用画法。

1）在装配图中，滚动轴承的保持架及倒角、圆角等可省略不画，如图 10-25 所示。

2）通用画法、特征画法及规定画法中的各种符号、矩形线框和轮廓线均用粗实线绘制。

3）规定画法一般绘制在轴的一侧，另一侧按通用画法绘制。

4）采用通用画法或特征画法绘制滚动轴承时，在同一图样中一般只采用其中一种画法。通用画法中线框中央正立的十字形符号不应与矩形线框接触。

表 8-9 所示为常见滚动轴承的形式、画法和用途。

表 8-9 常见滚动轴承的形式、画法和用途

轴承类型及标准编号	结构形式	规定画法	特征画法	通用画法	用途
深沟球轴承 60000 型 GB/T 276—2013	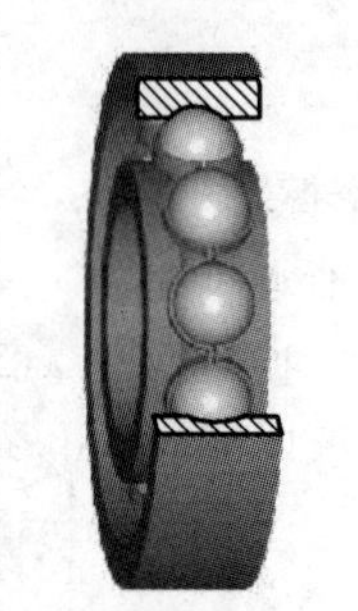	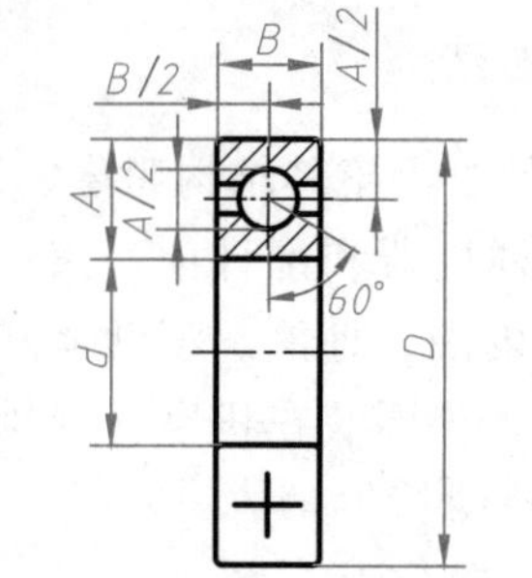	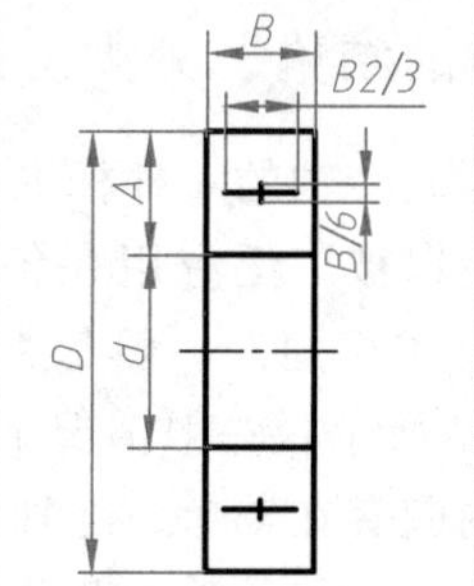		主要承受径向载荷
圆锥滚子轴承 30000 型 GB/T 297—2015		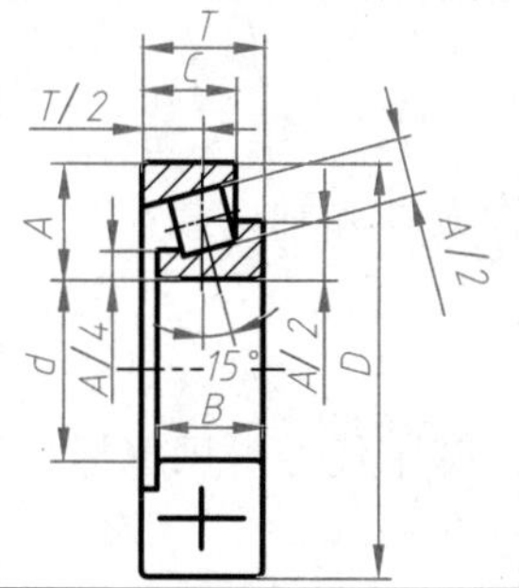	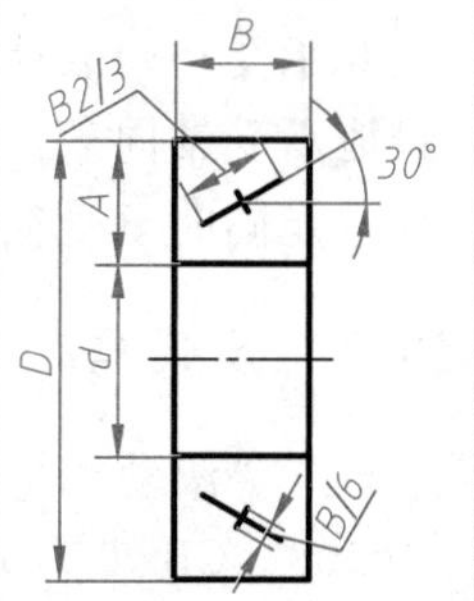	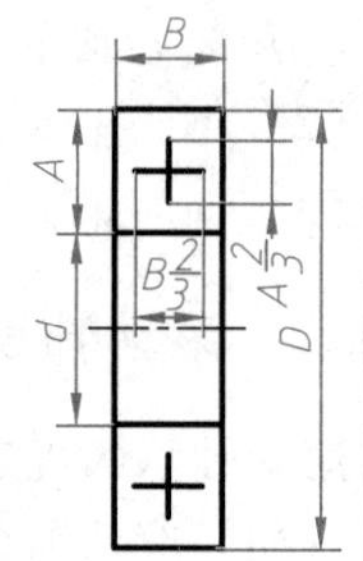	能同时承受径向和轴向载荷
推力球轴承 51000 型 GB/T 301—2015		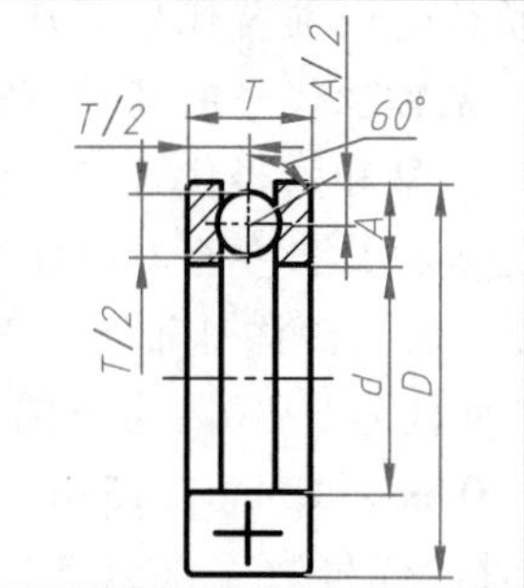	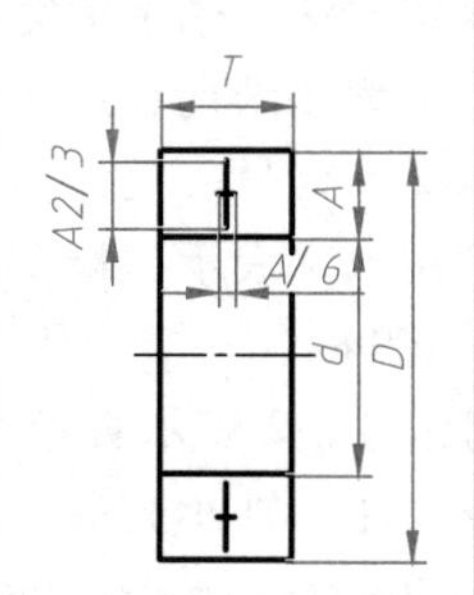		只能承受轴向载荷

8.6　弹簧

弹簧是一种应用很广的常用件，它通常用来减振、夹紧、测力和储存能量。弹簧的种类多，如图 8-48 所示，最常用的是圆柱螺旋弹簧。根据受力情况不同，圆柱螺旋弹簧又可分为压缩弹簧、拉伸弹簧和扭转弹簧等。

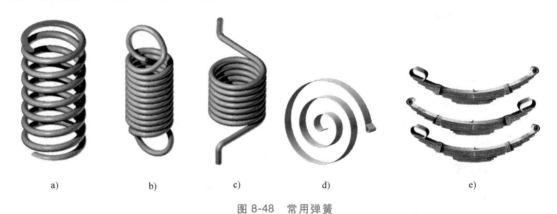

a)　　　　　　b)　　　　　　c)　　　　　　d)　　　　　　e)

图 8-48　常用弹簧

a）压缩弹簧　b）拉伸弹簧　c）扭转弹簧　d）平面涡卷弹簧　e）板弹簧

8.6.1　圆柱螺旋压缩弹簧的尺寸参数

圆柱螺旋压缩弹簧结构如图 8-48a 所示，它的尺寸参数（图 8-49）如下：

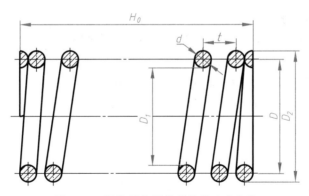

图 8-49　圆柱螺旋压缩弹簧的尺寸参数

（1）簧丝直径 d　弹簧钢丝的直径。

（2）弹簧外径 D_2　弹簧的最大直径。

（3）弹簧内径 D_1　弹簧的最小直径，$D_1 = D_2 - 2d$。

（4）弹簧中径 D　弹簧的内径和外径的平均值，$D = \dfrac{D_2 + D_1}{2} = D_1 + d = D_2 - d$。

（5）节距 t　除支承圈外，相邻两圈的轴向距离。

（6）有效圈数 n、支承圈数 n_2 和总圈数 n_1　为了使螺旋压缩弹簧工作时受力均匀，增加弹簧的平稳性，弹簧的两端并紧、磨平。并紧、磨平的各圈仅起支承作用，称为支承圈。

两端的支承圈数之和就是支承圈数，常用 1.5 圈、2 圈、2.5 圈三种形式。保持相等节距的圈数，称为有效圈数。有效圈数与支承圈数之和称为总圈数，即 $n_1 = n + n_2$。

（7）自由高度 H_0　弹簧在不受外力作用时的高度或长度，$H_0 = nt + (n_2 - 0.5) d$。

（8）展开长度 L　弹簧丝展开后的长度 $L = n_1 \sqrt{(\pi D)^2 + t^2}$（也是制造弹簧时坯料的长度）。

8.6.2　圆柱螺旋压缩弹簧的规定画法

1. 单个弹簧的画法

GB/T 4459.4—2003 中规定了弹簧的画法。在平行于弹簧轴线的投影面上的视图中，各圈的轮廓线画成直线。螺旋弹簧均可画成右旋，但左旋弹簧不论画成左旋或右旋，都要在技术要求中注明旋向。螺旋压缩弹簧如果要求两端并紧且磨平时，不论支承圈圈数多少或末端贴紧情况如何，均按支承圈数 2.5 圈的形式绘制。有效圈数在 4 圈以上的螺旋弹簧，中间部分可以省略。中间部分省略后，允许适当缩短图形长度。图 8-50 所示为圆柱螺旋压缩弹簧的三种表示法。

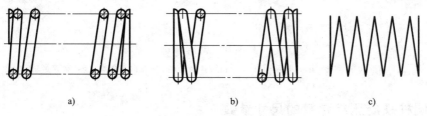

a)　　　　　　　　　　b)　　　　　　　　　　c)

图 8-50　圆柱螺旋压缩弹簧的三种表示法

a）剖视图　b）视图　c）示意图

2. 弹簧在装配图中的画法

在装配图中，弹簧被挡住的结构一般不画，其可见部分应从弹簧的外轮廓线或簧丝剖面的中心线画起，如图 8-51a 所示。弹簧被剖切时，允许只画簧丝剖面，当簧丝直径在图形上小于或等于 2mm 时，其剖面可涂黑表示，如图 8-51b 所示。当簧丝直径在图形上小于 2mm 时，允许采用示意画法，如图 8-51c 所示。

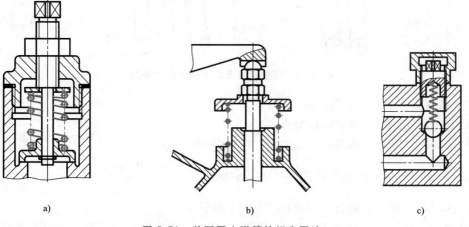

a)　　　　　　　　　　b)　　　　　　　　　　c)

图 8-51　装配图中弹簧的规定画法

a）不画挡住部分的零件轮廓　b）簧丝剖视图　c）簧丝示意画法

3. 圆柱螺旋压缩弹簧的画图步骤

圆柱螺旋压缩弹簧的画图步骤如图 8-52 所示。

1）根据弹簧中径 D 和自由高度 H_0 画出中径线和自由高度两端线（有效圈数在 4 圈以上时，H_0 可适当缩短），如图 8-52a 所示。

2）根据簧丝直径 d 画出两端支撑圈部分的簧丝断面圆，如图 8-52b 所示。

3）根据弹簧节距 t 画出有效圈部分的簧丝断面圆，如图 8-52c 所示。

4）按右旋方向画出相应圆的公切线，并画剖面线。整理，加深，完成剖视图，如图 8-52d 所示。

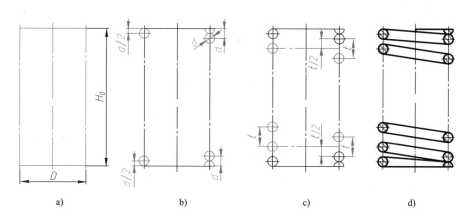

图 8-52　圆柱螺旋压缩弹簧的画图步骤

8.6.3　圆柱螺旋压缩弹簧的标记

GB/T 2089—2009 规定了圆柱螺旋压缩弹簧的标记，其标记格式为：

类型代号 $d×D×H_0$—精度代号 旋向代号 国家标准代号

其中，类型代号有 YA、YB 两种，YA 为两端圈并紧且磨平的冷卷压缩弹簧，YB 为两端圈并紧且制扁的热卷压缩弹簧；精度等级为 2 级时不表示，为 3 级时注明"3"级；右旋弹簧不注明旋向，左旋弹簧应注明为左。

例如：YA 型弹簧，簧丝直径为 1.2mm，弹簧中径为 8mm，自由高度为 40mm，精度等级为 2 级，左旋弹簧，其标记为：

$$YA\ 1.2×8×40\ 左\ GB/T\ 2089$$

YB 型弹簧，簧丝直径为 30mm，弹簧中径为 160mm，自由高度为 420mm，精度等级为 3 级，右旋弹簧，其标记为：

$$YB\ 30×160×420—3\ GB/T\ 2089$$

8.6.4　弹簧零件图

GB/T 4459.4—2003 中给出了弹簧图样格式。图 8-53 所示为圆柱螺旋压缩弹簧的零件图。

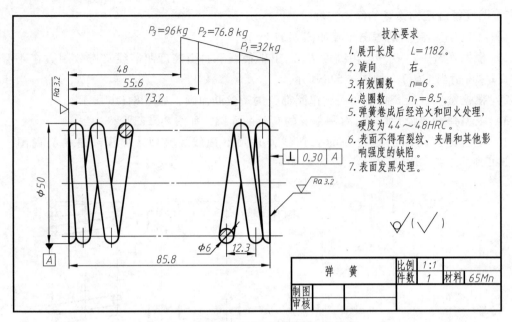

技术要求

1. 展开长度 $L=1182$。
2. 旋向   右。
3. 有效圈数 $n=6$。
4. 总圈数 $n_1=8.5$。
5. 弹簧卷成后经淬火和回火处理，硬度为 $44\sim48HRC$。
6. 表面不得有裂纹、夹屑和其他影响强度的缺陷。
7. 表面发黑处理。

弹　簧		比例	1:1		
		件数	1	材料	65Mn
制图					
审核					

图 8-53　圆柱螺旋压缩弹簧的零件图

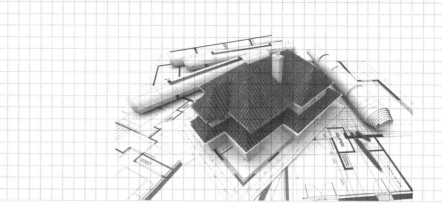

第9章

零 件 图

9.1 零件图的作用和内容

任何机器（或部件）都是由若干零件按一定的要求装配起来的。零件是组成机器的基本单元。图 9-1 为齿轮油泵爆炸图，齿轮油泵分别由泵体、齿轮轴、泵盖、螺钉等组成。

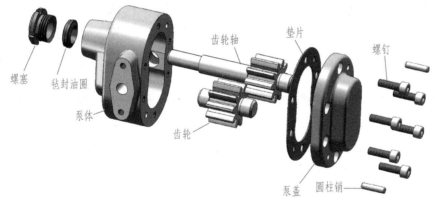

图 9-1　齿轮油泵爆炸图

要制造机器必须先制造零件，而制造零件必须有零件图。表达零件结构、大小和技术要求的图样称为零件图。图 9-2 为泵体零件图。

零件图应具备以下内容：

1. 一组图形

用视图、剖视、断面等表达方法正确、完整、清晰地表达出零件的结构形状。如图 9-2 所示的泵体零件图，用了一个全剖主视图、一个局部剖左部视图、右视图和一个局部视图表达了该零件的结构形状。

2. 尺寸

标注出零件制造和检验所需的全部尺寸。这些尺寸除了要求齐全、正确和清楚地表示零件的大小外，还要满足设计要求，方便加工与测量。图 9-2 中共标注了各类尺寸 39 个，以满足制造和检验该零件的尺寸要求。

3. 技术要求

用规定的符号、数字或文字说明制造、检验时应达到的技术指标，如尺寸公差、表面结构要求、几何公差、材料热处理等方面。如图 9-2 中的尺寸公差带代号 H8，表面粗糙度 $\sqrt{Ra\,0.8}$ 等技术要求，用以满足该零件的制造质量要求。

4. 标题栏

说明零件的名称、材料、作图比例及图号等。

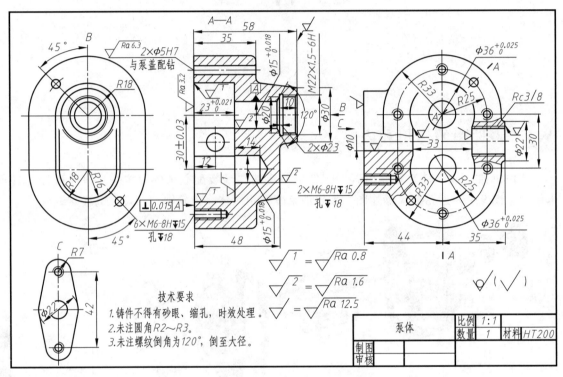

图 9-2 泵体零件图

9.2 零件表达方案的选择

机器零件多种多样，表达方法各有不同，对于同一零件，表达方法也不是唯一的。为了选择最优的表达方案，国家标准《技术制图 图样画法 视图》（GB/T 17451—1998）中作了规定：选择表达方案时，应首先考虑看图方便，并根据零件的结构特点，选用适当的表达方法，在完整、清晰地表达零件各部分形状的前提下，力求制图简便。

9.2.1 主视图的选择

主视图是一组视图的核心，画图和看图一般多从主视图开始。主视图选择的合理与否，直接关系到看图和画图是否方便。因此，主视图的选择最重要。一般情况下，表示零件信息量最多的那个视图应作为主视图。

主视图的选择主要从安放位置和投射方向两个方面来考虑。

1. 安放位置——应符合"加工位置或工作位置原则"

零件的安放位置,依据不同类型零件及其图幅合理利用、读图清晰(细虚线少)及画图方便而定。一般有两种原则,即"加工位置原则"和"工作位置原则"。

(1)加工位置原则 是指零件在机床上加工时的装夹位置。主视图方位与零件主要加工工序中的加工位置相一致,以便于看图、加工和检验尺寸。因此,对于主要在车床、磨床上完成的机械加工的轴套类、盘盖类等零件,一般按加工位置(即将其轴线水平放置,加工工序多的一端朝右)来画主视图,如图9-3所示。

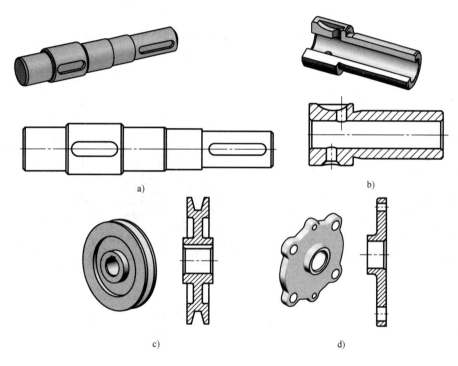

图 9-3 考虑零件加工位置选择主视图

a)轴及其主视图 b)柱塞套及其主视图 c)带轮及其主视图 d)端盖及其主视图

(2)工作位置原则 是指零件在机器(或部件)中工作(或安装)的位置。零件的主视图反映零件的工作(或安装)位置,有利于把零件图和装配图对照起来看图,也便于想象零件在部件中的位置和作用,如图9-4所示的斜滑动轴承座。

对于叉架类、壳体箱体类零件,因常需要经过多种机床多种工序加工,且各工序的加工位置往往不同,又难以区分主次工序,故一般按工作(或安装)位置安放主视图,如图9-5所示。

对于工作位置倾斜或工作位置不固定的零件(如某些运动零件),以及加工位置多变的零件,它们的主视图则按习惯位置或自然位置放置。如图9-6所示的拨叉,其工作位置是倾斜的,画主视图时,则把对称中心线放成水平位置。

另外,选择主视图时,还应考虑其他视图的清晰和图纸的合理利用。如图9-7所示的轴承座与拨叉,对其主视图的选择及视图表达如图9-8、图9-9所示,均可以看出方案 a 好于

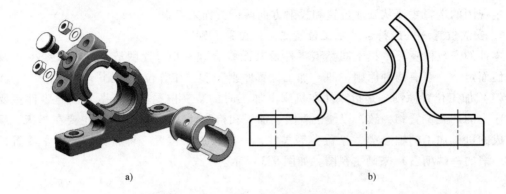

a)   b)

图 9-4 考虑零件工作位置选择主视图（一）

a) 斜滑动轴承座 b) 斜滑动轴承座的主视图

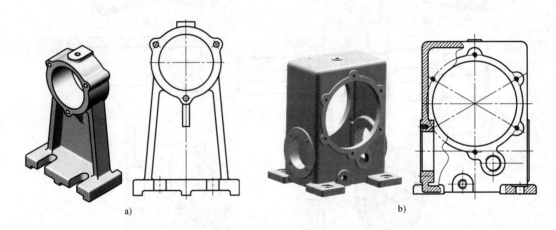

a)   b)

图 9-5 考虑零件工作位置选择主视图（二）

a) 支架及其主视图 b) 蜗轮箱体及其主视图

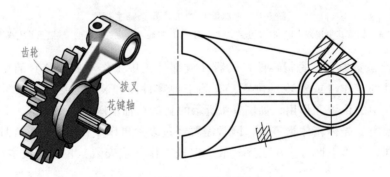

图 9-6 拨叉主视图的选择

方案 b。

2. 投射方向——应符合"形状特征性原则"

选择最能显示零件各组成部分形状及其相对位置的那个方向，作为主视图投射方向，使看图者一看主视图就能够大体了解零件的基本结构形状。

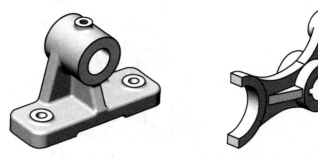

图 9-7 轴承座与拔叉

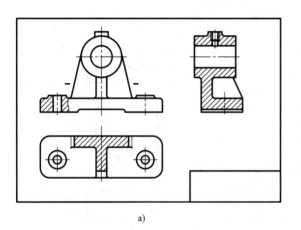

a)

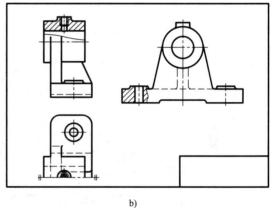

b)

图 9-8 考虑其他视图的清晰

a）好　b）不好

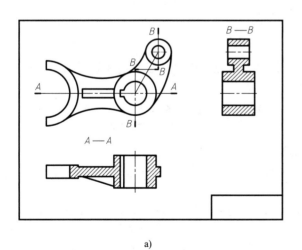

a)

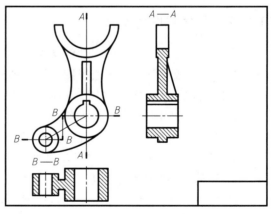

b)

图 9-9 考虑其合理利用图幅

a）好　b）不好

如图 9-10 所示的斜轴承座，显然按 *A* 向投射画出的视图，比按 *B* 向投射画出的视图更能显示斜轴承座的形状特征，如图 9-11 所示。

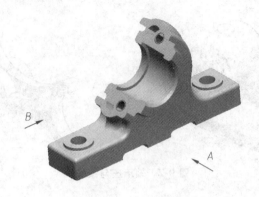

图 9-10 斜轴承座

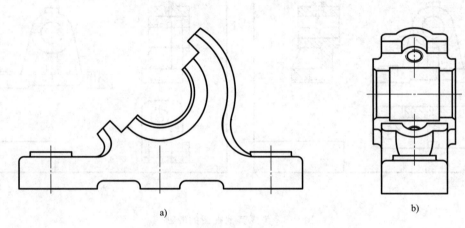

a)   b)

图 9-11 考虑零件投射方向选择主视图

a) A 向　b) B 向

9.2.2 其他视图的选择

主视图确定后，应根据零件结构形状的复杂程度，由主视图是否已表达完整和清楚，来决定是否需要或需要多少其他视图来进行补充表达。

《技术制图 图样画法 视图》（GB/T 17451—1998）中指出，当需要其他视图（包括剖视图和断面图）时，应按下列原则选取：

1）在表达清楚的前提下，使视图（包括剖视图和断面图）的数量为最少。

2）尽量避免使用细虚线表达零件的轮廓及棱线。

3）避免不必要的细节重复。

这些选择其他视图的原则，也是评定、分析表达方案的原则，掌握这些原则必须通过大量的看图、画图实践才能做到。

如图 9-12 所示的套筒，用一个视图加尺寸标注就可以表达清楚。图 9-13 所示的轴承盖用两个视图即可表达清楚其结构。

图 9-14 所示的轴，需要用一个主视图表达主体形状，两个移出断面表达键槽深度。

图 9-15 所示的拨叉，除主视图外，还需采用局部剖的俯视图、斜视图和一个重合断面来表达。

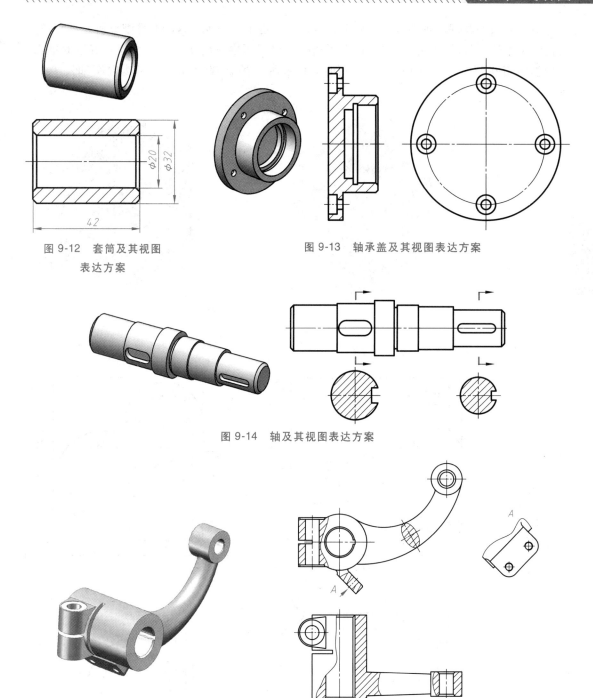

图 9-12 套筒及其视图
表达方案

图 9-13 轴承盖及其视图表达方案

图 9-14 轴及其视图表达方案

图 9-15 拨叉及其视图表达方案

　　选择其他视图时，应以主视图为基础，然后根据零件的结构形状，按自然结构逐个分析所需视图及其表达方法。分析时首先考虑表达零件的主要结构形状，尽量选用基本视图并在基本视图上作适当剖视来表达。在基本视图上没有表达或表达不够清晰的次要结构、细部或局部形状，可以用局部视图、局部放大图、断面图等方法表达。在基本视图中，若左视与右视、俯视与仰视的表达内容相同，应优先选用左视和俯视。

　　对于复杂的零件，视图数量会较多，表达方法也不止一种，这时要仔细分析，反复考虑对比，从中选出最佳的表达方案。即在所选的一组视图中，应使每个图形都有表达的重点，各个视图相互配合、补充而不重复。如图 9-16 所示的减速箱体，其表达方案如图 9-17、图 9-18 所示。

图 9-16　减速箱体

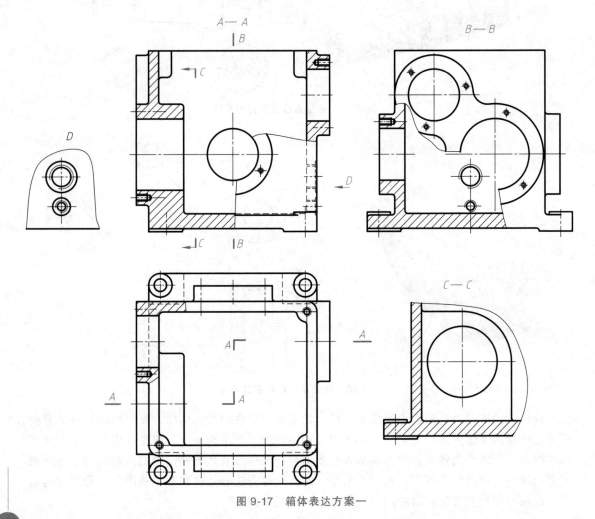

图 9-17　箱体表达方案一

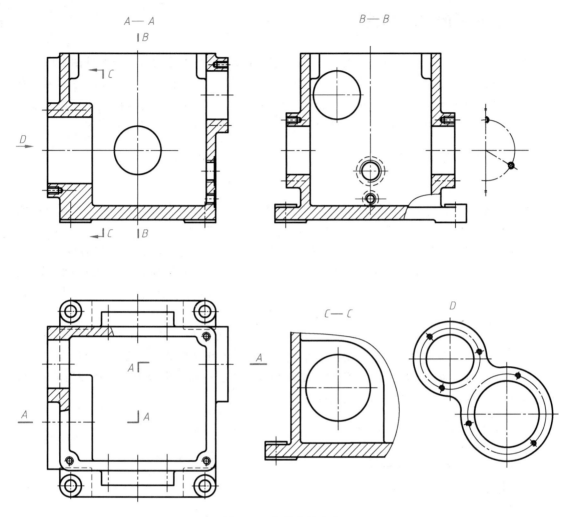

图 9-18　箱体表达方案二

　　方案一中，主视图采用 *A—A* 阶梯局部剖，主要表示锥齿轮轴轴孔和蜗杆轴右轴孔的大小以及蜗轮轴孔前、后凸台上螺孔的分布情况。左视图采用 *B—B* 局部剖，主要表达蜗轮轴孔的大小，油标孔和螺塞孔的大小及位置；外形部分主要表达左面箱壁凸台的形状和螺孔的位置。俯视图主要表达箱体顶部和底板的形状，采用局部剖表达蜗杆轴左轴孔的大小。采用 *C—C* 剖视局部视图表达锥齿轮轴孔内部凸台的形状。*D* 向局部视图表达油标孔和螺塞孔的右端面形状。此外，箱体顶部端面四个螺孔和底板上四个安装孔没有剖切，需要标注尺寸确定其深度。

　　方案二与方案一的不同之处在于，主视图采用 *A—A* 阶梯全剖，主要表示锥齿轮轴轴孔和蜗杆轴右轴孔的大小，蜗轮轴孔前、后凸台上螺孔的分布情况，单独用简化的局部视图表示。左视图采用 *B—B* 大的局部剖，主要表达蜗轮轴孔的大小，油标孔和螺塞孔的大小及位置，左面箱壁凸台的形状和螺孔的位置用 *D* 向视图表达。其他与方案一相同。

　　两方案相比较，各有优点，从尺寸标注、视图简洁等综合考虑，方案二略优于方案一。

9.3 零件图的尺寸标注

零件图的尺寸是零件图的主要内容之一，是零件加工制造的主要依据。零件图上所注的尺寸应当"正确、齐全、清晰、合理"。在第1章介绍了国家标准规定的尺寸注法，第3章讨论了标注组合体尺寸的方法，对尺寸标注的正确、齐全和清晰已有详细的介绍。在此基础上，本节将讨论如何做到合理，即怎样标注尺寸，才能满足设计要求和工艺要求。

9.3.1 合理标注的基本原则

1. 合理选择基准

基准是指零件在机器中或在加工测量时用以确定其位置的一些面、线或点。根据基准的作用不同，可把零件的尺寸基准分成两类：设计基准和工艺基准。

（1）设计基准 在设计零件时，为满足零件的设计要求而选定的基准称为设计基准。设计基准大多选用零件工作时确定零件在机器或机构中位置的面、线或点。如图9-19所示，标注的尺寸A，是依据轴线及齿轮右端面确定该齿轮轴在部件中的位置的，因此该齿轮轴轴线和齿轮右端面分别为齿轮轴的径向和轴向的设计基准。

（2）工艺基准 在加工零件时，为保证加工精度和方便加工及测量而选用的基准称为工艺基准。工艺基准一般是加工时用作零件定位和对刀起点及测量起点的面、线或点。

图9-20所示的齿轮轴，加工、测量时是以轴线和左右端面分别作为径向和轴向的基准，因此该零件的轴线和左右端面为工艺基准。

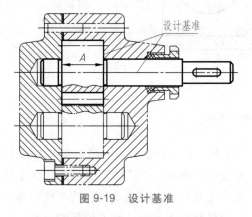

图9-19 设计基准

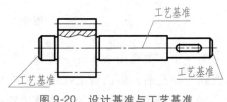

图9-20 设计基准与工艺基准

（3）基准的选择 选择基准就是在尺寸标注时，选择是从设计基准出发，还是从工艺基准出发。

从设计基准出发标注尺寸，可以直接反映设计要求，能够保证设计的零件在机器或结构中的位置和功能；从工艺基准出发标注尺寸，可便于加工和测量操作及保证加工和检测质量。因此，基准选择时，一般主要基准应为设计基准，辅助基准常选用工艺基准，设计基准与工艺基准最好重合。

如图9-21所示齿轮轴的尺寸标注，因其属于轴套类零件，只需要径向和轴向两个方向的尺寸基准。径向尺寸的主要基准就是其轴线，该方向设计基准与工艺基准重合。轴向以齿轮右端面为设计（主要）基准，其他端面为辅助基准。

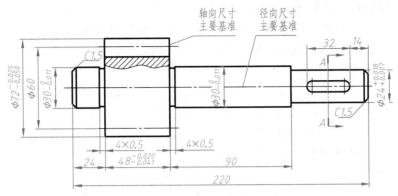

图 9-21 齿轮轴的尺寸标注

如图 9-22 所示滑动轴承座的尺寸标注，分别选左右对称面 A 作为左右方向的设计基准，底板底面 B 作为高度方向设计基准，前后对称面 D 作为宽度方向的设计基准。对于主体结构来说，B 面既是高度方向上的设计基准又是工艺基准。滑动轴承座的中心高 30±0.02、底板厚度 8、底板上凸台高度 14 和顶部凸台高 58，这 4 个尺寸都是从 B 面标注的。若顶部螺纹孔 M10×1-6H 的深度 10 也以 B 面标注，显然是不合理的，这既不能够直接反映其深度的设计要求，又要使加工者与测量者去换算，给看图者带来不便。因此，必须添加 E 面作为辅助基准面，标注螺纹孔的深度。

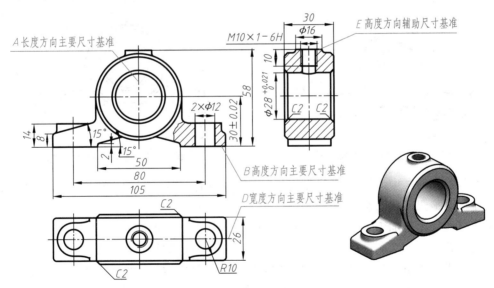

图 9-22 滑动轴承座的尺寸标注

任何一个零件都有长宽高三个方向（或轴向、径向两个方向）的尺寸，每个方向往往不止一个尺寸，每个尺寸都有基准，因此每个方向至少有一个基准。同一个方向有多个基准时，其中必定有一个基准是主要基准，其余的是辅助基准。主要基准通常是以此出发注出较多尺寸的基准。主、辅基准之间应有尺寸联系。

2. 重要尺寸要直接注出

零件上反映该零件所属机器或部件的规格（性能）尺寸、零件间的配合尺寸、有装配要求的尺寸、保证机器或部件正确安装的尺寸等，都是设计上必须保证的重要尺寸。这些重要尺寸直接影响机器的装配精度和工作性能。因此，这些尺寸应从设计基准出发直接注出（而不是由别的尺寸计算得出），以保证设计要求。因零件在制造过程中存在种种误差，为保证机器性能，功能尺寸一般要标注尺寸公差。

如图 9-21 所示，齿轮泵中齿轮轴的轴向尺寸齿轮宽度 $24^{+0.018}_{+0.007}$，就必须直接标出，因为该尺寸影响着齿轮泵体与泵盖、齿轮端面与泵盖之间的间隙。若间隙过大，会影响齿轮泵的工作效率，若间隙过小，齿轮受热膨胀后会与泵盖产生摩擦。

图 9-22 中滑动轴承座的中心高 30±0.02，必须直接标出。因为一根轴通常用两个轴承座支承，两者的轴孔应在同一轴线上，两个轴承座都以底面 B 与基座贴合，确定高度方向的位置，要保证轴的轴线位置，必须正确给出轴承座的中心高和安装孔的中心距。图 9-23 所示是错误的标注示例，图中，滑动轴承座的中心高不直接标注，靠 $a+b$ 来确定，这样难以保证设计要求；底板上两个 $\phi12$ 孔的孔心距，也是保证两轴承座轴孔同心的功能尺寸，也应直接标出，如果靠 $L-2c$ 来确定是不正确的。

3. 不能注成封闭尺寸链

封闭尺寸链是指一个零件同一方向上的尺寸，像链条一样，一环扣一环并首尾相接，成为封闭形式的情况。每个尺寸都是尺寸链的一环。如图 9-24 中 a、b 和 h，c、L_1 和 L 就是两个封闭尺寸链，这在零件图上是不允许的。因为这种注法中，尺寸不但不分主次，而且加工困难。

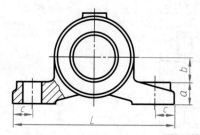

图 9-23　未直接标注功能尺寸

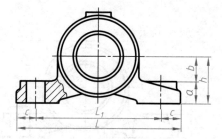

图 9-24　注成了封闭尺寸链

在零件的尺寸链中，总有一个尺寸是在加工中最后自然得到的，这个尺寸称为终结环。尺寸链中的其他尺寸称为组成环。

由于各段尺寸的加工不可能绝对准确，总有一些误差，误差最后将累积到终结环上。而终结环的位置是随加工顺序的不同而变化的，如果终结环刚好是设计要求的重要尺寸，为了满足设计要求，各组成环的允许误差的总和就不能超过终结环的允许误差。如滑动轴承座的中心高尺寸 h 为 30±0.02，其误差确定为 ±0.02，因 $h=a+b$，则 a 和 b 的误差和不能够超过±0.02。若 a 的误差为 ±0.015，b 的误差就得 ≤ ±0.005，这将给加工带来极大困难。而实际上，a 和 b 均为一般尺寸，a 尺寸控制底板的厚度，需要标注，但要求不高；b 尺寸在有了 h 和 a 后，可以自然得出，因此不必标注，使其成为终结环。

尺寸 c、L_1、L 亦同。

滑动轴承座尺寸的合理标注如图 9-22 所示。

一般都将尺寸链中最不重要的尺寸作为终结环，并空出不注，这样可使加工误差都集中到终结环上，既方便加工，又保证了设计要求。

若终结环需要注出，应加上括号，作为参考尺寸，以避免形成封闭尺寸链。参考尺寸不是确定零件形状和相对位置所必需的，加工后不检验。如图 9-25a 所示两圆孔的相对位置，用两个尺寸（122，130±0.02）已经能够确定，若再加上尺寸 44.9，这三个尺寸构成了一个直角三角形的三条边，形成封闭尺寸链，因此"44.9"不应注出。但为方便加工、度量，可作为参考尺寸注出。图 9-25b 所示为参考尺寸的又一实例，请读者分析尺寸"（8）"作为参考尺寸的原因。

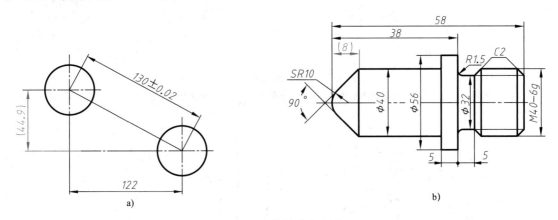

图 9-25 标注参考尺寸

a）孔心距 b）小轴

4. 考虑工艺要求，应尽量方便加工和测量

（1）应便于加工 对于零件上没有特殊要求的尺寸，一般可以按加工顺序标注，以方便工人按图加工。轴套类零件的一般尺寸或零件阶梯孔等都是按加工顺序标注尺寸。

图 9-26 所示是轴的加工顺序；图 9-27 所示是按轴的加工顺序标注的尺寸。

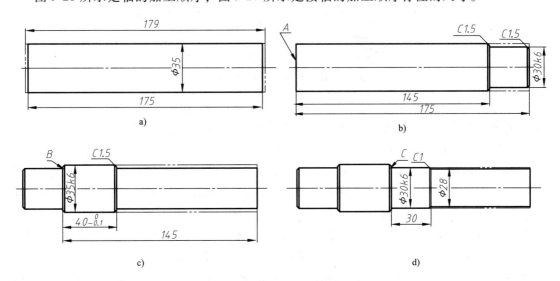

图 9-26 轴的加工顺序

a）下料：外径和两端面留余量。切平两端面至总长为 175；打两端中心孔 b）以 A 面为基准，车 ϕ30k6，长度为 175-145=30，并车倒角 c）调头。以 B 面为基准，车 ϕ35k6，长 40

d）以 C 面为基准，车 ϕ30k6，长 30；车倒角。车 ϕ28 和倒角

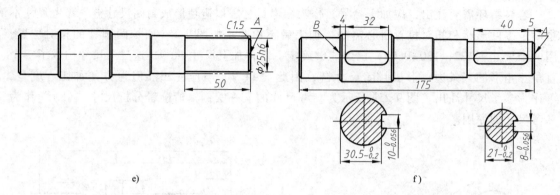

图 9-26　轴的加工顺序（续）

e）以 A 面为基准，车 φ25h6，长 50；车倒角　f）分别以 A、B 面为轴向基准，轴线为径向基准，铣键槽

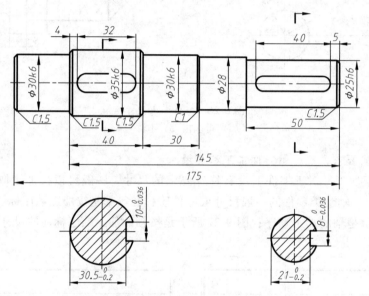

图 9-27　按轴的加工顺序标注的尺寸

　　对于不同工序的尺寸应分开标注。如图 9-27 所示的轴，把车外圆的各段长度尺寸注在下方，将键槽的尺寸注在上方，这样便于不同工序的加工者找到所需的尺寸。

　　对于同一工序的尺寸则应尽量集中标注。这样在加工时可避免看错尺寸或因寻找尺寸而浪费时间，在标注尺寸时也不易遗漏。如图 9-28a 所示，把孔的尺寸集中标注在俯视图上，钻孔时，工人可只看这一个图。而图 9-28b 中把孔的尺寸标注在两个视图上，钻孔时，必须先对投影，才能找到尺寸，这既浪费时间，又容易出错。

　　（2）应便于测量　标注尺寸应考虑测量方便。如图 9-29a 所示的尺寸，虽是从设计基准标出，但不易测量；考虑到它们对设计要求影响不大，按图 9-29b 所示的方法标注，便于测量。

　　图 9-30 所示的套筒，按图 9-30a 标注，尺寸 A 的测量比较困难；按图 9-30b 标注，测量就较方便，如图 9-30c 所示。

　　在满足设计要求的前提下，所注尺寸应尽量做到使用普通量具就能测量，以减少专用量具的设计和制造，降低成本。

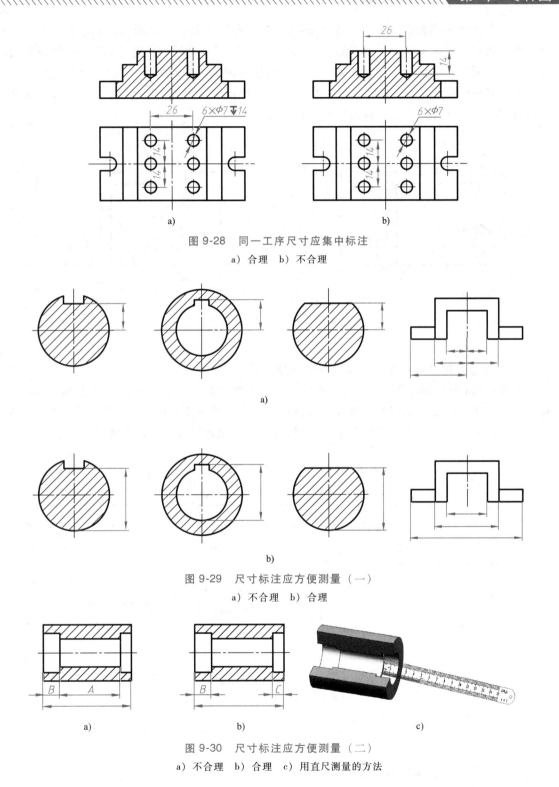

图 9-28 同一工序尺寸应集中标注

a）合理 b）不合理

a)

b)

图 9-29 尺寸标注应方便测量（一）

a）不合理 b）合理

图 9-30 尺寸标注应方便测量（二）

a）不合理 b）合理 c）用直尺测量的方法

5. 毛坯面的尺寸标注

标注铸件（或锻件）的尺寸时，要把毛坯面尺寸和加工面尺寸分开标注。并且，同一方向（例如高度方向）只能使一个毛坯面与加工面有尺寸联系，如图 9-31a 所示。图 9-31b 所示的注法虽然看上去各尺寸都以底面为起点，基准分明，但不合理。因为铸造误差较大，各毛坯面间相对关系精度不高，如果 3 个毛坯面都与加工的底面有尺寸联系，则在加工底面时，当切去一层金属后，3 个尺寸同时改变，不可能同时达到所注各个尺寸的要求。而且，在制造、验收毛坯时，尺寸要重新换算，很不方便。

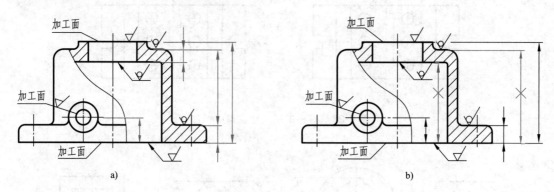

图 9-31 毛坯面的尺寸标注
a）合理 b）不合理

6. 有直接装配关系的零件相关尺寸注法应一致

如图 9-32a 所示的两零件 1 和 2，通过凸台和凹槽相互配合，其配合尺寸是 L1。装配后要求 A 面对齐。在二者的零件图上尺寸注法应一致，如图 9-32b 所示，而图 9-32c 的注法是不合理的。因为 L2 和 L3 的累积误差而使配合尺寸 L1 误差增大，难以保证装配要求。

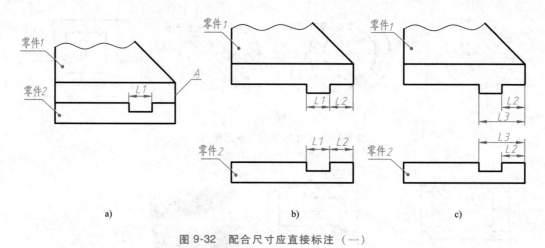

图 9-32 配合尺寸应直接标注（一）
a）装配图 b）合理 c）不合理

泵盖和泵体的销孔的定位尺寸注法如图 9-33 所示，二者完全一致，以便保证装配精度，是合理标注。

7. 标注尺寸应考虑加工方法和特点

如图 9-34 所示，轴承座与轴承盖的半圆柱孔是合在一起后加工出来的，以保证装配后的同轴度。因此，应标注成直径，以方便加工和测量。

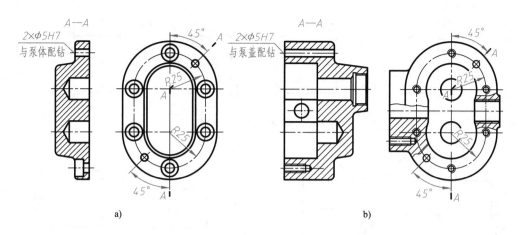

图 9-33　配合尺寸应直接标注（二）

a）泵盖　b）泵体

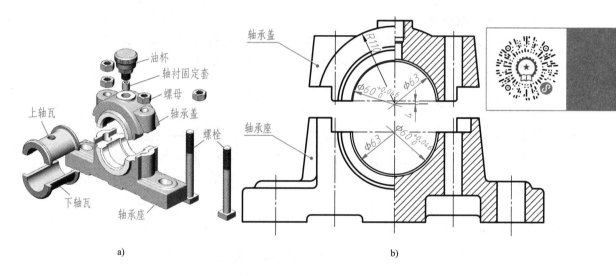

图 9-34　考虑加工工艺特点标注尺寸

a）滑动轴承　b）半圆柱孔标注直径

9.3.2　常见结构的习惯注法及简化注法

1. 圆角

铸件在浇注时，为保证浇注质量，在面面相交处常有铸造圆角。铸造圆角一般不在图中一一注出，常在图样右下方空白处说明，如"未注圆角 $R2 \sim R3$"。

2. 倒角

1）45°倒角可按如图 9-35 所示的方式标注，非 45°倒角应按如图 9-36 所示的方式标注。

2）图样中倒角尺寸全部相同或某个尺寸占多数时，可在图样右下方空白处说明，如"全部倒角 $C2$""其余倒角 $C1.5$"。

3）45°倒角也可不画出，一端倒角标注如图 9-37a 所示，两端倒角标注如图 9-37b 所示。

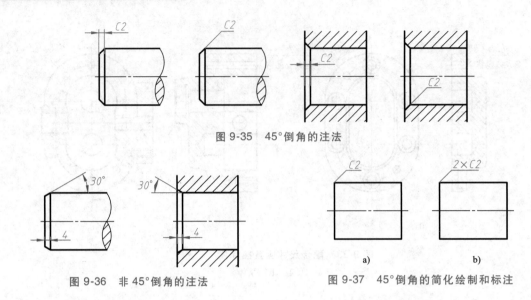

图 9-35　45°倒角的注法

图 9-36　非 45°倒角的注法

图 9-37　45°倒角的简化绘制和标注

3. 退刀槽及越程槽

退刀槽一般可按"槽宽×直径"（图 9-38a）或"槽宽×槽深"（图 9-38b、c）的形式标注。在图样上，砂轮越程槽常常用局部放大图表示（图 9-38d）。

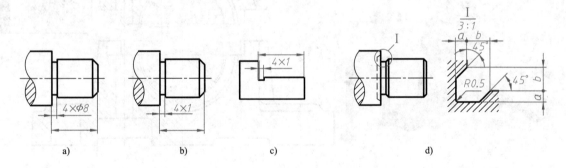

图 9-38　退刀槽和砂轮越程槽的注法

4. 滚花

滚花是为了增加摩擦系数，避免打滑，便于操作，在圆柱表面做出的网状或条状花纹（分别称为"网纹"或"直纹"）。绘图时可不必绘出，只用图 9-39 所示的简化注法注出即可。图中，"$m0.4$"表示滚花模数 $m = 0.4\text{mm}$。"模数"是表示滚花规格、尺寸的参数。根据"$m0.4$"可查出滚花齿高、齿圆角半径和节距。

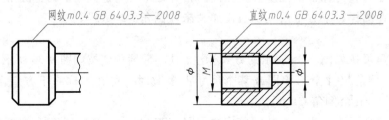

图 9-39　滚花的注法

5. 常用孔的注法

零件上常见小光孔、螺纹孔等结构的尺寸标注，可按 GB/T 16675.2—2012 的规定简化标注，见表 9-1。

表 9-1 常用孔的注法

结构类型		简化后	简化前	说　明
螺孔	通孔	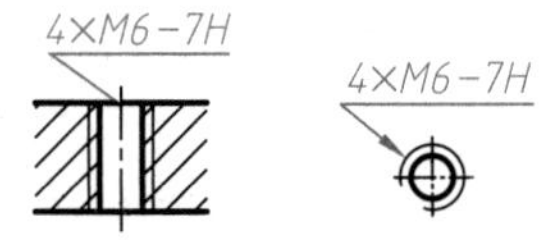	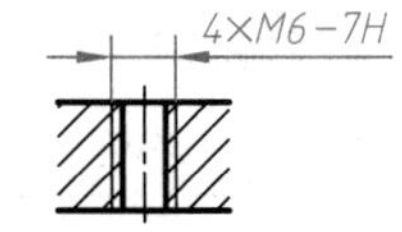	4×M6-7H 表示 4 个 M6-7H 螺纹通孔
	不通孔（盲孔）	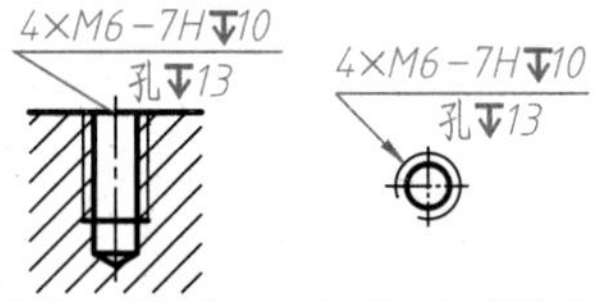	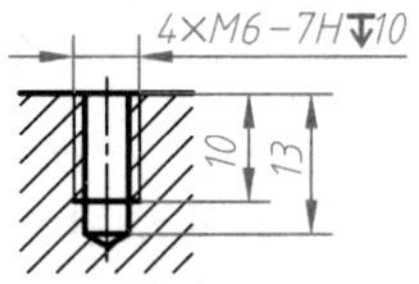	4 个 M6-7H 螺纹盲孔，符号"▽"表示深度，螺纹部分深度 10mm，做螺纹前钻孔深 13mm
光孔	一般孔	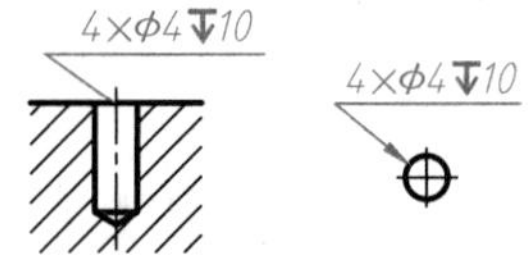	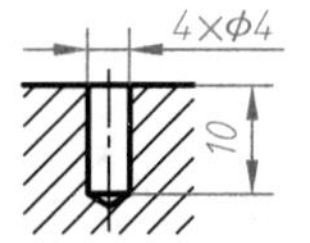	4 个 φ4 的孔，10 表示孔深度为 10mm
	带倒角孔	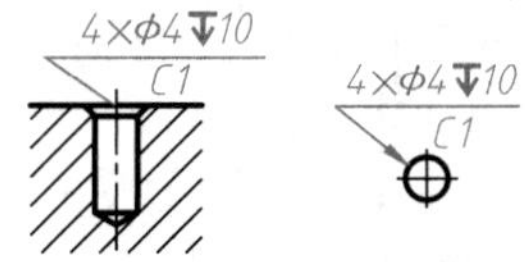	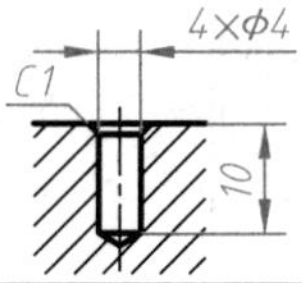	4 个 φ4、深 10 的孔，孔口有 1×45° 的倒角
	铰制孔	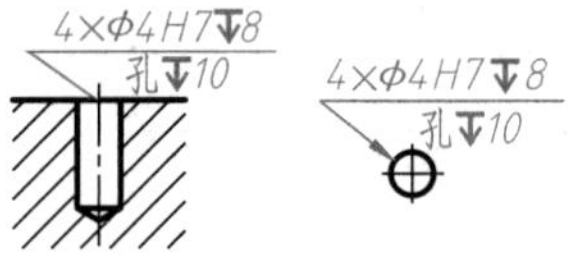	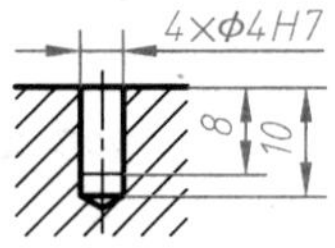	钻孔深 10，钻孔后需精加工至 φ4H7，深度为 8
沉孔	锥形沉孔	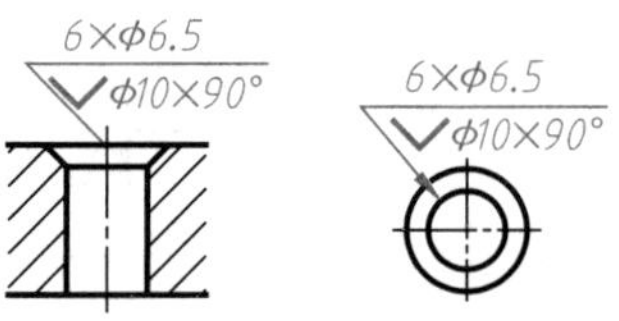	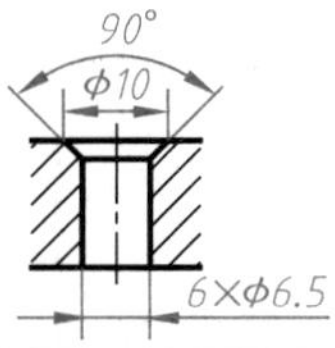	符号"∨"表示"埋头孔（孔口作出倒圆台坡的孔）"，此处锥台大头直径 10，锥台面顶角 90°
	柱形沉孔	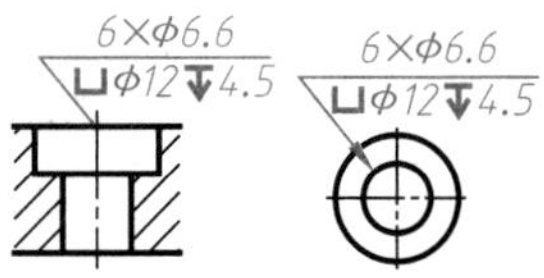	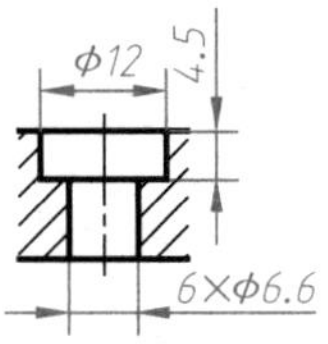	符号"⊔"表示"沉孔（更大一些的圆柱孔，以便将螺钉头部沉入到里面）"，直径为 12，深 4.5
	锪平面孔	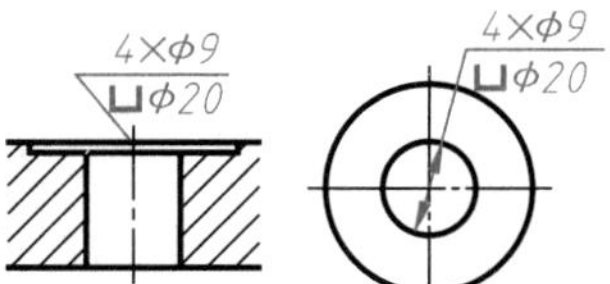	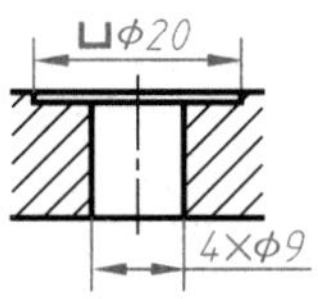	锪平（孔端刮出一圆平面，便于放平垫圈），此处的锪平直径为 20，深度不需标注，一般锪平到不出现毛面为止

（续）

结构类型	简化后		简化前	说　明

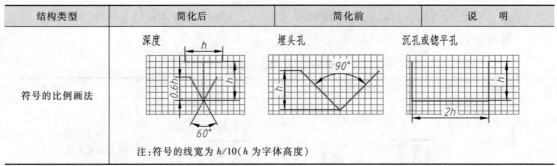

注：符号的线宽为 $h/10$（h 为字体高度）

表 9-1 中的注法应注意：指引线应从装配时的装入端或孔的圆形视图的中心线引出；指引线所连的水平线（称为"基准线"）上方注写主孔尺寸，下方注写辅助孔尺寸等内容。

6. 中心孔的注法

中心孔是在轴端中心处作出的小孔，供加工和检验时定位装夹用。国家标准 GB/T 145—2001 规定了 A、B、C、D 四种形式，如图 9-40 所示。

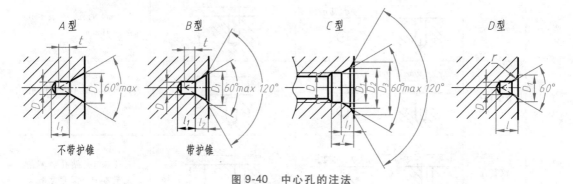

图 9-40　中心孔的注法

中心孔是标准结构，在图纸上不必画出，只在轴端标注其标记和数量，并用符号表明零件完工后是否保留中心孔的要求，如图 9-41 所示。

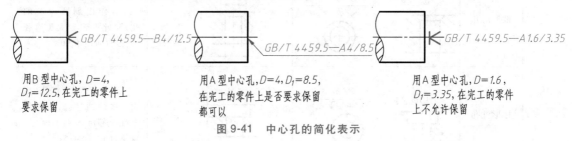

用 B 型中心孔，$D=4$，$D_1=12.5$，在完工的零件上要求保留

用 A 型中心孔，$D=4$，$D_1=8.5$，在完工的零件上是否要求保留都可以

用 A 型中心孔，$D=1.6$，$D_1=3.35$，在完工的零件上不允许保留

图 9-41　中心孔的简化表示

其他简化标注请查阅 GB/T 16675.2。

9.4　零件图上的技术要求

为了保证零件的质量，零件图上除了视图和尺寸外，还应注明零件在制造和检验时所应达到的技术要求。

零件图上要注写的技术要求包括：

1）零件的表面结构要求。

2）尺寸公差及几何公差。

3）热处理及表面涂层。

4）零件在加工、检验和试验时的要求。

5）材料要求和说明等。

这些技术要求，有的用规定的代号或符号直接标注在视图上，如表面结构要求、尺寸公差代号、几何公差等。对于一些无法标注在图形上的内容，或需统一说明的内容，则用文字逐条注写在标题栏上方或左方的技术要求中。下面介绍表面结构要求、公差与配合、几何公差及其注法等内容。

9.4.1 表面结构要求

表面结构是表面粗糙度、表面波纹度、表面缺陷、表面纹理和表面几何形状的总称。表面结构要求的表示法涉及的轮廓参数有 R 轮廓（粗糙度参数），W 轮廓（波纹度参数），P 轮廓（原始轮廓参数）。

1. 基本概念及术语

（1）表面粗糙度　无论采用哪种加工方法所获得的零件表面结构，都不是绝对平整和光滑的，置于显微镜（或放大镜）下观察，都可以看到峰谷不平的痕迹，如图 9-42 所示。零件表面上具有较小间距与峰谷所组成的微观几何形状特性称为表面粗糙度（R 轮廓）。

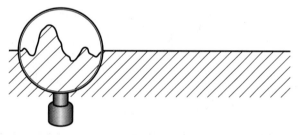

图 9-42　表面粗糙度的概念

表面结构的这种微观不平滑情况，一般是受机床的振动，刀具与零件间的运动、摩擦，零件的塑性变形、加工方法、刀具上切削刃的形状和进给量等因素的影响而形成的。

表面结构状况对零件的配合性质、耐磨性、耐蚀性、接触刚度、抗疲劳的能力、密封性和外观等都有影响。

（2）表面波纹度　在机械加工过程中，由于机床、工件和刀具系统的振动，在工件表面所形成的间距比粗糙度大得多的表面不平度称为波纹度。零件表面的波纹度是影响零件使用寿命和引起振动的重要因素。

表面粗糙度、表面波纹度以及表面几何形状总是同时生成并存在于同一表面上。

（3）评定表面结构常用的轮廓参数　表面结构参数是评定零件表面结构质量的技术指标。其优先选用的主要参数是结构轮廓算术平均偏差 Ra，它是在取样长度[⊖]内纵坐标值 $z(x)$ 绝对值的算术平均值（图 9-43），可用下式表示：

$$Ra = \frac{1}{l}\int_0^l |z(x)| \, \mathrm{d}x \approx \frac{1}{n}\sum_{i=1}^n z_i$$

⊖　测量时在基准线 X 轴上取一段适当长度，该长度称为取样长度。

其次是用 Rz（轮廓最大高度）。Rz 是指在同一取样长度内，最大轮廓峰高和最大轮廓谷深之和的高度（图 9-43）。

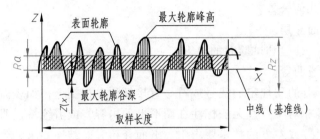

图 9-43　轮廓算术平均偏差 Ra

2. 粗糙度参数的取值

R 轮廓（粗糙度参数），其 Ra 的数值见表 9-2。Ra 值越小，零件表面结构越趋于平整光滑；Ra 值越大，零件表面结构越粗糙。

表 9-2　Ra 的数值　　　　　　　　　　　　　　　　　　（单位：μm）

第1系列	第2系列	第1系列	第2系列	第1系列	第2系列	第1系列	第2系列
	0.008						
	0.010						
0.012			0.125		1.25	12.5	
	0.016		0.160	1.60			16.0
	0.020	0.20			2.0		20
0.025			0.25		2.5	25	
	0.032		0.32	3.2			32
	0.040	0.40			4.0		40
0.050			0.50		5.0	50	
	0.063		0.63	6.3			63
	0.080	0.80			8.0		80
0.100			1.00		10.0	100	

注：优先选用第一系列。

表面结构参数值的选用原则是既要满足零件表面结构功能的要求，又要考虑经济合理性。即在满足零件功能要求的前提下，应尽量选用较大的表面结构参数值，以降低加工成本。具体选用时，可用类比法，即参照已有的类似零件图，对零件表面规定要求。

3. 表面结构要求的注法（GB/T 131—2006）

（1）表面结构符号、代号及其含义　表面结构的图形符号有基本图形符号、扩展图形符号、完整图形符号、表面（结构）参数和（表面）参数代号，其意义见表 9-3。

表 9-3　表面结构的图形符号及其意义

名称	符号	意义及说明
基本图形符号		表示对表面结构有要求的图形符号，简称基本符号。没有补充说明时不能单独使用
扩展图形符号		基本符号加一短横，表示指定表面是用去除材料的方法获得。例如车、铣、钻、磨、刨、剪切、抛光、腐蚀、电火花加工、气割等
		基本符号加一小圈，表示表面是用不允许去除材料的方法获得。例如铸、锻、冲压变形、热轧、冷轧、粉末冶金等。或者是用于保持原供应状况的表面（包括保持上道工序形成的表面）

（续）

名　称	符　号	意义及说明
完整的图形符号		在基本图形符号长边上加一横线,用于标注表面结构特征的补充信息。在文本中用 APA 表示该符号
		在去除材料图形符号长边上加一横线,用于标注表面结构特征的补充信息。在文本中用 MRR 表示该符号
		在不允许去除材料图形符号长边上加一横线,用于标注表面结构特征的补充信息。在文本中用 NMR 表示该符号

（2）表面结构图形符号的尺寸和画法　GB/T 131—2006 中对表面结构图形符号的比例和尺寸进行了规定,绘制时应按图 9-44 及表 9-4 给定的尺寸绘制。

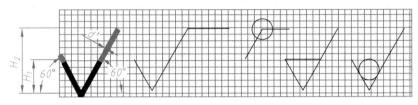

图 9-44　表面结构图形符号的尺寸和画法

表 9-4　表面结构图形符号和附加标注的尺寸　（单位：mm）

数字和字母高度 h（见 GB/T 14691—1993）	2.5	3.5	5	7	10	14	20
符号线宽 d'	0.25	0.35	0.5	0.7	1	1.4	2
字母线宽 d							
高度 H_1	3.5	5	7	10	14	20	28
高度 H_2（最小值）[①]	7.5	10.5	15	21	30	42	60

① H_2 取决于标注内容的多少。

（3）表面结构完整图形符号的组成　为了明确表面结构要求,除了标注表面结构参数和数值外,必要时应补充标注附加要求,附加要求有传输带、取样长度、加工工艺、表面纹理及方向、加工余量等。

在完整符号中,对表面结构的单一要求和补充要求应注写在如图 9-45 所示的指定位置。

图 9-45 中的位置 $a\sim e$ 分别注写以下内容：

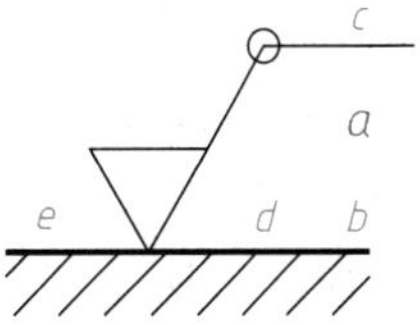

1）位置 a。注写单一表面结构要求的位置。

2）位置 a 和 b。注写两个或多个表面结构要求。位置 a 标注第一个表面结构要求,位置 b 标注第二个表面结构要求。

3）位置 c。注写加工方法。标注加工方法、表面处理、涂层或其他加工工艺要求等。如车、磨、镀等加工表面。

图 9-45　补充要求的注写位置

4）位置 d。注写表面纹理和方向。标注所要求的表面纹理和纹理的方向,如"="" "⊥""X""M"。这些符号分别表示纹理平行、垂直于视图所在的投影面,纹理呈两斜向交叉与视图所在的投影面相交,纹理呈多方向等。

5）位置 e。注写加工余量,以毫米为单位给出数值。

表 9-5 列出了几种表面结构代号及说明，更多说明请查阅 GB/T 131—2006 中的附录 C。

表 9-5 表面结构代号及说明

序号	符号	含义及说明
1	$\sqrt{Ra\ 3.2}$	表示去除材料，单向上限值，默认传输带，R 轮廓，算术平均偏差 3.2μm，评定长度为 5 个取样长度（默认），"16% 规则"（默认）
2	$\sqrt{Rz\ max1.6}$	表示去除材料，单向上限值，默认传输带，R 轮廓，粗糙度最大高度的最大值 1.6μm，评定长度为 5 个取样长度（默认），"最大规则"
3	$\sqrt{\begin{array}{l}U\ Ramax1.6\\L\ Ra0.4\end{array}}$	表示不允许去除材料，双向极限值，两极限值均使用默认传输带，R 轮廓，上限值：算术平均偏差 1.6μm，评定长度为 5 个取样长度（默认），"最大规则"，下限值：算术平均偏差 0.4μm，评定长度为 5 个取样长度（默认），"16% 规则"（默认）
4	$\sqrt{0.8-25/Wz3\ 10}$	表示去除材料，单向上限值，传输带 0.8～25mm，W 轮廓，波纹度最大高度 10μm，评定长度包含 3 个取样长度，"16% 规则"（默认）
5	$\sqrt{-0.8/Ra3\ 1.6}$	表示去除材料，单向上限值，传输带：根据 GB/T 6062，取样长度 0.8μm（λ_s 默认 0.0025mm），R 轮廓，算术平均偏差 1.6μm，评定长度包含 3 个取样长度，"16% 规则"（默认）

（4）表面结构参数的标注　表面结构代号中，应标注其参数代号和相应数值，并包括要求解释的四项重要信息。它们是：三种轮廓（P、R、W）[⊖]中的一种、轮廓特征、满足评定长度要求的取样长度的个数、要求的极限值。

标注三类表面结构参数时应使用完整符号。

当在图样某个视图上构成封闭轮廓的各表面有相同的表面结构要求时，应在完整图形符号上加一圆圈，标注在图样中工件的封闭轮廓线上，如图 9-46 所示。如果标注会引起歧义，各表面应分别标注。

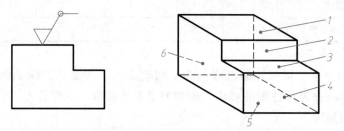

图 9-46　对周边各面有相同的表面结构要求的注法

注：图示的表面结构代号是指对图形中封闭轮廓的六个面的共同要求（不包括前后面）。

（5）表面结构要求在图样中的注法

1）对每一表面一般只标注一次，并尽可能标注在相应尺寸及公差的同一视图上。除非另有说明，所标注的表面结构要求是对完工零件表面的要求。

2）表面结构符号、代号的标注位置和方向，总的原则是与尺寸的注写和读取方向一致，如图 9-47 所示。

3）表面结构要求可标注在轮廓线上，其符号应从材料外指向并接触表面。必要时，表面结构符号也可用带箭头或黑点的指引线引出，标注在基准线上，如图 9-48、图 9-49 所示。

⊖　原始轮廓（P 轮廓）、粗糙度轮廓（R 轮廓）、波纹度轮廓（W 轮廓）。

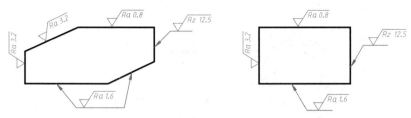

图 9-47　表面结构要求的注写和读取方向与尺寸方向一致

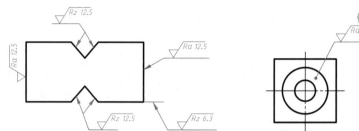

图 9-48　表面结构要求在轮廓线上的标注

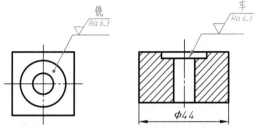

图 9-49　用指引线引出标注表面结构要求

4）在不致引起误解时，表面结构要求可以标注在给定的尺寸线上，如图 9-50、图 9-51、图 9-52 所示。

5）表面结构要求可标注在几何公差框格的上方，如图 9-53 所示。

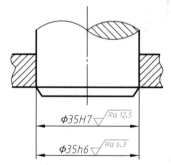

图 9-50　表面结构要求标注在尺寸线上

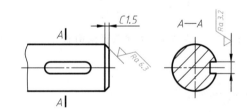

图 9-51　标注倒角、键槽侧壁的表面结构要求

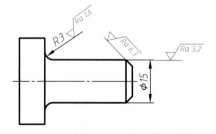

图 9-52　标注小圆角、倒角的表面结构要求

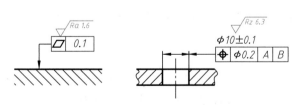

图 9-53　表面结构要求标注在几何公差框格的上方

6）表面结构要求可以直接标注在延长线上，或用带箭头的指引线引出标注，如图 9-54 所示。

7）圆柱和棱柱表面可以只标注一次，如图 9-54 所示。如果每个棱柱表面有不同的表面结构要求，则应该分别单独标注，如图 9-55 所示。

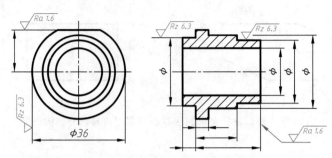

图 9-54　表面结构要求标注在圆柱特征的延长线上

（6）表面结构要求的简化注法

1）多数表面有相同表面结构要求的简化注法。如果工件的多数（包含全部）表面有相同的表面结构要求，这个表面结构要求可统一标注在图样的标题栏附近。此时，表面结构要求的符号后面应该有：

① 在圆括号内给出无任何其他标注的基本符号，如图 9-56 所示。

② 在圆括号内给出不同的表面结构要求，如图 9-57 所示。

不同的表面结构要求应直接标注在图中，如图 9-56、图 9-57 和图 9-58 所示。

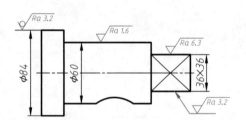

图 9-55　圆柱和棱柱的表面结构要求的注法

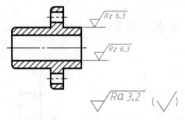

图 9-56　在圆括号内给出无任何其他标注的基本符号

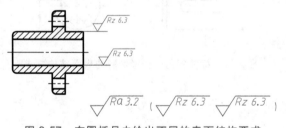

图 9-57　在圆括号内给出不同的表面结构要求

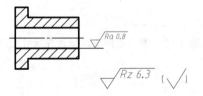

图 9-58　只有一个表面与其他所有表面表面结构要求不同的标注

2）多个表面有共同要求的注法。当多个表面具有相同的表面结构要求或图纸空间有限时，可以采用简化注法。可用带字母的完整符号，以等式的形式，在图形或标题栏附近对有相同表面结构要求的表面进行简化标注，如图 9-59 所示。

3）只用符号的简化注法。可用基本图形符号及扩展图形符号的表面结构符号，以等式的形式给出对多个表面共同的表面结构要求，如图 9-60 所示。

（7）两种或多种工艺获得的同一表面的注法　由几种不同的工艺方法获得的同一表面，当需要明确每种工艺方法的表面结构要求时，可按图 9-61 进行标注（图中 Fe 表示基体材料

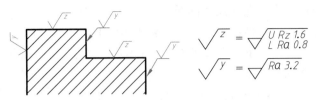

图 9-59 在图纸空间有限时的简化注法

$$\sqrt{\quad} = \sqrt{Ra\,3.2} \qquad \sqrt{\quad} = \sqrt{Ra\,3.2} \qquad \sqrt{\quad} = \sqrt{Ra\,3.2}$$

a)   b)   c)

图 9-60 多个表面共同结构要求的简化注法

a）未指定工艺方法 b）要求去除材料 c）不允许去除材料

为钢，Ep 表示加工工艺为电镀）。

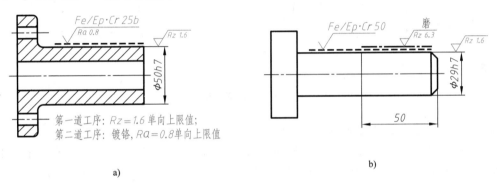

a)   b)

图 9-61 同时给出镀覆前后的表面结构要求的注法

图 9-61b 所示为连续的加工工序的表面结构、尺寸和表面处理的标注。其含义为：

1）第一道工序：单向上限值，$Rz = 1.6\mu m$，"16% 规则"（默认），默认评定长度，默认传输带，表面纹理没有要求，去除材料的工艺。

2）第二道工序：镀铬，无其他表面结构要求。

3）第三道工序：一个单向上限值，仅对长为 50mm 的圆柱表面有效，$Rz = 6.3\mu m$，"16% 规则"（默认），默认评定长度，默认传输带，表面纹理没有要求，磨削加工工艺。

9.4.2 公差与配合（GB/T 1800.1—2020）

为了满足零件之间的装配及机器（部件）性能要求，提高零件加工制造的经济性，对零件的功能尺寸就需要给定适当的尺寸公差。尺寸公差的大小从有关极限与配合的国家标准中选取，它们是依据互换性原则制定的。

一批规格相同的任一零件，不经任何挑选或修配，就能顺利装配到机器上，并能满足产品的性能要求，零件所具有的这种性质称为零件的互换性。零件具有互换性，便于组织现代化的协作生产、装配、维修等，有利于降低生产成本、提高生产率。

1. 尺寸公差的有关术语

实际生产中，零件尺寸不可能也不需要制造得绝对准确，只是限定尺寸在一个合理的范围内变动以满足互换性要求。允许尺寸的变动量就是尺寸公差，简称公差。

为了保持互换性和制造零件的需要，国家标准 GB/T 1800.1、1800.2—2020 等对尺寸极限与配合分别作了基本规定。下面以图 9-62（$\phi30G7(^{+0.028}_{+0.007})$mm 的孔和 $\phi30f7(^{-0.020}_{-0.041})$mm 的轴）为例说明尺寸公差的有关术语。

（1）公称尺寸　由图样规范确定的理想形状要素的尺寸。如图 9-62 所示孔、轴的直径 $\phi30$。

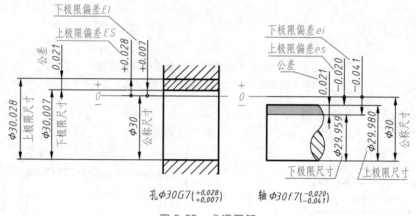

图 9-62　术语图解

（2）实际尺寸　通过测量得到的尺寸。

（3）极限尺寸　尺寸要素的尺寸所允许的极限值。为了满足要求，实际尺寸位于上、下极限尺寸之间，含极限尺寸。尺寸要素允许的最大尺寸是上极限尺寸（孔：$\phi30.028$mm，轴：$\phi29.980$mm）；尺寸要素允许的最小尺寸是下极限尺寸（孔：$\phi30.007$mm，轴：$\phi29.959$mm）。

（4）偏差　某值与其参考值之差。对于尺寸偏差，参考值是公称尺寸，某值是实际尺寸。

（5）极限偏差　相对于公称尺寸的上极限偏差和下极限偏差。极限偏差是一个带符号的值，其可以是负值、零值或正值。其中，轴的上、下极限偏差代号用小写字母 es、ei 表示（图 9-62 中 es=-0.020mm，ei=-0.041mm）；孔的上、下极限偏差代号用大写字母 ES、EI 表示（图 9-62 中 ES=+0.028mm，EI=+0.007mm）。

（6）基本偏差　确定公差带相对公称尺寸位置的那个极限偏差即为基本偏差。基本偏差是最接近公称尺寸的那个极限偏差。如图 9-63 所示，孔的基本偏差为 EI（+0.007mm），轴的基本偏差为 es（-0.020mm）。

（7）公差　上极限尺寸与下极限尺寸之差。它是一个没有符号的绝对值，是允许尺寸的变动量。图 9-62 中，孔的公差=+0.028mm-0.007mm=0.021mm；轴的公差=-0.020mm-（-0.041mm）=0.021mm。

（8）标准公差　由国家标准 GB/T 1800.1—2020 所列的，用以确定公差带大小的公差称为标准公差。也即，IT[⊖]线性尺寸公差 ISO 代号体系中的任一公差。

（9）标准公差等级　用常用标示符表征的线性尺寸公差组。共分 20 个标准公差等

⊖　字母 IT 为 "International Tolerance 国际公差" 英文缩略语。

级。标准公差等级用符号 IT 和数字表示，即 IT01、IT0、IT1、IT2……IT18。其中 IT 表示标准公差，数字表示公差等级。IT01 级精度最高，以下依次降低。标准公差数值取决于公称尺寸的大小和标准公差等级。公称尺寸小于等于 500mm 的标准公差值可由表 9-6 查出。

表 9-6 标准公差数值（摘录）

公称尺寸 mm		标准公差																	
大于	至	IT1	IT2	IT3	IT4	IT5	IT6	IT7	IT8	IT9	IT10	IT11	IT12	IT13	IT14	IT15	IT16	IT17	IT18
		μm											mm						
—	3	0.8	1.2	2	3	4	6	10	14	25	40	60	0.1	0.14	0.25	0.4	0.6	1	1.4
3	6	1	1.5	2.5	4	5	8	12	18	30	48	75	0.12	0.18	0.3	0.48	0.75	1.2	1.8
6	10	1	1.5	2.5	4	6	9	15	22	36	58	90	0.15	0.22	0.36	0.58	0.9	1.5	2.2
10	18	1.2	2	3	5	8	11	18	27	43	70	110	0.18	0.27	0.43	0.7	1.1	1.8	2.7
18	30	1.5	2.5	4	6	9	13	21	33	52	84	130	0.21	0.33	0.52	0.84	1.3	2.1	3.3
30	50	1.5	2.5	4	7	11	16	25	39	62	100	160	0.25	0.39	0.62	1	1.6	2.5	3.9
50	80	2	3	5	8	13	19	30	46	74	120	190	0.3	0.46	0.74	1.2	1.9	3	4.6
80	120	2.5	4	6	10	15	22	35	54	87	140	220	0.35	0.54	0.87	1.4	2.2	3.5	5.4
120	180	3.5	5	8	12	18	25	40	63	100	160	250	0.4	0.63	1	1.6	2.5	4	6.3
180	250	4.5	7	10	14	20	29	46	72	115	185	290	0.46	0.72	1.15	1.85	2.9	4.6	7.2
250	315	6	8	12	16	23	32	52	81	130	210	320	0.52	0.81	1.3	2.1	3.2	5.2	8.1
315	400	7	9	13	18	25	36	57	89	140	230	360	0.57	0.89	1.4	2.3	3.6	5.7	8.9
400	500	8	10	15	20	27	40	63	97	155	250	400	0.63	0.97	1.55	2.5	4	6.3	9.7

注：公称尺寸小于或等于 1mm 时，无 IT14~IT18。

（10）公差带 公差极限之间（包括公差极限）的尺寸变动值。公差带的位置由基本偏差来确定，如图 9-63 所示。

根据实际需要，国家标准分别对孔和轴各规定了 28 个不同的基本偏差，用拉丁字母表示，大写的为孔，小写的为轴，如图 9-64 所示。

从图 9-64 可知：

1）对于孔：A~H 的基本偏差为下极限偏差

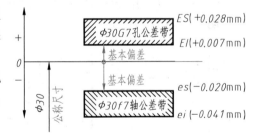

图 9-63 公差带图解

（EI），P~ZC 的基本偏差为上极限偏差（ES）；对于轴：a~h 的基本偏差为上极限偏差（es），p~zc 的基本偏差为下极限偏差（ei）。

2）除 J(j)、K(k)、M(m)、N(n) 外，孔（轴）的基本偏差的数值与选用的标准公差等级无关。

3）一般对同一字母的孔的基本偏差与轴的基本偏差相对于零线是完全对称的。即孔与轴的基本偏差对应（例如 A 对应 a）时，两者的基本偏差的绝对值相等，而符号相反：

$$EI = -es \quad 或 \quad ES = -ei$$

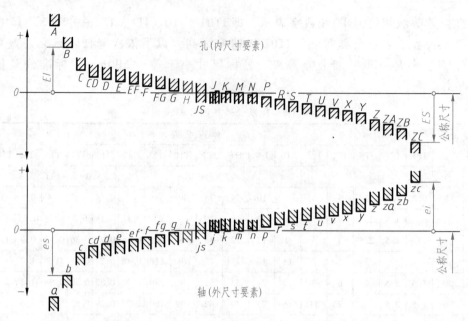

图 9-64　公差带（基本偏差）相对于公称尺寸位置的示意说明

2. 配合与基准制

公称尺寸相同的并且相互结合的孔⊖和轴⊖公差带之间的关系称为配合。

（1）间隙和过盈

1）间隙。当轴的直径小于孔的直径时，相配孔和轴的尺寸之差称为间隙（图 9-65a）。

2）过盈。当轴的直径大于孔的直径时，相配轴和孔的尺寸之差称为过盈（图 9-65b）。

（2）配合类别　配合分为以下三类：

1）间隙配合。孔和轴装配时总是存在间隙的配合称为间隙配合。此时，孔的下极限尺寸大于或在极端情况下等于轴的上极限尺寸（图 9-66）。

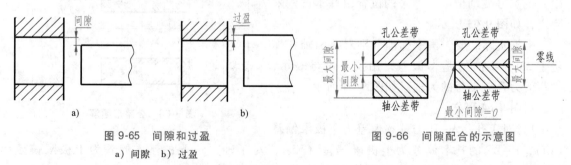

图 9-65　间隙和过盈
a）间隙　b）过盈

图 9-66　间隙配合的示意图

2）过盈配合。孔和轴装配时总是存在过盈的配合称为过盈配合。此时，孔的上极限尺寸小于或在极端情况下等于轴的下极限尺寸（图 9-67）。

3）过渡配合。孔和轴装配时可能具有间隙或过盈的配合称为过渡配合。在过渡配合中，孔和轴的公差带或完全重叠或部分重叠（图 9-68），因此，是否形成间隙配合或过盈配

⊖　孔：通常指工件的内尺寸要素，包括非圆柱形的内尺寸要素（由二平面或切面形成的包容面）。

⊖　轴：通常指工件的外尺寸要素，包括非圆柱形的外尺寸要素（由二平面或切面形成的被包容面）。

合取决于孔和轴的实际尺寸。

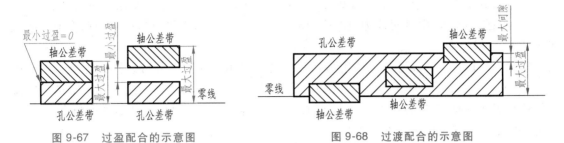

图 9-67 过盈配合的示意图　　　　　图 9-68 过渡配合的示意图

（3）配合公差　组成配合的两个尺寸要素的尺寸公差之和称为配合公差。配合公差是一个没有符号的绝对值，其表示配合所允许的变动量。间隙配合公差等于最大间隙与最小间隙之差，过盈配合公差等于最大过盈与最小过盈之差，过渡配合公差等于最大间隙与最大过盈之和。

（4）ISO 配合制　公称尺寸相同的，由线性尺寸公差 ISO 代号体系确定公差的孔和轴组成的一种配合制度称为 ISO 配合制，它分为基孔制配合和基轴制配合。

1）基孔制配合。基本偏差为一定的孔的公差带，与不同基本偏差的轴的公差带组成各种配合的一种制度称为基孔制配合，它是孔的下极限尺寸与公称尺寸相等、孔的下极限偏差为零的一种配合制度（图 9-69）。

基孔制的孔为基准孔，其基本偏差代号为 H。

在基孔制配合中，轴的基本偏差从 a～h 用于间隙配合；从 js～n 用于过渡配合；n～zc 用于过盈配合。其中 n 可能为过渡配合或过盈配合。

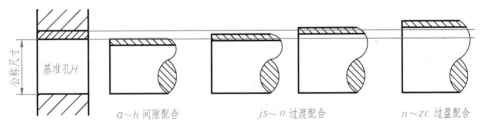

图 9-69　基孔制配合示意图

2）基轴制配合。基本偏差为一定的轴的公差带，与不同基本偏差的孔的公差带形成各种配合的一种制度称为基轴制配合，它是轴的上极限尺寸与公称尺寸相等、轴的上极限偏差为零的一种配合制度（图 9-70）。

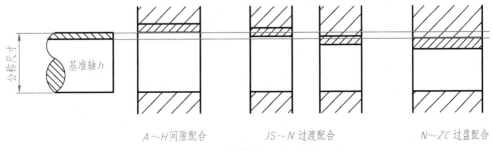

图 9-70　基轴制配合示意图

基轴制的轴为基准轴，其基本偏差代号为 h。

在基轴制配合中，孔的基本偏差从 A~H 用于间隙配合；从 JS~N 用于过渡配合；N~ZC 用于过盈配合。其中 N 可能为过渡配合或过盈配合，具体需要根据尺寸和精度通过查表确定。

国家标准规定，一般情况下选用基孔制配合。选用基孔制配合可以减少加工孔的定值（公称尺寸和公差带）、刀具（钻头、铰刀、拉刀等）和量具的规格，减少加工工作量（加工轴比加工孔容易），降低成本。当必要时或选用基准轴有明显优点时再选用基轴制。

（5）孔、轴公差带及配合的选用

1）公差带代号。公差带代号由基本偏差标示符与公差等级组成。大写字母表示孔，小写字母表示轴。例如：H8、K7 为孔的公差带代号，s7、h6 为轴的公差带代号。

例如：

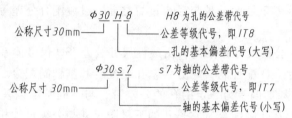

2）配合代号。配合代号由组成配合的孔和轴公差带组成，写成分数形式，分子为孔的公差带代号，分母为轴的公差带代号。

例如：

也可写成：$\phi30$ H8/s7。

3）配合的选用。为便于生产，国家标准规定了优先选用、常用和一般用途的孔、轴的公差带。设计时应根据配合特性和使用功能，尽量选用优先配合和常用配合。优先配合及其选用场合见表 9-7，常用配合可查阅国家标准或有关手册。

表 9-7 优先配合的特性及应用

基孔制	基轴制	配合特性及应用
$\dfrac{H11}{c11}$	$\dfrac{C11}{h11}$	间隙非常大,用于很松的、转动很慢的间隙配合;要求大公差与大间隙的外露组件;要求装配方便的、很松的配合
$\dfrac{H9}{d9}$	$\dfrac{D9}{h9}$	间隙很大的自由转动配合。用于精度非主要要求时。适用于有大的温度变动、高转速或大的轴颈压力时的配合
$\dfrac{H8}{f7}$	$\dfrac{F8}{h7}$	间隙不大的转动配合。用于中等转速与中等轴颈压力的精确转动;也用于装配较易的中等精度定位配合
$\dfrac{H7}{g6}$	$\dfrac{G7}{h6}$	间隙很小的滑动配合。用于不希望的自由旋转,但可自由移动和转动并精确定位时;也可用于要求明确的定位配合
$\dfrac{H7}{h6}$ $\dfrac{H8}{h7}$ $\dfrac{H9}{h9}$ $\dfrac{H11}{h11}$	$\dfrac{H7}{h6}$ $\dfrac{H8}{h7}$ $\dfrac{H9}{h9}$ $\dfrac{H11}{h11}$	均为间隙定位配合,零件可自由装卸,而工作时一般相对静止不动。最小间隙为零

（续）

基孔制	基轴制	配合特性及应用
$\dfrac{H7}{k6}$	$\dfrac{K7}{h6}$	过渡配合,用于精密定位
$\dfrac{H7}{n6}$	$\dfrac{N7}{h6}$	过渡配合,要求有较大过盈的更精确的定位配合时用
$\dfrac{H7}{p6}$	$\dfrac{P7}{h6}$	过盈定位配合,属于小过盈配合。用于定位精度特别重要时,能以最好的定位精度达到部件的刚性及对中性要求,而对内孔承受压力无特殊要求,不依靠配合的紧固性来传递摩擦负荷
$\dfrac{H7}{s6}$	$\dfrac{S7}{h6}$	中等压入配合,适用于一般钢件或用于薄壁件的冷缩配合;用于铸铁件可获得最紧的配合
$\dfrac{H7}{u6}$	$\dfrac{U7}{h6}$	压入配合,适用于承受大压入力的零件或不宜承受大压入力的冷缩配合

配合选用的一般原则：当零件之间具有相对转动或移动时，必须选择间隙配合；当零件之间无键、销等连接件、紧固件，只依靠结合面之间的过盈来实现转动时，必须选择过盈配合；当零件之间不要求有相对运动，同轴度要求较高，且不是依靠该配合传递动力时，通常选择过渡配合。

3. 公差与配合在图样中的标注方法

在装配图中，相互配合的零件间要标注配合关系，以确定配合的基准制、配合的类型和公差带，保证产品性能。在零件图中，对重要的尺寸要标注尺寸公差，以保证零件的互换性。

（1）一般零件间的配合标注　一般零件配合时，标注的形式为：

$$公称尺寸\frac{孔的公差带代号}{轴的公差带代号}\left(如：\phi20\frac{H7}{f6}\right)$$

或　公称尺寸、孔公差带代号/轴公差带代号（如：$\phi20H7/f6$），如图9-71所示。

标注含义解释如下：

轴与箱体壁孔的配合 $\phi20\dfrac{H7}{f6}$：表示公称尺寸 $\phi20mm$、基孔制、间隙配合。孔的公差带代号 H7，基本偏差代号 H，公差等级为 IT7。轴的公差带代号 f6，基本偏差代号 f，公差等级为 IT6。

查孔极限偏差表（附表27），$\phi20H7$ 的上极限偏差为 $+0.021mm$、下极限偏差为 0。查

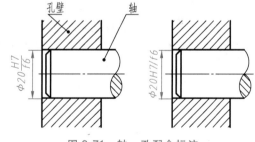

图9-71　轴、孔配合标注

轴极限偏差表（附表26），$\phi20f6$ 的上极限偏差为 $-0.020mm$、下极限偏差为 $-0.033mm$。

（2）零件图中公差的标注　有三种较常用的标注方法：

1）标注公差带代号。直接在公称尺寸后面标注出公差带代号，如图9-72a所示。此时，公差代号字高与公称尺寸字高相同。此种注法适用于大批量生产，便于与装配图对照。

2）标注极限偏差。直接在公称尺寸后面标注出上、下极限偏差数值（以 mm 为单位），如图9-72b所示。

这种注法数值直观，便于用读数量具测量工件，最为常用。注写时要注意以下几点：

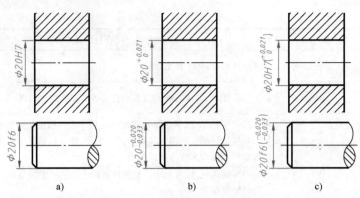

图 9-72 零件图中公差注法

a）标注公差带代号 b）标注极限偏差数值 c）综合注法

① 上、下极限偏差绝对值不同时，偏差值字号比公称尺寸数字小一号，下极限偏差应与公称尺寸标注在同一底线上，上、下极限偏差前面必须标出正、负号，上、下极限偏差的小数点必须对齐，小数点后的位数也必须相同，如 $\phi20_{-0.033}^{-0.020}$。

② 当上极限偏差或下极限偏差为"零"时，用数字"0"标出，并与下极限偏差或上极限偏差的小数点前的个位数对齐，如 $\phi20_{0}^{+0.021}$。

③ 当公差带相对公称尺寸对称地配置即两个极限偏差相同时，极限偏差只注写一次，并应在极限偏差与公称尺寸之间注出"±"，且两者数字高度相同，如 $\phi50\pm0.015$。

3）公差带代号与极限偏差值同时标出。在公称尺寸后面标注出公差带代号，并在后面的括弧中同时注出上、下极限偏差值，如图 9-72c 所示。这种注法集中了前两种的优点，常用于产品转产较频的生产中。

国标中规定，同一张零件图上其公差只能选用一种标注形式。

同一公称尺寸的表面具有不同的公差要求时，应用细实线分开，用尺寸标注清楚，各段分别标注其公差，如图 9-73 所示。

（3）滚动轴承与孔、轴配合的标注 滚动轴承是由专业厂家生产的标准组件，其内外径的公差带已经标准化。因此，装配图中可只标注与其装配零件的公差带代号。如图 9-74

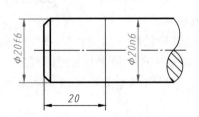

图 9-73 同一公称尺寸公差不同要求的注法

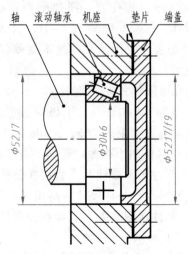

图 9-74 滚动轴承与孔、轴配合的标注

所示的装配图中，轴颈与滚动轴承的内圈的配合，仅标注轴颈 ϕ30k6；机座与滚动轴承外圈的配合，仅标注机座孔 ϕ52J7。而机座孔与端盖的配合仍标注配合代号 ϕ52J7/f9，f9 是端盖凸缘外圆柱面的公差带代号。

9.4.3 几何公差及其注法

零件加工时不但尺寸有误差，几何形状、方向和相对位置也会有误差。例如，在加工细长轴时，可能会出现素线不是直线，而呈中间粗、两头细的情况（图 9-75）；加工阶梯轴时，可能出现各段圆柱轴线不在一条直线上的现象（图 9-76）。为了满足使用要求，零件的几何形状、方向和相对位置由几何公差来保证。

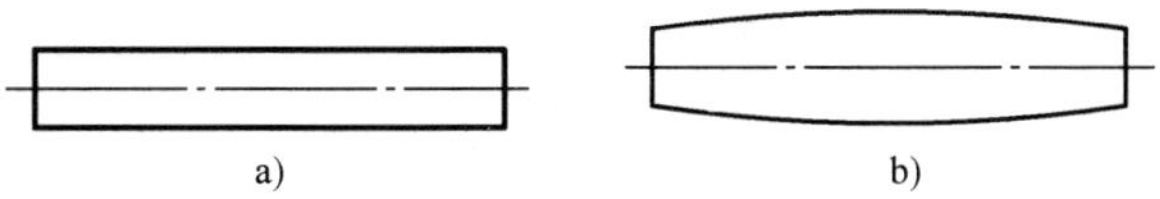

图 9-75 零件的形状误差

a）理论形状 b）实际形状

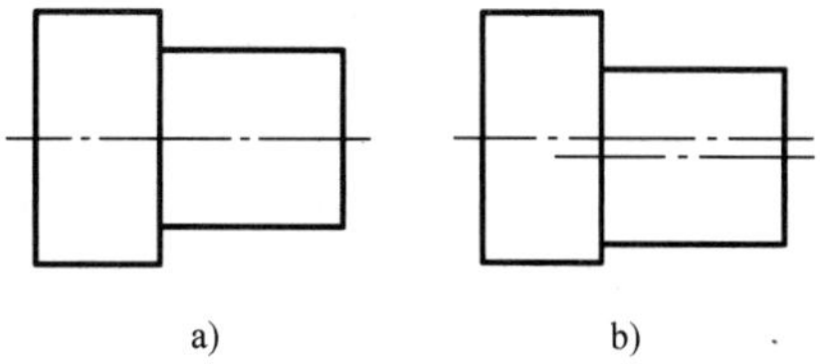

图 9-76 零件的位置误差

a）理论位置 b）实际位置

几何公差是指实际要素的形状、方向、位置等对理想要素的允许变动量。几何公差包括：形状公差、方向公差、位置公差及跳动公差。

加工零件时，如果几何公差过大，就会影响机器的质量。因此，对零件上精度要求较高的部位，必须根据实际需要，限定相应表面的形状误差和相应表面之间的方向误差、位置误差及跳动误差的允许范围，即在图样上注出几何公差。

限制实际要素变动的区域称为几何公差带。几何公差带有形状、大小、方向和位置四项特征。公差带的主要形状有两等距直线之间的区域、两等距平面之间的区域、圆内的区域、两同心圆之间的区域、圆柱面内的区域、两同轴圆柱面之间的区域、球内的区域、两等距曲线之间的区域和两等距曲面之间的区域等。

1. 几何公差的特征项目和符号

几何公差的特征项目和符号见表 9-8。符号的画法见 GB/T 1182—2018。

表 9-8 几何公差的特征项目和符号（摘自 GB/T 1182—2018）

公差类型	特征项目	符号	有无基准要求	公差类型	特征项目	符号	有无基准要求
形状公差	直线度	—	无	方向公差	平行度	//	有
	平面度	▱	无		垂直度	⊥	有
	圆度	○	无		倾斜度	∠	有
	圆柱度	⌭	无		线轮廓度	⌒	有
	线轮廓度	⌒	无		面轮廓度	⌓	有
	面轮廓度	⌓	无				

（续）

公差类型	特征项目	符号	有无基准要求	公差类型	特征项目	符号	有无基准要求
位置公差	位置度	⊕	有或无	位置公差	线轮廓度	⌒	有
	同心度（对中心点）	◎	有		面轮廓度	⌓	有
	同轴度（对轴线）	◎	有	跳动公差	圆跳动	↗	有
	对称度	═	有		全跳动	↗↗	有

2. 几何公差的标注方法

如果对几何公差有特殊要求时，均应在图样中按 GB/T 1182—2018 所规定的标注方式进行标注。图样中未注出的几何公差应符合国家标准 GB/T 1184—1996 几何公差未注公差的规定。图样中不论标注几何公差与否，几何要素几何公差都是有限制的。

几何公差的 2D 标注形式与内容如图 9-77 所示。

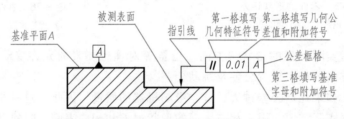

图 9-77　几何公差的标注形式与内容

（1）公差框格内容注写　用公差框格标注几何公差时，公差要求注写在划分成两格或多格的矩形框格内。公差框格用细实线绘制。第一格为正方形，第二格及以后各格视需要而定，框格中的文字与图样中尺寸数字同高，框格的高度为文字高度的两倍。公差框格的比例画法如图 9-78 所示。

图 9-78　公差框格的比例画法

各格自左至右顺序注写以下内容（图 9-79）：

1）几何特征符号。

2）公差值。以线性尺寸单位表示的量值。如果公差带为圆形或圆柱形，公差值前应加注符号"ϕ"；如果公差带为球形，公差值前应加注符号"$S\phi$"。

3）基准。用一个字母表示单个基准或用几个字母表示基准体系或公共基准（图 9-79b~e）。

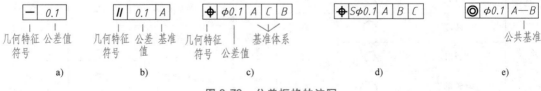

图 9-79　公差框格的注写

（2）被测要素　在图样中，被测要素用指引线与公差框格连接，指引线引自框格的任意一侧，终端带一箭头，按下列方式之一指向被测要素：

1）当公差涉及轮廓线或轮廓面时，箭头指向该要素的轮廓线或其延长线，应与尺寸线明显错开，如图9-80a、b所示；箭头也可指向引出线的水平线，而引出线引自被测面，如图9-80c所示。

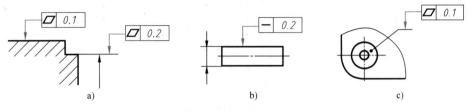

图9-80　被测要素的指定（一）

2）当公差涉及要素的中心线、中心面或中心点时，箭头应位于相应尺寸线的延长线上，如图9-81所示。

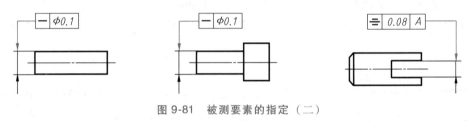

图9-81　被测要素的指定（二）

（3）基准　与被测要素相关的基准用一个大写字母表示。字母填写在基准框格内，与一个涂黑（图9-82a）的或空白（图9-82b）的三角形相连以表示基准；表示基准的同一字母还应标注在公差框格内。涂黑的和空白的基准三角形含义相同。框格与连线都用细实线绘制，比例画法如图9-82c所示。

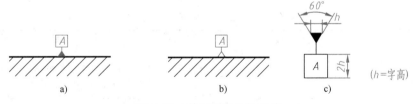

图9-82　基准及其比例画法

带基准字母的基准三角形应按如下规定放置：

1）当基准要素是轮廓线或轮廓面时，基准三角形放置在要素的轮廓线或其延长线上，与尺寸线明显错开，如图9-83a所示；基准三角形也可放置在该轮廓面引出线的水平线段上，如图9-83b所示。

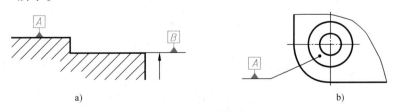

图9-83　基准要素的标注（一）

2）当基准是由注尺寸的要素确定的轴线、中心平面或中心点时，基准三角形应放置在该尺寸线的延长线上，如图 9-84a 所示。如果没有足够的位置标注基准要素尺寸的两个箭头，那么其中一个箭头可用基准三角形代替，如图 9-84b、c 所示。

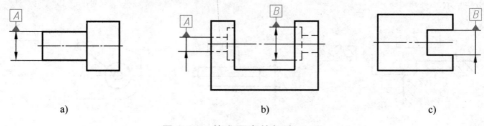

图 9-84　基准要素的标注（二）

3）如果只以要素的某一局部作基准，则应用粗点画线表示出该部分并加注尺寸（图 9-85）。

4）以单个要素作基准时，用一个大写字母表示（图 9-86a）。以两个要素建立公共基准时，用中间加一字线的两个大写字母表示（图 9-86b）。以两个或三个要素建立基准体系（即采用多基准）时，表示基准的大写字母按基准的优先顺序自左至右注写在各框格内（图 9-86c）。

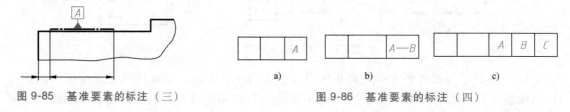

图 9-85　基准要素的标注（三）　　　　图 9-86　基准要素的标注（四）

（4）标注及解释　表 9-9 中给出了部分几何公差标注图例及解释。关于更多的图例及解释，请参考 GB/T 1182—2018。

表 9-9　部分几何公差标注图例及解释（摘自 GB/T 1182—2018）

序号	图　例	解　释
1		在由相交平面框格规定的平面内，上表面的任意提取（实际）线应限定距离为 0.1mm 的两平行直线之间。也即公差带在平行于基准 A 的给定平面内与给定方向上、间距等于公差值 0.1mm 的两平行直线所限定的区域
2		提取（实际）表面应限定在间距等于 0.08mm 的两平行平面之间
3		提取（实际）面应限定在间距等于 0.08mm 的两平行平面之间。该两平行平面垂直于基准轴线 A

（续）

序号	图　　例	解　　释
4	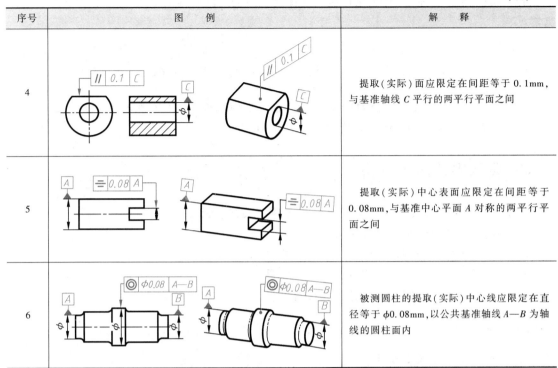	提取（实际）面应限定在间距等于 0.1mm，与基准轴线 C 平行的两平行平面之间
5		提取（实际）中心表面应限定在间距等于 0.08mm，与基准中心平面 A 对称的两平行平面之间
6		被测圆柱的提取（实际）中心线应限定在直径等于 φ0.08mm，以公共基准轴线 A—B 为轴线的圆柱面内

3. 几何公差的标注示例

图 9-87 所示为油缸零件图的几何公差标注示例。

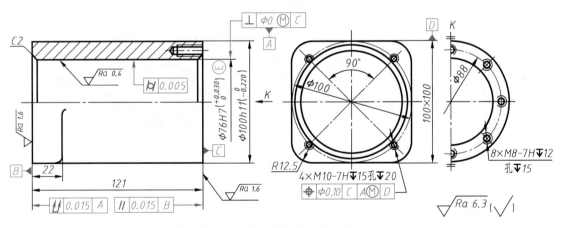

图 9-87　油缸零件图的几何公差标注示例

图中代号解释如下：

1）Ⓜ为最大实体要求，即尺寸要素的非理想要素不得违反其最大实体实效状态的一种尺寸要素要求。

2）Ⓔ为包容要求，即尺寸要素的非理想要素不得违反其最大实体状态的一种尺寸要素要求。

3）⌭ 0.005 表示 φ76H7 孔内表面的圆柱度公差为 0.005mm。

4）$\boxed{\perp\ |\phi 0\ |\text{Ⓜ}|C}$ 表示 φ76H7 孔在最大实体状态时的实际轴线对基准平面 *C* 的垂直度公差为零。

5）$\boxed{/\!/\ |0.015|B}$ 表示工件右端面对基准 *B*（左端面）的平行度公差为 0.015mm。

6）$\boxed{\text{↗↗}|0.015|A}$ 表示工件左端面对基准 *A*（φ76H7 孔轴线）的全跳动公差为 0.015mm。

7）$\overset{4\times M10\text{-}7H\text{▼}15}{\boxed{\oplus\ |\phi 0.10|C|\text{Ⓜ}|A|\text{Ⓜ}|D}}$ 表示 4 个 M10 螺孔实际轴线对由基准 *C*、*A*（遵守最大实体要求）、*D* 所确定的 4 孔理想位置轴线的位置度公差为 φ0.10mm。

9.5 典型零件图例分析

一般类零件，根据零件的结构形状，可分成四类：

1）轴套类零件——轴、衬套类等零件。
2）盘盖类零件——端盖、阀盖、带轮等零件。
3）叉架类零件——拨叉、连杆、支架等零件。
4）箱体类零件——阀体、泵体、箱体等零件。

9.5.1 轴套类零件

1. 功能、结构和加工分析

轴套类零件包括各种用途的轴和套，其毛坯多为锻件或圆钢、铸钢棒料，主要结构是回转体，主要工序是在车床和磨床上加工。轴主要用来支承传动零件（如带轮、齿轮等）和传递动力。套一般装在轴上或机体孔中，用于定位、支承、导向和保护传动零件。图 9-88 所示为蜗杆减速器上的蜗轮轴和柱塞泵中的柱塞套。

a)   b)

图 9-88 轴套类零件
a）蜗轮轴 b）柱塞套

2. 视图表达

轴套类零件一般只用一个基本视图（作为主视图）表示其主要结构形状。一般将其轴线水平放置，并将加工工序较多的一端放在右边（小头朝右边），便于工人看图。

用剖视、断面、斜视图、局部视图及局部放大图等表示零件的内部结构和局部结构形状。对于形状为有规律变化且比较长的轴套类零件，还可采用折断画法。

图 9-89 所示为蜗杆减速器蜗轮轴的零件图。该零件采用了三个图形表达零件的结构，主视图（轴线水平放置，符合加工位置原则）表示了轴上各段阶梯长度及键槽、倒角的轴向位置，键槽朝前，表示出了键槽的形状；两个移出断面，分别表达两个键槽的深度。

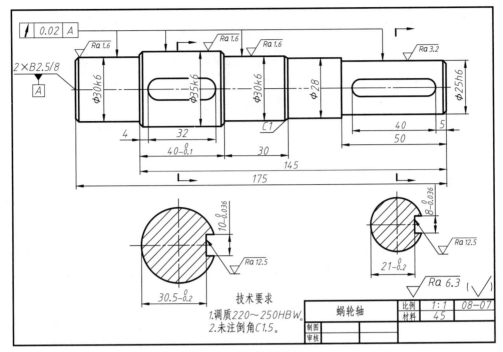

图9-89　蜗轮轴零件图

3. 尺寸标注

1）径向尺寸以旋转轴线为基准，轴向尺寸以端面为基准。轴向尺寸除主要基准外，还常取若干辅助基准。

2）主要尺寸须直接标注，其余尺寸尽量按加工顺序标注。

3）轴上的倒角、退刀槽、越程槽、键槽等标准结构，其尺寸应按该结构标准的方式标注。

4. 技术要求

1）一般轴的表面均为切削加工表面。有配合要求的表面，其公差等级较高，公差值及表面粗糙度参数值较小。无配合要求的表面，其公差等级较低（通常不标注），表面粗糙度参数值较大。

2）与轴承配合的轴段和重要的端面，应有几何公差的要求。

3）传动轴一般还须进行热处理，如调质、淬火等。

套类零件的画法，除因其均有空腔，主视图需用全剖或半剖外，其余与轴的画法基本相同。

9.5.2　盘盖类零件

1. 功能、结构和加工分析

盘盖类零件（图9-90）主体多为回转体，一般径向尺寸大于轴向尺寸。其上常均布孔、肋、槽等结构，毛坯多为铸件或锻件。切削加工以车、磨为重点。轮一般用键、销与轴连接，用以传递转矩。盘盖可起支承、定位和密封等作用。

图 9-90 盘盖类零件

a) 手轮 b) 轴承盖 c) 泵盖

2. 视图表达

多数盘盖类零件一般用两个基本视图来表达零件的主体结构，一个是全剖的主视图，表达其主体轮廓及其上的孔、槽的结构；一个是左视图，表达孔、槽的分布情况。中心线水平放置，符合加工位置及大多数这类零件的工作位置。根据零件的结构特点，有时还采用局部视图、局部放大图等。

图 9-91 所示为泵盖零件图。该零件采用了两个图形表达零件的结构，主视图（轴线水平放置，符合加工与工作位置原则）采用两相交剖切平面全剖，表示了泵盖主体两部分的厚度及三种不同孔的情况。左视图表达了泵盖外形轮廓及孔的分布位置。

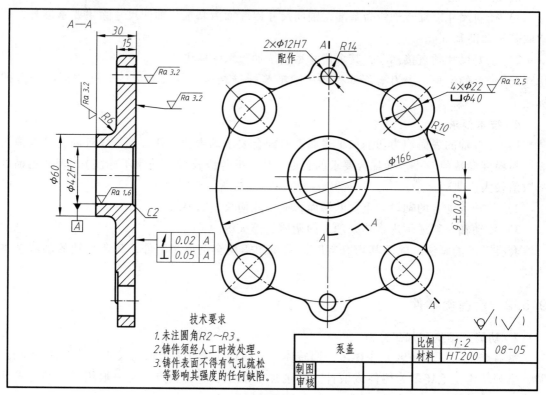

图 9-91 泵盖零件图

3. 尺寸标注

1）以旋转轴线作为宽度和高度方向的基准，以加工的大端面作为长度方向的基准。

2）各主体直径尺寸标注在主视图中，不可注在左或右视图的同心圆上。

3）沿圆周分布的小孔，其定形、定位尺寸标注在左（右）视图中，应尽量使用国家标准推荐的简化注法。

4. 技术要求

1）有配合要求的表面及起轴向定位的端面，其表面粗糙度参数值都较小。

2）连接端面和轴孔的轴线常有垂直度的要求。

3）这类零件一般是铸件，铸造圆角用文字在技术要求中做统一说明。

9.5.3　叉架类零件

1. 功能、结构和加工分析

叉架类零件包括拨叉、连杆、支架等零件，如图 9-92 所示。拨叉、连杆多为运动件，通常起传动、连接、调节或制动等作用。支架零件通常起支承、连接等作用。毛坯多为铸件或锻件。

a)　　　　　　　　　　　b)　　　　　　　　　　　c)

图 9-92　叉架类零件

a）拨叉　b）连杆　c）支架

此类零件有的形状不规则，外形比较复杂。拨叉类零件常有弯曲或倾斜结构，其上常有肋板、轴孔、油孔、螺孔等，表面常有铸造圆角和过渡线。

2. 视图表达

拨叉、连杆、支架等零件加工部位相对较少，加工工序位置不同，难以区分主次工序，因此，主视图的选择一般以"形状特征"，按工作（安装）位置或习惯位置选择。对于形状不规则的主视图多采用局部剖，既表达外形又表达局部内形。其他视图根据结构特点选取，通常需要两个或两个以上的基本视图，以及斜视图、局部视图、断面图等。

图 9-93 所示是拨叉零件图。该零件采用了四个图形表达零件的结构。主视图采用了全剖，表达拨叉的主体结构和 $\phi20H9$ 通孔及拨叉横断面的情况；左视图采用视图表达拨叉的外形及各部分的相对位置关系；B—B 斜剖局部视图表达锥销通孔；移出断面表达肋板的断面。

3. 尺寸标注

1）常以孔的中心线、轴线、对称平面或大的加工平面作为长、宽、高三个方向的基准。

2）定位尺寸较多。一般要标注出孔的中心线间的距离，或孔中心线到平面的距离，或

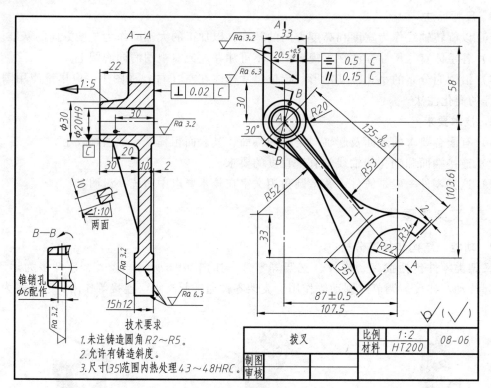

图 9-93 拨叉零件图

平面到平面的距离。

3）由于先制作木模后铸造，所以应按形体标注定形尺寸和定位尺寸，并要保持内外结构形状一致。

4. 技术要求

1）这类零件多经锻、铸成型，非切削加工面较多，这部分面粗糙度参数值较大。

2）轴孔中心线之间或轴孔中心线与支承平面之间常有相对位置公差的要求。

3）对起模斜度和铸造圆角的要求一般用文字在技术要求中做统一说明。

9.5.4　箱（壳）体类零件

1. 功能、结构和加工分析

箱（壳）体类零件（图 9-94）是组成部件和机器的主要零件，大多结构复杂，尤其是内腔。在部件和机器中起承托、容纳、定位、密封和保护等作用，毛坯多为铸件。

此类零件的底板上常有凹槽、凹坑或凸台结构，连接端盖用的凸缘结构上常有螺孔、销孔，支承孔处常设有加厚凸台或加强筋，箱体表面过渡线较多。

2. 视图表达

因箱（壳）体类零件的结构形状复杂，需要三个或三个以上的基本视图表达。这类零件的加工工序较多，一般情况下，主视图按工作位置选择，这也与主要的加工工序相一致。这类零件有较多的空腔，因此主视图常采用剖视画法。主视图确定后，其他视图根据零件结构选取。

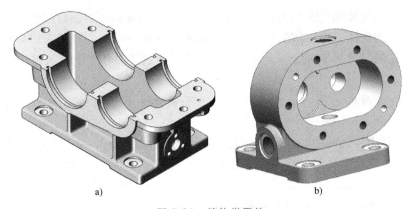

图 9-94 箱体类零件

a）齿轮减速箱体 b）齿轮油泵泵体

图 9-95 所示是齿轮泵泵体的零件图。该零件图采用了四个图形表达零件的结构。主视

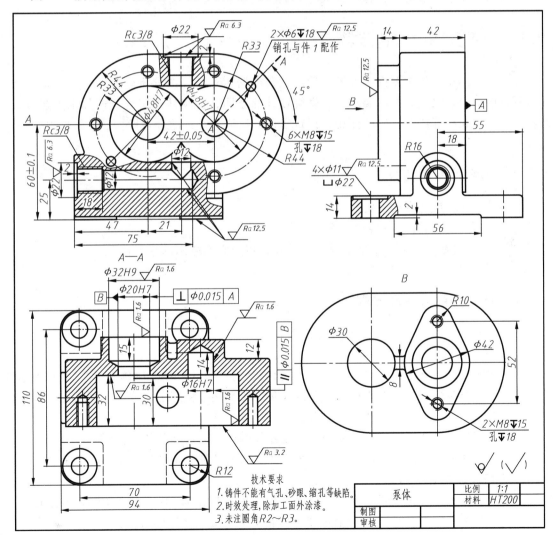

图 9-95 泵体零件图

图主要表达了泵体的主体结构及螺纹孔和销孔的分布,采用局部剖表达进出油口的结构;俯视图采用了旋转全剖,表达泵体工作腔体的内形及螺纹孔和销孔的深度;左视图采用局部剖表达泵体的外形及螺栓孔的情况;B 向局部视图表达泵体后端面法兰及凸台的形状结构。

3. 尺寸标注

1)常以孔的中心线、轴线、对称平面或大的加工平面作为长、宽、高三个方向的基准。

2)定位尺寸较多。其中各孔的中心线间的距离一定要直接标注出来。

3)为便于制作木模,应按形体标注定形尺寸和定位尺寸。

4. 技术要求

1)重要的孔和重要的表面,其粗糙度参数值较小。

2)重要的孔和重要的表面常有尺寸公差和几何公差的要求。

3)箱体零件因铸造时冷却不均匀而在一定时期内存在很大的内应力。为避免引起变形,在机械加工前一般要进行自然的或人工的时效处理,以释放内应力。

9.6　读零件图的方法步骤

在工程实际中,经常要读零件图。读图就是根据所给零件图分析想象零件的结构形状,弄清零件的材料、尺寸和技术要求等,理解设计的意图,为零件拟定合理的加工工艺方案,或者结合零件在机器或部件中的作用,评价零件结构形状设计的合理性,必要时提出改进意见等。

9.6.1　读零件图的要求

读零件图时,应达到如下要求:

1)了解零件的名称、材料和用途。

2)了解零件各部分结构形状、尺寸、功用,以及它们之间的相对位置。

3)了解零件的制造方法和技术要求。

9.6.2　读件图的方法和步骤

现以图 9-96 为例说明读零件图的方法和步骤。

1. 概括了解

从标题栏可知,该零件的名称为箱体,材料灰铸铁（HT200）,比例为 1∶2。毛坯为铸件,属于箱体类零件,是蜗轮蜗杆减速器的主体零件,主要起承托（蜗轮、蜗杆轴）、包容（蜗轮、蜗杆）、定位、密封和保护等作用。

另外,还可通过装配图或其他途径了解该零件的作用以及和其他零件的装配关系。对于国外的图样,还要根据图中的符号确定该零件图采用的是第一角画法还是第三角画法。

2. 分析表达方案

分析表达方案,首先找到主视图,根据投影关系识别出其他视图的名称和投射方向、局部视图（或斜视图）的投射部位、剖视图（或断面图）的剖切位置,从而弄清各视图的表达目的。

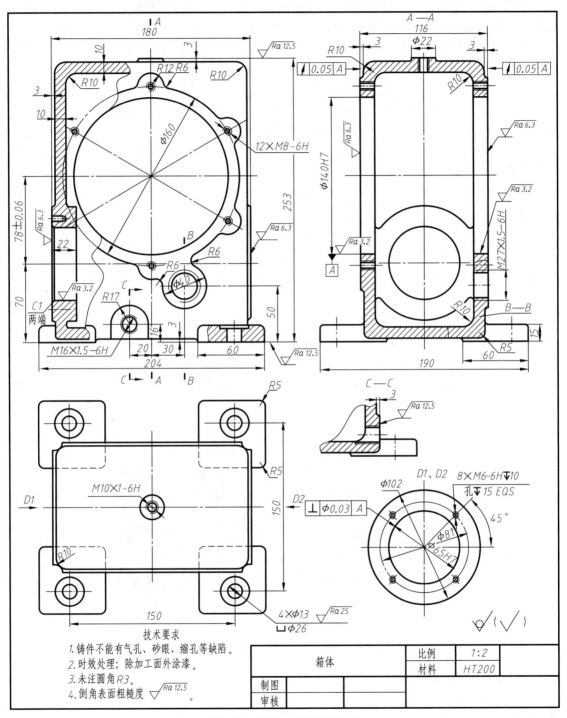

图 9-96　蜗杆减速箱体零件图

该箱体共采用了主、俯、左三个基本视图和一个 D 向局部视图及 C—C 局部剖来表达其内外形结构。

主视图采用了两处局部剖视和视图外形的表达方法。通过视图外形可以看到箱体前端面上（蜗轮轴孔、油标孔、放油孔）凸台的形状及其上分布螺纹孔的情况，以及箱体的主体轮廓；左边局部剖主要表达箱体内部结构的部分形状，从中可以看到箱体上下及侧壁厚度、下部安装蜗杆孔凸缘的结构；右下部局部剖，主要表达四个地脚螺栓孔的内部结构。因剖切位置比较明显，因此，图中未标注剖切位置。

俯视图用视图的方法表达，主要表达零件的外形，可以看出此图形前后、左右对称。图中用了少量虚线来表达四个底脚板的形状，其他空腔在其他视图上已经表达清楚，因此它们的虚线均省略未画。这样保证了图形的简洁和重点突出。

左视图采用了 A—A 全剖视图，进一步清晰表达箱体内腔形状和箱体上下、前后壁厚，以及蜗轮轴孔凸缘结构。同时也进一步表达了蜗杆轴孔与蜗轮轴孔的位置关系、箱体主体与四个底脚板的关系，以及最上面透气螺孔的结构。为表达油标孔（M27×1.5）的结构又采用了 B—B 局部剖。

D1、D2 向局部视图主要表达蜗杆轴孔外端面凸缘的形状及 8 个 M6 螺孔的分布位置。从俯视图上可以看到，D1、D2 是从左右两边投射的，也进一步说明了箱体左右对称。

C—C 局部剖视图主要表达放油孔的位置和结构。螺孔最底面低于箱体底面，便于油流出。

3. **深入分析视图，看懂零件的结构形状**

首先根据视图的投影规律和零件上的常见结构，用形体分析法和结构分析法将零件按功能分为几个较大部分。此零件可大致分为箱体主体（箱体壁及腔体）、底脚板、前后蜗轮轴孔凸台、左右蜗杆轴孔凸台、油标孔凸台、放油孔凸台和透气孔凸台。三维立体图如图9-97所示。

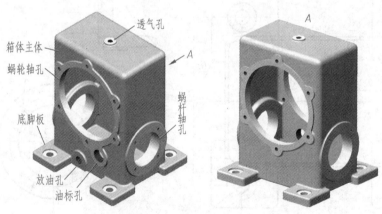

图 9-97　蜗杆减速箱体立体图

在分析时注意先整体、后局部，先主体、后细节，先易后难，逐步分析，最后综合起来想象出整个零件的形状。

4. **分析尺寸**

根据零件的类型及整体构型，分析长、宽、高三个方向的主要尺寸基准（设计基准），找出重要尺寸。弄清各个尺寸的作用，判断标注是否合理。

该零件各部分的尺寸，按形体分析法确定。标注尺寸的基准是：长度方向以腔体的左右对称面为主要基准，从它注出的定位尺寸有 204、180、20、30 和 150；宽度方向的尺寸基准为零件腔体的前后对称面，从它注出的定位尺寸有 190、116 和 150；高度方向的主要基准是底脚板底面，从它直接注出的定位尺寸有 70、16 和 50，蜗杆轴孔 ϕ65H7 轴线是高度方向的辅助基准（工艺基准）。

功能尺寸：蜗轮孔轴线与蜗杆孔轴线中心距 78±0.06，影响蜗轮蜗杆的啮合；蜗轮孔径 ϕ140H7、蜗杆孔径 ϕ65H7，影响蜗轮、蜗杆的装配。

5. 了解技术要求

包括尺寸公差、几何公差、表面结构和其他技术要求。

该零件图有尺寸公差要求的尺寸有 78±0.06、ϕ140H7、ϕ65H7 和所有螺纹孔，说明这些是该零件的核心部位。

几何公差有两个，$\boxed{\text{/}\ 0.05\ A}$ 表示零件前后端面对基准 A（ϕ140H7 孔轴线）的跳动公差为 0.05，$\boxed{\perp\ 0.03\ A}$ 表示 ϕ65H7 孔的实际轴线对基准 A 的垂直度公差为 0.03。

表面结构图中标有 5 种不同的要求，要求最高的是 ϕ140H7 和 ϕ65H7 孔，表面粗糙度为 MRR Ra3.2，其次是它们的外端面，表面粗糙度为 MRR Ra6.3，再次是 MRR Ra12.5 和 MRR Ra25，最后是其余不加工表面，保留原铸造毛坯表面。

其他技术要求在图中用文字说明，注写在标题栏的右边。如为保证产品加工质量，铸件不得有气孔、砂眼、缩孔等；为保证箱体加工后不致变形而影响性能，铸件要时效处理，消除内应力；为防止生锈，不加工面要涂漆等。

9.7 零件测绘

借助测量工具（或仪器）对机械零件或部件进行测量，并绘出其工作图的全过程称为零部件测绘。零部件测绘对修复零件与改造已有设备、设计新产品和产品仿制等有重要意义。根据测绘对象不同，零部件测绘分为零件测绘和部件测绘。

零件测绘是指对已有零件进行分析，确定其表达方案，绘制零件草图，测量尺寸，最后整理出零件工作图（简称零件图）的过程。

9.7.1 零件草图的作用和要求

测绘时，受现场条件或时间限制，不使用绘图工具，用目测形状、大小及比例徒手绘制图样，实际测量后标注尺寸，制订出技术要求，该图称为零件草图。

一般情况下还应根据草图画出零件图。在特殊场合，零件草图也可作为制造的依据。

零件草图和零件图的内容相同，除了零件草图徒手完成外，对零件草图的要求和对零件图的要求相同，所以，绘制零件草图不能潦草从事，必须要做到线型分明、比例均匀、字体端正、图面整洁，要求零件视图表达要完整，尺寸标注正确。

画图时，手握笔的位置可略高些，这样有利于运笔和观察零件。画草图的铅笔比用仪器画图的铅笔软一号，削成圆锥形，画粗实线要秃些，画细实线可尖些。要画好草图，应掌握好徒手绘制各种线条的基本手法。

9.7.2 画零件草图的方法和步骤

现以图 9-98 所示的轴承盖为例，说明画零件草图的方法和步骤。

1. 了解和分析测绘对象

零件的名称是轴承盖，在蜗杆减速器中起支承、定位蜗轮轴上的一个轴承和端面密封的作用，它位于蜗杆减速器的一侧，加垫片后用6个圆柱内六角沉头螺钉与箱体连接。材料是HT200，毛坯是铸件，属于轮盖类零件。

该轴承盖的主体结构为圆柱回转体，为节省材料、减轻重量，外周边6个沉孔处用了6个圆柱凸缘，为加强支承强度用了4个肋板。

图 9-98　轴承盖立体图

2. 确定视图表达方案

轮盖类零件一般用两个基本视图表达，全剖的主视图和外形左视图。表达该轴承盖也采用轴线水平放置，既符合主要加工位置，也符合工作位置。主视图全剖，能够清晰表达主要组成部分的相对位置关系和基本形状；左视图画外形视图，能够清晰反映孔、肋板的分布位置。

3. 画零件草图

1）布局。在图纸上定出各视图的位置，画出各视图的基准线、中心线。安排各视图的位置时，要考虑到各视图间应预留标注尺寸的区域，右下角预留有标题栏的区域，如图 9-99a 所示。

2）按目测确定绘图比例，画视图。如图 9-99b 所示，应以细实线画底稿，要轻、细、准，以便于修改。先画主要轮廓，再画次要轮廓和细节，每个结构要几个视图联系起来画，以对正投影关系，逐步画出全部结构形状。注意零件的制造缺陷及磨损等不应画出，零件的工艺结构如铸造圆角、倒角等必须画出。

3）选择基准并画出所有尺寸线、尺寸界线及箭头，如图 9-99c 所示。

4）测量尺寸，填写尺寸数字。测量尺寸时注意零件测量顺序，要先测量定形尺寸，再测量定位尺寸；要合理选择并正确使用量具，如测量毛坯面尺寸时，用钢直尺和卡钳；测量加工面的尺寸时，用千分尺、游标卡尺等。对于不便直接测量的尺寸（如锥度、斜度等），可以利用几何知识进行测量和计算；对零件上标准结构的尺寸，如螺纹、键槽、轮齿、退刀槽、连接用的通孔和沉孔等，应在量取相关尺寸的基础上查表、计算确定。

测量时正确合理地选择测量基准面，以选定的基准面进行测量，尽量避免尺寸换算，减少测量错误；测量零件的内外径时，应采取多点测量法，对多点测量的尺寸数据进行比较、判别，以便判断零件的圆度和圆锥度；测量螺杆、丝杠时，必须注意螺纹线数、旋向、螺纹形状、螺距等。

因被测零件存在加工和测量误差及使用磨损等，实测值会偏离原设计值，因此需要对测得的数据进行圆整，合理确定其公称尺寸及尺寸公差。

5）注出零件各表面结构符号和几何公差符号及各项技术要求。技术要求应根据零件的作用和装配关系来确定。

6）填写标题栏。

7）全面检查并改正草图中的错误，完成草图，如图 9-99d 所示。

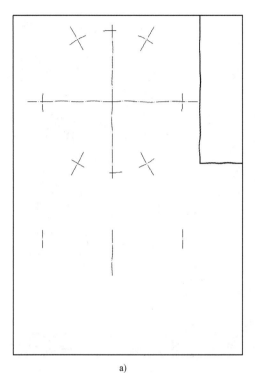

a)

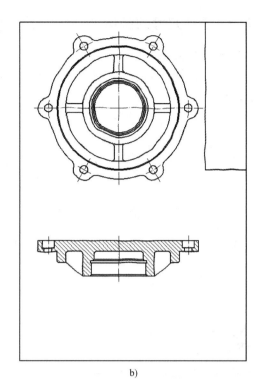

b)

c)

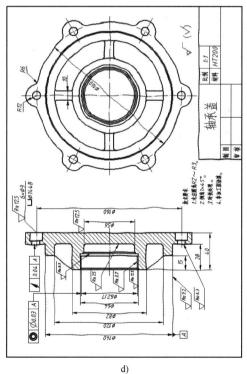

d)

图 9-99 画零件草图

a）布局 b）画视图 c）画尺寸线 d）填写尺寸数字等

9.7.3 零件尺寸的测量

1. 常用的测量工具

在机械制图课程的教学中，测绘常用的量具如图 9-100 所示，有直尺、外卡钳、内卡钳、游标卡尺等。

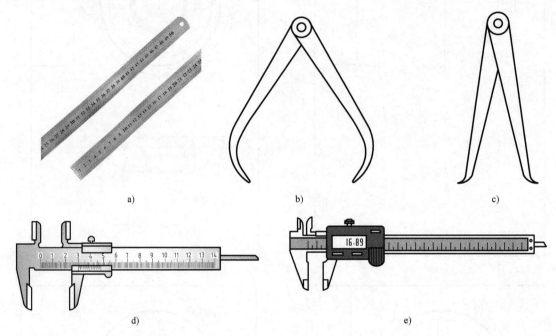

a)   b)   c)

d)   e)

图 9-100　常用量具

a）直尺　b）外卡钳　c）内卡钳　d）普通游标卡尺　e）数字显示游标卡尺

2. 测量工具的用法

1）外卡钳。外卡钳主要用于测量回转体的外直径。图 9-101 所示为用外卡钳测量外直径，量出后在直尺上读取数值。

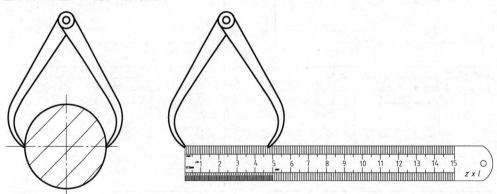

图 9-101　测量外直径

2）内卡钳。内卡钳主要用于测量孔径。图 9-102 所示为用内卡钳测量孔径，量出后在直尺上读取孔径的数值。

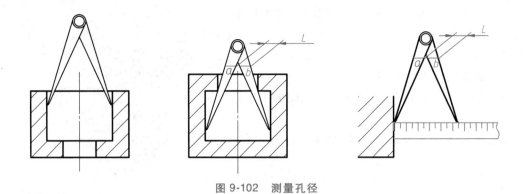

图 9-102　测量孔径

3）游标卡尺。游标卡尺可以直接用于测量外直径或内直径，并可利用尺背面的细杆直接测出深度尺寸，如图 9-103 所示。

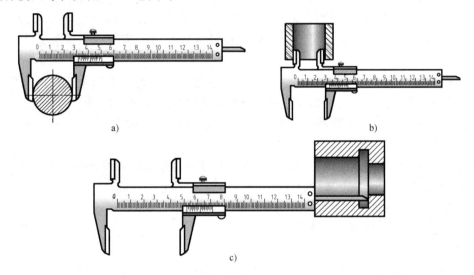

图 9-103　游标卡尺的使用
a）测量外直径　b）测量内直径　c）测量孔深度

4）用 R 规测量圆角，如图 9-104 所示。

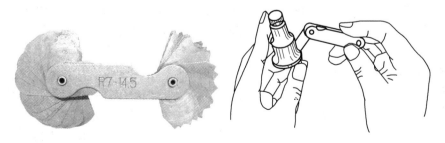

图 9-104　用 R 规测量圆角

R 规又名 R 样板、半径规、半径样板、圆角规、圆角样板、内圆样板、外圆样板、内圆测量规、外圆测量规等。这里的"R"是圆弧的意思。

R 规是利用光隙法测量圆弧半径的工具，用于检验工件上凹凸表面的曲线半径。测量时必须使 R 规的测量面与工件的圆弧完全紧密地接触，当测量面与工件的圆弧中间没有间隙时，工件的圆弧度数则为此时对应的 R 规上所表示的数字。由于是目测，故准确度不是很高，只能作定性测量。

5）用游标万能角度尺测量角度。如图 9-105 所示。

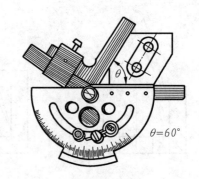

$\theta = 60°$

图 9-105　用游标万能角度尺测量角度

游标万能角度尺又被称为角度规、角游标和万能量角器，它是利用游标读数原理来直接测量工件角或进行划线的一种角度量具，适用于机械加工中的内、外角度测量，可测 0°~320° 外角及 40°~130° 内角。

① 游标万能角度尺的原理。游标万能角度尺的读数机构是根据游标原理制成的。尺身刻线每格为 1°。游标的刻线是取尺身的 29° 等分为 30 格，因此游标刻线角格为 29°/30，即尺身与游标一格的差值，也就是说游标万能角度尺读数准确度为 2'。其读数方法与游标卡尺完全相同。

② 游标万能角度尺的使用方法。测量时应先校准零位，游标万能角度尺的零位，是当角尺与直尺均装上，而角尺的底边及基尺与直尺无间隙接触，此时尺身与游标的"0"线对准。调整好零位后，通过改变基尺、角尺、直尺的相互位置可测试 0°~320° 范围内的任意角。

用游标万能角度尺测量零件角度时，应使基尺与零件角度的母线方向一致，且零件应与量角尺的两个测量面的全长上接触良好，以免产生测量误差。

6）用螺纹样板测量螺纹，如图 9-106 所示。

具有确定的螺距及牙型，且满足一定的准确度要求，用作螺纹标准对类同的螺纹进行测量的标准件，称为螺纹样板，又称为螺距规或扣规，可供公制、英制、美制、公制梯形、美制梯形螺纹等使用。

图 9-106　螺纹样板

① 测量螺纹螺距时，将螺纹样板组中的齿形钢片作为样板，卡在被测螺纹工件上，如果不密合，就另换一片，直到密合为止，这时该螺纹样板上标记的尺寸即为被测螺纹工件的螺距。但是，须注意把螺纹样板卡在螺纹牙廓上时，应尽可能利用螺纹工作部分长度，使测量结果较为正确。

② 测量牙型角时，把螺距与被测螺纹工件相同的螺纹样板靠放在被测螺纹上面，然后检查它们的接触情况，如果有不均匀间隙的透光现象，说明被测螺纹的牙型不准确。这种测量方法只能粗略判断牙型角误差的大概情况，不能确定牙型角误差的数值。

7）间接测量法。零件上有些尺寸不易直接测出时，可用间接测量法算出，即通过测出一些相关数据再用几何运算求出。

① 测量孔距，如图 9-107、图 9-108 所示。

② 测量壁厚，如图 9-109 所示。

③ 测量中心高，一般可用直尺和卡钳或游标卡尺测量，如图 9-110 所示。

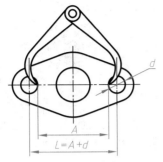

图 9-107　用内外卡钳测量孔距

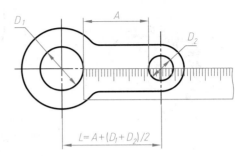

图 9-108　用直尺测量孔距

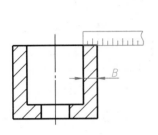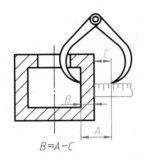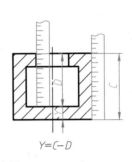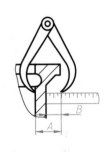

图 9-109　测量壁厚

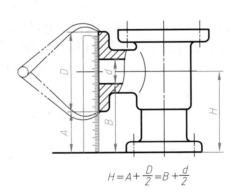

图 9-110　测量中心高

④ 测量曲线和曲面，如图 9-111 所示。

要求测得很准确时，需用三维测量仪。要求不高时，可用拓印法、铅丝法或坐标法测量，如图 9-111 所示。

3. 测量零件尺寸时的注意事项

1）要正确使用测量工具和选择测量基准，以减少测量误差。

2）不要用较精密的量具测量粗糙的表面，以免磨损，影响量具的精确度。

3）尺寸要集中测量，逐个填写尺寸数值。

4）对于零件上不太重要的尺寸（如不加工面的尺寸或加工面的一般尺寸），可将所测的尺寸数值圆整到整数。对功能尺寸（如中心距、中心高、齿轮轮齿尺寸等）要精确测量，并予以必要的计算、核对，不能随意地圆整。

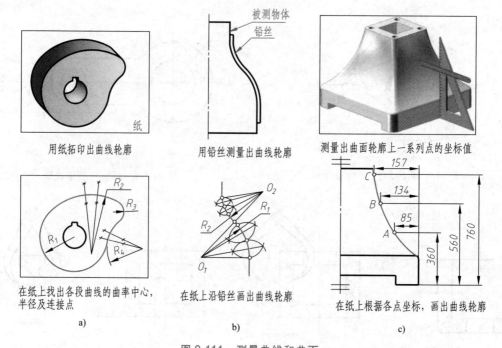

图 9-111　测量曲线和曲面

a）拓印法　b）铅丝法　c）坐标法

5）相配合的轴、孔的公称尺寸应一致。零件上的配合尺寸，测量后应圆整到公称尺寸（标准直径或标准长度），然后根据使用要求，正确定出配合基准制、配合类别和公差等级，再从公差配合表中查出偏差值。长度和直径尺寸，测量后一般应按标准长度和标准直径系列核对后取值。

6）标准结构要素（如键槽、螺纹、销孔、退刀槽、越程槽、倒角、圆角等），测得尺寸后，应查表取标准值。

7）测零件上已磨损部位的尺寸时，应考虑磨损值，参考相关零件或有关资料，经分析后确定。

9.8　零件三维建模

在计算机参数化造型中，零件是由特征组成的。多数三维 CAD 软件如 SolidWorks、Creo、SolidEdge、Inventor 等零件建模时均是基于特征的。

9.8.1　特征

1. 特征的概念

特征是一种具有工程意义的参数化的三维几何模型，特征对应于零件的某一形状，如圆角、倒角、筋、孔等，是三维建模的基本单元。使用参数化特征造型不仅能够使造型简单，并且能够包含设计信息、加工方法和加工顺序等工艺信息，为后续的 CAD（计算机辅助设计）、CAPP（计算机辅助工艺规划）、CAM（计算机辅助制造）提供正确的数据。

2. 特征的分类

特征可以分为基体特征、附加特征和参考特征，如图 9-112 所示。

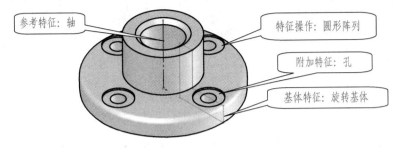

参考特征：轴

特征操作：圆形阵列

附加特征：孔

基体特征：旋转基体

图 9-112 特征分类

（1）基体特征 基体特征是造型过程中第一个创建的特征，相当于零件的毛坯，作为造型的基体，其他特征直接或间接地以基体特征为参考。基体特征可以是拉伸、旋转、扫描、放样、曲面加厚或钣金法兰。

（2）附加特征 附加特征是对已有的特征进行的附加操作，包括圆角、倒角、孔、抽壳等。

（3）参考特征 参考特征是建立其他特征的参考，如基准面、基准轴、基准点、局部坐标系等。参考特征不直接参与三维模型的生成，但在其他特征的生成和组合过程中起到基准定义作用，又称基准特征。

3. 特征的编辑

三维 CAD 软件提供有特征编辑功能，如矩形阵列、环形阵列、镜向、复制、移动等。造型过程中特征可以进行修改、删除、压缩、解除压缩、隐藏、显示等操作。

4. 特征之间的关系

特征之间的关系包括几何拓扑关系、从属关系和时序关系等。

9.8.2 创建零件三维模型的基本步骤

创建零件三维模型一般遵循以下步骤：

1）规划零件。主要包括分析模型的特征组成，分析零件特征之间的相互位置关系，分析特征的造型顺序及特征的构造方法。设计规划考虑得越详细，设计时就越顺利，最终的建模就越合理，尤其是对复杂的零件。

2）创建基体特征。基体特征是构建零件的基础，一般选择构成零件基本形态的主要特征或尺寸较大的特征作为基本特征。

3）添加其他特征。根据零件规划结果，在基体特征上添加其他特征。一般先添加大的特征，后添加小的特征，最后添加圆角、倒角等辅助特征。

4）编辑修改特征。在特征造型过程中，如果对某一结果不满意，可以随时修改。可以修改特征的形状、尺寸、位置和从属关系等。

图 9-113 所示为盘类零件的创建过程。

9.8.3 典型零件三维建模的基本方法

1. 轴套类零件建模

这类零件的主体是回转体，加上一些键槽、孔、槽等组成。建模时先创建基体（回转

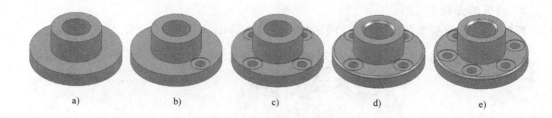

图 9-113　盘类零件的创建过程

a）创建基体特征　b）添加孔特征　c）阵列孔特征　d）倒角、圆角　e）修改孔的个数

体），再创建上面的孔、槽等结构。图 9-89 中蜗轮轴建模的参考步骤如图 9-114 所示。

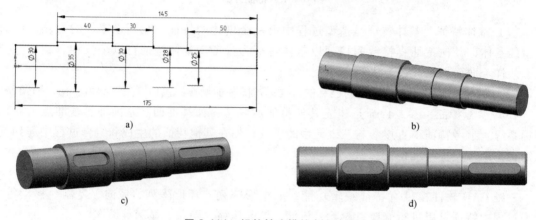

图 9-114　蜗轮轴建模的参考步骤

a）绘制出各段轴径的轮廓草图　b）旋转出基体特征　c）拉伸切除出键槽　d）倒角完成建模

2. 叉架类零件建模

这类零件根据起的作用不同，结构也有所不同。建模时按形体分析法逐步完成各部分的造型。图 9-93 中拨叉建模的参考步骤如图 9-115 所示。

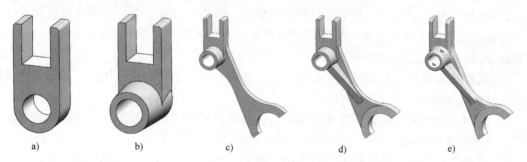

图 9-115　拨叉建模的参考步骤

a）创建上部形体　b）创建中间回转体　c）创建下部形体　d）添加肋板和凸台　e）添加销孔和圆角

3. 箱体类零件建模

这类零件一般结构形状复杂，起支撑、包容作用。建模时先创建大的形体，再创建小的形体；先主体后细节，按形体分析法逐步完成各部分的造型。图 9-95 中泵体建模的参考步骤如图 9-116 所示。

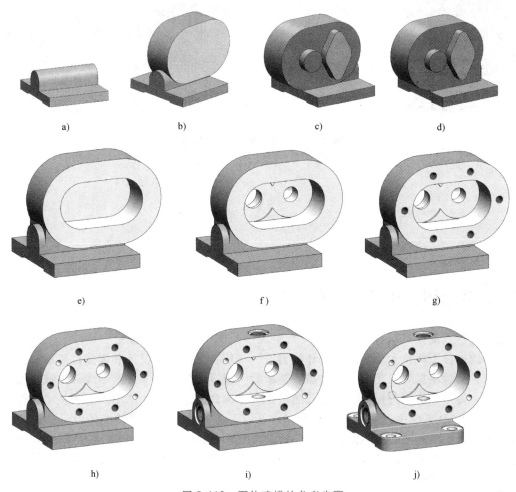

图 9-116　泵体建模的参考步骤

a）创建底板及 U 形柱体　b）创建主体形体　c）创建后部凸台　d）补全底板与主体间的柱体

e）拉伸切除出腔体　f）创建腔体内凸台　g）创建螺纹孔　h）创建销孔

i）创建上下油孔　j）创建底板上的螺栓孔及圆角等

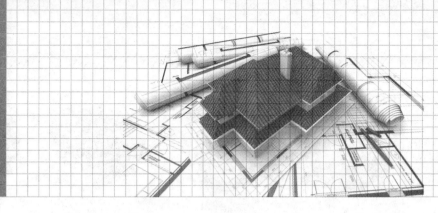

第 10 章

装　配　图

10.1　装配图的作用和内容

表达机器或部件（统称装配体）及其组成部分的结构形状、装配关系、工作原理和技术要求等的工程图样称为装配图。设计机器时，一般在经过方案设计和强度计算后，便需绘制装配图，然后根据装配图拆画零件图。装配时，根据装配图把零件组装成部件或机器。机器在调试、使用、维修过程中也常需参照装配图，因此装配图是生产中的重要技术文件。

在三维 CAD 系统中，采用自上而下或自下而上的方法进行三维装配体设计。由装配体可直接创建装配工程图样或装配轴测图，或装配分解视图（也称爆炸图），更好地表达机器或部件的装配关系和装配过程。图 10-1 所示为齿轮泵装配体轴测剖视图。

一张完整的装配图一般包含以下内容：

1. 一组视图

用一组视图来表达机器或部件的工作原理、零件之间的相对位置、装配关系以及零件的主要结构形状。

2. 必要的尺寸

在装配图中无需表达零件的全部尺寸，只需标注机器（或部件）的有关性能、规格、配合、外形、连接尺寸和其他的一些重要尺寸。

3. 技术要求

用符号或文字说明机器（或部件）在装配、检验、调试和使用时应达到的要求。

4. 零部件编号、明细栏

为了便于生产管理和看图，装配图中要

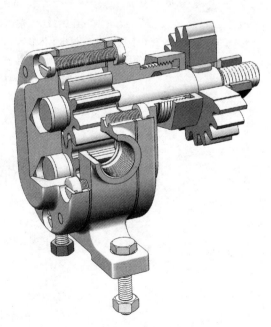

图 10-1　齿轮泵装配体轴测剖视图

对每一种零（部）件编写序号，并在明细栏中依次填写零部件的名称、代号、件数、规格、材料等信息。

5. 标题栏

标题栏中注写机器（或部件）的名称、型号规格、绘图比例、图样代号等以及设计、制图、审核等人员的签字等信息。

图10-2所示为齿轮油泵的装配图。齿轮油泵是润滑系统中常用的部件，其工作原理是：当传动齿轮11转动时，通过键14传递转矩带动传动齿轮轴3转动，传动齿轮轴3的转动再带动齿轮轴2转动。由于轮齿的啮合，将齿间的油挤压出去，在两侧形成高、低压区，低压区经进油口从油池吸油，高压区经出油口向需要润滑的部位供油，其工作原理如图10-3所示。

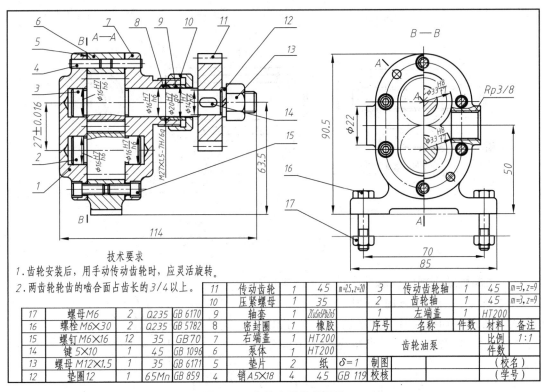

技术要求

1. 齿轮安装后，用手动传动齿轮时，应灵活旋转。

2. 两齿轮轮齿的啮合面占齿长的3/4以上。

17	螺母M6	2	Q235	GB 6170	9	轴套	1	ZCuSn5Pb5Zn5		11	传动齿轮	1	45	m=2.5,z=20	3	传动齿轮轴	1	45	m=3,z=9
16	螺栓M6×30	2	Q235	GB 5782	8	密封圈	1	橡胶		10	压紧螺母	1	35		2	齿轮轴	1	45	m=3,z=9
15	螺钉M6×16	12	35	GB70	7	右端盖	1	HT200							1	左端盖	1	HT200	
14	键5×10	1	45	GB 1096	6	泵体	1	HT200		序号	名称	件数	材料	备注					
13	螺母M12×1.5	1	35	GB 6171	5	垫片	2	纸 δ=1		比例 1:1						齿轮油泵			
12	垫圈12	1	65Mn	GB 859	4	销A5×18	4	45	GB 119	件数									

（制图）（校名）
（校核）（学号）

图 10-2　齿轮油泵的装配图

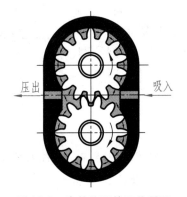

压出　　　吸入

图 10-3　齿轮油泵的工作原理

10.2 装配图的图样画法

零件图样的各种表达方法,如视图、剖视图、断面图和局部放大图等同样适用于装配图。但是装配图的表达对象和作用与零件图不同,所以装配图还有一些特殊的表达方法。

10.2.1 规定画法

1) 两零件的接触表面和配合表面,只画一条轮廓线;非接触表面和非配合表面(公称尺寸不同),即使间隙很小,也要画出两条轮廓线(图10-4)。

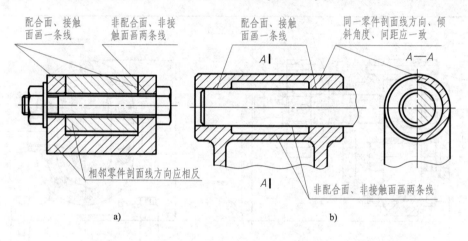

图 10-4 装配图规定画法(一)

2) 装配图的剖视图或断面图中,同一零件在剖开的视图中,剖面线方向和间隔均应保持一致;相邻两零件的剖面线应有明显区别,即方向相反,或方向一致但间隔不等,以便在装配图中区分不同的零件。

3) 对于紧固件及实心的轴、球、手柄、键、连杆等零件,若沿纵向剖切且剖切平面通过其对称平面或轴线时,这些零件均按不剖绘制。如需表明零件的凹槽、键槽、销孔等结构,可用局部剖视表示。如图 10-5 中螺钉和键均按不剖绘制;为表示轴和齿轮间的键连接关系,采用局部剖视。

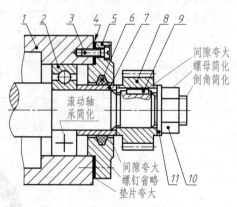

图 10-5 装配图规定画法(二)

10.2.2 特殊画法

1. 拆卸画法

为了表示那些被遮挡零件的装配情况或结构,或者为避免重复,简化作图,可假想将某些零件拆去后绘制,需要说明时可加标注"拆去××等"。在图 10-6 中,左视图拆去油杯,俯视图拆去轴承盖等。

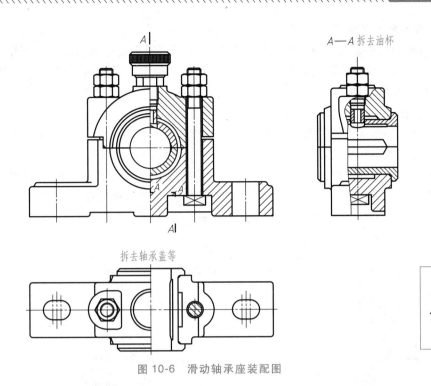

图 10-6　滑动轴承座装配图

2. 沿结合面剖切

装配图中，可假想沿某些零件的结合面剖切，这时，这些零件的结合面不画剖面线，其他被横向剖切的轴、螺钉及销的断面要画剖面线。例如图 10-7 所示转子泵装配图中的 *A—A* 剖视图。

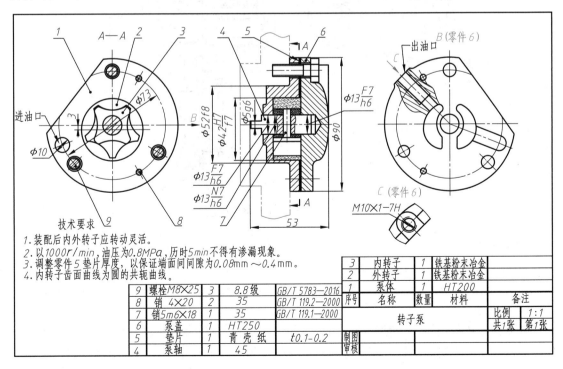

图 10-7　转子泵装配图

3. 单独画出某个零件

为了表达某些结构，可以单独画出某一零件的视图，但必须在所画视图上方注出该零件的视图名称，在相应视图的附近用箭头指明投射方向，并注上同样的字母。在图10-7中单独画出了泵盖的 B 向视图。

4. 假想画法

1）为了表达与本部件相邻的其他零部件的安装关系时，也可用细双点画线画出相邻零部件的轮廓，如图10-7转子泵主视图所示。

2）在装配图中，当需要表达运动零（部）件的运动范围或极限位置时，可将运动件在一个极限位置（或中间位置上）画出，其另一极限位置（或两极限位置）用细双点画线画出外形轮廓。如图10-8所示，手柄的另外两个位置用细双点画线表示。

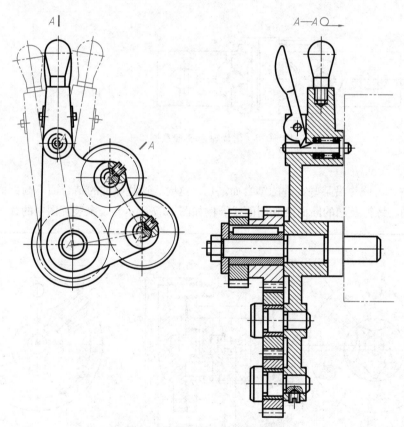

图 10-8　假想画法及展开画法

5. 夸大画法

部件中非配合面的微小间隙、薄片零件（如密封垫片）、细丝弹簧等，按实际尺寸很难表达清楚，可不按比例而适当夸大画出，如图10-7所示，其中的垫片、间隙都是夸大画出的。

6. 展开画法

为了表达某些重叠的装配关系，如多级传动变速箱，可以假想按传动路线顺序，用多个在各轴心处首尾相接的剖切平面进行剖切，并依次展开在同一平面上，画出剖视图，并在剖视图的上方标注"×—×○→"，如图10-8所示。

10.2.3　简化画法

1）装配图中，零件常见的工艺结构如圆角、倒角、退刀槽、模锻斜度和滚花等允许简略不画。

2）对于分布有规律、重复出现的相同组件（如螺纹紧固件及其连接等），在不影响看图的情况下，允许只详细画出一处，其余用细点画线标明其中心位置即可，如图10-9所示。

3）装配图中可用粗实线表示传动带，如图10-10a所示；用细点画线表示传动链条，如图10-10b所示；在锅炉、化工设备中，用细点画线表示密集的管子、换热管孔的排布等，如图10-11所示。

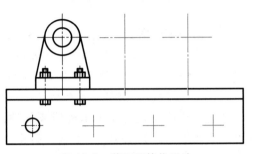

图 10-9　装配图简化画法

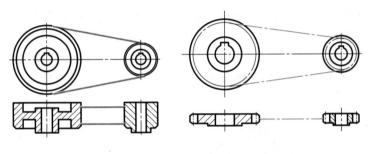

a)　　　　　　　　　　b)

图 10-10　传动带和传动链的表示方法

a）带传动　b）链传动

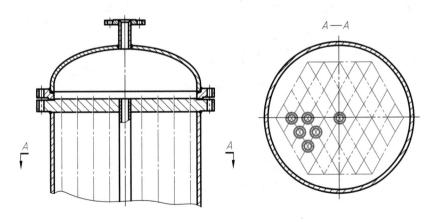

图 10-11　密集管子的表示方法

4）滚动轴承轮廓内的结构可按简化画法或示意画法绘制，但同一图样只用同一种画法，如图10-5所示。

5）某些特定的装备往往还有行业标准规定的一些画法，如化工设备，可参考相关标准。

10.3 装配图的尺寸标注、技术要求及零件编号

10.3.1 装配图的尺寸标注

装配图和零件图在生产中的作用不同，因此，在图上标注的要求也不同。装配图只需注出一些必要的尺寸，以说明部件或机器的性能、零件间的装配关系、部件或机器的外廓大小及对外安装情况。通常在装配图中需要标注出以下五类尺寸：

1. 性能（规格）尺寸

性能（规格）尺寸是表示机器或部件性能（规格）的尺寸，它是设计、选用该机器或部件的主要依据。如图 10-12 中轴瓦的孔径 ϕ30H8。

2. 装配尺寸

装配尺寸是保证机器中各零件装配关系的尺寸。装配尺寸包括配合尺寸和主要零件间的相对位置尺寸。如图 10-12 中的配合尺寸有轴承盖与轴承座之间的 70H9/f9，轴衬固定套与轴承盖之间的 ϕ10H8/s8，上、下轴瓦与轴承盖和轴承座之间的 ϕ40H8/k7，这些尺寸确定了相关两零件表面间的间隙配合、过盈配合、过渡配合。图 10-12 中的轴承孔中心高 50，图 10-2 中的齿轮中心距 27±0.016，标明了主要零件间的相对位置尺寸。

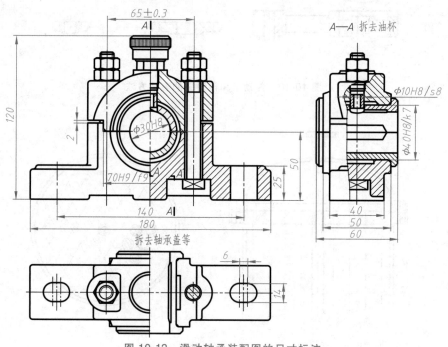

图 10-12 滑动轴承装配图的尺寸标注

3. 安装尺寸

安装尺寸是机器或部件安装时所需的尺寸。如图 10-12 中的安装孔尺寸 140、6 和 14。

4. 外形（总体）尺寸

外形（总体）尺寸是表示机器或部件外部轮廓的尺寸，即总长、总宽和总高。它说明

了机器或部件包装、运输、安装时所需的空间。如图 10-12 所示，滑动轴承的总长 180、总宽 60 和总高 120 均为外形尺寸。当因部件中零件运动而使得某方向总体尺寸为变值时，应标明其尺寸变动范围。

5. 其他重要尺寸

为便于设计和绘制零部件，装配图有时还要标注主要零件的重要结构尺寸、运动零部件的极限尺寸以及其他一些设计和计算所需要的参考尺寸。

以上五类尺寸并不是每一张装配图都必须标注的，要根据具体情况分析，有时同一尺寸兼有几种含义。

10.3.2　装配图的技术要求

装配图中的技术要求，一般包含以下几个方面的内容：

1）装配体在装配过程中应注意的事项及特殊要求。

2）装配体装配后应达到的性能要求。

3）装配体制造、检验、使用和维护方面的要求。如润滑、密封、油漆、保养等方面的要求及操作时应注意的事项等。

4）装配体制作、装配、安装和使用应遵守或执行的相关标准、技术规范等。

上述内容不一定都要注全，而是根据装配的实际需要来确定。

技术要求一般注写在明细栏的上方或左侧视图下部空白处。若内容很多，也可另外单独编写成技术文件。复杂机器或部件往往需要编制专门的装配过程指导或说明文件。

10.3.3　装配图的零部件编号和明细栏

为便于读图和装配工作，必须对装配图中的所有零部件进行编号，并填写与图中编号一致的明细栏。

1. 零部件序号的编排方法和规定

（1）基本规定　装配图中所有零部件都必须编写序号。且规格相同的零部件可只编写一个序号。图中零部件序号应与明细栏（表）中的序号一致。

（2）编写方法　装配图中的序号由圆点、指引线、横线（或圆圈）和序号数字这四部分组成，如图 10-13 所示。

圆点应放在所指零部件的可见轮廓线内部。若所指部分（很薄的零件或涂黑的剖面）内不便画圆点时，可画箭头，并指向该部分的轮廓，如图 10-13 中的零件序号 5 的标注。

指引线为细实线，且不能相交。当其通过有剖面线的区域时，不应与剖面线平行。指引线可以画成折线，但只可曲折一次。一组紧固件以及装配关系清楚的零件组，可以采用公共指引线，如图 10-13 中零件序号 2、3、4 的标注。

在指引线的末端一般应用细实线画出横线或圆圈，也可以省略，如图 10-14 所示。但一张装配图上应统一使用一种形式，并按水平或竖直方向排列整齐。

序号数字根据装配图上横线（或圆圈）的形式注写在水平

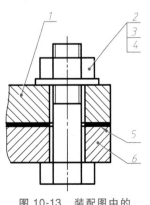

图 10-13　装配图中的零部件序号（一）

的基准横线上或圆圈内，或者指引线的非零件端附近，序号数字的字号比该装配图中所注尺寸数字的字号大一号或两号，同一张装配图内注写形式要统一，并按顺时针或逆时针方向顺次整齐排列，在整个图无法连续时，应尽量在每个水平或竖直方向顺次排列。

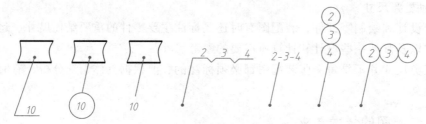

图 10-14　装配图中的零部件序号（二）

2. 明细栏

明细栏是机器或部件中全部零部件的清单，一般包括零部件的序号、名称、代号（图样代号或标准号）、材料、数量、质量以及备注等信息。明细栏应紧靠在标题栏的上方，由下向上顺序填写零件编号。当标题栏上方位置不够时，可移至标题栏左边继续填写，如图 10-7 所示。

10.4　装配图的视图选择

10.4.1　装配图的视图选择

1. 视图选择原则

部件装配图视图选择的基本原则是：应正确、合理、清晰地表达部件中各零件间的装配关系、运动传递以及部件的工作原理。因此，画装配图前，必须先了解清楚部件的工作原理、零件连接和装配关系、传动路线及零部件的主要结构特点等，然后分析、选择出较为合理的表达方案。

2. 主视图的选择

主视图一般将部件按其工作位置安放，如果部件的工作位置倾斜，为画图方便，通常将部件放正，使其主要装配干线处于特殊位置。选择能较全面、明显地反映该部件的主要工作原理、装配关系、形状特征方向作为主视图的投射方向。为表达内部结构，主视图多采用剖视图画出。

3. 其他视图的选择

选择其他视图时，首先应分析部件中还有哪些工作原理、装配关系和主要结构在主视图中还没有表达清楚，然后确定选用适当的其他视图来补充表达。若部件还有一些局部的结构需要表达时，也可灵活地再选用局部视图、局部剖视或断面等来补充表达。

4. 注意事项

决定部件的表达方案时，还应注意以下问题：

1）应从部件的全局出发，综合进行考虑。特别是一些复杂的部件，可能有多种表达方案，应通过比较择优选用。必要时可绘制三维轴测图来表达部件，帮助技术人员更好地理解设计者的意图。

2）在设计过程中绘制的装配图应详细一些，以便为零件设计提供结构方面的依据。指导装配工作的装配图，则可简略一些，重点在于表达每种零件在部件中的位置。

3）装配图中，部件的内外结构应以基本视图来表达，而不应以过多的局部视图来表达，以免图形支离破碎，看图时不易形成整体概念。

4）若视图需要剖开绘制时，一般应从各条装配干线的对称面或轴线处剖开。同一视图中不宜采用过多的局部剖视。以免使部件的内外结构表达不完整。

5）部件上对于其工作原理、装配结构、定位安装等方面没有影响的次要结构，不必在装配图中一一表达清楚，可留待零件设计时由设计人员自定。

6）表达方案要根据机器和部件的特点合理选择，用最有效的办法传递设计思想。

10.4.2 实例

例 10-1 如图 10-15 所示的滑轮架装配图中，主视图采用局部剖视把主要内部结构和零件装配关系同时表达清楚，而左视图主要表达其外形，这两个视图已经基本上把滑轮架主要的结构都表达出来了，因此不必要再绘制完整的俯视图，而是代之以 *A—A* 剖视图，用以表达清楚支架 1 下部及底板的结构形状。整个表达方案简洁明了，视图布局也合理。

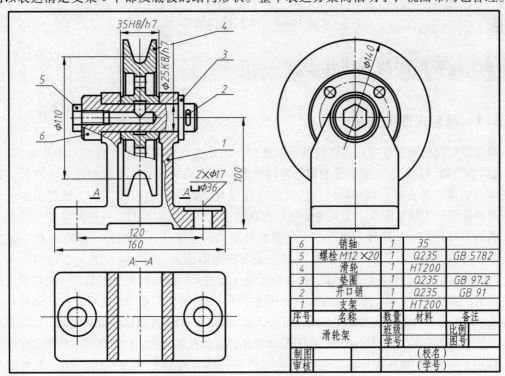

图 10-15 滑轮架装配图

例 10-2 图 10-16 所示是用轴测图形表达的快速夹钳的分解和装配。这种表达方法借助于三维 CAD 软件实现，其最大的优点是直观、方便，在理解装配体的工作原理、结构特征以及指导装配作业等方面有明显的优势。

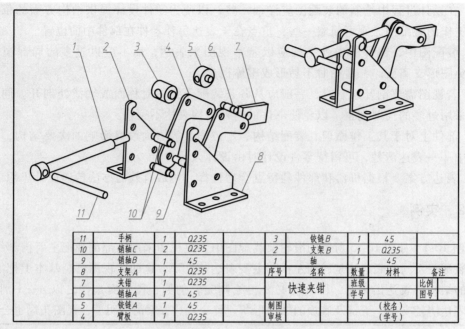

11	手柄	1	Q235		3	铰链B	1	45	
10	销轴C	2	Q235		2	支架B	1	Q235	
9	销轴B	1	45		1	轴	1	45	
8	支架A	1	Q235		序号	名称	数量	材料	备注
7	夹钳	1	Q235				班级		比例
6	销轴A	1	45			快速夹钳	学号		图号
5	铰链A	1	45		制图			(校名)	
4	臂板	1	Q235		审核			(学号)	

图 10-16　快速夹钳装配图

10.5　画装配图的方法和步骤

10.5.1　画装配图的方法

根据装配图的画图顺序，可以将画装配图的方法分为"由内向外"画和"由外向内"画。"由内向外"画，是从各装配干线的核心零件开始，按装配关系逐层扩展画出各个零件，最后画壳体（箱体）等支撑、包容零件，其画图过程与大多数设计过程相一致，适用于在设计新设备的初始阶段绘制装配图，尤其是绘制装配草图。此时尚无零件图，要待此装配图画好后再去"拆画"零件图。用这种方法画图时，那些被遮挡的轮廓线不用画出，因此有利于提高作图效率和清洁图面。本节铣刀头（图 10-17）的装配图即是采用了这种方法。

"由外向内"画，是先将起支撑、包容作用的体量较大、结构较复杂的箱体、壳体或支架等零件画出，再按装配线和装配关系逐次画出其他零件。这种方法多用于对已有设备（部件）进行测绘或整理新设计设备的技术文件，此时组成设备（部件）的零件图已经绘制完成，主要是根据已有零件图"拼画"装配图，画图过程与具体的部件装配过程一致，比较形象，利于空间想象。

在用三维 CAD 软件设计时，是先创建三维装配体，然后创建工程图。设计人员主要关注装配体的表达，无需绘制二维工程图形，可极大提高绘图效率。

10.5.2　画装配图的步骤

下面利用"由内向外"画的方法绘制铣刀头的装配图，其具体的画图步骤如下。

1. 部件分析

图 10-17 所示的铣刀头是专用铣床上的一个部件，铣刀装在铣刀盘上，铣刀盘通过键与

轴连接，当动力通过 V 带传给带轮，经键传到轴，即可带动铣刀盘转动，对零件进行铣削加工。它由 5 种一般零件（座体、转轴、V 带轮、端盖、调整片）和 4 种标准件（滚动轴承、螺钉、键、毡圈）组成。

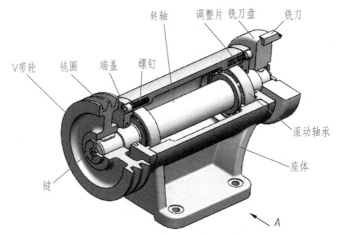
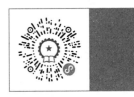

图 10-17　铣刀头轴测装配图

铣刀头中的装配关系如下：

1) 主要装配干线：沿转轴中心线的一系列零件的装配。左边的 V 带轮为动力输入端，V 带轮用键和转轴连接，转轴用两个轴承支撑并装在座体上，在转轴的右边，动力输出给铣刀盘以带动铣刀切削，转轴与铣刀盘由键连接，并用挡圈、垫圈、螺钉将铣刀盘与转轴紧固住。

2) 其他装配干线：带轮的左侧有销、挡圈、螺钉实现定位和紧固；为防尘和密封，两端轴承外侧加端盖并用螺钉将其与座体连接。

2. 确定表达方案

（1）选择主视图　根据铣刀头的工作位置（转轴轴线水平安放）以及表达主要装配线，即主要工作路线（V 带轮→轴→铣刀盘），选择图 10-17 所示的 A 方向作为主视图投射方向，并作全剖的主视图。

（2）选择其他视图　主视图选定之后，座体形状、端盖与座体装配连接关系等表达还不够清楚，为此，需要绘制左视图。因为 V 带轮比端盖大，完全遮住了端盖及其装配情况，所以在左视图上采用拆卸画法，同时采用局部剖表达安装孔及肋板形状。

3. 确定绘图比例和图幅

按照选定的表达方案，根据部件或机器的尺寸大小及复杂程度选定画图的合适比例。一般情况下，应尽量选用 1∶1 的比例画图，以便于读图。比例确定后，再根据选好的视图，并考虑标注必要的尺寸、零件序号、标题栏、明细栏和技术要求等所需的图面位置，确定图幅的大小。

4. 绘制装配图视图

传统的尺规作图、手工绘图和计算机二维绘图时，绘制装配图视图的一般过程如下：

（1）绘制作图基准线（视图布局）　根据拟定的表达方案，画出各主要视图的作图基准线，以便合理美观地布置各个视图，注意留出标注尺寸、技术要求、零件序号、明细栏等的适当位置。作图基准线一般选择装配体的底面、对称面、重要的端面或主要零件的轴线。铣刀头装配图的作图基准线如图 10-18a 所示。

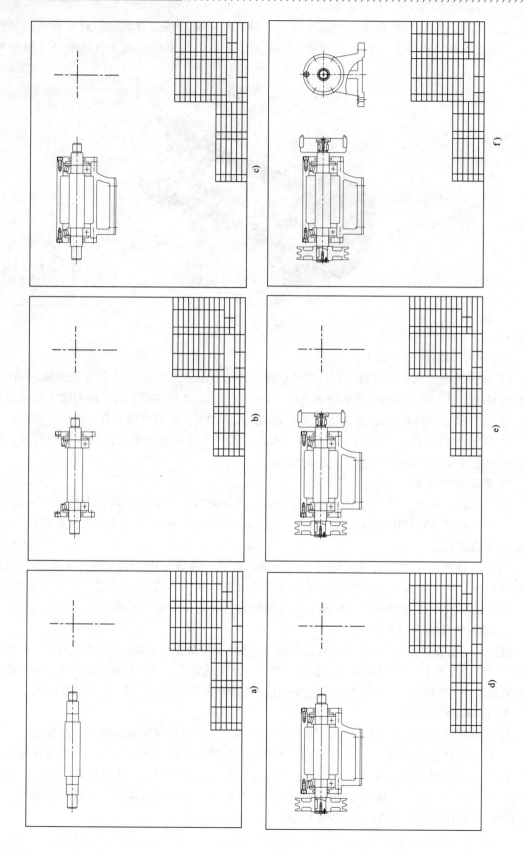

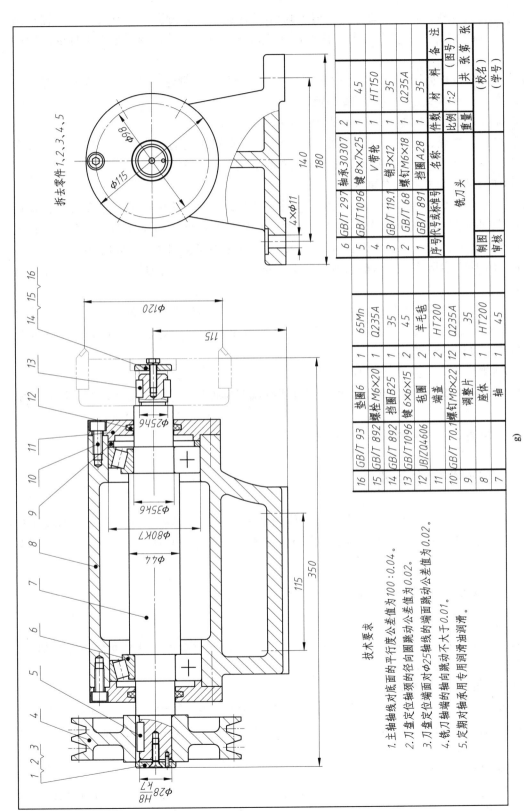

拆卞零件1,2,3,4,5

技术要求

1. 主轴轴线对底面的平行度公差值为100:0.04。
2. 刀盘定位轴颈的径向圆跳动公差值为0.02。
3. 刀盘定位端面对Φ25轴线的端面跳动公差值为0.02。
4. 铣刀轴端的轴向跳动不大于0.01。
5. 定撺对轴承用专用润油润滑。

6	GB/T 297	轴承30307	2	45		
5	GB/T1096	键 8×7×25	1	HT150		
4		V带轮	1	35		
3	GB/T 119.1	销3×12	1	Q235A		
2	GB/T 68	螺钉M6×18	1	35		
1	GB/T 891	挡圈A28	1	35		
序号	代号或标准号	名称	件数	材料	备注	

铣刀头

| 比例 | 1:2 | (图号) |
| 重量 | | 共 张 第 张 |

制图 （校名）
审核 （学号）

16	GB/T 93	垫圈6	1	65Mn		
15	GB/T 892	螺栓M6×20	1	Q235A		
14	GB/T 892	挡圈B25	1	35		
13	GB/T1096	键 6×6×15	2	45		
12	JB/ZQ4606	毡圈	2	羊毛毡		
11		端盖	2	HT200		
10	GB/T 70.1	螺钉M8×22	12	Q235A		
9		调整片	1	35		
8		座体	1	HT200		
7		轴	1	45		

g)

图 10-18 铣刀头装配图画图步骤

a) 画转轴 b) 画轴承和端盖 c) 画座体和螺钉 d) 画键、挡板、螺钉和销 e) 画右端铣刀头部分 f) 画左视图 g) 完成其他部分的绘制

（2）从主要零件开始按照装配关系逐个画出各个零件　本例按照铣刀头设计过程选用"由内向外"画的方法，从作为主要零件的转轴开始绘制铣刀头装配图，各个零件的绘图顺序如下：

转轴→轴承→调整片→轴承端盖→毡圈→座体→螺钉→V带轮→键→左侧挡圈→螺钉→销→铣刀盘（双点画线）→右侧挡圈→螺钉

绘制铣刀头装配图的主要过程如图 10-18a~f 所示。

（3）检查、整理、描深、画剖面线　对于绘制的装配体底稿进行检查、校核，擦去多余的图线、整理全图，检查没有错误之后进行描深，并绘制剖面线。

5. 标注必要的尺寸和技术要求

对铣刀头装配图进行必要的尺寸标注，如图 10-18g 所示。其中：铣刀盘刀头回转直径 $\phi 120$ 和转轴轴线到底面的距离 115 是规格尺寸；有公差配合要求的尺寸均为配合尺寸；主视图中的 350 和左视图中的 180 是表示外形的总体尺寸；左视图中的 4×ϕ11、140 及主视图中下方的 115 是安装尺寸，表示底座地板上 4 个安装孔大小和位置的尺寸。图中还标注了其他重要尺寸。

铣刀头装配的技术要求如图 10-18g 所示，主要为安装调试要求，即转动灵活、工作可靠的相关要求，如铣刀头装配后轴相对于座体底面的平行度要求等。另外还有维护保养要求，如轴承用专用润滑脂润滑。

6. 编写零件序号，并填写明细栏和标题栏

按照本章第 5 节的要求对铣刀头中的每种零件编写零件序号，并绘制和填写标题栏、明细栏。

7. 全面检查，完成全图，如图 10-18g 所示

10.6　装配结构的合理性

设计机器（包括其部件）时要考虑装配体的功能、加工工艺等要求，还要考虑装配结构是否合理、装配过程是否方便等问题，以便保证装配的质量。下面介绍几种常见的装配工艺结构。

10.6.1　常见的装配工艺结构

1. 接触面的结构

两零件在同一方向一般应只有一个接触面，避免两组同时接触，这样既便于零件加工，也可保证良好接触，如图 10-19 所示。

2. 接触面的面积应合理

装配体接触面需经机械加工才能保证可靠接触，因此应尽可能合理地减少零件与零件之间的接触面积，这样不仅可以减少机械加工量，降低加工成本，还能保证接触的可靠性，如图 10-20 所示。

3. 锥面配合的结构

锥轴与锥孔配合时，接触面应有一定的长度，同时端面不能再接触，以保证锥面配合的可靠性。为了能使盲孔中的衬套方便拆下，在允许的情况下，箱体上应加工几个工艺螺孔，

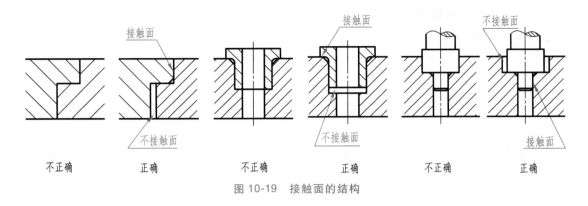

图 10-19　接触面的结构

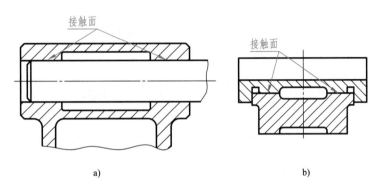

图 10-20　接触面的面积应合理

以便用螺钉将衬套顶出，否则应设计出其他便于拆卸的结构，如图 10-21 所示。

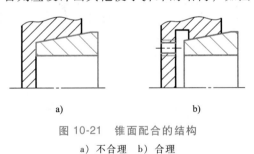

图 10-21　锥面配合的结构
a）不合理　b）合理

4. 滚动轴承端面接触的结构

安装使用滚动轴承的结构，应考虑滚动轴承的拆卸方便，如图 10-22 所示。

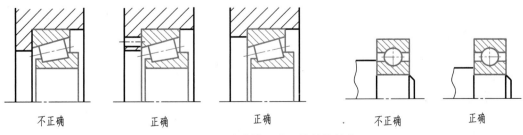

图 10-22　滚动轴承端面接触的结构

5. 螺纹连接的合理结构

如图 10-23 所示，螺钉、螺栓的安装位置应保证装拆的可能性，必须留出足够的扳手活动空间和螺栓的装拆空间。

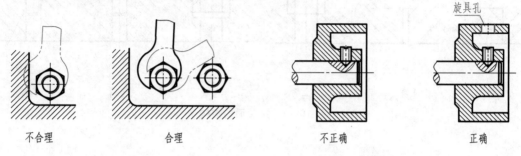

不合理　　合理　　不正确　　正确

图 10-23　螺纹连接的合理结构

6. 接触面转角处的结构

肩端面与孔的端面相贴合时，孔端要倒角或轴根切槽，如图 10-24 所示。

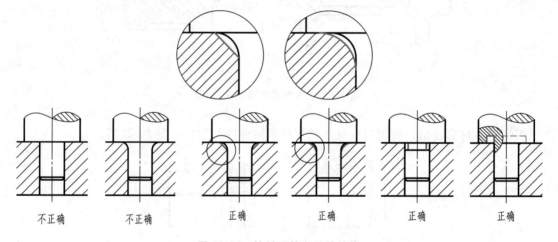

不正确　　不正确　　正确　　正确　　正确　　正确

图 10-24　接触面转角处的结构

10.6.2　部件上的常见装置

1. 零件轴向固定结构

轴上的零件不允许轴向移动时，应有轴向并紧或定位结构，以防止运动时轴上零件产生轴向移动而发生事故，如图 10-25 所示。这种结构要求轮子上孔的长度尺寸大于对应轴径的长度尺寸，才能够并紧。

安装轴承的地方一般有轴肩或孔肩，便于轴承的轴向定位。轴肩或孔肩的径向尺寸应小于轴承内圈或外圈的径向厚度，便于用拆卸工具将滚动轴承拆下。

2. 密封装置

采用油封装置时，油封材料应紧套在轴颈上，而轴承盖上的过孔与轴颈间应有间隙，以免轴旋转时损坏轴颈，如图 10-26 所示。

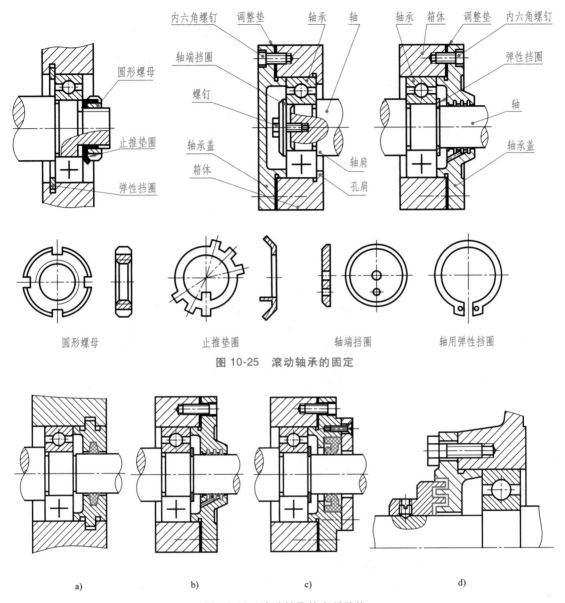

图 10-25　滚动轴承的固定

图 10-26　滚动轴承的密封结构

a）毡圈式密封　b）油沟式密封　c）皮碗式密封　d）迷宫式密封

在阀类零件和其他管道零件中，如采用填料密封防止液体泄漏时，可按压盖在开始压紧的位置画出，如图 10-27 所示。

3. 螺纹连接的合理结构

螺纹连接时通常做成凹坑或凸台，减少加工面积的同时可保证接触面接触良好，如图 10-28 所示。

4. 螺纹连接件的防松结构

为了防止机器中的螺纹连接件因机器的运动或振动而产生松脱，造成机器故障或毁坏。因此，应采用必要的锁紧装置。常见的螺纹锁紧装置有以下类型。

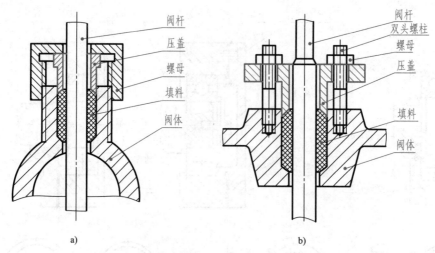

阀杆
压盖
螺母
填料
阀体

阀杆
双头螺柱
螺母
压盖
填料
阀体

a)   b)

图 10-27　填料密封结构

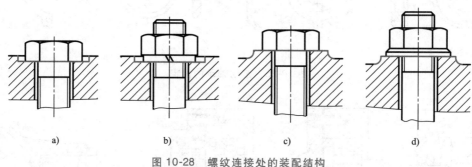

a)   b)   c)   d)

图 10-28　螺纹连接处的装配结构
a）凹坑　b）凹坑　c）凸台　d）凸台

　　（1）双螺母锁紧　如图 10-29a 所示，这种结构依靠两螺母在拧紧后产生轴向作用力，使内、外螺纹之间的摩擦力增大，从而防止螺母自动松脱。

　　（2）弹簧垫圈锁紧　弹簧垫圈是一种开有斜口、形状扭曲的垫圈，具有较大的变形力。当它被螺母拧紧压平后，内螺纹与外螺纹之间产生较大的摩擦力，以防止螺母自动松脱。这种防松方式不是很可靠，在重要场合已不再采用（一些发达国家已淘汰弹簧垫圈），如图 10-29b 所示。

　　（3）开口销锁紧　此种方式需要选用带孔的螺栓（或螺柱）、开槽螺母，用开口销穿过螺杆上的孔后，将开口销尾部扳开，防止螺母和螺栓相对转动，如图 10-29c 所示。

　　（4）止动垫片锁紧　这种结构形式是将螺母拧紧后，用小锤将止动垫片的一边向上敲弯和螺母的一边贴紧，另一边向下敲弯和被连接件的某一侧面贴紧，从而防止螺母转动而起锁紧作用。但这种结构的使用要受到环境（被连接件的结构）限制。

　　（5）止推垫圈锁紧圆螺母装置　如图 10-29d 所示，这种锁紧装置常用来固定轴端零件。使用时轴端应加工一个槽，把垫圈套在轴上，使垫圈内圆上凸起部分卡入轴上的槽中，然后拧紧圆螺母，再把垫圈外圆上某个凸起部分弯入圆螺母外圆槽中，从而起锁紧作用。

　　（6）采用新型防松螺纹　如唐氏螺纹紧固件，这种螺纹依靠两种不同旋向螺纹的自身矛盾解决防松问题，既保留了螺纹紧固件拆卸方便的特点，又解决了防松问题。在铁路轨道等防松要求很高的场合则经常使用施必牢（SPIRALOCK）防松螺母。

若工况条件允许，必要时可将螺母点焊在螺杆上。

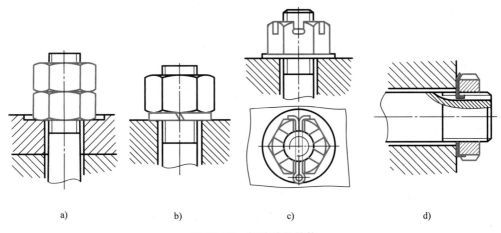

a)　　　　　　　　b)　　　　　　　　c)　　　　　　　　d)

图 10-29　螺纹防松结构

a）用双螺母锁紧　b）用弹簧垫圈锁紧　c）用开口销锁紧　d）用止推垫圈锁紧

10.7　读装配图和拆画零件图

读装配图也称为看装配图，通过读装配图可以了解机器或部件的用途、原理和主要结构，弄清楚各个零件的作用及零件之间的装配关系，进而了解清楚机器或部件的装配、拆卸顺序。

10.7.1　读装配图的主要方法和步骤

1. 概括了解

首先从标题栏入手，了解装配体的名称。装配体名称是最关键的信息，通过名称联系生产实践知识，往往可以知道装配体的大致用途。例如：减速器是在传动系统中起减速作用的；泵是在气压、液压或润滑系统中产生一定压力和流量的装置。

其次，从主视图开始浏览所有视图，初步了解该装配图的表达方法及各视图间的大致对应关系，结合明细栏了解零部件的组成情况，以零件的名称序号为线索，在视图中找出相应零件所在的位置和数量。

如果有说明书等资料，则可以先通过阅读说明书，了解机器的用途、原理等信息，有了初步的了解后再看装配图。

2. 了解装配关系和工作原理

在概括了解的基础上，对照视图、结合明细栏，仔细研究部件的装配关系和工作原理，分析出主要的装配干线，再沿各条装配干线弄清楚零件间的配合、定位、连接、润滑和密封等情况。

3. 详细分析各个零件

这一步需要了解掌握零件的具体信息，将零件逐一从复杂的装配关系中分离出来，想象其结构形状。分离零件时，可按零件的序号顺序逐个进行，或者按零件的重要程度依次进行。标准件、常用件（如螺纹紧固件、齿轮等）的特征比较明显，容易看懂；比较规则的轴套类、轮盘类和其他简单零件等通过一两个主要视图就能看懂。一些比较复杂的零件，应根据零件序号指引线所指部位，分析出该零件在该视图中的范围及外形，然后对照投影关系，找出该零件在其他视图中的位置及外形，并进行综合分析，想象出该零件的结构形状。

在分离零件时，利用剖视图中不同封闭线框内剖面线的方向或间隔的不同及零件间互相遮挡时的可见性规律来区分零件是十分有效的。

对于运动零件的运动情况，可按传动路线逐一进行分析，分析其运动方向、传动关系及运动范围。

4. 归纳总结

对以上读图过程的归纳总结其实就是对装配图的全面理解，一般要整理清楚以下几个主要问题：

1）装配体的功能是什么？是怎样实现的？

2）装配体中各零件起什么作用？运动零件之间是如何协调运动的？

3）装配体的装配关系、连接方式是怎样的？装配体的拆卸及装配顺序如何？

4）装配体如何使用？使用时应注意什么事项？

5）装配图中各视图的表达重点意图如何？是否还有更好的表达方案？

6）读图时应根据具体情况和需要灵活运用这些方法，通过反复的读图实践，便能逐渐掌握其中的规律，提高读装配图的速度和能力。

学习时，多读一些装配图，了解设计者的思路和表达技巧是很有必要的。这是快速提高自身设计与表达能力的很好的途径。特别是一些经典的设计，往往凝聚了首创者和其他改进者的智慧，初学者要多向前辈学习，从中吸取经验。

例 10-3　阅读图 10-30 所示的蝴蝶阀装配图。

1）概括了解。

从图 10-30 所示装配图的标题栏可以看到，该部件名称为"蝴蝶阀"。阀必定是用来在管道中控制介质流量的。阀常常由阀体、阀盖、阀门（或阀杆、阀瓣）、密封装置和操纵机构五部分构成。

从明细栏及零件编号看，此蝴蝶阀由 13 种 16 个零件组成，结构简单。其中有 4 种标准件（螺钉6、半圆键8、螺母9、紧定螺钉11），1 个齿轮，2 个铆钉，其余的为一般类零件。

2）分析视图，读懂工作原理。

此蝴蝶阀共用了三个基本视图。主视图主要表示部件的工作状态和整体形状特征，两处局部剖表示了阀杆4、阀盖5与阀体1的局部装配关系，以及阀杆4与阀门2用锥头铆钉3连接的情况。保留的细虚线表达了阀体的主体轮廓。

左视图沿 A—A 全剖，表示了沿阀杆4的装配关系。齿轮7通过半圆键8与阀杆4传递动力，齿轮7与齿杆12通过齿啮合传递动力；阀盖5、盖板10、垫片13（起调节间隙及密封作用）通过螺钉6与阀体1连接；紧定螺钉11限定齿杆12的转动与移动范围（俯视图中）。同时表达了阀体1、阀盖5此处的截面形状，以及阀门2的形状。

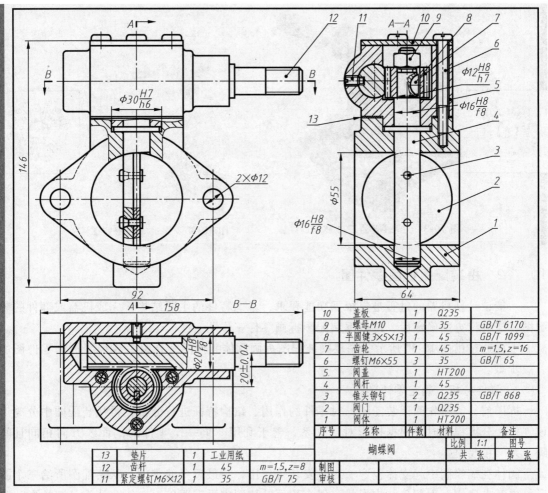

10	盖板	1	Q235	
9	螺母M10	1	35	GB/T 6170
8	半圆键3×5×13	1	45	GB/T 1099
7	齿轮	1	45	m=1.5,z=16
6	螺钉M6×55	3	35	GB/T 65
5	阀盖	1	HT200	
4	阀杆	1	45	
3	锥头铆钉	2	Q235	GB/T 868
2	阀门	1	Q235	
1	阀体	1	HT200	
序号	名称	件数	材料	备注

| 蝴蝶阀 | | 比例 | 1:1 | 图号 |
| | | 共 张 | | 第 张 |

13	垫片	1	工业用纸	
12	齿杆	1	45	m=1.5,z=8	制图
11	紧定螺钉M6×12	1	35	GB/T 75	审核

图 10-30　蝴蝶阀装配图

俯视图沿齿杆 12 轴线全剖，表达了沿齿杆的装配连接关系。同时进一步表达了齿杆 12 与齿轮 7 的啮合，齿轮 7 与阀杆 4 通过半圆键 8 的连接关系；紧定螺钉 11 的限位情况，以及阀盖 5 的截面和阀体 1 的部分俯视外形等。

图中标注了 5 处配合尺寸，均为小的间隙配合，保证了各活动零件间的配合关系。此外，还标注了规格尺寸 $\phi55$，总体尺寸 146、158，对外安装尺寸 92、$2\times\phi12$、64 及重要尺寸 20±0.04。

通过以上分析，该蝴蝶阀的工作原理为：推、拉齿杆 12 时，齿杆推、拉齿轮 7 旋转，齿轮 7 通过半圆键 8 带动阀杆 4 转动，阀杆带动与其铆在一起的阀门 2 转动，阀门通过减小和增大阀体上 $\phi55$ 孔道的流通面积，来实现节流和增流。

3）详细分析各个零件，想象出整个部件的三维形状。

根据所给视图，按照投影关系和剖面线的方向及疏密程度区分出各个零件。对装配图中表达不清楚、不完整的结构，还应结合部件的功能及零件的制造加工方便、结构形状要与其他相关零件接触面保持一致等，预判出装配图中未表达的结构形状，该蝴蝶阀的整体结构如图 10-31、10-32 所示。

图 10-31 蝴蝶阀的三维装配剖视图　　　图 10-32 蝴蝶阀的爆炸图

10.7.2 由装配图拆画零件图

一般设计新机器的过程是先根据功能要求，考虑零件的主要结构，完成机器或部件的装配图，当设计方案确定后，再根据装配图拆画零件工作图。

下面通过由图 10-30 所示的蝴蝶阀装配图拆画阀体零件图，介绍由装配图拆画零件图的一般步骤。

1. 零件分析，确定零件形状

拆图前，需要先阅读装配图，对零件的作用、结构特征进行分析，再从装配图中分离出该零件。分离视图时要根据投影对应关系，善于利用"同一个零件的剖面线方向相同且间隔一致"的特征。

阀体在蝴蝶阀中起支撑包容、对外安装等作用，是最重要的零件。从装配图所给三个图形可以基本确定其大部分结构形状，仅有顶面结构图中没有明确。一般会认为是圆柱形，制造加工简便。但考虑齿杆的位置及受力情况，应使整个凸台结构为"前圆后方"较为合理。确定的阀体结构如图 10-33 所示。

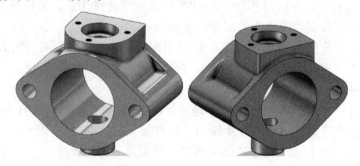

图 10-33 阀体三维图

2. 确定表达方案，绘制视图

零件图的视图表达是根据零件的结构形状和加工特点确定的。因此在拆画零件图时，视图方案需按零件图的要求重新考虑。尽管常有与装配图视图相同的时候，但绝不能简单照抄装配图的视图方案而不去选择。该阀体的视图表达如图 10-34 所示。

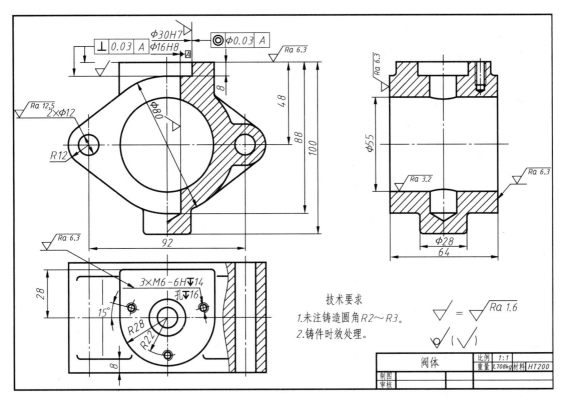

图 10-34　阀体的零件图

3. 标注尺寸

用下列五种方法确定尺寸数值，进行尺寸标注。

1）根据装配图中已给出的尺寸标注。装配图中已标注的该零件尺寸一般直接标注。例如，阀体主视图所注尺寸 $\phi30H7$、$\phi16H8$、92、$2\times\phi12$；左视图所注尺寸 $\phi55$、64 均如此。注意配合代号中孔、轴公差带代号的正确选取。

2）根据明细栏或相关标准标注。凡与螺纹紧固件、键、销和滚动轴承等装配之处的尺寸均需如此。例如，阀体上 3 个螺孔大径（M6）按明细栏所注螺钉 6 的规格确定，其深度按规范确定（根据被连接件的材料，螺纹深度取"$1.5D$（旋合长度）$+0.5D$（余量）"，钻孔深度取"螺纹深度$+0.5D$（余量）"。对于常见局部功能结构如 T 型槽、燕尾槽、三角带槽等和局部工艺结构如退刀槽、圆角等，标准也有规定值或推荐值，应查阅确定后标注。

3）根据公式计算标注。若是拆画齿轮零件图，其分度圆直径、齿顶圆直径均应根据模数、齿数等基本参数计算出来再标注。

4）根据装配图按比例测量标注。零件上的多数非功能尺寸都是如此确定下来的，例如阀体中的定形尺寸 $\phi80$、$R12$ 及 $R28$ 等。

5）根据功能需要标注。拆画时才确定的形状结构的尺寸，如阀体上部凸台后半部的宽度 28（俯视图中）。对于某些量出来的尺寸，也需根据功能准确确定数值。

4. 注写技术要求和标题栏

注写技术要求一般包括以下内容：1）根据各表面作用确定其粗糙度要求。2）按公差带代号查表标注尺寸公差或仅标注公差带代号。3）确定几何公差要求并标注。4）用文字说明的其他技术要求。

最后填写标题栏，从而得到被拆画阀体的零件图，如图 10-34 所示。

10.8　部件测绘

对现有的机器或部件进行测量，绘制出零件草图，再整理出装配图和零件图的过程称为部件测绘。在仿制机器和部件、对设备进行技术改造或维修等情况下需要进行测绘。因此，部件测绘是工程技术人员应该掌握的基本技能之一。但测绘也应尊重知识产权，不得随意测绘、仿制受专利权保护的机器或部件。

下面以机用虎钳为例介绍部件测绘的一般方法和步骤。

10.8.1　了解测绘对象

进行部件测绘时，首先应明确测绘的目的和任务。通过对测绘对象的观察、研究和分析，了解被测对象的用途、性能、原理、结构特点和装配关系等，对于其中不清楚的内容可以在拆卸时了解，可能的话再参考产品说明书、使用手册、同类设备的图样等资料，并向相关人员了解设备的使用情况等信息，做好充分的准备工作。复杂部件的测绘则应编制测绘计划。

图 10-35 所示的机用虎钳是铣床、钻床、刨床的通用夹具，它安装在机床工作台上，用于夹紧工件以便进行切削加工。

机用虎钳的工作原理：转动螺杆使螺母块沿螺杆轴向移动，螺母块带动活动钳身在钳座面上滑动，则可夹紧或松开工件。

机用虎钳的装配关系为：

1）螺杆装在钳座的左右轴孔中，螺杆右端有调整垫，左端有垫圈、固定环、销，限定螺杆在钳座中的轴向位置。螺杆与螺母块用矩形螺纹旋合。

2）活动钳身装在螺母块上方的定心圆柱中，并用螺钉固定。

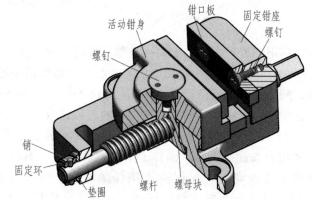

图 10-35　机用虎钳轴测图

3）钳座与活动钳身上装有钳口板，用螺钉紧固。

10.8.2　拆卸部件

首先，准备必要的拆卸工具、量具，如扳手、锤子、螺钉旋具、铜棒、钢直尺、游标卡尺、细铅丝等，还应准备好标签及绘图用品等，利用手机或数码照相机等拍照辅助测绘。

然后拆卸零部件，逐个贴好标签，分组放置到合适的地方，并注意完好保存。不可拆卸或过盈配合的零件尽可能不拆卸。

注意，在拆卸零件时，要把拆卸顺序搞清楚，并选用适当的工具。拆卸时注意不要破坏零件间原有的配合精度，还要注意不要将小零件如销、键、垫片、小弹簧等丢失。对于高精度的零件，要特别注意，不要碰伤或使其变形、损坏。

机用虎钳拆卸之后的零件分解图如图10-36所示。

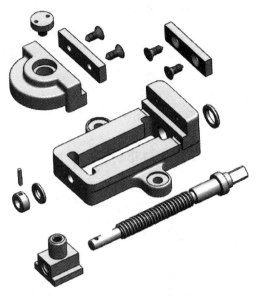

图 10-36　机用虎钳零件分解图

10.8.3　画装配示意图

为了便于装配体被拆后仍能顺利装配复原，对于较复杂的装配体，在拆卸过程中应尽量做好记录。最简便常用的方法是绘制出装配示意图，用以记录各种零件的名称、数量及其在装配体中的相对位置和装配连接关系，同时也为绘制正式的装配图做好准备。

装配示意图是将装配体看作透明体来画的，在画出外形轮廓的同时，又画出其内部结构。装配示意图可参照国家标准《机械制图　机构运动简图用图形符号》（GB/T 4460—2013）绘制。对于国家标准中没有规定符号的零件，可用简单线条勾出大致轮廓。

在示意图上应编注零件的序号，并注明零件的数量。在拆下的每个（组）零件上，应贴上标签，标签上注明与示意图相对应的序号及名称，并妥善保管。

机用虎钳的装配示意图如图10-37所示。

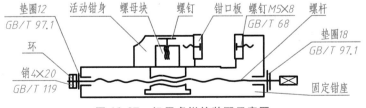

图 10-37　机用虎钳的装配示意图

10.8.4　零件测绘（画零件草图及工作图）

组成装配体的零件，除去标准件，其余非标准件均应画出零件草图及工作图。零件草图及工作图的绘制应按 9.7 节零件测绘中的有关内容进行。

在画零件草图中，要注意以下几点：

1）零件间有连接关系或配合关系的部分，它们的基本尺寸应相同。测绘时，只需测出其中一个零件的有关公称尺寸，即可分别标注在两个零件的对应部分上，以确保尺寸的协调。

2）标准件虽不画零件草图，但要测出其规格尺寸，并根据其结构和外形，从有关标准中查出它的标准代号，把名称、代号、规格尺寸等填入装配图的明细栏中。

3）零件的各项技术要求（包括尺寸公差、几何公差、表面粗糙度、材料、热处理及硬度要求等）应根据零件在装配体中的位置、作用等因素来确定。也可参考同类产品的图样，用类比的方法来确定。

经过零件测绘，绘制出非标准件的零件草图及工作图。机用虎钳的非标准件零件图如图 10-38 所示。

提示：零件工作图也可以在绘制完成装配图并验证尺寸等无误后按照零件草图来绘制。

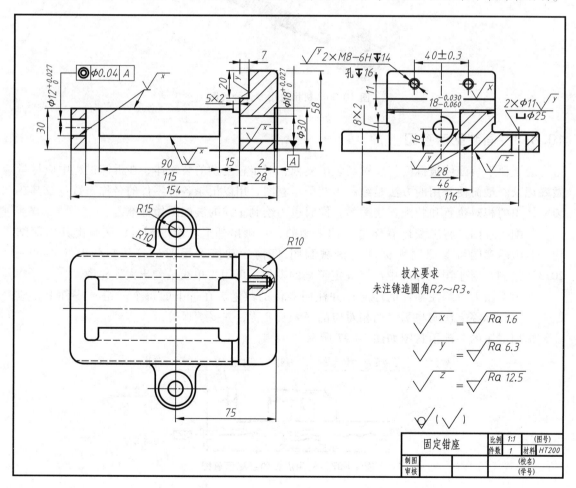

a)

图 10-38　机用虎钳的非标准件零件图

a）固定钳座

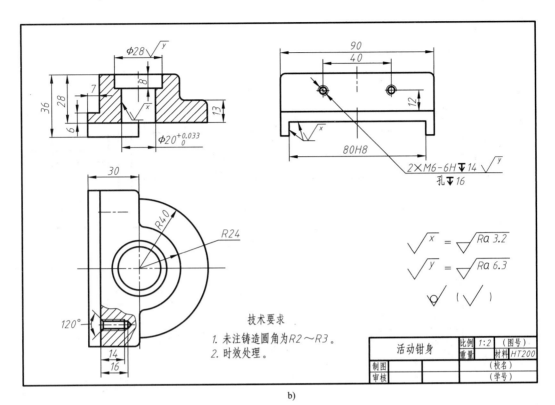

b)

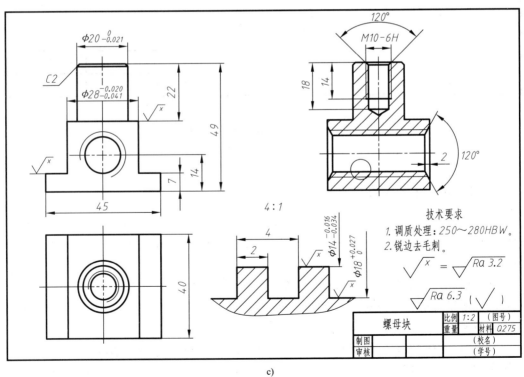

c)

图 10-38　机用虎钳的非标准件零件图（续）

b）活动钳身　c）螺母块

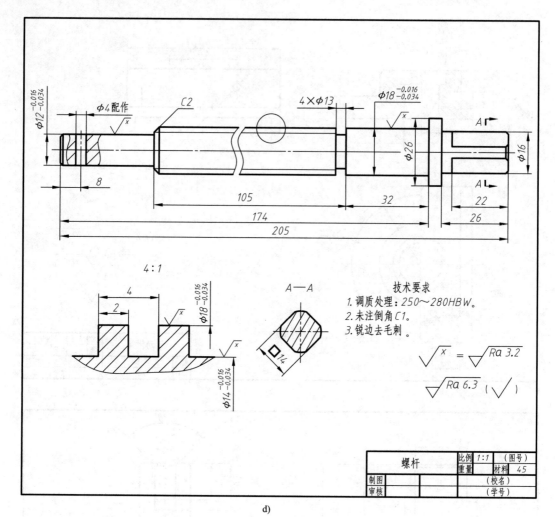

d)

图 10-38　机用虎钳的非标准件零件图（续）

d）螺杆

10.8.5　绘制部件装配图

零件图画好后，还要根据装配示意图拼画出部件装配图。画装配图的过程，同时也是一次检验、校对零件形状和尺寸的过程。画装配图的方法和步骤在本章第 5 节中已经详细叙述。

选择机用虎钳装配图的主视图时，应按其工作位置考虑。为清楚表达机用虎钳的工作原理和装配、连接关系及主要零件的结构形状，根据其结构特点，主视图采用全剖、左视图采用半剖、俯视图采用局部剖来表达。

绘制机用虎钳的装配图可按照装配顺序，采用"先外后内"的方法，即从固定钳座开始，逐个画出各个零件，如图 10-39a、b 所示。标注必要的尺寸，填写技术要求，编写零件序号，填写明细栏和标题栏，检查、加深、整理全图。机用虎钳的装配图如图 10-39c 所示。

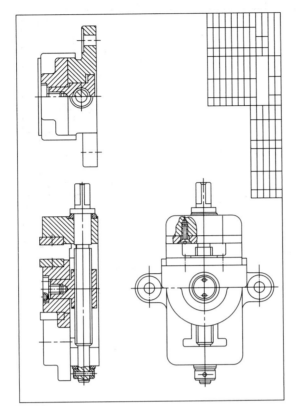

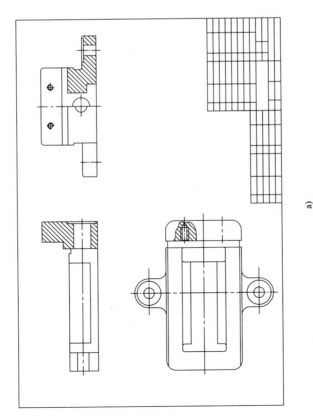

图 10-39 机用虎钳装配图的画图步骤

a) 布局后，先画固定钳座 b) 再画其他零件

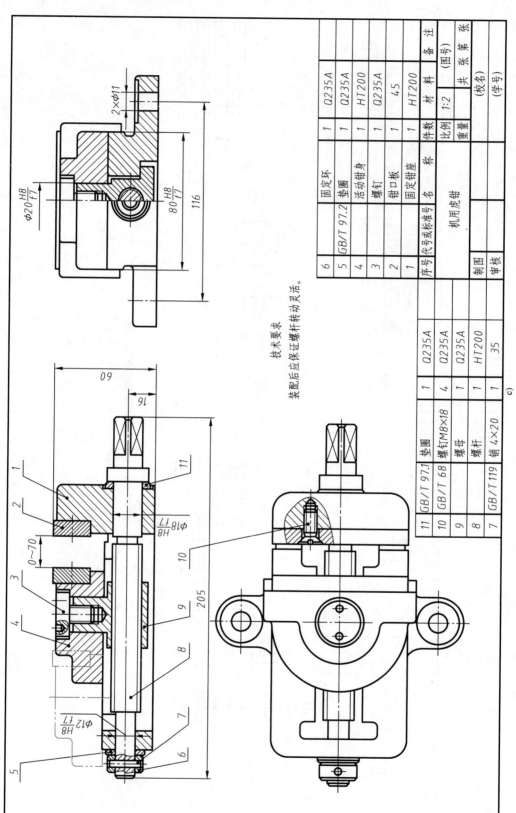

技术要求

装配后应保证螺杆转动灵活。

序号	代号或标准号	名 称	件数	材 料	备 注
6		固定环	1	Q235A	
5	GB/T 97.2	垫圈	1	Q235A	
4		活动钳身	1	HT200	
3		螺钉	1	Q235A	
2		钳口板	1	45	
1		固定钳座	1	HT200	
11	GB/T 97.1	垫圈	1	Q235A	
10	GB/T 68	螺钉M8×18	4	Q235A	
9		螺母	1	Q235A	
8		螺杆	1	HT200	
7	GB/T 119	销 4×20	1	35	

机用虎钳

比例 1:2 (图号)

重量 共 张

制图 (校名) 第 张

审核 (学号)

图 10-39 机用虎钳装配图的画图步骤（续）

c）标注尺寸、编写序号、填写明细栏标题栏，检查加深完成作图

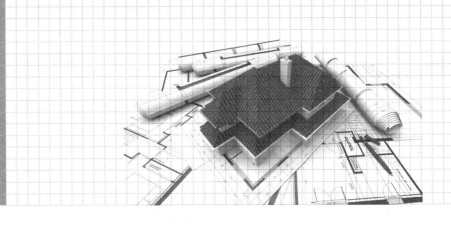

第 11 章

立体表面的展开

11.1 概述

将立体表面按其实际大小和形状，顺次连续地展平在一个平面上，称为立体表面的展开。展开后所得的图形，称为展开图。立体表面分为可展与不可展两种。平面以及母线为直线且相邻两素线是平行或相交的曲面为可展的，如棱柱、棱锥、圆柱、圆锥等形体的表面。相邻两素线是交叉或母线为曲线的表面是不可展的，如球面、环面和螺旋面等。对于不可展的表面通常采用近似方法展开。展开图在化工、机械、冶金轻工、船舶制造等行业中有着广泛的应用。

绘制展开图有三种方法：图解法、计算法和计算机辅助设计。图解法按投影理论，手工绘出制件的展开图。其实质是作出立体表面的实形，而作出实形的关键是求线段的实长和曲线的展开长度。虽然此方法作图不够准确、效率也比较低，但简便灵活，易于掌握。计算法是用数学解析计算代替图解法中的展开作图过程，求出曲线的解析表达式及展开图中一系列点的坐标、线段长度，然后绘出图形或直接下料的方法。此方法能够解决一些常见结构的展开问题，但对于复杂结构，计算过程繁琐，结果应用有局限性。随着计算机三维绘图软件的发展，立体表面成型、展开的操作变得直观、快捷。计算机辅助设计的方法准确、高效，将会是今后的发展方向。

11.2 平面立体表面的展开

平面立体表面的展开，就是分别求出组成立体表面的所有多边形的实形，并将它们顺次连续地画在一个平面上。

11.2.1 斜截四棱柱表面的展开

图 11-1 所示为斜截四棱柱管。图 11-2 所示为斜截四棱柱管表面展开图，从两面投影图中可直接确定各表面实形的边长，作图简单，具体作图步骤如下：

1）把各底边按实长展开成一条水平线，标出 A、B、C、D、A 各点。

2）过这些点向上作铅垂线，在其上分别量取各棱线的实长，即得各端点 E、F、G、H、E。

3）用直线依次连接各端点，即可得展开图。

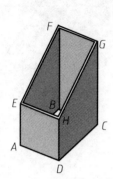

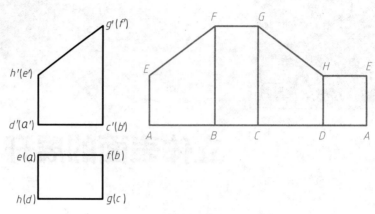

图 11-1 斜截四棱柱管

图 11-2 斜截四棱柱管表面展开图

11.2.2 四棱台表面的展开

如图 11-3 所示的四棱台壳体,图 11-4a 所示为其两面投影。从图中可知,壳体是由四个梯形平面围成,四个平面前后、左右对应大小相等,在投影图上不反映实形。求梯形平面实形的作图步骤如下:

1) 如图 11-4b 所示,用直角三角形法求出在投影图上不反映实长的边 BF 的实长 B_1F_1。

2) 如图 11-4c 所示,取 $AB = ab$,$AE = BF = B_1F_1$,$EF = ef$,画出前面梯形的实形 $ABFE$。同理可作出右面梯形的实形 $BCGF$。由于后面和左面两个梯形分别是前面和右面的全等图形,所以可以同样作出它们的实形,由此可得壳体的展开图。

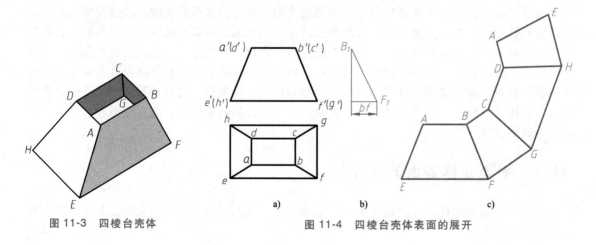

图 11-3 四棱台壳体

图 11-4 四棱台壳体表面的展开

11.3 可展曲面的展开

11.3.1 圆柱管的展开

如图 11-5 所示,圆柱管表面展开为一矩形,其高为管高 H,长为圆柱管周长 πD。

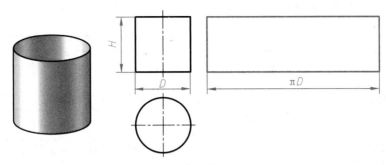

图 11-5　圆柱管的展开

11.3.2　斜口圆柱管的展开

如图 11-6 所示，圆柱管被斜切以后，表面每条与回转轴平行的素线的高度有所不同，但仍互相平行，且与底面垂直，素线正面投影反映实长，斜口展开后成为曲线，具体作图步骤如下：

1）在俯视图中，把圆周分成 12 等份，得等分点 1、2、3、…，过各等分点在主视图上作相应素线投影 $1'a'$、$2'b'$、…。

2）展开底圆得一水平线，其长度为 πD，并将其分成同样等分，得 Ⅰ、Ⅱ、…等分点。

3）过 Ⅰ、Ⅱ、…各分点作铅垂线，并截取相应素线高度 $ⅠA=1'a'$，$ⅡB=2'b'$，…得 A、B、C、…各端点。

4）用曲线光滑连接 A、B、C、…各端点，即可得到斜口圆柱管表面的展开图。

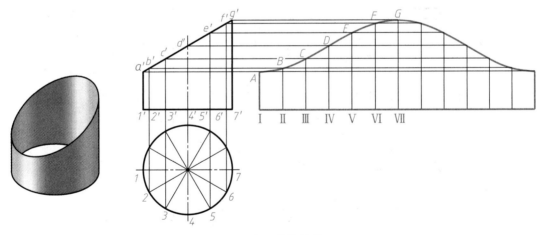

图 11-6　斜口圆柱管的展开

11.3.3　等径直角弯管的展开

如图 11-7 所示的弯管，可以用来连接两个等径互相垂直的圆管。弯管由四节斜口圆管组成，中间两节是两端面为斜口的全节，其余两节是由一个全节平分成的两个半节，这四节可拼接成一个直圆管，如图 11-8a、b 所示。根据需要，弯管可由 n 节组成，此时应有 $n-1$ 个全节，斜口角度 α 可用公式计算：$\alpha=90°/2(n-1)$（本例弯管由四节组成，$\alpha=15°$）。

弯管各节斜口的展开曲线可按斜口圆管展开图的画法作出，如图 11-8c 所示。

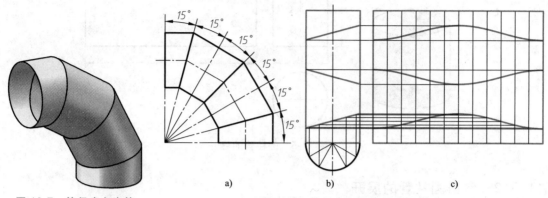

图 11-7 等径直角弯管

图 11-8 等径直角弯管的表面展开

11.3.4 直角三通管的展开

如图 11-9 所示，直角三通管的两个圆管的轴线是垂直相交的。作表面展开图时，必须先在投影图上准确地画出交线的投影，然后求出交线上各点在展开面上的位置，用光滑的曲线连接各点，即得三通管的展开图。作图步骤如下：

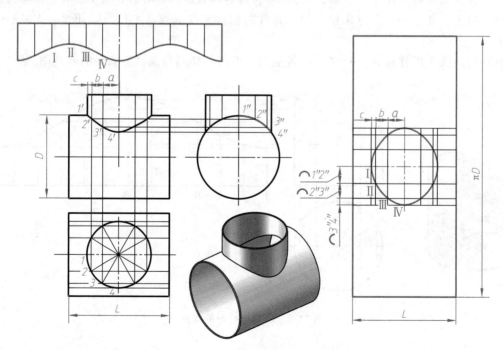

图 11-9 直角三通管的展开

1. 作两个圆管的相贯线

把小圆管的俯视图圆等分 12 份，标出相贯线上的点的水平投影。利用"宽相等"，根据各点的水平投影找出其侧面投影。按照"长对正、高平齐"，利用各点的水平投影和侧面投影，找到各点的正面投影。用光滑的曲线连接各点的正面投影，即得相贯线的正面投影。

2. 作两个圆管的平面展开图

小圆管展开方法与斜口圆柱管的展开方法相同。把小圆柱的圆周等分为 12 份，求出通过各等分点的素线实长，连接顶端各点，即得小圆管平面展开图。

大圆管先按照圆周长度 πD 和管长 L 展开为长条矩形，然后在上面绘制横向直素线，横向直素线间距分别为弧长 1″2″、2″3″、3″4″；再按照主视图上 1′、2′、3′、4′点的横向间距 a、b、c 在长条矩形上画竖直素线，求出交点 Ⅰ、Ⅱ、Ⅲ、Ⅳ，其余各点作图方法相同。用光滑曲线连接各点，即得大圆管平面展开图。

在实际生产中，经常把小圆管展开图裁剪好，弯成圆管后，放在大圆管上划线开口，再把两管焊接成型。

11.3.5 正圆锥的展开

正圆锥的表面展开图为一扇形，扇形的半径 l 等于圆锥素线的实长，扇形的圆弧长度等于圆锥底圆的周长 πD，扇形的中心角 $\theta = 360° \pi D / 2\pi l = 180° D / l$，如图 11-10 所示，可求出相应参数直接作图。

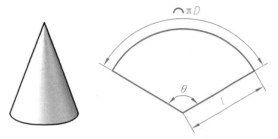

图 11-10　正圆锥的表面展开

11.3.6 斜截圆锥管的展开

图 11-11 所示为斜截圆锥管和展开图，作图步骤如下：

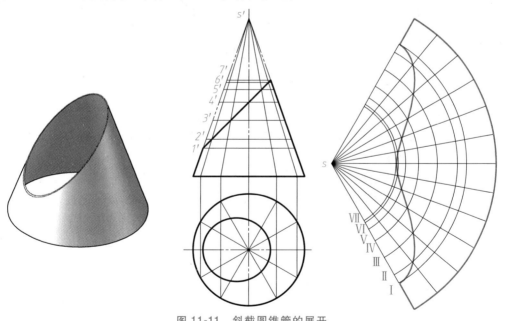

图 11-11　斜截圆锥管的展开

1）把圆锥的水平投影圆周 12 等分，在正面投影上作出相应素线投影。

2）过正面投影上各条素线与斜截面交点分别作水平线，与圆锥面的转向轮廓线分别交于 1′、2′、3′、4′、…各点，则 s′1′、s′2′、s′3′、s′4′、…为斜截圆锥管上相应素线的实长。

3）作出完整圆锥表面的展开图。在相应素线上截取 $S\,\mathrm{I} = s'1'$、$S\,\mathrm{II} = s'2'$、…，得曲线上各点。

4）用光滑曲线连接曲线上各点，得到斜截圆锥管的表面展开图。

11.3.7　方圆过渡管的展开

图 11-12 所示是一个上方为圆形管口、下方为方形管口的管接头。它由四个相同的等腰三角形和四个相同的 1/4 局部斜锥面组成，将这些面依次展开画在同一平面上，即得该方圆过渡管的展开图。作图步骤如下：

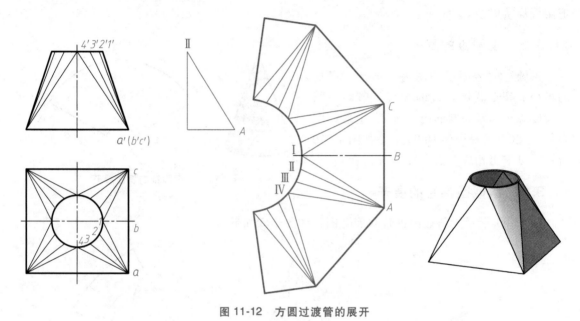

图 11-12　方圆过渡管的展开

1）在水平投影图上，把圆口的 1/4 圆弧分成三等分，得等分点 1、2、3、4。连接的线 $a1$、$a2$、$a3$、$a4$ 分别为斜圆锥面上的素线 $A\,\mathrm{I}$、$A\,\mathrm{II}$、$A\,\mathrm{III}$、$A\,\mathrm{IV}$ 的水平投影，而且其中素线 $A\,\mathrm{I} = A\,\mathrm{IV}$，$A\,\mathrm{II} = A\,\mathrm{III}$。

2）用直角三角形法求素线 $A\,\mathrm{II}$ 的实长，画在正面投影的右方。

3）在展开图上，取 $\mathrm{I}\,B = 1'b'$，过 B 作 $\mathrm{I}\,B$ 的垂线 AC，使 $AC = ac$，连接 $A\,\mathrm{I}$、$C\,\mathrm{I}$，即得三角形面的实形。再分别以 I、A 为圆心，以 12 的弧长（近似用弦长代替）和 $A\,\mathrm{II}$ 为半径作圆弧，交于 II 点。同理依次作出 III、IV 点，用光滑曲线连接 I、II、III、IV 各点，即可得 1/4 斜锥面的展开图。

4）用上述方法作出其余各面，即得方圆过渡管的展开图。

实际生产时，可以用斜锥面的展开图作样板，套画其余部分。下料时，为了方便接合，应从平面部分截开，可以裁成整块，也可以做成对称的两块。

11.4　不可展曲面的近似展开

不可展曲面（如球面、螺旋面等）不能展开为一平面，工程中常用一些小的平面来近似代替曲面，然后将这些小平面展开。

11.4.1 球面的近似展开

1. 近似柱面法展开

如图 11-13 所示，把半球分为 6 等分，每一等分可近似用一柱面代替，用展开柱面的方法把球面近似展开。

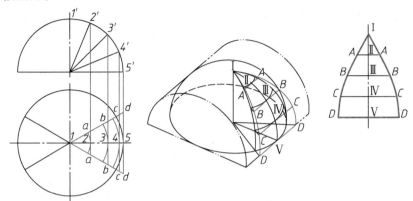

图 11-13 球面的近似柱面法展开

1）把半球的水平投影分为 6 等分。

2）把半球的正面投影一侧圆弧分为 4 等分，得关键点 Ⅰ、Ⅱ、Ⅲ、Ⅳ、Ⅴ。

3）过关键点 Ⅱ、Ⅲ、Ⅳ、Ⅴ作正垂线，水平投影得 aa、bb、cc、dd。

4）把圆弧 $1'5'$，连同其上关键点一起展开，得直线 ⅠⅤ。

5）分别过Ⅱ、Ⅲ、Ⅳ、Ⅴ点作直线ⅠⅤ的垂线，使 $AA=aa$、$BB=bb$、$CC=cc$、$DD=dd$。

6）把 Ⅰ、A、B、C、D 用光滑曲线连接，可得六分之一半球面的近似展开图。

2. 近似锥面法展开

用 6 个水平面把整个球面分为 7 部分，球面的中间部分用圆柱面代替，上下的 4 部分用圆台代替，两端球冠去掉，用圆平面封口。球面的近似展开图如图 11-14 所示。

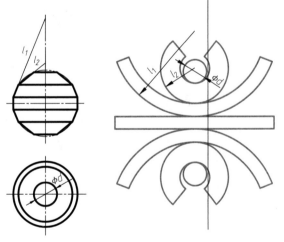

图 11-14 球面的近似锥面法展开

11.4.2 正螺旋面的近似展开

用正螺旋面制成的螺旋输送器（俗称绞龙）可用作输送物料，也可用作搅拌机构，制造时按一个导程之间的正螺旋面展开下料，再拼接焊接起来。设计时需要画出它的展开图，其展开方法有图解法和计算法两种。

1. 图解法

如图 11-15 所示，图解法的作图步骤为：

1）把一个导程内的螺旋面等分为若干小块（图中为 12 块，每块是由两直边和两曲边组成的四边形）。在水平投影上，将两圆周分为 12 等份，连对应分点；在正面投影上，将导程也分为 12 等份，并过各等分点作水平线。这样，就求出了每小块的水平投影和正面投影。

2）画每小块的近似展开图。此时把每小块划分为两个三角形。而把空间曲线作为直线并求每边的实长（图中用直角三角形法求实长），然后按平面近似展开。

3）依同法，顺次将其余各块展开，并将内、外两侧各点圆滑地连成曲线。

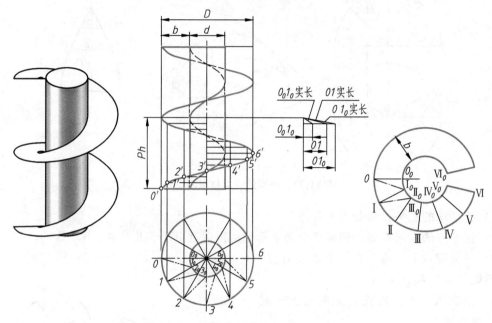

图 11-15　正螺旋面的图解法近似展开图

2. 计算法

如图 11-16 所示，正螺旋面的一个导程近似展开图为环状，根据 R_1、r_1 和 α，可画出此图形。

令导程为 Ph，正螺旋面外径为 D，内径为 d，那么

外侧螺旋线展开长度 $L=\sqrt{(\pi D)^2+Ph}$

内侧螺旋线展开长度 $l=\sqrt{(\pi d)^2+Ph}$

展开环宽度 $b=(D-d)/2$

展开环外径 $R_1=r_1+b$

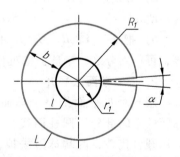

图 11-16　正螺旋面的计算法展开

$$R_1/r_1=L/l，\quad 则\ R_1=Lr_1/l$$

所以 $r_1+b=Lr_1/l$

解此方程得 $r_1=bl/(L-l)$

展开图中缺口角度 $\alpha=\dfrac{2\pi R_1-L}{2\pi R_1}\times 360°=\dfrac{2\pi R_1-L}{\pi R_1}\times 180°$

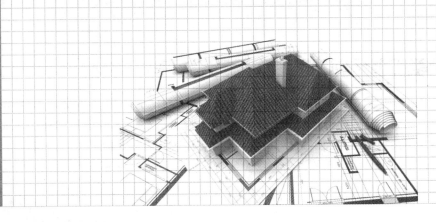

第 12 章

钣金件、镶合件与焊接件

12.1 钣金件

12.1.1 钣金件的分类

钣金零件是以金属板为原料，通过折、弯、冲、压等工艺实现的一类零件。机电设备中的簧片、支架、罩壳，操纵台的机架、面板等常用此法成形。此类零件的最大特点是零件的壁厚均匀。钣金件一般可分为三类：

1）平板类：指一般的平面冲裁件，如图 12-1a 所示。

2）弯曲类：由弯曲或弯曲加简单成形构成的零件，如图 12-1b 所示。

3）成形类：由拉伸等成形方法加工而成的规则曲面类或自由曲面类零件。对于此类钣金零件的计算机绘图展开，需要借助有关插件来完成，如图 12-1c 所示。

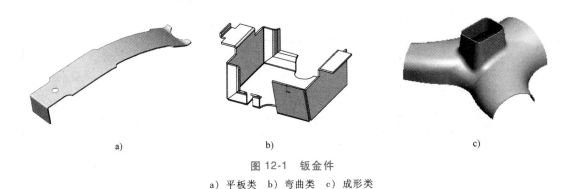

图 12-1 钣金件

a）平板类 b）弯曲类 c）成形类

12.1.2 钣金件的视图表达

钣金件都是由平板毛坯经冲切、折弯或冲压等方式而加工出来的。为了防止弯制过程中在弯曲处产生裂纹或皱折，弯曲内圆角半径应有一定限制，有时，在弯曲处预先钻出防裂孔，如图 12-2 所示。钣金件与一般机械加工方式加工出来的零件存在着很大差别。因此，此类零件除绘制成形后零件的多面正投影图外，还应当在图样中单独画出（或用双点画线与某视图结合画出）展开图，以供剪裁下料或设计冲料模具之用。展开图应标出"展开图"字样，并用细实线画出弯制时的弯折处，如图 12-3 所示。

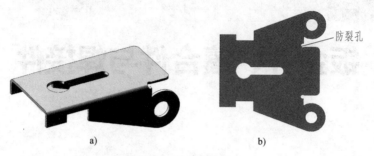

防裂孔

a) b)

图 12-2 钣金件的结构

a）三维模型 b）展开图

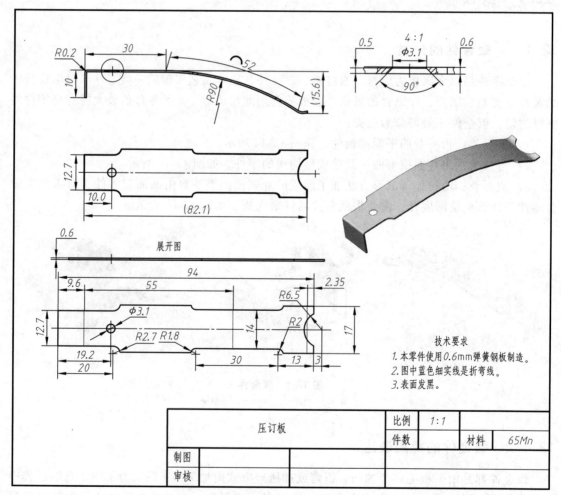

展开图

技术要求

1. 本零件使用0.6mm弹簧钢板制造。

2. 图中蓝色细实线是折弯线。

3. 表面发黑。

压订板			比例	1:1	
			件数		材料 65Mn
制图					
审核					

图 12-3 钣金件零件图

12.2 镶合件

在电器、厨具等产品中，为保障零件的部分强度和刚度，又使零件具有绝缘、隔热等性能，人们将预先制得的金属零件与塑料一起注塑成型，这样得到的零件称为镶合件。镶合件可实现某些特殊功能，如既有部分导电又有部分绝缘；既表面柔软有弹性又整体有一定刚度（如螺钉旋具）。镶合件既可以简化结构，省去装配过程，又可使零件触感良好，有较好的"人—机工程"性能。镶合件已较广泛地在各工程领域和日常生活中使用。

图 12-4 所示为一旋钮的图样。

镶合件一般应画两张图样：一张图是预制金属件的零件图，图中注有为制造该零件所需的全部尺寸；另一张图是预制金属件与塑料镶合成型后的整体图，图中注出塑料部分的全部尺寸及金属件在注塑时的定位尺寸（图 12-4 中的尺寸 10）。

如果镶入的金属件是标准件，则可不必单独画它的零件图。如图 12-4 所示，旋钮中的镶入件螺栓即为标准件，此时只要注明其标准代号及规格即可。

这种结构，既利用了金属的高强度、保证连接的性能，又利用了非金属绝缘、隔热的性能。在满足功能需求的前提下，利用标准件，节约了材料，减少了大量制造时间，降低了成本，因此，在电器、厨具零件上已广泛使用。

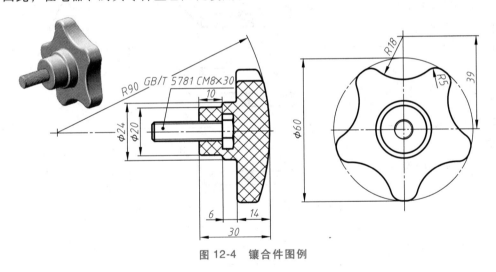

图 12-4　镶合件图例

12.3 焊接件

焊接是工业上广泛使用的一种连接方式，是将被连接件在连接处局部加热至熔化或用熔化的金属材料填充，或用加压等方法使其熔合连接在一起。

焊接图是供焊接加工时所用的图样，除了把焊接件的结构表达清楚以外，还要把焊缝等有关加工的一些要求表示清楚。

国家标准 GB/T 324—2008《焊缝符号表示法》规定，为了简化图样上的焊缝，一般应采用标准规定的焊缝符号表示，必要时，也可用一般的技术制图方法表示。

12.3.1 焊缝符号及其标注

国家标准规定，完整的焊缝符号包括基本符号、指引线、补充符号及数据等。

1. 基本符号

基本符号是表示焊缝横截面形状的符号，部分基本符号见表12-1，标注示例见表12-2。

表 12-1 焊缝基本符号

序号	名称	示意图	符号
1	卷边焊缝 （卷边完全熔化）	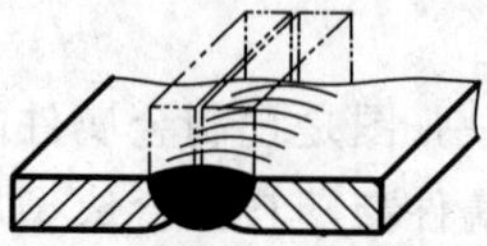	 八
2	I 形焊缝	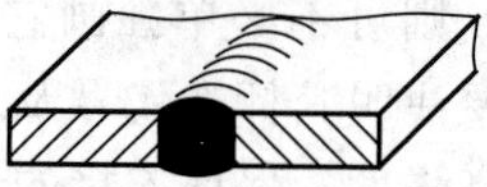	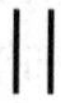 ‖
3	V 形焊缝	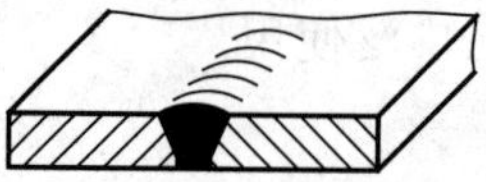	 ∨
4	单边 V 形焊缝	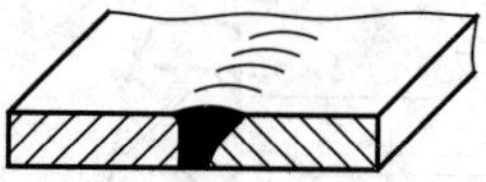	 ↓
5	带钝边 V 形焊缝	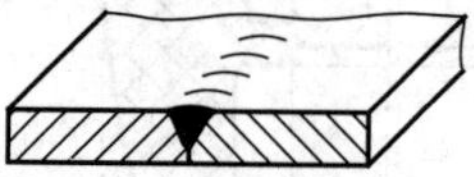	 Y
6	带钝边单边 V 形焊缝		 ⊬
7	带钝边 U 形焊缝	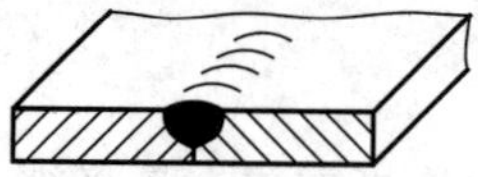	 ∪
8	角焊缝	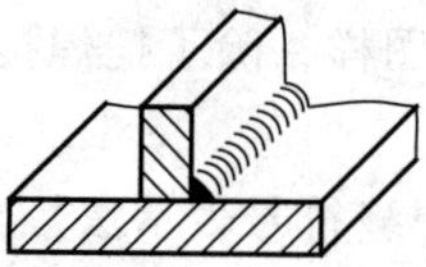	 △

表 12-2 基本符号的标注示例

序号	符号	示意图	标注示例	备注
1	∨		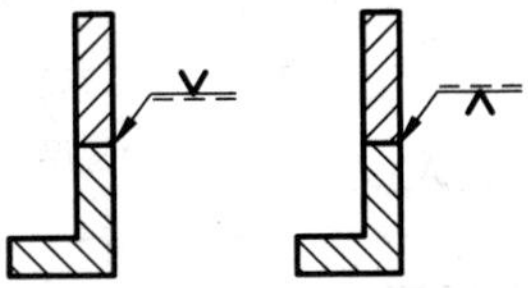	焊缝在箭头侧
2	∪	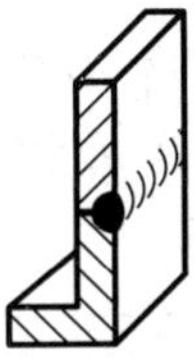	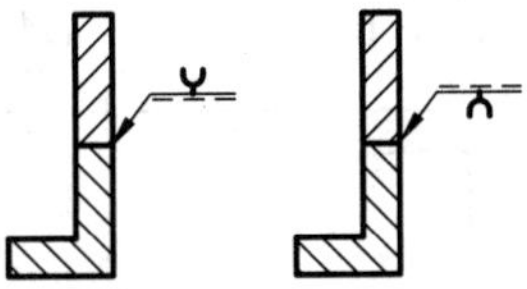	焊缝在箭头侧
3	◺	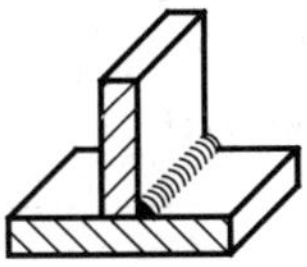	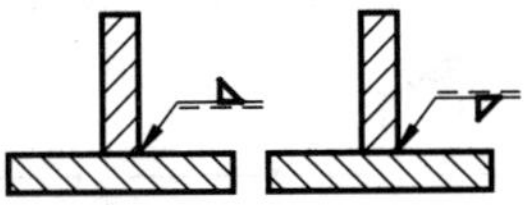	焊缝在箭头侧
4	✕	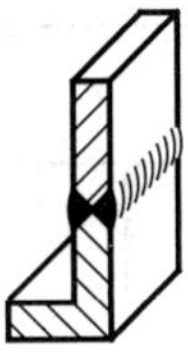	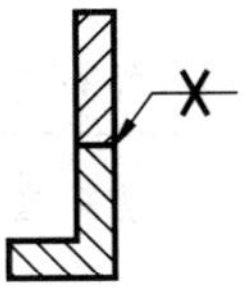	对称焊缝在箭头侧和非箭头侧
5	К		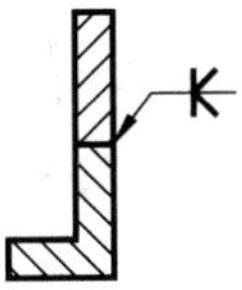	对称焊缝在箭头侧和非箭头侧

2. 补充符号

补充符号用来说明有关焊缝或接头的某些特征（如表面形状、衬垫、焊缝分布、施焊地点等）。补充符号见表 12-3，标注示例见表 12-4。

基本符号和补充符号的画法参考国家标准 GB/T 12212—2012《技术制图　焊缝符号的尺寸、比例及简化表示法》。

表 12-3 补充符号

序号	名称	符号	说明
1	平面	——	焊缝表面通常经过加工后平整
2	凹面	⌣	焊缝表面凹陷

（续）

序号	名称	符号	说明
3	凸面	 ⌒	焊缝表面凸起
4	圆滑过渡	 ⌣	焊趾处过渡圆滑
5	永久衬垫	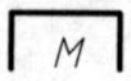 M	衬垫永久保留
6	临时衬垫	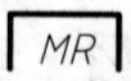 MR	衬垫在焊接完成后拆除
7	三面焊缝	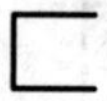 ⊏	三面带有焊缝
8	周围焊缝	 ○	沿着工件周边施焊的焊缝 标注位置为基准线与箭头线的交点处
9	现场焊缝	 ◤	在现场焊接的焊缝
10	尾部	<	可以表示所需的信息

表 12-4　补充符号的标注示例

序号	符号	示意图	标注示例	备注
1			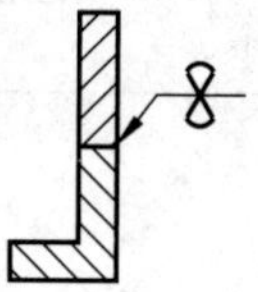	凸起的双面 V 形焊缝
2			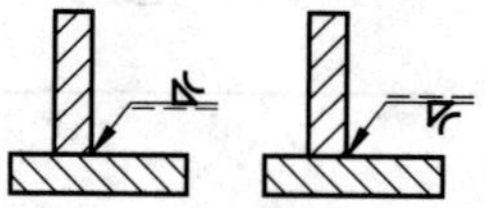	凹陷的角焊缝

3. 基本符号和指引线的位置规定

（1）基本要求　在焊缝符号中，基本符号和指引线为基本要素。焊缝的准确位置通常由基本符号和指引线之间的相对位置决定，具体位置包括：

1）箭头线的位置。

2）基准线的位置。

3）基本符号的位置。

（2）指引线　指引线由箭头线和基准线组成，如图 12-5a 所示。加了尾部符号的指引线如图 12-5b 所示。

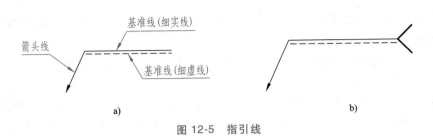

图 12-5　指引线

1）箭头线。焊缝符号的箭头线用细实线绘制。箭头直接指向的接头侧为"接头的箭头侧"，与之相对的则为"接头的非箭头侧"，如图 12-6 所示。

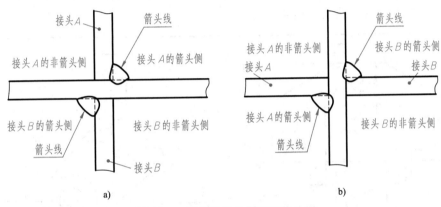

图 12-6　接头的箭头侧和非箭头侧

2）基准线。基准线一般应与图样的底边相平行，必要时也可与底边垂直。实线和虚线的位置可根据需要互换。

（3）基本符号与基准线的相对位置

1）基本符号在实线侧时，表示焊缝在箭头侧，如图 12-7a 所示。

2）基本符号在虚线侧时，表示焊缝在非箭头侧，如图 12-7b 所示。

3）对称焊缝允许省略虚线，如图 12-7c 所示。

4）在明确焊缝分布位置的情况下，有些双面焊缝也可省略虚线，如图 12-7d 所示。

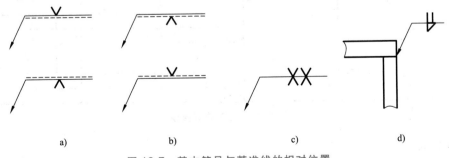

图 12-7　基本符号与基准线的相对位置

12.3.2　焊接图

焊接图除了要把构件的结构形状、尺寸和一般技术要求表达清楚外，还应清晰地表示出各焊件的相互位置、焊接要求以及焊缝尺寸等。如不附详图，一般还应表示各焊件的形状、规格大小及数量。

根据焊接件结构复杂程度不同，焊接图的表达形式大概有以下三种。

1. 整件形式

这种焊接图不仅表达各焊件的装配、焊接要求，而且还表达每一焊件的形状和尺寸大小以及其他加工要求。除了较复杂的焊件和特殊要求的焊件外，不再另绘焊接图。这种图样形式表达集中，出图快，适用于修配或小批量生产。如图 12-8 所示支架的焊接图，从图中可以看出，它是以整体形式表达的，支架由直角板、肋板、支承板和圆板四部分组成。焊缝均为角焊接，也有双面焊，焊角高均为 5mm。技术要求说明，焊缝均采用手工电弧焊接而成。其余与一般工程图样的表达基本相同。

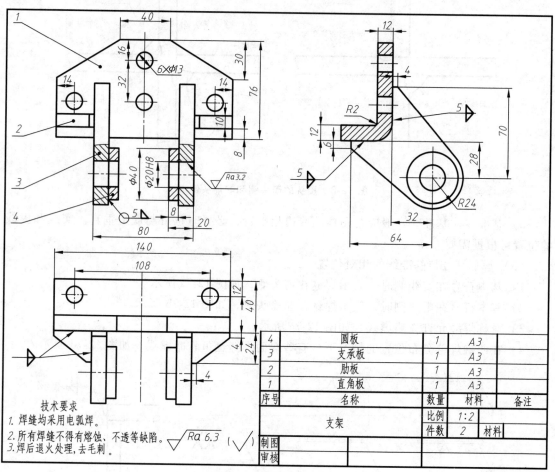

图 12-8 支架的焊接图

2. 分体形式

这种焊接图重点表达装配连接关系，用来指导焊接件的装配、施焊及焊后处理，而各种焊件的形状、规格、大小分别表示在各焊件图上。这种图样形式完整、清晰，看图简单，方便交流，适用于大批量生产或分工较细的情况。图 12-9 所示为喷砂罐焊接图（单个零件未表示），是通过焊接把筒体、封头、接头以及角钢焊接成一体。图中件 1 与件 2 采用双面 Y

形焊缝，外侧焊缝的焊缝有效深度为 2.5mm，焊缝宽度为 14mm；内侧焊缝除了有以上要求外，焊缝凸起高度为 1.5mm。

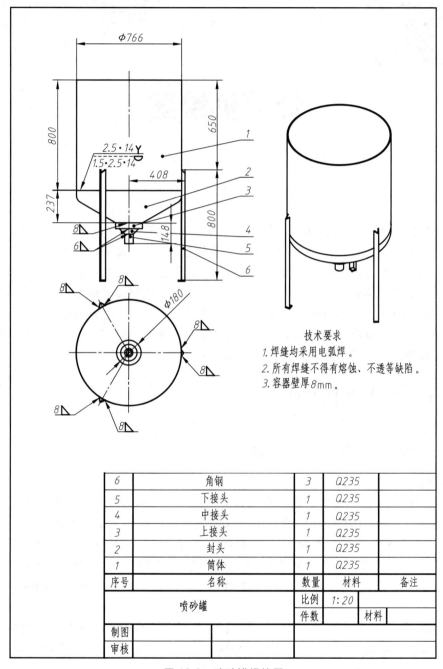

技术要求
1. 焊缝均采用电弧焊。
2. 所有焊缝不得有熔蚀、不透等缺陷。
3. 容器壁厚8mm。

6	角钢	3	Q235	
5	下接头	1	Q235	
4	中接头	1	Q235	
3	上接头	1	Q235	
2	封头	1	Q235	
1	筒体	1	Q235	
序号	名称	数量	材料	备注

		比例	1:20	
喷砂罐		件数		材料
制图				
审核				

图 12-9　喷砂罐焊接图

3. 列表形式

当焊件结构复杂、各焊件之间的焊缝形式和焊缝尺寸不便于在图上清晰地表达时，采用列表形式，将相同规格的各种焊件的同一种焊缝形式及尺寸集中表示出来。

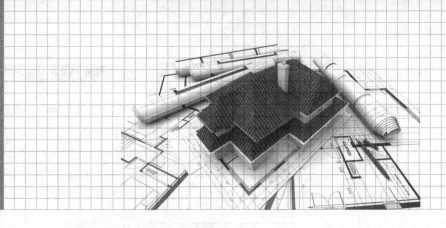

第 13 章

计算机绘图

计算机绘图与手工绘图相比具有作图精度高、出图快、易修改、全部数字化，便于保存、管理、检索等优点。在当前生产实际中，基本上已全部实现了计算机绘图。

交互式绘图是计算机绘图的重要方式，设计人员用鼠标、键盘等输入设备，通过人机对话，在屏幕上绘制和编辑图形，最后由打印机或绘图机等输出设备输出图样。我国的产品有CAXA、中望 CAD 等。美国 Autodesk 公司的 AutoCAD 是世界上最流行的绘图软件之一，它具有很强的二维、三维绘图编辑功能，并且易学易用，被广泛应用于建筑、机械、电子、工艺美术及工程管理等领域。本章主要介绍 AutoCAD 2022 的二维绘图。

13.1 AutoCAD 绘图基础

13.1.1 启动 AutoCAD 及用户界面

1. 启动 AutoCAD

与其他 Windows 应用程序一样，在安装有 AutoCAD 2022 的计算机中，开机后可在系统桌面上看到 AutoCAD 2022 的快捷图标。双击（快速点按两下鼠标左键）快捷图标，或通过单击（快速按一下鼠标左键）系统桌面左下角的 "开始" > "AutoCAD 2022-简体中文" > "AutoCAD 2022"，即可启动 "AutoCAD 2022"。系统进入 "开始" 界面。"开始" 界面分三个区域，左边区域有 "打开" "新建" "最近使用的" "Autodesk Docs" "学习" 等选项。

单击 "新建"，系统进入绘图界面，如图 13-1 所示。AutoCAD 的用户界面主要由标题栏、菜单浏览器、功能区、绘图区、命令行窗口和状态栏等组成。具体显示与用户选择的工作空间及设置有关。默认的是 "草图与注释" 工作空间。

2. 界面介绍

（1）工作空间　工作空间用于控制程序中用户界面元素的显示。改变工作空间的方法：单击 "快速工具栏" 右侧的列表按钮 ▼ 选择 "工作空间"（图 13-2）；单击 "草图与注释" 右侧的列表按钮 ▼，可从列出的菜单中选择所需的工作空间（图 13-3）。

（2）功能区 功能区按逻辑分组来组织工具。功能区提供一个简洁紧凑的选项板，其中包括创建或修改图形所需的常用工具。可以将它放置在以下位置：水平固定在绘图区域的顶部（默认），参见图 13-1；垂直固定在绘图区域的左边或右边；在绘图区域中或第二个监视器中浮动功能区选项卡和面板。

用户可以创建和修改功能区面板，使用功能区选项卡将功能区面板组织到基于任务的工具组中，以此自定义功能区。自定义方法可参见 AutoCAD 提供的帮助文档。

在"菜单栏"（菜单栏默认不显示）依次单击"工具"菜单▶"选项板"▶"功能区"，或在命令提示下输入 RIBBON 命令，可控制功能区的显示状态。

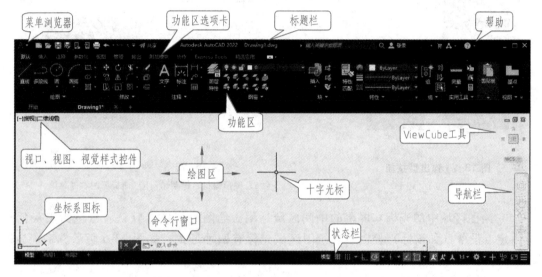

图 13-1　AutoCAD 2022 用户界面介绍

图 13-2　自定义快速访问工具栏

图 13-3　工作空间列表

（3）弹出型按钮　弹出型按钮用于编组工具栏上的相关命令。弹出型按钮是对工具栏的参照，可从工具栏上的单个按钮访问它。弹出型按钮的右下角有一个黑色三角形，它表示从定点设备按住拾取键将显示其他命令，如图 13-4 所示。

（4）快捷菜单　在图形窗口、文本窗口、命令窗口、工具栏区域或功能区中单击鼠标右键时，在十字光标或光标位置或该位置附近将会显示快捷菜单（又称关联菜单、右键菜单），如图 13-5 所示。

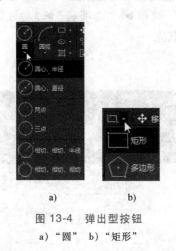

图 13-4　弹出型按钮
a）"圆"　b）"矩形"

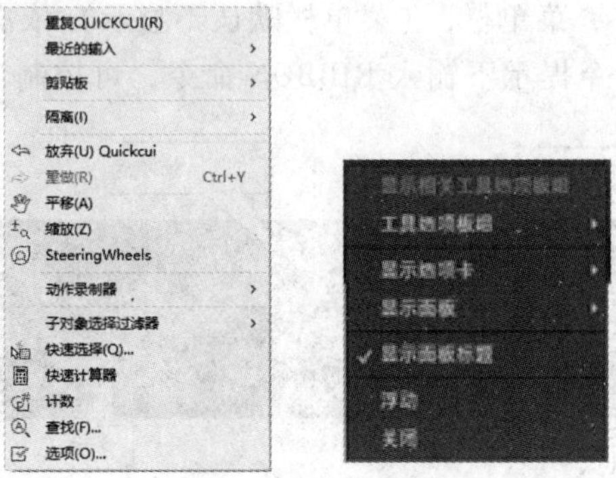

图 13-5　快捷菜单
a）图形窗口右键菜单　b）面板标题右键菜单

（5）绘图区域中的光标　屏幕的中间区域是用做绘图的区域（默认背景色为黑灰色），光标由定点设备（如鼠标）控制。在绘图区域光标有四种形式，如图 13-6 所示。系统会根据用户的操作更改光标的外观。

1）如果未在命令操作中，光标显示为一个十字光标和拾取框光标的组合，如图 13-6a 所示。

2）如果系统提示用户指定点位置，光标显示为十字光标，如图 13-6b 所示。

3）当提示用户选择对象时，光标将更改为一个称为拾取框的小方形，如图 13-6c 所示。

4）如果系统提示用户输入文字，光标显示为竖线，如图 13-6d 所示。

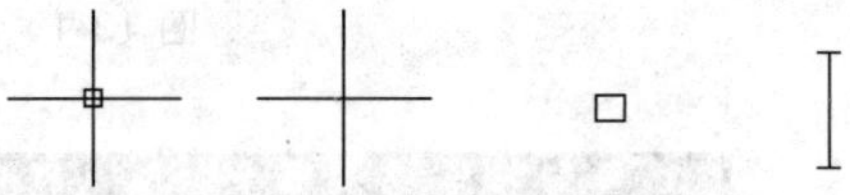

图 13-6　绘图区光标
a）选择并定点光标　b）定点光标
c）选择光标　d）输入文字光标

（6）模型/布局选项卡　位于绘图区的左下角，用于切换模型空间和布局（图纸）空间。模型空间用于设计图形，布局（图纸）空间用于绘制和打印图形。

（7）命令窗口　命令窗口在绘图区域的下方，其可以被固定，也可调整其大小，用于显示命令、系统变量、选项、信息和提示。

隐藏和重新显示命令行的方法有以下几种：

1）依次单击"视图"选项卡→"选项板"面板→"命令行"。

2）依次单击"工具"菜单→"命令行"。

3）按 Ctrl+9 组合键。

（8）状态栏　状态栏位于 AutoCAD 窗口的最下方，系统默认显示的状态栏图标如图 13-7a 所示，全部状态栏图标如图 13-7b 所示。可通过单击最右边的 ▤ 自定义按钮（图 13-8）开启

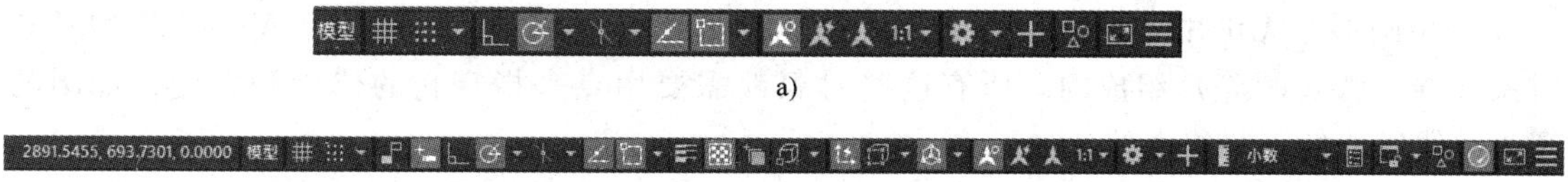

a)

b)

图 13-7　状态栏图标

a）系统默认显示的状态栏图标　b）全部状态栏图标

或关闭图标，名称前有√的为已显示，没有√的为隐藏。可通过单击来打开或关闭某一模式。右击不同的图标，会弹出相应功能的快捷菜单。

13.1.2　命令输入

AutoCAD 常用的命令输入方式如下。

1. 键盘输入

直接从键盘输入 AutoCAD 命令，然后按空格键或回车键，但在输入字符串时只能用回车键。输入的命令用大写或小写均可。也可输入命令的别名，如输入 CIRCLE 画圆命令可以输入其别名 C。

注意： AutoCAD 命令必须在"命令："状态下用键盘输入，否则会出错。透明命令如 ZOOM、PAN、CAL 等可以在其他命令执行的过程中执行，但必须在命令前加撇号"'"，此命令完成后仍回到原来的命令状态。

2. 菜单输入（显示菜单栏方法，参见图 13-8）

单击菜单名，出现下拉菜单，单击菜单项，系统即执行相应的命令。

3. 图标按钮输入

鼠标移至某图标暂停 1s，系统会自动显示图标的功能；暂停 3s，系统会自动显示图标较为详细的功能。单击该图标执行相应的命令。

4. 命令的重复

无论使用哪一种方式输入一个命令后，当"输入命令："提示符出现时，再按一下空格键或回车键，就可重复这个命令。也可在绘图区域按鼠标右键，在出现的快捷菜单上选择"重复××"命令。

5. 终止当前命令

按下键盘左上角的"Esc"键可终止或退出当前命令。

6. 取消上一个命令

键入"U"命令后回车或单击标准工具栏中的 图标后，可取消上一次执行的命令。

7. 命令重做

键入"REDO"命令后回车或单击标准工具栏中的 图标后，可重做被取消的命令。

13.1.3　数据输入

每当一个命令输入后，还需为命令执行提供必要的信息，才能用 Auto-

图 13-8　自定义
状态栏图标

CAD 画出图形。无论用 AutoCAD 画出的是简单图形还是复杂图形，都是由 AutoCAD 的基本对象（线、弧、圆等）组成的。所有这些对象都需要用点来指定它的位置和方向，如圆的圆心、线段的始点与终点等。

1. 点的输入

当命令行窗口出现指定"点："提示时，可通过下列任一种方式指定点的位置：

1）使用十字光标。在绘图区域十字光标具有定点功能。用鼠标移动光标至指定位置，单击鼠标左键确定该点，则十字光标点处的坐标就会自动输入。

2）绝对坐标。动态输入关闭时，在命令行用键盘直接以"x, y"的形式键入目标点的坐标值。例如，在回答"指定点"时，键入"8,9↙"[⊖]，表示点的坐标为："8，9"。使用动态输入时可以使用"#"前缀指定绝对坐标。例如，输入 #8,9↙指定一点，此点在 X 轴方向距离原点 8 个单位，在 Y 轴方向距离原点 9 个单位。

［注］：在平面绘图时，一般不需要输入 z 坐标，而由系统自动添上当前工作平面的 z 坐标。如果需要，也可用"x, y, z"的形式给出 z 坐标。例如，"50，20，10"等。

3）相对坐标。相对坐标是指相对于当前点的坐标，不是相对于原点的坐标。其格式为"@x, y"，"@"为前导符号。如当前点的坐标为（6，9），输入@5,6↙，表示输入点的绝对坐标是（11，15）。

4）极坐标。极坐标是以当前点到下一点的距离和连接这两点的向量与水平正向的夹角来表示的，其格式为"@$d<\alpha$"，"d"表示距离，"α"表示角度，"<"为中间分隔符。如@8<30，表示输入点与上一点的距离为 8，与上一点的连线和 X 正向间的夹角为 30°。

5）定向输入距离。定向输入距离是鼠标与键盘配合使用的一种输入方法，当命令提示输入一个点时，移动光标，则自前一点拉出一条"橡皮筋"线，指出所需的方向，用键盘输入距离即可。

当动态输入"DYN"关闭时，三种坐标输入方法及格式如下：

命令：L↙　　　　（从键盘敲入 L（Line）画直线命令）

LINE 指定第一点：100,100↙　　（绝对坐标　其格式：x,y）　　点 1

指定下一点或［放弃（U）］：150,150↙　　（绝对坐标）　　点 2（注意：动态输入开启时必须加前缀"#"）

指定下一点或［放弃（U）］：@50,-50↙　　（相对坐标　其格式：@x,y↙）　　点 3

指定下一点或［闭合（C）/放弃（U）］：@100<45↙　　（极坐标　其格式：@距离<角度）点 4

指定下一点或［闭合（C）/放弃（U）］：↙　　（结束画线命令）画出的图形如图 13-9 所示。

2. 角度的输入

默认以"度"为单位，以 x 轴正向为 0°，以逆时针方向为正，顺时针方向为负。在提示符"角度："后可以直接输入角度值，也可输入两点，后者的角度大小与输入点的顺序有关，规定第一点为起始点，第二点为

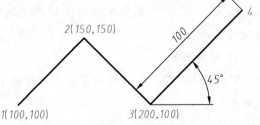

图 13-9　绝对坐标、相对坐标、极坐标

⊖ 本书约定下划线部分需用户用键盘或鼠标输入，"↙"表示"Enter"回车。

终点，起点和终点的连线与 x 轴正向的夹角为角度值。

3. 位移量的输入

位移量是指图形从一个位置平移到另一个位置的距离。其提示为"指定基点或位移："，可用两种方式指定位移量：

1）输入基点 $P1(x1, y1)$，再输入第二点 $P2(x2, y2)$，则 $P1$、$P2$ 两点间的距离就是位移量，即：$\Delta X = x2 - x1$，$\Delta Y = y2 - y1$。

2）输入一点 $P(x, y)$，在"指定位移的第二点或<用第一点作位移>："提示下，直接回车响应，则位移量就是该点 P 的坐标值 (x, y)，即 $x = \Delta x$，$y = \Delta y$。

4. 使用动态输入

"动态输入"是在光标附近提供一个命令界面，以帮助用户专注于绘图区域。启用"动态输入"时，工具栏提示将在光标附近显示信息，该信息会随着光标移动而动态更新。当某条命令为活动时，工具栏提示将为用户提供输入的位置。其常用操作如下：

1）打开和关闭动态输入。单击状态栏上的 ⊹▦ （或按 F12 键）来打开和关闭。

2）指针输入。当启用指针输入且有命令在执行时，十字光标的位置将在光标附近的工具栏提示中显示为坐标。可以在工具栏提示中输入坐标值，而不用在命令行中输入。

第二个点和后续点的默认设置为相对极坐标（对于 RECTANG 命令，为相对笛卡儿坐标），不需要输入"@"符号。如果要使用绝对坐标，需使用"#"前缀。例如，要将对象移到原点，在提示输入第二个点时，输入#0，0后，回车即可。

3）标注输入。启用标注输入时，当命令提示输入第二点时，工具栏提示将显示距离和角度值。在工具栏提示中的值将随着光标移动而改变。按 tab 键可以移动到要更改的值。标注输入可用于 ARC、CIRCLE、ELLIPSE、LINE 和 PLINE 命令。

注意：对于标注输入，在输入字段中输入值并按"tab"键后，该字段将显示一个锁定图标，并且光标会受输入值的约束。

4）动态提示。启用动态提示时，提示会显示在光标附近的工具栏提示中。用户可以在工具栏提示（而不是在命令行）中输入响应。按下箭头键可以查看和选择选项，按上箭头键可以显示最近的输入。

13.1.4　文件操作

对文件的操作主要有新建文件、保存文件和打开文件三种。每一种文件操作均可采用单击标准工具栏上的图标、直接输入命令名或单击下拉菜单文件对应的菜单项等操作方法来执行。

1. 新建文件

开始一个新的 AutoCAD 图形的绘制。其命令操作有如下三种方法：

1）图标菜单：单击 ▢ （在标准工具栏中）。

2）下拉菜单："文件（F）">"新建（N）"。

3）键盘输入：键入 NEW↵。

用任意一种方法打开"选择样板"对话框。系统默认以"acadiso.dwt"为样板建立新图形。

2. 保存文件

保存文件主要有当前文件名保存和另起文件名保存两种方法。前者用于绘图过程中的临时存盘或图形文件修改后的存盘；后者主要用于样板图方式绘图或借助某一旧图绘图的存盘。其命令操作有如下三种方法：

1）图标菜单：单击 ⊟（在标准工具栏中，图形未命名时等同于"另存为" ⊟）。

2）下拉菜单："文件（F）">"保存（S）"或"另存为（A）">"图形另存为"对话框。

3）键盘输入：键入 SAVE↵ 或 SAVEAS↵。

在"图形另存为"对话框"文件名"的文本框中键入文件名（系统会自动添加图形文件的扩展名 .dwg），单击回车键或"保存"按钮，系统以命名的文件名保存。若需存成样板文件（.dwt），则应在"文件类型"下拉列表框中选择。为便于文件管理，建议将所绘制的图形文件存放在一个自定义的文件夹内。

3. 打开文件

打开已存盘的图形。其命令操作有如下三种方法：

1）图标菜单：单击 ▭（在标准工具栏中）。

2）下拉菜单："文件（F）">"打开（O）">"选择文件"对话框。

3）键盘输入：键入 OPEN↵。

打开单个图形文件时，找到要打开的图形文件，然后单击"打开"按钮，或者双击该文件名即可将其打开。在 AutoCAD 2022 中可以同时打开多个图形文件，在几个图形文件之间快速引用、拖放或复制对象。像在 Windows 资源管理器中一样，按住 Ctrl 键然后依次单击要选择的文件；或者先单击一个图形文件，然后按住 Shift 键并单击另一个文件，这样可以选中相邻的一串文件。使用 Ctrl+Tab 或 Ctrl+F6 组合键，可循环切换显示打开的图形。

13.1.5 图形显示基本控制

AutoCAD 2022 提供了功能强大的图形显示控制，在绘图区的左上角有三个控件："[-]"视口控件、"俯视"视图控件、"二维线框"视口样式控件；右上角有一个"ViewCube 工具"；右边还有一个"导航栏"，用于图形显示控制。

图形显示控制最基本的方法是利用鼠标的中键滚轮。当滚轮向前滚时，以光标点为基点放大显示图形；向后滚时，缩小图形；按下滚轮移动鼠标时，平移图形。显示控制改变的只是图形的显示尺寸，并不改变图形的实际尺寸。

如果鼠标没有中键滚轮，可用标准工具栏上的图标按钮： ▭▭▭▭▭ 。

如果出现图形缩小和放大到一定程度后不能继续放大和缩小，可从菜单栏中选择"视图">"重生成"，命令执行后就可继续放大和缩小。

常用显示控制命令有 ZOOM（缩放）、PAN（平移）和 DSVIEWER（鸟瞰视图）。

13.1.6 退出 AutoCAD

绘制或编辑完图形后退出 AutoCAD，其命令操作有如下三种方法：

1）图标菜单：单击 AutoCAD 系统右上角的 ▉。

2）菜单栏："文件（F）">"退出（X）"。

3）键盘输入：键入 EXIT↵或 QUIT↵。

13.2 基本绘图命令

AutoCAD 提供了多种方便实用的基本绘图命令，其图标集中在功能区的"默认"标签中的"绘图"面板，如图 13-10 所示。利用它们可以绘制直线、多段线、圆、圆弧、矩形、正多边形等。

下面通过练习来掌握几个常用基本绘图命令的各项功能，以及其他命令和命令的详细说明，请参看 AutoCAD 提供的帮助文件。为便于显示，请键入 Z↵，键入 A↵，将系统默认设置 A3 绘图区域（420mm×297mm）放大到全窗口。

a) b)

图 13-10 "默认"标签中的"绘图"面板

a）未展开的绘图面板 b）展开的绘图面板

13.2.1 Line 画直线命令（别名 L）（下拉菜单：绘图>直线）（工具按钮 ╱ ）

功能：可以创建一系列连续的线段。

命令格式及用法：

命令：L↵（或 Line↵，或单击 ╱，输入画直线命令）

LINE 指定第一点：100,100↵（指定起始点 1）

指定下一点或［放弃（U）］：@100,0↵（指定下一个点 2，用的是相对坐标）

指定下一点或［放弃（U）］：@100<90↵（指定下一个点 3，用的是极坐标）

指定下一点或［闭合（C）/放弃（U）］：C↵（选择"闭合"选项，闭合所画线段并结束画直线命令）

命令：↵（回车，重复画直线命令）

LINE 指定第一点：↵（直接敲回车键，可从最近一次绘制的线段或圆弧的终点作为线段的起点）（线段从 1 点引出）

指定下一点或［放弃（U）］：向上移动光标，使极轴追踪成 90°后，键入 200↵

指定下一点或［放弃（U）］：U↵（选择"放弃"选项，取消上一点）（移动一下鼠标，观察屏幕）

指定下一点或［放弃（U）］：向上移动光标，使极轴追踪成 90°后，键入 100↵

指定下一点或［放弃（U）］：向右移动光标，使极轴追踪成 0°后，键入 100↵

指定下一点或［闭合（C）/放弃（U）］：↵（回车，结束画直线命令）结果如图 13-11 所示。

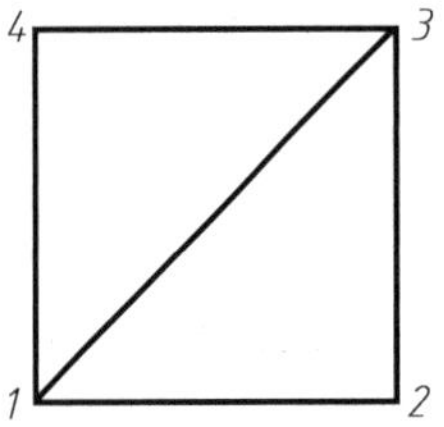

［注］：在一个命令给出多个选项时，若不用 AutoCAD 提供的默认选项而选用别的选项，只需把要选择的选项的大写字符输入即可，不需要将选项的字符全部输入。如选择"闭合"选项，键入字符 C。

图 13-11 画直线

13.2.2 Circle 画圆命令（别名 C）（下拉菜单：绘图>圆）（工具按钮 ⊙）

功能：创建圆。可以使用多种方法创建圆，默认方法是指定圆心和半径。

命令格式及用法：

命令：*C↵*（或 *Circle↵*，或单击 ⊙ ，输入画圆命令）

CIRCLE 指定圆的圆心或 ［三点（3P)/两点（2P)/相切、相切、半径（T)]：150,150↵（指定圆心）

指定圆的半径或 ［直径（D)]<0.0000>：100↵（给定半径 100）（画圆 Ⅰ）

命令：↵（回车，重复画圆命令）（画圆 Ⅱ）

CIRCLE 指定圆的圆心或 ［三点（3P)/两点（2P)/相切、相切、半径（T)]：3p↵（选择 3P 三点画圆选项）

指定圆上的第一个点：选取 1 点（或键入 100，100）

指定圆上的第二个点：选取 2 点（或键入 200，100）（使用动态输入时，即 DYN 开启时，键入 100，0)

指定圆上的第三个点：选取 3 点（或键入 200，200）（使用动态输入时，即 DYN 开启时，键入 0，100）

命令：↵（回车，重复画圆命令）（画圆 Ⅲ）

CIRCLE 指定圆的圆心或 ［三点（3P)/两点（2P)/相切、相切、半径（T)]：2p↵（选择 2P 两点画圆选项）

指定圆直径的第一个端点：225,150↵

指定圆直径的第二个端点：245,150↵（DYN 开启时，键入 20，0)

命令：↵（回车，重复画圆命令）（画圆 Ⅳ）

CIRCLE 指定圆的圆心或 ［三点（3P)/两点（2P)/相切、相切、半径（T)]：t↵（用相切、相切、半径方式画圆）

指定对象与圆的第一个切点：选取线段 12（具体操作为：移动光标到线段 12 附近时，光标处出现黄色的相切导航图标，此时单击鼠标左键）

指定对象与圆的第二个切点：选取线段 13

指定圆的半径<10.0000>：↵（回车，使用<>中的缺省值）

画三角形 123 的内切圆（圆 V）：依次单击"默认"选项卡中"绘图"面板>"圆"列表中的> ⊙ "相切、相切、相切"，然后依次拾取线段 12、23、13，结果如图 13-12 所示。

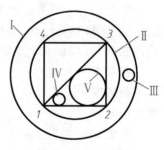

图 13-12 画圆

13.2.3 Pline 画二维多段线命令（别名 PL）（下拉菜单：绘图>多段线）（工具按钮 ⌐⊃）

功能：创建直线段、弧线段或两者的组合线段，生成的线段可以有宽度。

命令格式及用法：

命令：*PL↵*（或 *Pline↵*，或单击 ⌐⊃ ，输入画二维多段线命令）

PLINE 指定起点：40,170↵（指定起始点）

当前线宽为 0.0000

指定下一个点或 ［圆弧（A）/半宽（H）/长度（L）/放弃（U）/宽度（W）］：40,150↵（DYN 开启时，键入 0，-20）

指定下一点或 ［圆弧（A）/闭合（C）/半宽（H）/长度（L）/放弃（U）/宽度（W）］：W↵（选择设置线宽度选项）

指定起点宽度<0.0000>：3↵

指定端点宽度<3.0000>：↵（回车，用缺省值，宽度为3）

指定下一点或 ［圆弧（A）/闭合（C）/半宽（H）/长度（L）/放弃（U）/宽度（W）］：40,120↵（DYN 开启时，键入 0，-30）

指定下一点或 ［圆弧（A）/闭合（C）/半宽（H）/长度（L）/放弃（U）/宽度（W）］：A↵（选择画圆弧选项）

指定圆弧的端点或 ［角度（A）/圆心（CE）/闭合（C）/方向（D）/半宽（H）/直线（L）/半径（R）/第二个点（S）/放弃（U）/宽度（W）］：10,120↵（DYN 开启时，键入-30，0）

指定圆弧的端点或 ［角度（A）/圆心（CE）/闭合（C）/方向（D）/半宽（H）/直线（L）/半径（R）/第二个点（S）/放弃（U）/宽度（W）］：L↵（选择画直线选项）

指定下一点或 ［圆弧（A）/闭合（C）/半宽（H）/长度（L）/放弃（U）/宽度（W）］：10,150↵（DYN 开启时，键入 0，30）

指定下一点或 ［圆弧（A）/闭合（C）/半宽（H）/长度（L）/放弃（U）/宽度（W）］：W↵（选择设置线宽度选项）

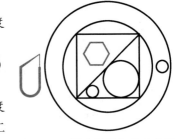

指定起点宽度<3.0000>：↵（用默认值，指定始点线的宽度）

指定端点宽度<3.0000>：0↵

指定下一点或 ［圆弧（A）/闭合（C）/半宽（H）/长度（L）/放弃（U）/宽度（W）］：C↵（闭合所画多段线并结束画二维多段线命令，结果如图 13-13 所示）。

图 13-13 画多段线和正六边形

13.2.4 Polygon 画正多边形命令（别名 POL）（下拉菜单：绘图>正多边形）（工具按钮 ）

功能：绘制正多边形命令，可以快速创建矩形和规则多边形。

命令格式及用法：

命令：POL↵（或Polygon↵，或单击 ，输入创建正多边形命令）

POLYGON 输入边的数目<4>：6↵ （指定正多边形边数）

指定正多边形的中心点或 ［边（E）］：130,170↵

输入选项 ［内接于圆（I）/外切于圆（C）]<I>：↵（用内接于圆法）

指定圆的半径：20↵ 结果如图 13-13 所示（请保存文件，以便后面的操作）。

13.3 常用修改命令

AutoCAD 提供了非常强大的修改编辑功能，用户使用它可以灵活、方便、快速、准确、高效地绘制出所需的图样。

修改对象时，首先应该明白要进行什么样的修改操作，是删除、复制或是修改已有对象的属性（如所在的层、线型、颜色）等，然后发出相应的命令。

进行修改操作的一般步骤如下：

1）发出修改命令。

2）选定对象。

3）输入适当的参数或选取点。

4）执行修改功能。

a)   b)

图 13-14 "修改" 面板

a）未展开的修改面板 b）展开的修改面板

修改命令图标集中在功能区的"默认"标签的"修改"面板，如图 13-14 所示。

所有的修改命令都需选定对象。在"选择对象:"提示下，光标由"十"字变成小方框"□"（称为选取框），移动选取框，在要选择的对象上按鼠标左键，则该被选中的对象就醒目显示（一般变虚），之后系统又出现"选择对象:"提示，用户可接着选取对象或按回车键结束选择。

AutoCAD 提供了多种选择对象的方式，常用的有：

1）点选方式。直接在要选定的对象上单击，选定对象。

2）窗口方式。在空白处选定第一角点，右上（下）移光标（出现一实线框矩形），选定第二角点，则被矩形完全框中的所有对象被选中。

3）交叉窗口方式。在空白处选定第一角点，左上（下）移光标（出现一虚线框矩形），选定第二角点，则被矩形完全框中及与矩形框相交的所有对象均被选中。

下面以实例的形式简要介绍各常用编辑命令的功能及用法，具体命令各选项的功能及使用方法，请参阅 AutoCAD 系统提供的帮助。

打开保存的图 13-13 所示的图形。

13.3.1 Erase 删除命令（别名 E）（下拉菜单：修改/删除）（工具按钮 ）

功能：从图形中删除选定的对象。

命令格式及用法：

命令：*E⏎*（或*ERASE⏎*，或单击 ，输入删除命令）

选择对象：选正六边形（该六边形变虚）（参见图 13-14）

选择对象：⏎ （回车，结束选择，被选中的对象被删除）结果如图 13-15 所示。

13.3.2 Copy 复制命令（别名 CO 或 CP）（下拉菜单：修改/复制）（工具按钮 ）

功能：将选定的对象在指定方向上按指定距离复制，可多次复制。

命令格式及用法：

命令：*CO*↵（或 *COPY*↵，或单击 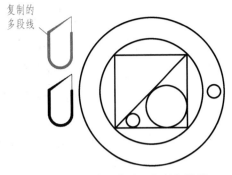，输入复制命令）

选择对象：<u>选取最左边的多段线</u>（该多段线变虚）

选择对象：↵ （回车，结束选择对象）

指定基点或［位移（D）］<位移>：<u>0，0</u>↵（或在任意位置选取一点）

指定第二个点或<使用第一个点作为位移>：<u>@ 0，80</u>↵（DYN 开启时，键入 0，80）

指定第二个点或［退出（E）/放弃（U）］<退出>：↵ 结果如图 13-15 所示。

图 13-15 删除六边形、复制多段线

13.3.3 Mirror 镜像拷贝命令（别名 MI）（下拉菜单：修改/镜像）（工具按钮 ◭）

功能：创建对象的镜像图像。

命令格式及用法：

命令：*MI*↵ （或 *MIRROR*↵，或单击 ◭，输入镜像命令）

选择对象：<u>选取左下部的多段线</u>（该多段线变虚）（参见图 13-15）

选择对象：↵ （回车，结束选择对象）

指定镜像线的第一点：<u>150，0</u>↵（或选取大圆的圆心）

指定镜像线的第二点：<u>竖直移动光标，待镜像对象显现，呈左右对称时单击</u>

要删除源对象吗？［是（Y）/否（N）］<N>：↵ 结果如图 13-16 所示。

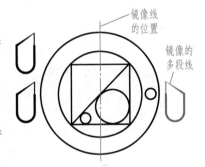

图 13-16 镜像复制左下部多段线

13.3.4 Offset 偏移拷贝命令（别名 O）（下拉菜单：修改/偏移）（工具按钮 ⊂）

功能：偏移拷贝选定的对象，可以创建其形状与选定对象形状等距的新对象。

命令格式及用法：

命令：*O*↵（或 *OFFSET*↵，或单击 ⊂，输入偏移命令）

当前设置：删除源＝否 图层＝源 OFFSETGAPTYPE＝0

指定偏移距离或［通过（T）/删除（E）/图层（L）］<通过>：<u>5</u>↵（给定偏移距离）

选择要偏移的对象，或［退出（E）/放弃（U）］<退出>：<u>选取左上边的多段线</u>（选择要等距复制的对象）

指定要偏移的那一侧上的点，或［退出（E）/多个（M）/放弃（U）］<退出>：<u>在该多段线内部选取一点</u>

选择要偏移的对象，或［退出（E）/放弃（U）］<退出>：↵（结束偏移命令）结果如图 13-17 所示。

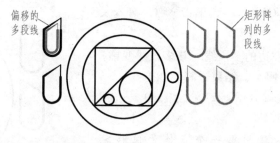

图 13-17　偏移拷贝左上边多段线及矩形阵列右边多段线

13.3.5　Array 阵列复制命令（别名 AR）（下拉菜单：修改/阵列）（工具按钮 ）

功能：创建按指定方式矩形或环形排列，或沿指定的路径排列多个对象副本。

矩形阵列的用法如下：

1) 键入 *AR*↵（或*ARRAY*↵，或单击，输入阵列命令）。

2) 选择"矩形"（系统在功能区显示"阵列创建"选项卡）。

3) 并将"阵列创建"对话框中的各项设置为如图 13-18 所示的形式。

4) 回车或单击"✔"关闭阵列按钮，结果如图 13-17 所示。

图 13-18　设置"阵列创建"对话框

环形阵列的用法如下：

单击 （或键入*AR*↵或*ARRAY*↵，输入阵列命令），命令窗口的提示如下：

命令：_arraypolar

选择对象：选择小圆找到 1 个

选择对象：↵

类型＝极轴　关联＝是

指定阵列的中心点或 [基点（B）/旋转轴（A）]：拾取大圆的中心（见图 13-20）（系统在功能区显示"阵列创建"选项卡，如图 3-19 所示）

选择夹点以编辑阵列或 [关联（AS）/基点（B）/项目（I）/项目间角度（A）/填充角度（F）/行（ROW）/层（L）/旋转项目（ROT）/退出（X）]<退出>：↵　　结果如图 13-20 所示。

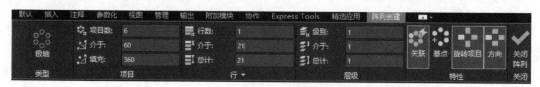

图 13-19　环形阵列创建面板

13.3.6 Explode 分解命令（下拉菜单：修改/分解）（工具按钮 ▢）

功能：将复合对象分解为其部件对象。

命令格式及用法：

命令：*EXPLODE↵*（或单击 ▢，输入分解命令）

选择对象：选择左下角的多段线

选择对象：选择右边的多段线（任何一个均可，它们是关联的）

选择对象：↵（回车，结束选择对象）

分解此多段线时丢失宽度信息。

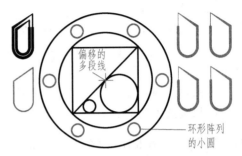

图 13-20　环形阵列小圆

可用 UNDO 命令恢复。结果被选中的左下角的多段线分解为五段线（四段直线，一段圆弧，同时宽度信息丢失），选中的右边四个关联多段线，失去关联，结果如图 13-20 所示。

13.3.7 Move 移动命令（别名 M）（下拉菜单：修改/移动）（工具按钮 ✛）

功能：将选定对象从当前位置平移到指定位置，对象的大小和方向不变。

命令格式及用法：

命令：*MOVE↵*（或*M↵*，或单击 ✛，输入移动命令）

选择对象：选择右下两多段线

选择对象：↵（回车，结束选择对象）

指定基点或［位移（D）］<位移>：0,0↵（也可指定任意一点作为基点）

指定第二个点或 <使用第一个点作为位移>：@0,-50↵（也可竖直下移光标指定方向，键入50）

结果被选中的多段线对象向下平移50，结果如图 13-21 所示。

图 13-21　移动和旋转图形

13.3.8 Rotate 旋转命令（别名 RO）（下拉菜单：修改/旋转）（工具按钮 ↻）

功能：旋转对象，把选定的对象旋转到或旋转复制到新位置。

命令格式及用法：

命令：*ROTATE↵*（或*RO↵*键，或单击 ↻，输入旋转命令）

UCS 当前的正角方向：ANGDIR=逆时针　ANGBASE=0

选择对象：选取右上边多段线

选择对象：↵（回车，结束选择对象）

指定基点：选取右边多段线的左上角

指定旋转角度，或［复制（C）/参照（R）]<0>：45↵（结果被选中的右边多段线逆时针旋转了45°，如图 13-21 所示）

13.3.9　Scale 缩放命令（别名 SC）（下拉菜单：修改/缩放）（工具按钮）

功能：将选定的对象按指定的比例相对于指定的基点进行缩放。

命令格式及用法：

命令：*SCALE*↵（或*SC*↵，或单击，输入缩放命令）

选择对象：选取右上边多段线

选择对象：↵（回车，结束选择对象）

指定基点：选取右上边多段线左下角（指定的基点表示选定对象的大小发生改变时位置保持不变的点）

指定比例因子或［复制（C）/参照（R）]<1.0000>：0.5↵（键入 0.5）

结果被选中的对象缩小了一倍，如图 13-22 所示。

13.3.10　Stretch 拉伸命令（别名 S）（下拉菜单：修改/拉伸）（工具按钮）

功能：移动或拉伸选定对象。注意要以交叉窗口或交叉多边形方式选择拉伸的对象。

命令格式及用法：

命令：*STRETCH*↵（或*S*↵，或单击，输入拉伸命令）

以交叉窗口或交叉多边形选择要拉伸的对象...（向上拉伸右下角的多段线）

选择对象：如图 13-21 所示在 C1 点附近单击指定对角点：在 C2 点附近单击（用交叉窗口方式选择右下角多段线的上面）

选择对象：↵（回车，结束选择对象）

指定基点或［位移（D）]<位移>：在任意位置定点

指定第二个点或<使用第一个点作为位移>：@0,30↵（DYN 开启时，定基点后可垂直上移光标，键入 30）

结果将选中的多段线沿 Y 轴的正方向拉长了 30，如图 13-22 所示。

缩小后的多段线

拉伸后的多段线

图 13-22　缩放和拉伸图形

13.3.11　Trim 修剪命令（别名 TR）（下拉菜单：修改/修剪）（工具按钮）

功能：用指定的剪切边修剪对象，也是一条实现部分擦除的命令。修剪边界可以是多段线、圆弧、圆、椭圆、线段、浮动式视口、射线面域、样条曲线、文字和 xline 线。一个对象可以同时作为修剪边界和被修剪对象。用户可以一次设置多条剪切边和多个被剪切边。

命令格式及用法：

命令：*TRIM*↵（或*TR*↵，或单击，输入修剪命令）

当前设置：投影=UCS，边=无，模式=快速

选择要修剪的对象，或按住 Shift 键选择要延伸的对象或［剪切边（T）/窗交（C）/模式（O）/投影（P）/删除（R）]：选取矩形里大圆的右上部分（修剪矩形里的大圆，参见图 13-23）

选择要修剪的对象，或按住 Shift 键选择要延伸的对象，或［剪切边（T）/窗交（C）/模式（O）/投影（P）/删除（R）/放弃（U）]：↵（回车，结束修剪命令）

13.3.12 Extend 延伸命令（别名 EX）（下拉菜单：修改/延伸）（工具按钮 →）

功能：延伸对象到指定的边界。

命令格式及用法：

命令：*EXTEND↵*（或 *EX↵*，或单击 →，输入延伸命令）

当前设置：投影=UCS，边=无，模式=快速

选择要延伸的对象，或按住 Shift 键选择要修剪的对象，或 ［边界边（B）/窗交（C）/模式（O）/投影（P）］：选取线段 12 的左部（结果线段 12 延伸到大圆的左边）

选择要延伸的对象，或按住 Shift 键选择要修剪的对象，或 ［边界边（B）/窗交（C）/模式（O）/投影（P）/放弃（U）］：选取线段 12 的右部（结果线段 12 延伸到大圆的右边）

选择要延伸的对象，或按住 Shift 键选择要修剪的对象，或 ［边界边（B）/窗交（C）/模式（O）/投影（P）/放弃（U）］：↵（结束延伸命令）结果如图 13-23 所示。

注意：AutoCAD 中的线段是矢量线段，分上中下、左中右，向何处改变要就近选取。

13.3.13 Break 断开命令（别名 BR）（下拉菜单：修改/打断）（工具按钮 ⊏⊐）

功能：断开对象或部分删除对象。

用法：单击 ⊏，选取线段 34 的中间，选取该线段与内大圆右边的交点。结果选取点中间的线段被删除，结果如图 13-24 所示。

图 13-23 修剪、延伸后的图形

图 13-24 断开线段的图形

13.3.14 Chamfer 倒角命令（别名 CHA）（下拉菜单：修改/倒角）（工具按钮 ／）

功能：对相交的两条线段或多段线的所有顶点进行倒角（倒棱角）。在倒角处，线段自动修剪或延长，倒角距离 1、2 可以不同。

命令格式及用法：单击 ／，命令提示为：

命令：_ *CHAMFER↵*

（"修剪"模式）当前倒角距离 1 = 0.0000，距离 2 = 0.0000

选择第一条直线或 ［放弃（U）/多段线（P）/距离（D）/角度（A）/修剪（T）/方式（E）/多个（M）］：*D↵*（距离）

指定第一个倒角距离<0.0000>：20↵（给定距离1）

指定第二个倒角距离<20.0000>：30↵（给定距离2）

选择第一条直线或［放弃（U）/多段线（P）/距离（D）/角度（A）/修剪（T）/方式（E）/多个（M）］：选取线段34的左部

选择第二条直线，或按住 Shift 键选择直线以应用角点或［距离（D）/角度（A）/方法（M）］：选取线段14的中上部（线段14与线段34间的直角处出现倒角边，结果如图13-25所示）

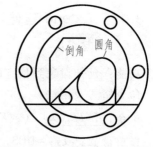

图 13-25　倒角、圆角后的圆形

13.3.15　Fillet 圆角命令（别名F）（下拉菜单：修改/圆角）（工具按钮 ）

功能：给对象加圆角。给出圆角半径 *R* 后，可以对相交的两条线段、圆弧或圆进行加圆角，也可以对整条 Polyline（多段线）加圆角或在一条 PLINE 内单独选取两条相邻线段加圆角。

命令格式及用法：单击 ，命令提示为：

命令：_FILLET

当前设置：模式 = 修剪，半径 = 0.0000

选择第一个对象或［放弃（U）/多段线（P）/半径（R）/修剪（T）/多个（M）］：R↵（选择选项半径）

指定圆角半径<0.0000>：20↵（给定半径值20）

选择第一个对象或［放弃（U）/多段线（P）/半径（R）/修剪（T）/多个（M）］：选取线段23的上部

选择第二个对象，或按住 Shift 键选择对象以应用角点或［半径（R）］：选取线段13的上部

结果线段23与线段13间的直角变为半径为20的圆角连接，结果如图13-25所示。

13.3.16　使用夹点（Grips）编辑对象

对象夹点是控制该对象方向、位置、大小和区域的特殊点。通过夹点可以将命令和对象选择结合起来，从而提高编辑速度。在未启动任何命令的情况下，只要用光标选取对象，则被选中的对象就会显示出其夹点（默认是蓝色框），如图13-26所示。若再选取对象上的夹点（被选中的夹点称热夹点或活动夹点，默认是红色），则进入夹点编辑操作，可以进行拉伸、移动、旋转、缩放或镜像操作；也可不选择热夹点直接进行一般的编辑操作，如删除等。执行某一命令或按 Esc 键，夹点消失，对象恢复常态显示。

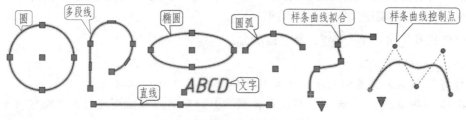

图 13-26　常见对象的夹点

13.4 AutoCAD 的文字命令

AutoCAD 提供了 Text、Dtext 单行文字命令和 Mtext 多行文字命令，用来在图形中书写文字。Style 命令用来设置文字样式。

13.4.1 Text、Dtext 单行文字命令（别名 DT；菜单：绘图>单行文字；工具按钮：Ａ）

功能：用于书写单行文字。

命令格式及用法如下：

命令：*DT*↵（或单击Ａ，输入单行文字命令）

TEXT 当前文字样式："Standard" 文字高度：2.5000　注释性：否　对正：左

指定文字的起点或［对正（J）/样式（S）］：<u>在绘图区拾取一点</u>

指定高度<2.5000>：<u>5</u>↵

指定文字的旋转角度<0>：↵

键入文字*ABC*12345*R*↵↵（敲两次回车键，结束单行文字命令）结果如图 13-27a 所示。

从屏幕上显示的结果可以看到，文字样式不符合制图国家标准要求，需对文字样式进行设置。

ABC12345R　　*ABC12345R*

a)　　　　　　　　　　b)

图 13-27　文字样式

a）默认的 Arial.shx 字体

b）设置的 gbeitc.shx 字体

13.4.2 Style 文字样式命令（别名 ST；菜单："格式">"文字样式"；工具按钮：Ａ）

AutoCAD 提供了多种文字样式，用户可以选择字体，确定字宽、字高，倾斜度和基线格式等。AutoCAD 默认的样式名为 "Standard"，它采用的字体名为 "Arial.shx"。

设置文字样式方法如下：

1）键入 *ST*↵（或单击Ａ，输入文字样式命令），打开 "文字样式" 对话框。

2）单击 "SHX 字体" 下的列表框，选择 "gbeitc.shx"，即将对话框设置为如图 13-28 所示形式后，单击 "应用"。

图 13-28　"文字样式" 对话框

3）单击"关闭"（注意观察屏幕字体的变化）。文字样式变为如图 13-27b 所示样式。

13.4.3 MText 多行文字命令（别名 DT；菜单：绘图>多行文字；工具按钮： A）

功能：在指定范围内创建多行文字。

命令格式及用法如下：

命令：<u>T⏎</u>

MTEXT

当前文字样式："Standard" 文字高度： 5 注释性： 否

指定第一角点：<u>拾取一点</u>

指定对角点或 [高度（H）/对正（J）/行距（L）/旋转（R）/样式（S）/宽度（W）/栏（C）]：<u>拾取一点</u>

在功能区显示"文字编辑器"选项卡（图 13-29）。按要求键入文字后，单击"✔"（或按"Ctrl+Enter"）结束命令。

图 13-29 "文字编辑器"对话框

一些字符不能在键盘上直接输入，AutoCAD 用控制码来实现，下面列出的是常用的特殊字符：

%%c   圆直径符号"Φ"   例如：Φ45，输入文字时键入<u>%%c45</u>

%%d   角度的符号"°"   例如：45°，输入文字时键入 <u>45%%d</u>

%%p   正负公差符号"±"   例如：30±0.021，输入文字时键入 <u>30%%p0.021</u>

13.5 AutoCAD 的绘图辅助命令

AutoCAD 提供了一些绘图辅助命令，帮助用户快速、精确地绘图。常用的有捕捉、正交、栅格、对象捕捉、极轴追踪等，可以通过单击状态栏上的按钮，将它们打开或关闭。

1. Grid 栅格命令（功能键：F7）（工具按钮▦）

功能：控制是否在屏幕上显示栅格，以及设置栅格的 X 轴方向和 Y 轴方向的栅格间距。栅格可以给用户画图带来方便，如同在方格纸上作图一样。

2. Snap 捕捉命令（别名 SN）（功能键：F9）（工具按钮▦）

功能：规定光标按指定的间距移动。"捕捉"开启时光标只能落到其中的一个格点上。一般与 GRID 栅格命令配合使用。

3. OSnap 对象捕捉命令（功能键：F3）（工具按钮 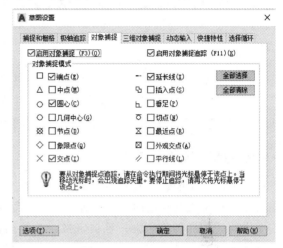）

（1）功能 可准确捕捉对象上的一些特殊点，如直线的端点、圆的圆心等，从而提高绘图的精度和速度。

（2）打开对象捕捉的方式 通过以下两种方式之一打开对象捕捉：

1）单点（或替代）对象捕捉：设置一次使用的对象捕捉。

2）执行对象捕捉：一直运行对象捕捉，直至将其关闭。

（3）捕捉对象的点的步骤

1）启动需要指定点的命令（如 LINE、CIRCLE、ARC、COPY 或 MOVE）。

2）当命令提示指定点时，选择一种对象捕捉。

3）将光标移动到捕捉位置上，然后单击定点设备。

（4）设置对象捕捉的方式 键入 _OSnap↵_，打开"草图设置"对话框，如图 13-30 所示，用户可根据需要进行设置。

图 13-30 "草图设置"对话框

13.6 AutoCAD 的图案填充及块对象

图案填充是用某种图案充满图形中的指定区域。AutoCAD 提供了 Bhatch、Hatch 命令填充封闭区域或指定的边界。绘制工程图时常用图案填充画剖面线。

块是把图形中的若干对象组合成一个对象。块必须定义块名，且一旦命名后就可以作为一个整体按需要多次插入到当前图形中的任意位置，并能进行缩放和旋转。创建块的目的是提高绘图效率和节省存储空间。AutoCAD 提供有 Block 创建块命令、Insert 插入块命令、Wblock 块写盘等命令。

13.6.1 创建图案填充的方法

下面举例说明创建图案填充的方法。绘制如图 13-31 所示的图形，步骤如下：

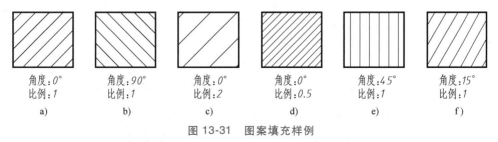

角度:0°	角度:90°	角度:0°	角度:0°	角度:45°	角度:15°
比例:1	比例:1	比例:2	比例:0.5	比例:1	比例:1
a)	b)	c)	d)	e)	f)

图 13-31 图案填充样例

1）画出六个长 20、宽 18 的矩形。

2）单击 （或选择"绘制/图案填充"或键入 hatch 或 H），在功能区显示"图案填充创建"选项卡，如图 13-32 所示。

图 13-32 "图案填充创建"选项卡

3）选择"ANSI31"。

4）在图 13-31a 所示矩形中拾取一点。选定区域矩形 a 虚线显示。

5）按回车键（或单击"✔"），在第一个矩形中填充出 45°的剖面线。

6）回车重复 hatch 命令，按图 13-31b~f 的角度、比例，完成其余图案填充。

13.6.2 块定义及引用

块是把图形中的若干对象结合成一个对象，并给它命名并存储在图中的一个组合对象。在需要用到这个组合对象时，可以通过 Insert 命令把它插入到图中任意位置，在插入时可以给它不同的比例和转角。块一旦被定义，就被当作单一的图形对象，就像一条直线一样，可以用编辑和询问等命令进行处理。构成块的对象可以有不同的颜色、线型及不同的图层，块本身可含有其他块，即可以嵌套，而且 AutoCAD 对块的嵌套层数没有限制，但不允许自身引用。引入块可大大提高绘图效率。其功能区面板如图 13-33 所示。

图 13-33 "块"面板

1. Block 创建块命令（别名：B；菜单：绘图/块/创建；工具栏： ）

功能：把一组对象定义成块，以备调用，但由它定义的块不能存盘。

下面结合表面粗糙度介绍创建块的方法。

1）按国家标准画出表面粗糙度符号√（注：按比例 1:1 出图，图中字体高度 3.5mm 定尺寸，表面粗糙度符号每段线长约为 5.67mm，用 Pline 命令单击一点后，依次输入"@ −5.67、0""@ 5.67<−60"和"@ 11.34<60"画出）。

2）单击 （或键入 BLOCK 命令），在弹出的"块定义"对话框中键入块名："CCD"，如图 13-34 所示。

3）单击 选择对象(T)，块定义

图 13-34 "块定义"对话框

对话框暂时消失，选择√后按回车键，又回到块定义对话框。

4）单击 拾取点(K)（拾取块的插入点），块定义对话框又暂时消失，拾取√的最下点，又回到块定义对话框。

5）单击"确定"，完成块定义。

2. Insert 插入块命令（别名：I；菜单：插入/块 ...；工具栏：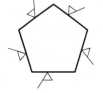）

功能：插入已创建的块或已存储的图形文件。

用法如下：

1）单击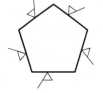，弹出已定义的块列表，如图 13-35 所示，选择定义的"ccd"块。若是键入 Insert 命令，系统弹出"插入"对话框，如图 13-36 所示。

2）按系统提示"从块选项板插入块"。块引用图例如图 13-37 所示。

图 13-35　块列表

图 13-36　"插入"对话框

图 13-37　块引用图例

13.7　AutoCAD 绘图环境的设置

用户正确设置 AutoCAD 的绘图环境，不仅可以方便绘图、保证图形格式的统一性，而且可节约大量的辅助绘图时间，提高作图效率。绘图环境设置一般包括界面设置、绘图界限设置、绘图度量单位及精度设置、字体样式设置、图层设置、线型设置、颜色设置、尺寸标注样式设置、对象捕捉设置、块定义等。一般将设置好的绘图环境保存成图形样板文件（.dwt），以备绘图时使用。保存成样板图的方法与保存图形文件（.dwg）的方法一样，仅将"保存文件类型"修改为"AutoCAD 图形样板"即可。

13.7.1　图层

AutoCAD 提供了图层和对象特性命令以便控制图样中对象的颜色、线型、线宽，其命令面板如图 13-38 所示。

图 13-38　图层和对象特性命令面板

1. 图层的基本概念

图层是一组具有一定逻辑关系的数据，类似于覆盖在图形上的透明硫酸纸，但它无厚度。它们具有相同的图形界限、坐标系和缩放比例。每一层上可设定默认的一种线型、一种颜色和一种线宽。用户可将一张图上不同性质的对象分别放在不同的层上，如绘制零件图时，可将图形的轮廓线、剖面线、中心线、尺寸等分别放在不同的图层上，便于管理和修改。

2. 图层的性质

1）一幅图可以包括多个图层，每个图层上的对象数量没有限制。

2）图层名最多可由 31 个字符组成，这些字符包括字母、数字和专用符号 " $ " "—"（连字符）和 "_"（下划线）以及汉字。"0" 层是 AutoCAD 默认图层，它不能被删除或重命名。

3）图层可以被打开或关闭、冻结或解冻、锁定或解锁。关闭、冻结层上的对象不显示。合理冻结一些图层，能加快系统的显示速度。锁定层的对象可以被看到，但不能被修改。

3. 图层管理及设置

所有图层的特性及管理图层的操作都是在图层特性管理器（Layer Properties Manager）中完成的，如图 13-39 所示。它主要用于显示图形中的图层的列表及其特性，用它可以添加、删除和重命名图层，修改图层特性或添加说明。

单击图层特性管理器按钮，可打开图层特性管理器。图 13-39 所示的图层是参照国家标准《CAD 工程制图规则》（GB/T 18229—2000）设置的。

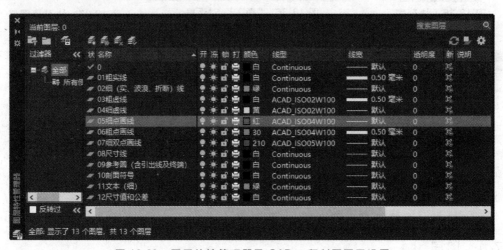

图 13-39 图层特性管理器及 CAD 工程制图图层设置

13.7.2 对象属性的更改

对象的线型、颜色、线宽等特性一般都随层设置（By Layer），这样便于管理。但在绘图时，有时需要改变对象的一些特性，其方法如下：

1）改变现有对象的图层归属。选中要改变的对象后，单击图层列表，在列表中选中需要的图层即可。

2）改变现有对象的颜色、线型、线宽。选中要改变的对象后，单击相应特性列表，在列表中选中需要改变的内容。但是一般不要这样做，最好是对象的特性随层而变。

3）改变线型比例。如果线型比例不合适，过大或过小，就不能正确显示线型。此时可用"LTSCALE"（别名：LTS）命令改变线型比例因子，以得到正确的显示效果。

4）改变显示线宽。按下状态栏上的 按钮，可在屏幕上看到对象的线宽信息。若线宽显示不理想，可在 线宽按钮按右键，选择"线宽设置"，打开设置线宽对话框进行设置。

13.8 尺寸标注

AutoCAD 提供了功能强大的尺寸标注功能，标注尺寸可通过功能区"默认"选项卡"注释"面板中的"标注"及"线性"（图 13-40）命令标注尺寸，也可通过"注释"选项卡中的"标注"面板（图 13-41）选择标注命令标注尺寸，或输入相应的标注命令来完成。

图 13-40 "注释"面板中的标注命令

图 13-41 "标注"面板

AutoCAD 提供的 ISO-25 默认标注样式基本上能满足大部分标注的需要。但对角度、直径、半径标注，小数点分隔符，精度设置等不符合制图国家标准要求的，还需要对其进一步设置。

13.8.1 设置 AutoCAD 标注样式

设置 AutoCAD 标注样式的步骤如下：

1）单击"标注"面板右下角的 （或"注释"面板里的 ，或键入 D 或选择"标注">"标注样式"）打开"标注样式管理器"对话框，如图 13-42 所示。

2）单击 修改(M)... 按钮，打开"修改标注样式"对话框，将尺寸线基线间距设置为"7"，尺寸界线超出尺寸线设置为"2"，起点偏移量设置为"0"，其他选项不变，如图 13-43 所示。

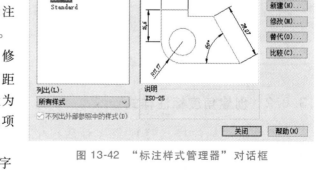

图 13-42 "标注样式管理器"对话框

3）单击"文字"选项卡，将"文字高度"改为"3.5"，文字对齐方式设置为"ISO 标准"，如图 13-44 所示。

4）单击"调整"选项卡，将"调整选项"设置为"文字"，如图 13-45 所示。如果标注直径、半径，应选中"优化"区域中的"手动放置文字"选项，以便标注。

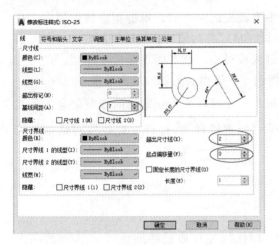

图 13-43 "修改标注样式"对话框

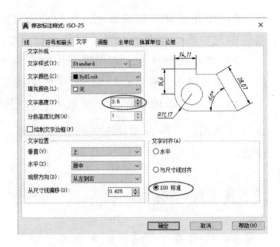

图 13-44 "文字"选项卡

提示：当图中尺寸、数字、箭头等比较小在屏幕上观看不方便时，可调整"标注特征比例"中的"使用全局比例"因子，不要单项调整。

5）单击"主单位"选项卡，将标注"精度"设置为"0.000"，"小数分隔符"设置为"句点"，如图 13-46 所示。

6）单击"确定"。

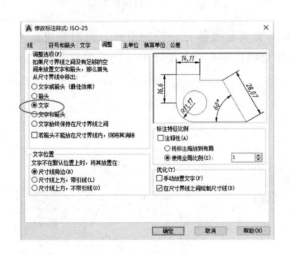

图 13-45 "调整"选项卡

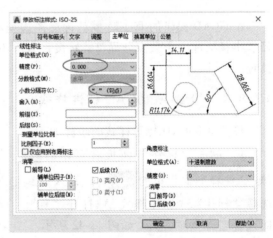

图 13-46 "主单位"选项卡

13.8.2 创建角度标注样式

1）单击"标注样式管理器"对话框中的 新建(N)... 按钮，在弹出的"创建新标注样式"对话框中，在"用于"列表框中选择"角度标注"，如图 13-47 所示。

2）单击"继续"，弹出"新建标注样式：

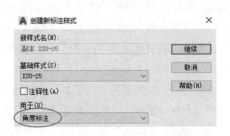

图 13-47 "创建新标注样式"对话框

ISO-25：角度"对话框，如图 13-48 所示。

3）单击"文字"选项卡，将其中的"文字对齐"设置为"水平"，如图 13-48 所示。

4）单击"确定"。

同理创建"半径""直径"标注样式（创建时在"调整"选项卡中应选中"优化"区域中的"手动放置文字"选项）。结果如图 13-49 所示。注意，应将文字样式设置为"gbeitc. shx"。

5）单击"关闭"。

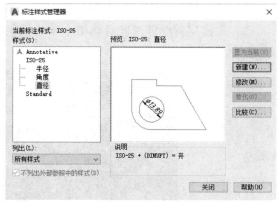

图 13-48 "新建标注样式：ISO-25：角度"对话框　　图 13-49 重新设置的标注样式

13.9 平面图形和零件图画法举例

平面图形是绘制工程图样的基础，其中包括直线和圆弧的连接。利用 AutoCAD 能够快速、精确、方便地绘制出复杂的平面图形。下面通过示例说明绘图的方法步骤。

例 13-1 画出图 13-50 所示法兰盘图形并注写"法兰盘"文字。

1. 分析

分析此图可以看出，它上下左右对称，因此可以画出一半后，另一半用 MIRROR 命令镜像画出。此图至少需要三个图层，分别存放粗实线、中心线和尺寸。

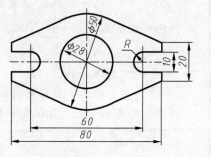

图 13-50 法兰盘

2. 设置绘图界限和显示控制

图中尺寸数值较小，默认显示区域较大，可用 limits 命令与 zoom 命令设置绘图界限与显示控制，以便于绘图。

命令：*LIMITS*↵（键入 Limits 命令）

重新设置模型空间界限：

指定左下角点或 [开（ON）/关（OFF）]<0.0000, 0.0000>：↵

指定右上角点<420.0000，297.0000>：297,210↵（设定为 A4 幅面）

命令：Z↵（键入 Zoom 命令）

ZOOM

指定窗口的角点，输入比例因子（nX 或 nXP），或者［全部（A）/中心（C）/动态（D）/范围（E）/上一个（P）/比例（S）/窗口（W）/对象（O）］<实时>：A↵（将绘图区域缩放到全屏幕）

3. 设置图层

1）在功能区"图层"面板，单击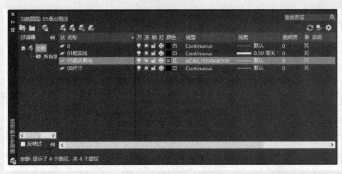，打开"图层特性管理器"对话框。

2）在图层特性管理器对话框中单击，创建新图层，并将它们设置成如图 13-51 所示的形式。

图 13-51　在"图层特性管理器"对话框中设置图层及其特性

3）选中"05 细点画线"层后，单击，将"05 细点画线"层设置为当前层。

4）单击"✖"，关闭图层特性管理器对话框。

4. 画中心线

命令：L↵（键入 L-Line 或单击画直线命令）

LINE 指定第一点：100,100↵

指定下一点或［放弃（U）］：@43,0↵（DYN 开启时，可不键入@）

指定下一点或［放弃（U）］：↵（结束画直线命令）（画出水平中心线 a）

命令：↵（回车，重复画直线命令）

LINE 指定第一点：拾取水平中心线 a 的左端点（或键入 100,100↵）

指定下一点或［放弃（U）］：上移动光标，使极轴追踪成 90°后，键入 28↵（或@0，28↵）

指定下一点或［放弃（U）］：↵（结束画直线命令）（画出垂直中心线 b）

命令：↵（回车，重复画直线命令）

LINE 指定第一点：移动光标至左交点 1 暂停，待出现此点的特征名后，水平右移光标，键入 30↵

指定下一点或［放弃（U）］：上移动光标，使极轴追踪成 90°后，键入 13↵（或@0，13↵）

指定下一点或［放弃（U）］：↵（结束画直线命令）（画出垂直中心线 c）

结果如图 13-52 所示。从图中可以看出，中心线线型比例不合适，需要调整其比例。键入 *LTS*↵，输入比例因子 0.45↵（将默认线型比例因子 1 改为 0.45），观察线型的变化。

5. 画轮廓线

1）单击图层面板中的 `05细点画线` ，选择"01 粗实线"层，将其设置为当前层。

2）画圆。

命令：*C*↵（键入 C-Circle 或单击 ⊙ 画圆命令）

CIRCLE 指定圆的圆心或［三点（3P）/两点（2P）/相切、相切、半径（T）］：<u>选择中心线的交点 1</u>

指定圆的半径或［直径（D）］：<u>25↵</u>（给定半径 25）

命令：<u>↵</u>（重复画圆命令）

CIRCLE 指定圆的圆心或［三点（3P）/两点（2P）/相切、相切、半径（T）］：<u>选择圆心</u>

指定圆的半径或［直径（D）］<25.0000>：<u>14↵</u>（给定半径 14）

命令：<u>↵</u>（重复画圆命令）

CIRCLE 指定圆的圆心或［三点（3P）/两点（2P）/相切、相切、半径（T）］：<u>选择中心线的交点 2</u>

指定圆的半径或［直径（D）］<14.0000>：<u>5↵</u>（给定半径 5）如图 13-53 所示。

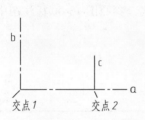

图 13-52　画中心线

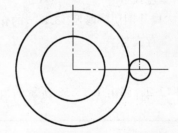

图 13-53　画圆

3）画直线。

命令：*L*↵（键入 L-Line 或单击 ／ 画直线命令）

指定第一个点：<u>拾取小圆与中心线 c 的交点</u>

指定下一点或［放弃（U）］：<u>水平右移光标，键入 10</u>

指定下一点或［放弃（U）］：<u>竖直上移光标，键入 5</u>

指定下一点或［闭合（C）/放弃（U）］：<u>按下 Shift 键不放，单击鼠标右键，在弹出的对象捕捉工具栏上选择</u>

○ 切点(G) ，<u>_tan 到 拾取大圆的右上部</u>

指定下一点或［闭合（C）/放弃（U）］：↵　画出的直线，如图 13-54 所示。

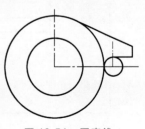

图 13-54　画直线

4）镜像复制。

命令：*MI*↵（或单击 ⚠ 镜像命令）

MIRROR

选择对象：<u>选择直线、两竖直中心线</u>（见图 13-55，被选中的对象变虚，注意：不要选不需要镜像的对象）

选择对象：↵（结束对象选择）

指定镜像线的第一点：<u>选择中心线的交点</u>

指定镜像线的第二点：<u>水平右移光标选择一点</u>

要删除源对象吗？［是（Y）/否（N）］<N>：<u>↵</u>（回车，结束镜像命令），结果如图 13-56 所示。

重复镜像命令，镜像拷贝出左半部的图线，结果如图 13-57 所示。

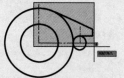

图 13-55　选择要镜像的对象

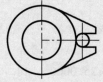

图 13-56　上下镜像结果

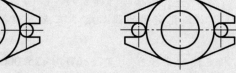

图 13-57　镜像结果

5）修剪多余的线。

键入　*TR*↵（或单击 ✂ 修剪命令），参考图 13-50 裁剪掉多余的圆弧。

6. 标注尺寸

进入尺寸图层，参照 13.8 节的介绍，设置标注样式，参照图 13-50 标注图中的尺寸。

7. 保存文件

例 13-2　画出图 13-58 所示的齿轮轴零件图。

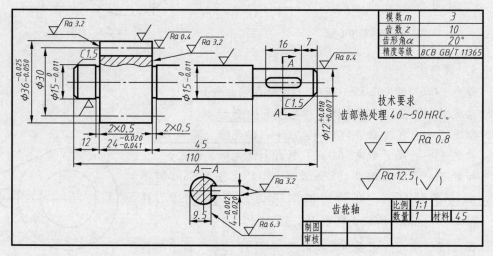

图 13-58　齿轮轴零件图

步骤如下：

1）分析设置。分析图形，选择比例，设置绘图界限，设置图层、颜色和线型。

2）在细点画线图层布置图面。用 Line（直线）命令，画出图 13-59a 所示的中心线。

3）在粗实线图层绘制图形。

① 用 Line 命令绘制各段的上半部轮廓，如图 13-59b 所示。

② 用 Chamfer（倒角）、Line、Trim（修剪）命令画倒角及砂轮越程槽，如图 13-59c 所示。

③ 用 Mirror（镜像）命令镜像出下半部，如图 13-59d 所示。

④ 用 Circle（圆）、Line、Trim（修剪）命令画键槽及齿根线，如图 13-59e 所示。

注意： 移出断面的中心线，在细点画线层。

4）在剖面线图层用 SPline（样条曲线拟合）命令绘制波浪线、用 Hatch（图案填充）命令绘制剖面线，如图 13-59f 所示。

注意： 如果绘制的图线不符合国家制图标准，可用"对象特性"、BREAK 断开命令或夹持点等进行整理。

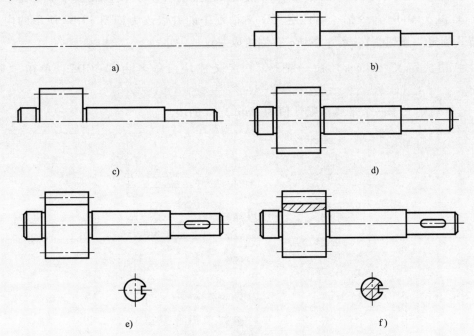

图 13-59 绘制图形的步骤

a）绘制中心线 b）绘制上半部外形 c）绘制倒角和砂轮越程槽
d）镜像出下半部 e）绘制键槽和齿根线 f）填充剖面线

5）在尺寸图层标注尺寸。设置尺寸标注样式（参见 13.8 节），参照图 13-58 标注尺寸。尺寸公差标注方法有多种，这里介绍用编辑尺寸文字堆叠标注 $\phi 15_{-0.011}^{0}$ 的方法。

① 单击"线性" ▣ 按钮，分别拾取 $\phi 15$ 的上、下轮廓线，光标左移定点，标注出 15。

② 双击尺寸 15，使其成为编辑状态，输入%%C（直径符号 φ），按 End 键，再输入 "0^-0.011"（注意：输入时不含引号，第一个零前有两个空格），拖动光标，选中输入的 "0^-0.011"（注意：包含第一个零前的两个空格），如图 13-60 所示。

③ 单击"文字编辑器""格式"面板中的 b/a 按钮，如图 13-61 所示。

图 13-60　选择 0^-0.011

图 13-61　"文字编辑器""格式"面板

④ 在空白区域单击，完成对 $\phi 15^{\,0}_{-0.011}$ 的标注。

6）标注表面粗糙度。将 $\sqrt{}^{Ra\,RA}$ 定义成带属性的块的方法如下：

① 用 Line（或 Pline）命令画出 $\sqrt{}$。

② 用 DT（单行文字）命令在 $\sqrt{}$ 粗糙度位置输入 Ra，使其显示为 $\sqrt{}^{Ra}$。

③ 输入 Attdef 命令把"属性定义"对话框中的参数改为如图 13-62 所示的内容后，单击"确定"按钮，在 $\sqrt{}^{Ra}$ 的 Ra 右侧拾取一点。

④ 用块定义（Block）命令把 $\sqrt{}^{Ra\,RA}$ 定义成块，命名为"CCD"，单击"确定"按钮。

这样就定义了一个带属性默认值为 $Ra6.3\mu m$ 的块。

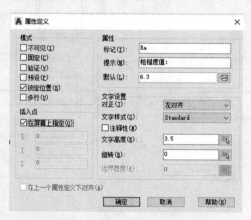

图 13-62　属性定义对话框

7）绘制图框、标题栏和表格（步骤略）。

8）注写文字（步骤略）。

9）保存图形。

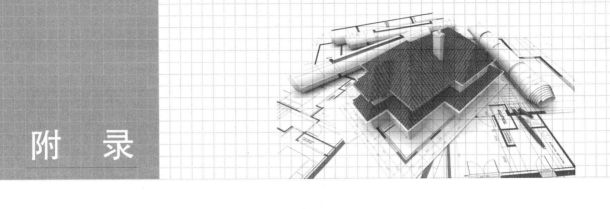

附　录

附表 1　零件倒圆、倒角尺寸系列值（摘自 GB/T 6403.4—2008）

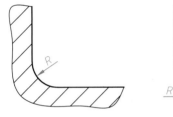 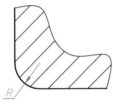 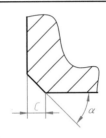 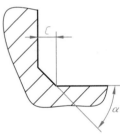

注：α 一般为 45°，也可采用 30°或 60°。倒圆半径、倒角的尺寸标注符合 GB/T 4458.4 的要求。

（单位：mm）

R、C	0.1	0.2	0.3	0.4	0.5	0.6	0.8	1.0	1.2	1.6	2.0	2.5	3.0
	4.0	5.0	6.0	8.0	10	12	16	20	25	32	40	50	—

附表 2　砂轮越程槽（摘自 GB/T 6403.5—2008）

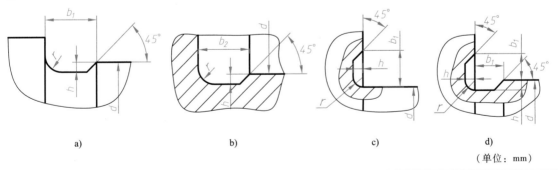

	a)		b)		c)		d)	

（单位：mm）

b_1	0.6	1.0	1.6	2.0	3.0	4.0	5.0	8.0	10
b_2	2.0	3.0		4.0		5.0		8.0	10
h	0.1	0.2		0.3	0.4		0.6	0.8	1.2
r	0.2	0.5		0.8	1.0		1.6	2.0	3.0
d		~10		10~50		50~100		100	

注：1. 越程槽内与直线相交处，不允许产生尖角。

　　2. 越程槽深度 h 与圆弧半径 r，要满足 $r \leqslant 3h$。

附表 3　普通螺纹直径与螺距系列（摘自 GB/T 193—2003）　　　　　（单位：mm）

公称直径 D、d			螺距 P		公称直径 D、d			螺距 P	
第1系列	第2系列	第3系列	粗牙	细牙	第1系列	第2系列	第3系列	粗牙	细牙
1	1.1		0.25	0.2			65		4,3,2,1.5
1.2			0.25	0.2		68		6	4,3,2,1.5
	1.4		0.3	0.2	72		70		6,4,3,2,1.5
1.6	1.8		0.35	0.2			75		4,3,2,1.5
2			0.4	0.25		76			4,3,2,1.5
	2.2		0.45	0.25			78		2
2.5			0.45	0.35	80				6,4,3,2,1.5
3			0.5	0.35			82		2
	3.5		0.6	0.35	90	85			6,4,3,2
4			0.7	0.5	100	95			6,4,3,2
	4.5		0.75	0.5	110	105			6,4,3,2
5			0.8	0.5		115			6,4,3,2
		5.5		0.5		120			6,4,3,2
6			1	0.75	125	130			8,6,4,3,2
	7		1	0.75			135		6,4,3,2
8		9	1.25	1,0.75	140				8,6,4,3,2
10			1.5	1.25,1,0.75			145		6,4,3,2
		11	1.5	1.5,1,0.75		150			8,6,4,3,2
12			1.75	1.25,1,0.75			155		6,4,3
	14		2	1.5,1.25①,1	160				8,6,4,3
		15		1.5,1			165		6,4,3
16			2	1.5,1		170			8,6,4,3
		17		1.5,1			175		6,4,3
20	18		2.5	2,1.5,1	180				8,6,4,3
	22		2.5	2,1.5,1			185		6,4,3
24			3	2,1.5,1	200	190			8,6,4,3
		25		2,1.5,1			195		6,4,3
		26		1.5			205		6,4,3
	27		3	2,1.5,1	220	210			8,6,4,3
		28		2,1.5,1			215		6,4,3
30			3.5	(3),2,1.5,1			225		6,4,3
		32		2,1.5		240	230		8,6,4,3
	33		3.5	(3),2,1.5			235		6,4,3
		35②		1.5			245		6,4,3
36	39		4	3,2,1.5	250				8,6,4,3
		38		1.5			255		6,4
		40		3,2,1.5		260			8,6,4
42	45		4.5	4,3,2,1.5			265		6,4
48	52		5	4,3,2,1.5	280		270		8,6,4
		50		3,2,1.5			275		6,4
		55		4,3,2,1.5			285		6,4
56			5.5	4,3,2,1.5			290		8,6,4
		58		4,3,2,1.5			295		6,4
	60		5.5	4,3,2,1.5			300		8,6,4
		62		4,3,2,1.5					
64			6	4,3,2,1.5					

① 仅用于发动机的火花塞。
② 仅用于轴承的锁紧螺母。

附表4   55°非密封管螺纹（摘自 GB/T 7307—2001）

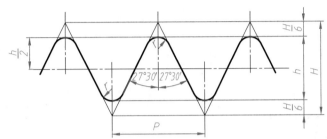

$$H = 0.960491P \quad h = 0.640327P \quad r = 0.137329P$$

标记示例:尺寸代号为 2 的右旋圆柱内螺纹的标记为 G2;尺寸代号为 3 的 A 级右旋圆柱外螺纹的标记为 G3A。

尺寸代号为 2 的左旋圆柱内螺纹的标记为 G2LH;尺寸代号为 3 的 A 级左旋圆柱外螺纹的标记为 G3A-LH。

尺寸代号	每 25.4mm 内所包含的牙数 n	螺距 P /mm	牙高 h /mm	基本直径		
				大径 $d=D$ /mm	中径 $d_2=D_2$ /mm	小径 $d_1=D_1$ /mm
1/16	28	0.907	0.581	7.723	7.142	6.561
1/8	28	0.907	0.581	9.728	9.147	8.566
1/4	19	1.337	0.856	13.157	12.301	11.445
3/8	19	1.337	0.856	16.662	15.806	14.950
1/2	14	1.814	1.162	20.955	19.793	18.631
5/8	14	1.814	1.162	22.911	21.749	20.587
3/4	14	1.814	1.162	26.441	25.279	24.117
7/8	14	1.814	1.162	30.201	29.039	27.877
1	11	2.309	1.479	33.249	31.770	30.291
1⅛	11	2.309	1.479	37.897	36.418	34.939
1¼	11	2.309	1.479	41.910	40.431	38.952
1½	11	2.309	1.479	47.803	46.324	44.845
1¾	11	2.309	1.479	53.746	52.267	50.788
2	11	2.309	1.479	59.614	58.135	56.656
2¼	11	2.309	1.479	65.710	64.231	62.752
2½	11	2.309	1.479	75.184	73.705	72.226
2¾	11	2.309	1.479	81.534	80.055	78.576
3	11	2.309	1.479	87.884	86.405	84.926
3½	11	2.309	1.479	100.330	98.851	97.372
4	11	2.309	1.479	113.030	111.551	110.072
4½	11	2.309	1.479	125.730	124.251	122.772
5	11	2.309	1.479	138.430	136.951	135.472
5½	11	2.309	1.479	151.130	149.651	148.172
6	11	2.309	1.479	163.830	162.351	160.872

附表 5 用螺纹密封管螺纹（摘自 GB/T 7306.1、7306.2—2000）

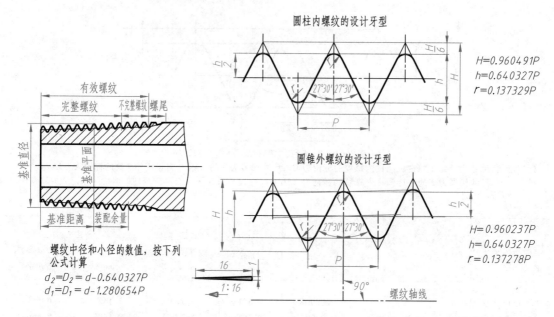

圆柱内螺纹的设计牙型

$H=0.960491P$
$h=0.640327P$
$r=0.137329P$

圆锥外螺纹的设计牙型

$H=0.960237P$
$h=0.640327P$
$r=0.137278P$

螺纹中径和小径的数值，按下列公式计算

$d_2=D_2=d-0.640327P$
$d_1=D_1=d-1.280654P$

标记示例：尺寸代号为 3/4 的右旋圆柱内螺纹的标记为 Rp3/4；尺寸代号为 3 的右旋圆锥外螺纹的标记为 $R_1$3。

尺寸代号为 3/4 的左旋圆柱内螺纹的标记为 Rp 3/4 LH；由尺寸代号为 3 的右旋圆锥外螺纹与圆柱内螺纹所组成的螺纹副的标记为 Rp/$R_1$3。

尺寸代号	每 25.4mm 内所包含的牙数 n	螺距 P /mm	牙高 h /mm	基面上直径			基准距离/ mm	有效螺纹长度	装配余量	
				大径（基面直径） $d=D$/mm	中径 $d_2=D_2$ /mm	小径 $d_1=D_1$/mm			mm	圈数
1/16	28	0.907	0.581	7.723	7.142	6.561	4	6.5	2.5	2¾
1/8	28	0.907	0.581	9.728	9.147	8.566	4	6.5	2.5	2¾
1/4	19	1.337	0.856	13.157	12.301	11.445	6	9.7	3.7	2¾
3/8	19	1.337	0.856	16.662	15.806	14.950	6.4	10.1	3.7	2¾
1/2	14	1.814	1.162	20.955	19.793	18.631	8.2	13.2	5	2¾
3/4	14	1.814	1.162	26.441	25.279	24.117	9.5	14.5	5	2¾
1	11	2.309	1.479	33.249	31.770	30.291	10.4	16.8	6.4	2¾
1¼	11	2.309	1.479	41.910	40.431	38.952	12.7	19.1	6.4	2¾
1½	11	2.309	1.479	47.803	46.324	44.845	12.7	19.1	6.4	3¼
2	11	2.309	1.479	59.614	58.135	56.656	15.9	23.4	7.5	4
2½	11	2.309	1.479	75.184	73.705	72.226	17.5	26.7	9.2	4
3	11	2.309	1.479	87.884	86.405	84.926	20.6	29.8	9.2	4
4	11	2.309	1.479	113.030	111.551	110.072	25.4	35.8	10.4	4½
5	11	2.309	1.479	138.430	136.951	135.472	28.6	40.1	11.5	5
6	11	2.309	1.479	163.830	162.351	160.872	28.6	40.1	11.5	5

附表6　梯形螺纹直径与螺距系列、基本尺寸

（摘自 GB/T 5796.2—2005、GB/T 5796.3—2005）

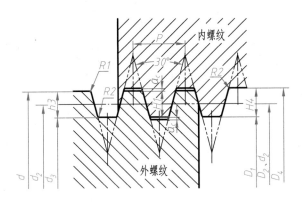

标记示例:公称直径40mm,导程14mm,螺距为7mm 的左旋双线梯形螺纹:Tr40×14(P7)LH

（单位:mm）

公称直径 d		螺距	中径	大径	小　径		公称直径 d		螺距	中径	大径	小　径	
第一系列	第二系列	P	$d_2 = D_2$	D_4	d_3	D_1	第一系列	第二系列	P	$d_2 = D_2$	D_4	d_3	D_1
8		1.5	7.25	8.30	6.20	6.50		26	3	24.50	26.50	22.50	23.00
	9	1.5	8.25	9.30	7.20	7.50			5	23.50	26.50	20.50	21.00
		2	8.00	9.50	6.50	7.00			8	22.00	27.00	17.00	18.00
10		1.5	9.25	10.30	8.20	8.50	28		3	26.50	28.50	24.50	25.00
		2	9.00	10.50	7.50	8.00			5	25.50	28.50	22.50	23.00
	11	2	10.00	11.50	8.50	9.00			8	24.00	29.00	19.00	20.00
		3	9.50	11.50	7.50	8.00		30	3	28.50	30.50	26.50	29.00
12		2	11.00	12.50	9.50	10.00			6	27.00	31.00	23.00	24.00
		3	10.50	12.50	8.50	9.00			10	25.00	31.00	19.00	20.00
	14	2	13.00	14.50	11.50	12.00	32		3	30.50	32.50	28.50	29.00
		3	12.50	14.50	10.50	11.00			6	29.00	33.00	25.00	26.00
16		2	15.00	16.50	13.50	14.00			10	27.00	33.00	21.00	22.00
		4	14.00	16.50	11.50	12.00		34	3	32.50	34.50	30.50	31.00
	18	2	17.00	18.50	15.50	16.00			6	31.00	35.00	27.00	28.00
		4	16.00	18.50	13.50	14.00			10	29.00	35.00	23.00	24.00
20		2	19.00	20.50	17.50	18.00	36		3	34.50	36.50	32.50	33.00
		4	18.00	20.50	15.50	16.00			6	33.00	37.00	29.00	30.00
	22	3	20.50	22.50	18.50	19.00			10	31.00	37.00	25.00	26.00
		5	19.50	22.50	16.50	17.00		38	3	36.50	38.50	34.50	35.00
		8	18.00	23.00	13.00	14.00			7	34.50	39.00	30.00	31.00
24		3	22.50	24.50	20.50	21.00			10	33.00	39.00	27.00	28.00
		5	21.50	24.50	18.50	19.00	40		3	38.50	40.50	36.50	37.00
		8	20.00	25.00	15.00	16.00			7	36.50	41.00	32.00	33.00
									10	35.00	41.00	29.00	30.00

附表7 六角头螺栓—A 和 B 级（摘自 GB/T 5782—2016）

2.5:1

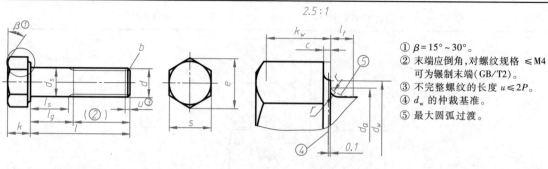

① $\beta = 15° \sim 30°$。
② 末端应倒角，对螺纹规格 ≤M4 可为辗制末端(GB/T2)。
③ 不完整螺纹的长度 $u \leqslant 2P$。
④ d_w 的仲裁基准。
⑤ 最大圆弧过渡。

标记示例：螺纹规格为 M12、公称长度 l=80mm、性能等级为 8.8 级、表面不经处理、产品等级为 A 级的六角头螺栓的标记：螺栓 GB/T 5782 M12×80

（单位：mm）

螺纹规格 d			M3	M4	M5	M6	M8	M10	M12	M16	M20	M24	M30	M36	M42	M48	M56	M64
P①			0.5	0.7	0.8	1	1.25	1.5	1.75	2	2.5	3	3.5	4	4.5	5	5.5	6
b 参考	b		12	14	16	18	22	26	30	38	46	54	66	—	—	—	—	—
	c		18	20	22	24	28	32	36	44	52	60	72	84	96	108	—	—
	d		31	33	35	37	41	45	49	57	65	73	85	97	109	121	137	153
c	max		0.40	0.40	0.50	0.50	0.60	0.60	0.60	0.8	0.8	0.8	0.8	0.8	1.0	1.0	1.0	1.0
	min		0.15	0.15	0.15	0.15	0.15	0.15	0.15	0.2	0.2	0.2	0.2	0.2	0.3	0.3	0.3	0.3
d_a	max		3.6	4.7	5.7	6.8	9.2	11.2	13.7	17.7	22.4	26.4	33.4	39.4	45.6	52.6	63	71
d_s	公称 = max		3.00	4.00	5.00	6.00	8.00	10.00	12.00	16.00	20.00	24.00	30.00	36.00	42.00	48.00	56.00	64.00
	产品等级 A	min	2.86	3.82	4.82	5.82	7.78	9.78	11.73	15.73	19.67	23.67	—	—	—	—	—	—
	产品等级 B	min	2.75	3.70	4.70	5.70	7.64	9.64	11.57	15.57	19.48	23.48	29.48	35.38	41.38	47.38	55.26	63.26
d_w	产品等级 A	min	4.57	5.88	6.88	8.88	11.63	14.63	16.63	22.49	28.19	33.61	—	—	—	—	—	—
	产品等级 B	min	4.45	5.74	6.74	8.74	11.47	14.47	16.47	22	27.7	33.25	42.75	51.11	59.95	69.45	78.66	88.16
e	产品等级 A	min	6.01	7.66	8.79	11.05	14.38	17.77	20.03	26.75	33.53	39.98	—	—	—	—	—	—
	产品等级 B	min	5.88	7.50	8.63	10.89	14.20	17.59	19.85	26.17	32.95	39.55	50.85	60.79	71.3	82.6	93.56	104.86
l_f	max		1	1.2	1.2	1.4	2	2	3	3	4	4	6	6	8	10	12	13
k	公称		2	2.8	3.5	4	5.3	6.4	7.5	10	12.5	15	18.7	22.5	26	30	35	40
	产品等级 A	max	2.125	2.925	3.65	4.15	5.45	6.58	7.68	10.18	12.715	15.215	—	—	—	—	—	—
		min	1.875	2.675	3.35	3.85	5.15	6.22	7.32	9.82	12.285	14.785	—	—	—	—	—	—
	产品等级 B	max	2.2	3.0	3.74	4.24	5.54	6.69	7.79	10.29	12.85	15.35	19.12	22.92	26.42	30.42	35.5	40.5
		min	1.8	2.6	3.26	3.76	5.06	6.11	7.21	9.71	12.15	14.65	18.28	22.08	25.58	29.58	34.5	39.5
k_w②	产品等级 A	min	1.31	1.87	2.35	2.70	3.61	4.35	5.12	6.87	8.6	10.35	—	—	—	—	—	—
	产品等级 B	min	1.26	1.82	2.28	2.63	3.54	4.28	5.05	6.8	8.51	10.26	12.8	15.46	17.91	20.71	24.15	27.65
r	min		0.1	0.2	0.2	0.25	0.4	0.4	0.6	0.6	0.8	0.8	1	1	1.2	1.6	2	2
s	公称 = max		5.50	7.00	8.00	10.00	13.00	16.00	18.00	24.00	30.00	36.00	46	55.0	65.0	75.0	85.0	95.0
	产品等级 A	min	5.32	6.78	7.78	9.78	12.73	15.73	17.73	23.67	29.67	35.38	—	—	—	—	—	—
	产品等级 B	min	5.20	6.64	7.64	9.64	12.57	15.57	17.57	23.16	29.16	35.00	45	53.8	63.1	73.1	82.8	92.8
l(商品长度规格)			20~30	25~40	25~50	30~60	40~80	45~100	50~120	65~160	80~200	90~240	110~300	140~360	160~440	180~480	220~500	260~500
l(系列)			20,25,30,35,40,45,50,55,60,65,70,80,90,100,110,120,130,140,150,160,180,200,220,240,260,280,300,320,340,360,380,400,420,440,460,480,500															

注：1. $l_{公称} \leqslant 125mm$。

2. $125mm < l_{公称} \leqslant 200mm$。

3. $l_{公称} > 200mm$。

4. $l_{gmax} = l_{公称} - b$。$l_{smin} = l_{gmax} - 5P$。

① P 为螺距。

② $k_{wmin} = 0.7k_{min}$。

附表8　双头螺柱（摘自 GB/T 897、898、899、900—1988）

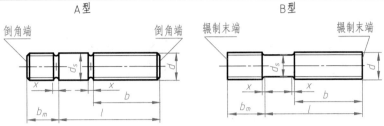

B型 $d_s \approx$ 螺纹中径

双头螺柱　$b_m = 1d$（GB/T 897—1988）、$b_m = 1.25d$（GB/T 898—1988）、$b_m = 1.5d$（GB/T 899—1988）、$b_m = 2d$（GB/T 900—1988）

标记示例：

两端均为粗牙普通螺纹，$d = 10\mathrm{mm}$，$l = 50\mathrm{mm}$，性能等级为 4.8 级、不经表面处理、B 型、$b_m = 1.25d$ 的双头螺柱：螺柱 GB/T 898　M10×50

旋入机体一端为粗牙普通螺纹，旋螺母一端为螺距 $P = 1\mathrm{mm}$ 的细牙普通螺纹，$d = 10\mathrm{mm}$，$l = 50\mathrm{mm}$，性能等级 4.8 级，不经表面处理、A 型、$b_m = 1.25d$ 的双头螺柱：螺柱　GB/T 898 AM10—M10×1×50

（单位：mm）

螺纹规格 d		M5	M6	M8	M10	M12	(M14)	M16	(M18)	M20	(M22)	M24	(M27)	M30
b_m	GB/T 897—1988	5	6	8	10	12	14	16	18	20	22	24	27	30
	GB/T 898—1988	6	8	10	12	15	—	20	—	25	—	30	—	38
	GB/T 899—1988	8	10	12	15	18	21	24	27	30	33	36	40	45
	GB/T 900—1988	10	12	16	20	24	28	32	36	40	44	48	54	60
d_s	max	5.0	6.0	8.0	10.0	12.0	14.0	16.0	18.0	20.0	22.0	24.0	27.0	30.0
	min	4.7	5.7	7.64	9.64	11.57	13.57	15.57	17.57	19.48	21.48	23.48	26.48	29.48
x　max		1.5P												
l		b												
16		10												
(18)			10											
20				12										
(22)														
25		16	14	16	14	16								
(28)														
30					16		18							
(32)			18	22		20		20						
35									22					
(38)							25							
40					26					25				
45						30			35		30			
50							34			35	30			
(55)								30		35		45		
60								38	35				35	
(65)										42	40		50	
70											46			40
(75)														
80										46	50	54	50	
(85)														
90														50

注：1. 尽可能不用括号内的规格。

2. P 为螺距。

3. 折线之间为通用规格。

4. GB/T 897—1988 M24、M30 有括号 (M24)、(M30)。

5. GB/T 898—1988 (M14)、(M18)、(M22)、(M27) 均无括号。

附表 9　开槽沉头螺钉（摘自 GB/T 68—2016）、开槽半沉头螺钉（摘自 GB/T 69—2016）

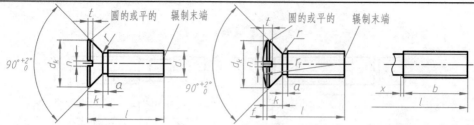

标记示例：

螺纹规格为 M5、公称长度 $l=20$ mm、性能等级为 4.8 级、表面不经处理的 A 级开槽沉头螺钉的标记：螺钉　GB/T 68 M5 × 20

（单位：mm）

螺纹规格 d			M1.6	M2	M2.5	M3	(M3.5)[1]	M4	M5	M6	M8	M10
P[2]			0.35	0.4	0.45	0.5	0.6	0.7	0.8	1	1.25	1.5
a		max	0.7	0.8	0.9	1	1.2	1.4	1.6	2	2.5	3
b		min	25	25	25	25	38	38	38	38	38	38
d_k[3]	理论值	max	3.6	4.4	5.5	6.3	8.2	9.4	10.4	12.6	17.3	20
	实际值	公称 = max	3.0	3.8	4.7	5.5	7.30	8.40	9.30	11.30	15.80	18.30
		min	2.7	3.5	4.4	5.2	6.94	8.04	8.94	10.87	15.37	17.78
$f\approx$	（GB/T 69—2016）		0.4	0.5	0.6	0.7	0.8	1	1.2	1.4	2	2.3
k[4]	公称 = max		1	1.2	1.5	1.65	2.35	2.7	2.7	3.3	4.65	5
n	公　称		0.4	0.5	0.6	0.8	1	1.2	1.2	1.6	2	2.5
	max		0.60	0.70	0.80	1.00	1.20	1.51	1.51	1.91	2.31	2.81
	min		0.46	0.56	0.66	0.86	1.06	1.26	1.26	1.66	2.06	2.56
r	max		0.4	0.5	0.6	0.8	0.9	1	1.3	1.5	2	2.5
$r_f\approx$	（GB/T 69—2016）		3	4	5	6	8.5	9.5	9.5	12	16.5	19.5
t	max	GB/T 68—2016	0.5	0.6	0.75	0.85	1.2	1.3	1.4	1.6	2.3	2.6
		GB/T 69—2016	0.8	1.0	1.2	1.45	1.7	1.9	2.4	2.8	3.7	4.4
	min	GB/T 68—2016	0.32	0.4	0.50	0.60	0.9	1.0	1.1	1.2	1.8	2.0
		GB/T 69—2016	0.64	0.8	1.0	1.20	1.4	1.6	2.0	2.4	3.2	3.8
x	max		0.9	1	1.1	1.25	1.5	1.75	2	2.5	3.2	3.8
l(商品长度规格)			2.5~16	3~20	4~25	5~30	6~35	6~40	8~50	8~60	10~80	12~80
l(系列)			2.5、3、4、5、6、8、10、12、(14)、16、20、25、30、35、40、45、50、(55)、60、(65)、70、(75)、80									

① 尽可能不采用括号内的规格。

② P 为螺距。

③ d_k 和 k 见 GB/T 5279。

④ 公称长度 $l\leqslant30$ mm，而螺纹规格 d 在 M1.6~M3 的螺钉，应制出全螺纹；公称长度 $l\leqslant45$ mm，而螺纹规格在 M4~ M10 的螺钉也应制出全螺纹。$b=l-(k+a)$。

附表 10　内六角圆柱头螺钉（摘自 GB/T 70.1—2008）

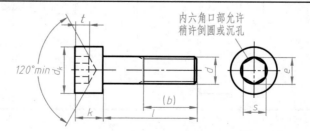

标记示例：

螺纹规格为 M5、公称长度 $l=20$ mm、性能等级为 8.8 级、表面氧化的内六角圆柱头螺钉的标记：螺钉　GB/T 70.1 M5×20

（续）
（单位：mm）

螺纹规格 d	M1.6	M2	M2.5	M3	M4	M5	M6	M8	M10	M12	(M14)	M16	M20
d_k	3	3.8	4.5	5.5	7	8.5	10	13	16	18	21	24	30
k	1.6	2	2.5	3	4	5	6	8	10	12	14	16	20
t	0.7	1	1.1	1.3	2	2.5	3	4	5	6	7	8	10
s	1.5	1.5	2	2.5	3	4	5	6	8	10	12	14	17
e	1.73	1.73	2.3	2.87	3.44	4.58	5.72	6.86	9.15	11.43	13.72	16	19.44
b（参考）	15	16	17	18	20	22	24	28	32	36	40	44	52
l（商品长度规格）	2.5~16	3~20	4~25	5~30	6~40	8~50	8~60	10~80	16~80	20~120	25~140	25~160	30~200
全螺纹时最大长度	16	16	20	20	25	25	30	35	40	45	55	55	65
l（系列）	2.5, 3, 4, 5, 6, 8, 10, 12, 14, 16, 20, 25, 30, 35, 40, 45, 50,55, 60, 65, 70, 80, 90,100, 110,120,130,140,150,160,180,200												

注：1. 尽可能不采用括号内的规格。
　　2. b 不包括螺尾。

附表 11　开槽锥端紧定螺钉（摘自 GB/T 71—2018）、开槽平端紧定螺钉（摘自 GB/T 73—2017）、
　　　　　开槽长圆柱端紧定螺钉（摘自 GB/T 75—2018）

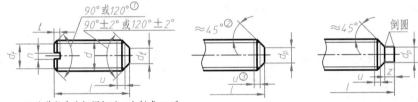

①公称长度为短螺钉时，应制成120°。
②45°仅限适用于螺纹小径以内的末端部分。
③u为不完整螺纹的长度≤2P。

标记示例：

螺纹规格为 M5、公称长度 l=12mm、钢制、硬度等级为 14H 级、表面不经处理、产品等级 A 级的开槽平端紧定螺钉的
标记：螺钉　GB/T 73　M5×12
（单位：mm）

螺纹规格		M1.2	M1.6	M2	M2.5	M3	M4	M5	M6	M8	M10	M12
P	螺距	0.25	0.35	0.4	0.45	0.5	0.7	0.8	1	1.25	1.5	1.75
d_f	max	螺　纹　小　径										
d_t	min	—	—	—	—	—	—	—	1.5	2	2.5	3
	max	0.12	0.16	0.2	0.25	0.3	0.4	0.5	1.5	2	2.5	3
d_p	min	0.35	0.55	0.75	1.25	1.75	2.25	3.20	3.70	5.20	6.64	8.14
	max	0.60	0.80	1.00	1.50	2.00	2.50	3.50	4.00	5.50	7.00	8.50
n	公称	0.2	0.25	0.25	0.4	0.4	0.6	0.8	1	1.2	1.6	2
	min	0.26	0.31	0.31	0.46	0.46	0.66	0.86	1.06	1.26	1.66	2.06
	max	0.40	0.45	0.45	0.60	0.60	0.80	1.00	1.20	1.51	1.91	2.31
t	min	0.40	0.56	0.64	0.72	0.80	1.12	1.28	1.60	2.00	2.40	2.80
	max	0.52	0.74	0.84	0.95	1.05	1.42	1.63	2.00	2.50	3.00	3.60
z	min	—	0.8	1	1.25	1.5	2	2.5	3	4	5	6
	max	—	1.05	1.25	1.5	1.75	2.25	2.75	3.25	4.3	5.3	6.3
GB/T 71—2018	l（公称长度）	2~6	2~8	3~10	3~12	4~16	6~20	8~25	8~30	10~40	12~50	14~60
	l（短螺钉）	2	2~2.5	2~2.5	2~3	2~3	2~4	2~5	2~6	2~8	2~10	2~12
GB/T 73—2017	l（公称长度）	2~6	2~8	2~10	2.5~12	3~16	4~20	5~25	6~30	8~40	10~50	12~60
	l（短螺钉）		2	2~2.5	2~3	2~3	2~4	2~5	2~6	2~6	2~8	2~10
GB/T 75—2018	l（公称长度）	—	2.5~8	3~10	4~12	5~16	6~20	8~25	8~30	10~40	12~50	14~60
	l（短螺钉）	—	2~2.5	2~3	2~4	2~5	2~6	2~8	2~10	2~14	2~16	2~20
l（系列）		2, 2.5, 3, 4, 5, 6, 8, 10, 12, (14), 16, 20, 25, 30, 35, 40, 45, 50, 55, 60										

注：1. 公称长度为商品规格尺寸。
　　2. 尽可能不采用括号内的规格。

附表 12　1 型六角螺母（摘自 GB/T 6170—2015）

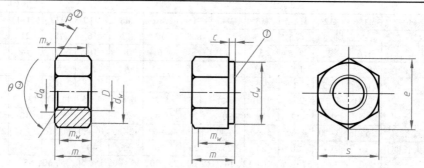

①要求垫圈面型式时，应在订单中注明。
②β＝15°～30°。
③θ＝90°～120°。

标记示例：

螺纹规格为 M12、性能等级为 8 级、表面不经处理、产品等级为 A 级的 1 型六角螺母的标记：螺母　GB/T 6170　M12

（单位：mm）

螺纹规格 D		M1.6	M2	M2.5	M3	M4	M5	M6	M8	M10	M12
$P^{①}$		0.35	0.4	0.45	0.5	0.7	0.8	1	1.25	1.5	1.75
c	max	0.20	0.20	0.30	0.40	0.40	0.50	0.50	0.60	0.60	0.60
	min	0.10	0.10	0.10	0.15	0.15	0.15	0.15	0.15	0.15	0.15
d_a	max	1.84	2.30	2.90	3.45	4.60	5.75	6.75	8.75	10.80	13.00
	min	1.60	2.00	2.50	3.00	4.00	5.00	6.00	8.00	10.00	12.00
d_w	min	2.40	3.10	4.10	4.60	5.90	6.90	8.90	11.60	14.60	16.60
e	min	3.41	4.32	5.45	6.01	7.66	8.79	11.05	14.38	17.77	20.03
m	max	1.30	1.60	2.00	2.40	3.20	4.70	5.20	6.80	8.40	10.80
	min	1.05	1.35	1.75	2.15	2.90	4.40	4.90	6.44	8.04	10.37
m_w	min	0.80	1.10	1.40	1.70	2.30	3.50	3.90	5.20	6.40	8.30
s	公称＝max	3.20	4.00	5.00	5.50	7.00	8.00	10.00	13.00	16.00	18.00
	min	3.02	3.82	4.82	5.32	6.78	7.78	9.78	12.73	15.73	17.73
螺纹规格 D		M16	M20	M24	M30	M36	M42	M48	M56	M64	
$P^{①}$		2	2.5	3	3.5	4	4.5	5	5.5	6	
c	max	0.80	0.80	0.80	0.80	0.80	1.00	1.00	1.00	1.00	
	min	0.20	0.20	0.20	0.20	0.20	0.30	0.30	0.30	0.30	
d_a	max	17.30	21.60	25.90	32.40	38.90	45.40	51.80	60.50	69.10	
	min	16.00	20.00	24.00	30.00	36.00	42.00	48.00	56.00	64.00	
d_w	min	22.50	27.70	33.30	42.80	51.10	60.00	69.50	78.70	88.20	
e	min	26.75	32.95	39.55	50.85	60.79	71.30	82.60	93.56	104.86	
m	max	14.80	18.00	21.50	25.60	31.00	34.00	38.00	45.00	51.00	
	min	14.10	16.90	20.20	24.30	29.40	32.40	36.40	43.40	49.10	
m_w	min	11.30	13.50	16.20	19.40	23.50	25.90	29.10	34.70	39.30	
s	公称＝max	24.00	30.00	36.00	46.00	55.00	65.00	75.00	85.00	95.00	
	min	23.67	29.16	35.00	45.00	53.80	63.10	73.10	82.80	92.80	

① P 为螺距。

附表 13　小垫圈（摘自 GB/T 848—2002）A 级、平垫圈（摘自 GB/T 97.1—2002）A 级、
平垫圈　倒角型（摘自 GB/T 97.2—2002）A 级

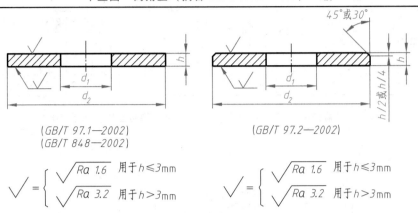

（GB/T 97.1—2002）
（GB/T 848—2002）

$$\sqrt{} = \begin{cases} \sqrt{Ra\ 1.6} & \text{用于}\ h \leqslant 3\text{mm} \\ \sqrt{Ra\ 3.2} & \text{用于}\ h > 3\text{mm} \end{cases}$$

（GB/T 97.2—2002）

$$\sqrt{} = \begin{cases} \sqrt{Ra\ 1.6} & \text{用于}\ h \leqslant 3\text{mm} \\ \sqrt{Ra\ 3.2} & \text{用于}\ h > 3\text{mm} \end{cases}$$

标记示例:

标准系列公称规格 8mm、由钢制造的硬度等级为 200HV 级,不经表面处理,产品等级为 A 级的平垫圈:垫圈　GB/T 97.1　8

公称规格（螺纹大径）d			1.6	2	2.5	3	4	5	6	8	10	12	16	20	24	30	36
d_1 内径	max	GB/T 848—2002	1.84	2.34	2.84	3.38	4.48	5.48	6.62	8.62	10.77	13.27	17.27	21.33	25.33	31.39	37.62
		GB/T 97.1—2002	1.84	2.34	2.84	3.38	4.48	5.48	6.62	8.62	10.77	13.27	17.27	21.33	25.33	31.39	37.62
		GB/T 97.2—2002	—	—	—	—	—	5.48	6.62	8.62	10.77	13.27	17.27	21.33	25.33	31.39	37.62
		GB/T 96.1—2002	—	—	—	3.38	4.48	5.48	6.62	8.62	10.77	13.27	17.27	21.33	25.52	33.62	39.62
	公称 min	GB/T 848—2002	1.7	2.2	2.7	3.2	4.3	5.3	6.4	8.4	10.5	13	17	21	25	31	37
		GB/T 97.1—2002	1.7	2.2	2.7	3.2	4.3	5.3	6.4	8.4	10.5	13	17	21	25	31	37
		GB/T 97.2—2002	—	—	—	—	—	5.3	6.4	8.4	10.5	13	17	21	25	31	37
		GB/T 96.1—2002	—	—	—	3.2	4.3	5.3	6.4	8.4	10.5	13	17	21	25	33	39
d_2 外径	公称 max	GB/T 848—2002	3.5	4.5	5	6	8	9	11	15	18	20	28	34	39	50	60
		GB/T 97.1—2002	4	5	6	7	9	10	12	16	20	24	30	37	44	56	66
		GB/T 97.2—2002	—	—	—	—	—	10	12	16	20	24	30	37	44	56	66
		GB/T 96.1—2002	—	—	—	9	12	15	18	24	30	37	50	60	72	92	110
	min	GB/T 848—2002	3.2	4.2	4.7	5.7	7.64	8.64	10.57	14.57	17.57	19.48	27.48	33.38	38.38	49.38	58.8
		GB/T 97.1—2002	3.7	4.7	5.7	6.64	8.64	9.64	11.57	15.57	19.48	23.48	29.48	36.38	43.38	55.26	64.8
		GB/T 97.2—2002	—	—	—	—	—	9.64	11.57	15.57	19.48	23.48	29.48	36.38	43.38	55.26	64.8
		GB/T 96.1—2002	—	—	—	8.64	11.57	14.57	17.57	23.48	29.48	36.38	49.38	59.26	70.8	90.6	108.6
h 厚度	公称	GB/T 848—2002	0.3	0.3	0.5	0.5	0.5	1	1.6	1.6	1.6	2	2.5	3	4	4	5
		GB/T 97.1—2002	0.3	0.3	0.5	0.5	0.8	1	1.6	1.6	2	2.5	3	3	4	4	5
		GB/T 97.2—2002	—	—	—	—	—	1	1.6	1.6	2	2.5	3	3	4	4	5
		GB/T 96.1—2002	—	—	—	0.8	1	1	1.6	2	2.5	3	3	4	5	6	8
	max	GB/T 848—2002	0.35	0.35	0.55	0.55	0.55	1.1	1.8	1.8	1.8	2.2	2.7	3.3	4.3	4.3	5.6
		GB/T 97.1—2002	0.35	0.35	0.55	0.55	0.9	1.1	1.8	1.8	2.2	2.7	3.3	3.3	4.3	4.3	5.6
		GB/T 97.2—2002	—	—	—	—	—	1.1	1.8	1.8	2.2	2.7	3.3	3.3	4.3	4.3	5.6
		GB/T 96.1—2002	—	—	—	0.9	1.1	1.1	1.8	2.2	2.7	3.3	3.3	4.3	5.6	6.6	9

（续）

公称规格(螺纹大径)d			1.6	2	2.5	3	4	5	6	8	10	12	16	20	24	30	36
h 厚度	min	GB/T 848—2002	0.25	0.25	0.45	0.45	0.45	0.9	1.4	1.4	1.4	1.8	2.3	2.7	3.7	3.7	4.4
		GB/T 97.1—2002					0.7				1.8	2.3	2.7				
		GB/T 97.2—2002	—	—	—	—											
		GB/T 96.1—2002	—	—	—	0.7	0.9			1.8	2.3	2.7	2.7	3.7	4.4	5.4	7

附表 14   标准型弹簧垫圈（摘自 GB 93—1987）、轻型弹簧垫圈（摘自 GB 859—1987）

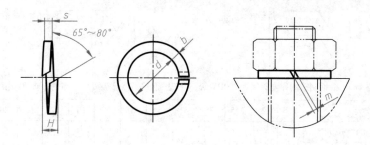

标记示例：

规格 16mm、材料为 65Mn、表面氧化的标准型弹簧垫圈：垫圈　GB 93　16

（单位：mm）

规格(螺纹大径)			3	4	5	6	8	10	12	16	20	24	30
d	GB/T 93—1987 GB/T 859—1987	min	3.1	4.1	5.1	6.1	8.1	10.2	12.2	16.2	20.2	24.5	30.5
		max	3.4	4.4	5.4	6.68	8.68	10.9	12.9	16.9	21.04	25.5	31.5
s(b)	GB/T 93—1987	公称	0.8	1.1	1.3	1.6	2.1	2.6	3.1	4.1	5	6	7.5
		min	0.7	1	1.2	1.5	2	2.45	2.95	3.9	4.8	5.8	7.2
		max	0.9	1.2	1.4	1.7	2.2	2.75	3.25	4.3	5.2	6.2	7.8
s	GB/T 859—1987	公称	0.6	0.8	1.1	1.3	1.6	2	2.5	3.2	4	5	6
		min	0.52	0.70	1	1.2	1.5	1.9	2.35	3	3.8	4.8	5.8
		max	0.68	0.90	1.2	1.4	1.7	2.1	2.65	3.4	4.2	5.2	6.2
b	GB/T 859—1987	公称	1	1.2	1.5	2	2.5	3	3.5	4.5	5.5	7	9
		min	0.9	1.1	1.4	1.9	2.36	2.85	3.3	4.3	5.3	6.7	8.7
		max	1.1	1.3	1.6	2.1	2.65	3.15	3.7	4.7	5.7	7.3	9.3
H	GB/T 93—1987	min	1.6	2.2	2.6	3.2	4.2	5.2	6.2	8.2	10	12	15
		max	2	2.75	3.25	4	5.25	6.5	7.75	10.25	12.5	15	18.75
	GB/T 859—1987	min	1.2	1.6	2.2	2.6	3.2	4	5	6.4	8	10	12
		max	1.5	2	2.75	3.25	4	5	6.25	8	10	12.5	15
m≤	GB/T 93—1987		0.4	0.55	0.65	0.8	1.05	1.3	1.55	2.05	2.5	3	3.75
	GB/T 859—1987		0.3	0.4	0.55	0.65	0.8	1	1.25	1.6	2	2.5	3

注：m 应大于零。

附表 15　圆螺母用止动垫圈（摘自 GB 858—1988）

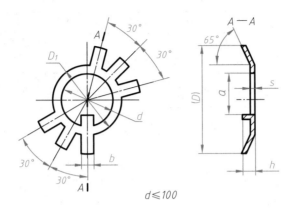

$d \leqslant 100$

标记示例：

公称直径 16mm、材料为 Q235、经退火、表面氧化的圆螺母用止动垫圈：垫圈　GB 858　16

（单位：mm）

螺纹直径	10	12	14	16	18	20	22	24	25[①]	27	30	33	35[①]	36	39	40[①]
d	10.5	12.5	5.1	6.1	8.1	10.2	12.2	16.2	20.2	24.5	30.5	33.5	33.5	36.5	39.5	40.5
(D)	25	28	32	34	35	38	42	45	45	48	52	56	56	60	62	62
D_1	16	19	20	22	24	27	30	34	34	37	40	43	43	46	49	49
a	8	9	11	13	15	17	19	21	22	24	27	30	32	33	36	37
s	1											1.5				
h	3				4						5					
b	3.8				4.8						5.7					

① 仅用于滚动轴承锁紧装置。

附表 16　平键和键槽的剖面尺寸（摘自 GB/T 1095—2003）

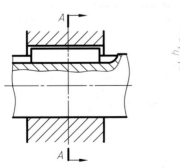

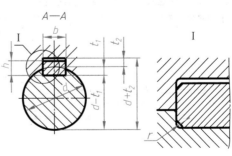

（单位：mm）（续）

轴	键	键槽											
			宽度 b						深度				半径 r
				极限偏差					轴 t_1		毂 t_2		
公称直径	键尺寸 b×h	基本尺寸		正常联结		紧密联结	松联结		公称尺寸	极限偏差	公称尺寸	极限偏差	
			轴 N9	毂 JS9	轴和毂 P9	轴 H9	毂 D10						min	max
自 6~8	2×2	2	-0.004 -0.029	±0.0125	-0.006 -0.031	+0.025 0	+0.060 +0.020	1.2		1.0		0.08	0.16
>8~10	3×3	3						1.8	+0.1 0	1.4	+0.1 0		
>10~12	4×4	4	0 -0.030	±0.015	-0.012 -0.042	+0.030 0	+0.078 +0.030	2.5		1.8			
>12~17	5×5	5						3.0		2.3			
>17~22	6×6	6						3.5		2.8		0.16	0.25
>22~30	8×7	8	0 -0.036	±0.018	-0.015 -0.051	+0.036 0	+0.098 +0.040	4.0		3.3			
>30~38	10×8	10						5.0		3.3			
>38~44	12×8	12	0 -0.043	±0.0215	-0.018 -0.061	+0.043 0	+0.120 +0.050	5.0	+0.2 0	3.3	+0.2 0		
>44~50	14×9	14						5.5		3.8		0.25	0.40
>50~58	16×10	16						6.0		4.3			
>58~65	18×11	18						7.0		4.4			
>65~75	20×12	20	0 -0.052	±0.026	-0.022 -0.074	+0.052 0	+0.149 +0.065	7.5		4.9			
>75~85	22×14	22						9.0		5.4			
>85~95	25×14	25						9.0		5.4		0.40	0.60
>95~110	28×16	28						10.0		6.4			
>110~130	32×18	32						11.0		7.4			
>130~150	36×20	36	0 -0.062	±0.031	-0.026 -0.088	+0.062 0	+0.180 +0.080	12.0	+0.3 0	8.4	+0.3 0		
>150~170	40×22	40						13.0		9.4			
>170~200	45×25	45						15.0		10.4		0.70	1.00
>200~230	50×28	50						17.0		11.4			

附表17　普通平键的型式尺寸（摘自 GB/T 1096—2003）

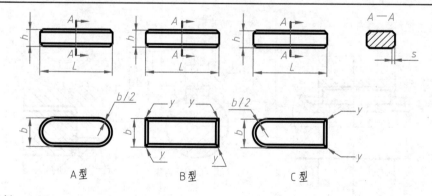

A 型　　　　　B 型　　　　　C 型

标记示例：

普通 A 型平键，b=16mm，h=10mm，L=100mm：　GB/T 1096 键　　16×10×100

普通 B 型平键，b=16mm，h=10mm，L=100mm：　GB/T 1096 键　　B16×10×100

普通 C 型平键，b=16mm，h=10mm，L=100mm：　GB/T 1096 键　　C16×10×100

（续）

（单位：mm）

b	2	3	4	5	6	8	10	12	14	16	18	20	22	25	28	32	36	40	45	50
h	2	3	4	5	6	7	8	8	9	10	11	12	14	14	16	18	20	22	25	28
倒角或倒圆 s	0.16~0.25			0.25~0.40			0.40~0.60					0.60~0.80					1.0~1.2			
l 范围	6~20	6~36	8~45	10~56	14~70	18~90	22~110	28~140	36~160	45~180	50~200	56~220	63~250	70~280	80~320	90~360	100~400	100~400	110~450	125~500

注：l 系列为 6、8、10、12、14、16、18、20、22、25、28、32、36、40、45、50、56、63、70、80、90、100、110、125、140、160、180、200 等。

附表 18　半圆键　键和键槽的剖面尺寸（摘自 GB/T 1098—2003）、半圆键的型式及尺寸（摘自 GB/T 1099.1—2003）

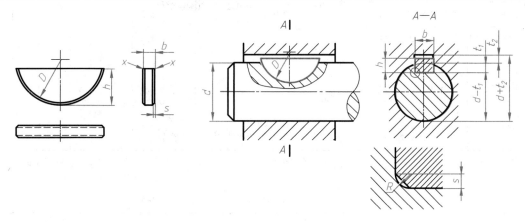

标记示例：半圆键 $b=6$mm、$h=10$mm，$D=25$mm
GB/T 1099.1　键 6×10×25

（单位：mm）

轴径 d		键			键　槽									
					宽　度　b					深　度				半径 R
						极　限　偏　差				轴 t_1		毂 t_2		
键传递转矩	键定位作用	公称尺寸 $b×h×D$	长度 $L≈$	公称尺寸	正常联结		紧密联结	松联结		公称尺寸	极限偏差	公称尺寸	极限偏差	
					轴 N9	毂 JS9	轴和毂 P9	轴 H9	毂 D10					min	max
自 3~4	自 3~4	1.0×1.4×4	3.9	1.0						1.0		0.6			
>4~5	>4~6	1.5×2.6×7	6.8	1.5						2.0		0.8			
>5~6	>6~8	2.0×2.6×7	6.8	2.0	−0.04 −0.29	±0.0125	−0.006 −0.031	+0.025 0	+0.060 +0.020	1.8	+0.10	1.0	+0.10	0.08	0.16
>6~7	>8~10	2.0×3.7×10	9.7	2.0						2.9		1.0			
>7~8	>10~12	2.5×3.7×10	9.7	2.5						2.7		1.2			
>8~10	>12~15	3.0×5.0×13	12.7	3.0						3.8	+0.20	1.4			
>10~12	>15~18	3.0×6.5×16	15.7	3.0						5.3		1.4		0.16	0.25

（续）

轴径 d		键		键槽									
				宽度 b					深度				半径 R
					极限偏差				轴 t₁		毂 t₂		
键传递转矩	键定位作用	公称尺寸 b×h×D	长度 L≈	公称尺寸	正常联结		紧密联结	松联结		公称尺寸	极限偏差	公称尺寸	极限偏差	
					轴 N9	毂 JS9	轴和毂 P9	轴 H9	毂 D10					min	max
>12~14	>18~20	4.0×6.5×16	15.7	4.0	0 / -0.030	±0.015	-0.012 / -0.042	+0.030 / 0	+0.078 / +0.030	5.0	+0.20 / 0	1.8	+0.10 / 0	0.16	0.25
>14~16	>20~22	4.0×7.5×19	18.6	4.0						6.0		1.8		
>16~18	>22~25	5.0×6.5×16	15.7	5.0						4.5		2.3		
>18~20	>25~28	5.0×7.5×19	18.6	5.0						5.5		2.3		
>20~22	>28~32	5.0×9.0×22	21.6	5.0						7.0		2.3		
>22~25	>32~36	6.0×9.0×22	21.6	6.0						6.5	+0.30 / 0	2.8		
>25~28	>36~40	6.0×10.0×25	24.5	6.0						7.5		2.8	+0.20 / 0	0.25	0.40
>28~32	40	8.0×11.0×28	27.4	8.0	0 / -0.036	±0.018	-0.015 / -0.051	+0.036 / 0	+0.098 / +0.040	8.0		3.3		
>32~38	—	10.0×13.0×32	31.4	10.0						10.0		3.3		

注：$(d-t_1)$ 和 $(d+t_2)$ 两个组合尺寸的极限偏差按相应的 t 和 t_1 的极限偏差选取，但 $(d-t_1)$ 极限偏差值应取负号（-）。

附表 19　圆柱销（摘自 GB/T 119.1、119.2—2000）

⑦允许倒圆或凹穴。末端形状，由制造者确定。

标记示例：

公称直径 d=6mm，公差为 m6，公称长度 l=30mm，材料为钢，普通淬火（A型），表面氧化处理的圆柱销：销　GB/T 119.2　6×30

（单位：mm）

d	m6/h8① GB/T 119.1—2000	4	5	6	8	10	12	16	20
	m6① GB/T 119.2—2000								
$c\approx$		0.63	0.8	1.2	1.6	2	2.5	3	3.5
l（公称）②	GB/T 119.1—2000	8~40	10~50	12~60	14~80	18~95	22~140	26~180	35~200
	GB/T 119.2—2000	10~40	12~50	14~60	18~80	22~100	26~100	40~100	50~100

① 其他公差由供需双方协议。

② GB/T 119.1—2000 公称长度大于 200mm，按 20mm 递增。GB/T 119.2—2000 公称长度大于 100m，按 20mm 递增。

附表20　圆锥销（摘自 GB/T 117—2000）

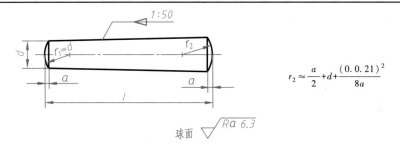

$$r_2 \approx \frac{a}{2}+d+\frac{(0.0.21)^2}{8a}$$

球面 $\sqrt{Ra\,6.3}$

标记示例：

公称直径 $d=6$mm、公称长度 $l=30$mm、材料为35钢、热处理硬度28~38HRC、表面氧化处理的 A 型圆锥销：销　GB/T 117　6×30

（单位:mm）

$d^{①}$ h10	0.6	0.8	1	1.2	1.5	2	2.5	3	4	5	6	8	10	12	16	20	25
$a\approx$	0.08	0.1	0.12	0.16	0.2	0.25	0.3	0.4	0.5	0.63	0.8	1	1.2	1.6	2	2.5	3
$l^{②}$（公称）	4~8	5~12	6~16	6~20	8~24	10~35	10~35	12~45	14~55	18~60	22~90	22~120	26~160	32~180	40~200	45~200	50~200

① 其他公差，如 a11、c11 和 f8 由供需双方协议。

② 公称长度大于200mm，按20mm递增。

附表21　开口销（摘自 GB/T 91—2000）

允许制造的形式

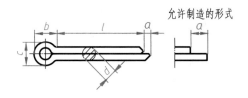

标记示例：

公称规格为5mm、公称长度 $l=50$mm、材料为 Q215 或 Q235、不经表面处理的开口销：销　GB/T 91　5×50

（单位:mm）

公称规格		0.6	0.8	1	1.2	1.6	2	2.5	3.2	4	5	6.3	8	10	13
d	min	0.4	0.6	0.8	0.9	1.3	1.7	2.1	2.7	3.5	4.4	5.7	7.3	9.3	12.1
	max	0.5	0.7	0.9	1.0	1.4	1.8	2.3	2.9	3.7	4.6	5.9	7.5	9.5	12.4
c	min	0.9	1.2	1.6	1.7	2.4	3.2	4.0	5.1	6.5	8.0	10.3	13.1	16.6	21.7
	max	1.0	1.4	1.8	2.0	2.8	3.6	4.6	5.8	7.4	9.2	11.8	15.0	19.0	24.8
$b\approx$		2	2.4	3	3	3.2	4	5	6.4	8	10	12.6	16	20	26
a_{max}			1.6				2.5			3.2		4			6.3
l（公称）		4~12	5~16	6~20	8~25	8~32	10~40	12~50	14~63	18~80	22~100	32~125	40~160	45~200	71~250
长度 l 的系列		4,5,6,8,10,12,14,16,18,20,22,25,28,32,36,40,45,50,56,63,71,80,90,100,112,125,140,160, 180,200,224,250,280													

注：公称规格等于开口销孔的直径。

附表 22　深沟球轴承（摘自 GB/T 276—2013）

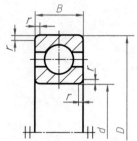

60000 型
标记示例：
滚动轴承　6012　GB/T 276—2013

（单位：mm）

轴承型号	外形尺寸				轴承型号	外形尺寸			
	d	D	B	r_{smin}[①]		d	D	B	r_{smin}[①]
10 系列					**03 系列**				
606	6	17	6	0.3	634	4	16	5	0.3
607	7	19	6	0.3	635	5	19	6	0.3
608	8	22	7	0.3	6300	10	35	11	0.6
609	9	24	7	0.3	6301	12	37	12	1
6000	10	26	8	0.3	6302	15	42	13	1
6001	12	28	8	0.3	6303	17	47	14	1
6002	15	32	9	0.3	6304	20	52	15	1.1
6003	17	35	10	0.3	6305	25	62	17	1.1
6004	20	42	12	0.6	6306	30	72	19	1.1
6005	25	47	12	0.6	6307	35	80	21	1.5
6006	30	55	13	1	6308	40	90	23	1.5
6007	35	62	14	1	6309	45	100	25	1.5
6008	40	68	15	1	6310	50	110	27	2
6009	45	75	16	1	6311	55	120	29	2
6010	50	80	16	1	6312	60	130	31	2.1
6011	55	90	18	1.1					
6012	60	95	18	1.1					
02 系列					**04 系列**				
623	3	10	4	0.15	6403	17	62	17	1.1
624	4	13	5	0.2	6404	20	72	19	1.1
625	5	16	5	0.3	6405	25	80	21	1.5
626	6	19	6	0.3	6406	30	90	23	1.5
627	7	22	7	0.3	6407	35	100	25	1.5
628	8	24	8	0.3	6408	40	110	27	2
629	9	26	8	0.3	6409	45	120	29	2
6200	10	30	9	0.6	6410	50	130	31	2.1
6201	12	32	10	0.6	6411	55	140	33	2.1
6202	15	35	11	0.6	6412	60	150	35	2.1
6203	17	40	12	0.6	6413	65	160	37	2.1
6204	20	47	14	1	6414	70	180	42	3
6205	25	52	15	1	6415	75	190	45	3
6206	30	62	16	1	6416	80	200	48	3
6207	35	72	17	1.1	6417	85	210	52	4
6208	40	80	18	1.1	6418	90	225	54	4
6209	45	85	19	1.1	6419	95	240	55	4
6210	50	90	20	1.1					
6211	55	100	21	1.5					
6212	60	110	22	1.5					

① 最大倒角尺寸规定在 GB/T 274—2000 中；r_{smin} 是 r 的最小单一倒角尺寸。

附表 23   圆锥滚子轴承（摘自 GB/T 297—2015）

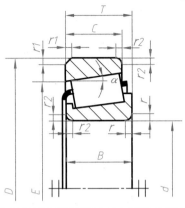

30000 型
标记示例：
滚动轴承   30205   GB/T 297—2015

（单位：mm）

轴承型号	尺寸								
	d	D	T	B	r_{smin} [①]	C	r_{1smin} [①]	α	E
02 系列									
30204	20	47	15.25	14	1	12	1	12°57′10″	37.304
30205	25	52	16.25	15	1	13	1	14°02′10″	41.135
30206	30	62	17.25	16	1	14	1	14°02′10″	49.990
30207	35	72	18.25	17	1.5	15	1.5	14°02′10″	58.844
30208	40	80	19.75	18	1.5	16	1.5	14°02′10″	65.730
30209	45	85	20.75	19	1.5	16	1.5	15°06′34″	70.440
30210	50	90	21.75	20	1.5	17	1.5	15°38′32″	75.078
30211	55	100	22.75	21	2	18	1.5	15°06′34″	84.197
30212	60	110	23.75	22	2	19	1.5	15°06′34″	91.876
30213	65	120	24.75	23	2	20	1.5	15°06′34″	101.934
30214	70	125	26.25	24	2	21	1.5	15°38′32″	105.748
30215	75	130	27.25	25	2	22	1.5	16°10′20″	110.408
30216	80	140	28.25	26	2.5	22	2	15°38′32″	119.169
30217	85	150	30.5	28	2.5	24	2	15°38′32″	126.685
30218	90	160	32.5	30	2.5	26	2	15°38′32″	134.901
30219	95	170	34.5	32	3	27	2.5	15°38′32″	143.385
30220	100	180	37	34	3	29	2.5	15°38′32″	151.310
03 系列									
30304	20	52	16.25	15	1.5	13	1.5	11°18′36″	41.318
30305	25	62	18.25	17	1.5	15	1.5	11°18′36″	50.637
30306	30	72	20.75	19	1.5	16	1.5	11°51′35″	58.287
30307	35	80	22.75	21	2	18	1.5	11°51′35″	65.769
30308	40	90	25.25	23	2	20	1.5	12°57′10″	72.703
30309	45	100	27.25	25	2	22	1.5	12°57′10″	81.780
30310	50	110	29.25	27	2.5	23	2	12°57′10″	90.633
30311	55	120	31.5	29	2.5	25	2	12°57′10″	99.146
30312	60	130	33.5	31	3	26	2.5	12°57′10″	107.769
30313	65	140	36	33	3	28	2.5	12°57′10″	116.846
30314	70	150	38	35	3	30	2.5	12°57′10″	125.244
30315	75	160	40	37	3	31	2.5	12°57′10″	134.097
30316	80	170	42.5	39	3	33	2.5	12°57′10″	143.174
30317	85	180	44.5	41	4	34	3	12°57′10″	150.433
30318	90	190	46.5	43	4	36	3	12°57′10″	159.061
30319	95	200	49.5	45	4	38	3	12°57′10″	165.861
30320	100	215	51.5	47	4	39	3	12°57′10″	178.578

（续）

轴承型号	尺寸									
	d	D	T	B	r_{smin} [1]	C	r_{1smin} [1]	α	E
22 系列										
32206	30	62	21.25	20	1	17	1	14°02′10″	48.982
32207	35	72	24.25	23	1.5	19	1.5	14°02′10″	57.087
32208	40	80	24.75	23	1.5	19	1.5	14°02′10″	64.715
32209	45	85	24.75	23	1.5	19	1.5	15°06′34″	69.610
32210	50	90	24.75	23	1.5	19	1.5	15°38′32″	74.226
32211	55	100	26.75	25	2	21	1.5	15°06′34″	82.837
32212	60	110	29.75	28	2	24	1.5	15°06′34″	90.236
32213	65	120	32.75	31	2	27	1.5	15°06′34″	99.484
32214	70	125	33.25	31	2	27	1.5	15°38′32″	103.765
32215	75	130	33.25	31	2	27	1.5	16°10′20″	108.932
32216	80	140	35.25	33	2.5	28	2	15°38′32″	117.466
32217	85	150	38.5	36	2.5	30	2	15°38′32″	124.970
32218	90	160	42.5	40	2.5	34	2	15°38′32″	132.615
32219	95	170	45.5	43	3	37	2.5	15°38′32″	140.259
32220	100	180	49	46	3	39	2.5	15°38′32″	148.184
23 系列										
32304	20	52	22.25	21	1.5	18	1.5	11°18′36″	39.518
32305	25	62	25.25	24	1.5	20	1.5	11°18′36″	48.637
32306	30	72	28.75	27	1.5	23	1.5	11°51′35″	55.767
32307	35	80	32.75	31	2	25	1.5	11°51′35″	62.829
32308	40	90	35.25	33	2	27	1.5	12°57′10″	69.253
32309	45	100	38.25	36	2	30	1.5	12°57′10″	78.330
32310	50	110	42.25	40	2.5	33	2	12°57′10″	86.263
32311	55	120	45.5	43	2.5	35	2	12°57′10″	94.316
32312	60	130	48.5	46	3	37	2.5	12°57′10″	102.939
32313	65	140	51	48	3	39	2.5	12°57′10″	111.786
32314	70	150	54	51	3	42	2.5	12°57′10″	119.724
32315	75	160	58	55	3	45	2.5	12°57′10″	127.887
32316	80	170	61.5	58	3	48	2.5	12°57′10″	136.504
32317	85	180	63.5	60	4	49	3	12°57′10″	144.223
32318	90	190	67.5	64	4	53	3	12°57′10″	151.701
32319	95	200	71.5	67	4	55	3	12°57′10″	160.318
32320	100	215	77.5	73	4	60	3	12°57′10″	171.650

注：r_s 为内圈背面最小单一倒角尺寸，r_{1s} 为外圈背面最小单一倒角尺寸。

[1] 对应的最大倒角尺寸规定在 GB/T 274—2000 中。

附表 24　单向推力球轴承（摘自 GB/T 301—2015）

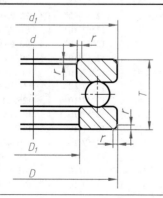

51000 型：

标记示例：

滚动轴承　51210　GB/T 301—2015

（续）

轴承型号	尺 寸						轴承型号	尺 寸					
	d	D	T	D_{1smin}	d_{1smax}	r_{smin}①		d	D	T	D_{1smin}	d_{1smax}	r_{smin}①
11 系列							12 系列						
51100	10	24	9	11	24	0.3	51214	70	105	27	72	105	1
51101	12	26	9	13	26	0.3	51215	75	110	27	77	110	1
51102	15	28	9	16	28	0.3	51216	80	115	28	82	115	1
51103	17	30	9	18	30	0.3	51217	85	125	31	88	125	1
51104	20	35	10	21	35	0.3	51218	90	135	35	93	135	1.1
51105	25	42	11	26	42	0.6	51220	100	150	38	103	150	1.1
51106	30	47	11	32	47	0.6	13 系列						
51107	35	52	12	37	52	0.6	51304	20	47	18	22	47	1
51108	40	60	13	42	60	0.6	51305	25	52	18	27	52	1
51109	45	65	14	47	65	0.6	51306	30	60	21	32	60	1
51110	50	70	14	52	70	0.6	51307	35	68	24	37	68	1
51111	55	78	16	57	78	0.6	51308	40	78	26	42	78	1
51112	60	85	17	62	85	1	51309	45	85	28	47	85	1
51113	65	90	18	67	90	1	51310	50	95	31	52	95	1.1
51114	70	95	18	72	95	1	51311	55	105	35	57	105	1.1
51115	75	100	19	77	100	1	51312	60	110	35	62	110	1.1
51116	80	105	19	82	105	1	51313	65	115	36	67	115	1.1
51117	85	110	19	87	110	1	51314	70	125	40	72	125	1.1
51118	90	120	22	92	120	1	51315	75	135	44	77	135	1.5
51120	100	135	25	102	135	1	51316	80	140	44	82	140	1.5
12 系列							51317	85	150	49	88	150	1.5
51200	10	26	11	12	26	0.6	14 系列						
51201	12	28	11	14	28	0.6	51405	25	60	24	27	60	1
51202	15	32	12	17	32	0.6	51406	30	70	28	32	70	1
51203	17	35	12	19	35	0.6	51407	35	80	32	37	80	1.1
51204	20	40	14	22	40	0.6	51408	40	90	36	42	90	1.1
51205	25	47	15	27	47	0.6	51409	45	100	39	47	100	1.1
51206	30	52	16	32	52	0.6	51410	50	110	43	52	110	1.5
51207	35	62	18	37	62	1	51411	55	120	48	57	120	1.5
51208	40	68	19	42	68	1	51412	60	130	51	62	130	1.5
51209	45	73	20	47	73	1	51413	65	140	56	68	140	2
51210	50	78	22	52	78	1	51414	70	150	60	73	150	2
51211	55	90	25	57	90	1	51415	75	160	65	78	160	2
51212	60	95	26	62	95	1	51416	80	170	68	83	170	2.1
51213	65	100	27	67	100	1	51417	85	180	72	88	177	2.1

① 对应的最大倒角尺寸在 GB/T 274 中规定。

附表 25 中心孔（摘自 GB/T 145—2001）

中心孔尺寸

A 型	d	D	l_2	t 参考尺寸
	2.00	4.25	1.95	1.8
	2.50	5.30	2.42	2.2
	3.15	6.70	3.07	2.8
	4.00	8.50	3.90	3.5
	(5.00)	10.60	4.85	4.4
	6.30	13.20	5.98	5.5
	(8.00)	17.00	7.79	7.0
	10.00	21.20	9.70	8.7

B 型	d	D_1	D_2	l_2	t 参考尺寸
	2.00	4.25	6.30	2.54	1.8
	2.50	5.30	8.00	3.20	2.2
	3.15	6.70	10.00	4.03	2.8
	4.00	8.50	12.50	5.05	3.5
	(5.00)	10.60	16.00	6.41	4.4
	6.30	13.20	18.00	7.36	5.5
	(8.00)	17.00	22.40	9.36	7.0
	10.00	21.20	28.00	11.66	8.7

C 型	d	D_1	D_2	D_3	l	l_1 参考尺寸
	M3	3.2	5.3	5.8	2.6	1.8
	M4	4.3	6.7	7.4	3.2	2.1
	M5	5.3	8.1	8.8	4.0	2.4
	M6	6.4	9.6	10.5	5.0	2.8
	M8	8.4	12.2	13.2	6.0	3.3
	M10	10.5	14.9	16.3	7.5	3.8

注：表中未列的内容请查阅原标准。

附表 26　常用及优先用途轴的极限偏差　　　　　（单位：μm）

公称尺寸 /mm		常用及优先公差带(带圈者为优先公差带)											
		a	b		c			d				e		
大于	至	11	11	12	9	10	⑪	8	⑨	10	11	7	8	9
—	3	−270 / −330	−140 / −200	−140 / −240	−60 / −85	−60 / −100	−60 / −120	−20 / −34	−20 / −45	−20 / −60	−20 / −80	−14 / −24	−14 / −28	−14 / −39
3	6	−270 / −345	−140 / −215	−140 / −260	−70 / −100	−70 / −118	−70 / −145	−30 / −48	−30 / −60	−30 / −78	−30 / −105	−20 / −32	−20 / −38	−20 / −50
6	10	−280 / −370	−150 / −240	−150 / −300	−80 / −116	−80 / −138	−80 / −170	−40 / −62	−40 / −76	−40 / −98	−40 / −130	−25 / −40	−25 / −47	−25 / −61
10	14	−290 / −400	−150 / −260	−150 / −330	−95 / −138	−95 / −165	−95 / −205	−50 / −77	−50 / −93	−50 / −120	−50 / −160	−32 / −50	−32 / −59	−32 / −75
14	18													
18	24	−300 / −430	−160 / −290	−160 / −370	−110 / −162	−110 / −194	−110 / −240	−65 / −98	−65 / −117	−65 / −149	−65 / −195	−40 / −61	−40 / −73	−40 / −92
24	30													
30	40	−310 / −470	−170 / −330	−170 / −420	−120 / −182	−120 / −220	−120 / −280	−80 / −119	−80 / −142	−80 / −180	−80 / −240	−50 / −75	−50 / −89	−50 / −112
40	50	−320 / −480	−180 / −340	−180 / −430	−130 / −192	−130 / −230	−130 / −290							
50	65	−340 / −530	−190 / −380	−190 / −490	−140 / −214	−140 / −260	−140 / −330	−100 / −146	−100 / −174	−100 / −220	−100 / −290	−60 / −90	−60 / −106	−60 / −134
65	80	−360 / −550	−200 / −390	−200 / −500	−150 / −224	−150 / −270	−150 / −340							
80	100	−380 / −600	−200 / −440	−220 / −570	−170 / −257	−170 / −310	−170 / −390	−120 / −174	−120 / −207	−120 / −260	−120 / −340	−72 / −107	−72 / −126	−72 / −159
100	120	−410 / −630	−240 / −460	−240 / −590	−180 / −267	−180 / −320	−180 / −400							
120	140	−460 / −710	−260 / −510	−260 / −660	−200 / −300	−200 / −360	−200 / −450	−145 / −208	−145 / −245	−145 / −305	−145 / −395	−85 / −125	−85 / −148	−85 / −185
140	160	−520 / −770	−280 / −530	−280 / −680	−210 / −310	−210 / −370	−210 / −460							
160	180	−580 / −830	−310 / −560	−310 / −710	−230 / −330	−230 / −390	−230 / −480							
180	200	−660 / −950	−340 / −630	−340 / −800	−240 / −355	−240 / −425	−240 / −530	−170 / −242	−170 / −285	−170 / −355	−170 / −460	−100 / −146	−100 / −172	−100 / −215
200	225	−740 / −1030	−380 / −670	−380 / −840	−260 / −375	−260 / −445	−260 / −550							
225	250	−820 / −1110	−420 / −710	−420 / −880	−280 / −395	−280 / −465	−280 / −570							
250	280	−920 / −1240	−480 / −800	−480 / −1000	−300 / −430	−300 / −510	−300 / −620	−190 / −271	−190 / −320	−190 / −400	−190 / −510	−110 / −162	−110 / −191	−110 / −240
280	315	−1050 / −1370	−540 / −860	−540 / −1060	−330 / −460	−330 / −540	−330 / −650							
315	355	−1200 / −1560	−600 / −960	−600 / −1170	−360 / −500	−360 / −590	−360 / −720	−210 / −299	−210 / −350	−210 / −440	−210 / −570	−125 / −182	−125 / −214	−125 / −265
355	400	−1350 / −1710	−680 / −1040	−680 / −1250	−400 / −540	−400 / −630	−400 / −760							
400	450	−1500 / −1900	−760 / −1160	−760 / −1390	−440 / −595	−440 / −690	−440 / −840	−230 / −327	−230 / −385	−230 / −480	−230 / −630	−135 / −198	−135 / −232	−135 / −290
450	500	−1650 / −2050	−840 / −1240	−840 / −1470	−480 / −635	−480 / −730	−480 / −880							

公称尺寸/mm		常用及优先公差带															
		f					g			h							
大于	至	5	6	⑦	8	9	5	⑥	7	5	⑥	⑦	8	⑨	10	⑪	12
—	3	-6	-6	-6	-6	-6	-2	-2	-2	0	0	0	0	0	0	0	0
		-10	-12	-16	-20	-31	-6	-8	-12	-4	-6	-10	-14	-25	-40	-60	-100
3	6	-10	-10	-10	-10	-10	-4	-4	-4	0	0	0	0	0	0	0	0
		-15	-18	-22	-28	-40	-9	-12	-16	-5	-8	-12	-18	-30	-48	-75	-120
6	10	-13	-13	-13	-13	-13	-5	-5	-5	0	0	0	0	0	0	0	0
		-19	-22	-28	-35	-39	-11	-14	-20	-6	-9	-15	-22	-36	-58	-90	-150
10	14	-16	-16	-16	-16	-16	-6	-6	-6	0	0	0	0	0	0	0	0
14	18	-24	-27	-34	-43	-59	-14	-17	-24	-8	-11	-18	-27	-43	-70	-110	-180
18	24	-20	-20	-20	-20	-20	-7	-7	-7	0	0	0	0	0	0	0	0
24	30	-29	-33	-41	-53	-72	-16	-20	-28	-9	-13	-21	-33	-52	-84	-130	-210
30	40	-25	-25	-25	-25	-25	-9	-9	-9	0	0	0	0	0	0	0	0
40	50	-36	-41	-50	-64	-87	-20	-25	-34	-11	-16	-25	-39	-62	-100	-160	-250
50	65	-30	-30	-30	-30	-30	-10	-10	-10	0	0	0	0	0	0	0	0
65	80	-43	-49	-60	-76	-104	-23	-29	-40	-13	-19	-30	-46	-74	-120	-190	-300
80	100	-36	-36	-36	-36	-36	-12	-12	-12	0	0	0	0	0	0	0	0
100	120	-51	-58	-71	-90	-123	-27	-34	-47	-15	-22	-35	-54	-87	-140	-220	-350
120	140																
140	160	-43	-43	-43	-43	-43	-43	-14	-14	0	0	0	0	0	0	0	0
		-61	-68	-83	-106	-143	-32	-39	-54	-18	-25	-40	-63	-100	-160	-250	-400
160	180																
180	200																
200	225	-50	-50	-50	-50	-50	-15	-15	-15	0	0	0	0	0	0	0	0
		-70	-79	-96	-122	-165	-35	-44	-61	-20	-29	-46	-72	-115	-185	-290	-460
225	250																
250	280	-56	-56	-56	-56	-56	-17	-17	-17	0	0	0	0	0	0	0	0
280	315	-79	-88	-108	-137	-186	-40	-49	-69	-23	-32	-52	-81	-130	-210	-320	-520
315	355	-62	-62	-62	-62	-62	-18	-18	-18	0	0	0	0	0	0	0	0
355	400	-87	-98	-119	-151	-202	-43	-54	-75	-25	-36	-57	-89	-140	-230	-360	-570
400	450	-68	-68	-68	-68	-68	-20	-20	-20	0	0	0	0	0	0	0	0
450	500	-95	-108	-131	-165	-223	-47	-60	-83	-27	-40	-63	-97	-155	-250	-400	-630

（续）

（带圈者为优先公差带）

js			k			m			n			p		
5	6	7	5	⑥	7	5	6	7	5	⑥	7	5	⑥	7
±2	±3	±5	+4 0	+6 0	+10 0	+6 +2	+8 +2	+12 +2	+8 +4	+10 +4	+14 +4	+10 +6	+12 +6	+16 +6
±2.5	±4	±6	+6 +1	+9 +1	+13 +1	+9 +4	+12 +4	+16 +4	+13 +8	+16 +8	+20 +8	+17 +12	+20 +12	+24 +12
±3	±4.5	±7	+7 +1	+10 +1	+16 +1	+12 +6	+15 +6	+21 +6	+16 +10	+19 +10	+25 +10	+21 +15	+24 +15	+30 +15
±4	±5.5	±9	+9 +1	+12 +1	+19 +1	+15 +7	+18 +7	+25 +7	+20 +12	+23 +12	+30 +12	+26 +18	+29 +18	+36 +18
±4.5	±6.5	±10	+11 +2	+15 +2	+23 +2	+17 +8	+21 +8	+29 +8	+24 +15	+28 +15	+36 +15	+31 +22	+35 +22	+43 +22
±5.5	±8	±12	+13 +2	+18 +2	+27 +2	+20 +9	+25 +9	+34 +9	+28 +17	+33 +17	+42 +17	+37 +26	+42 +26	+51 +26
±6.5	±9.5	±15	+15 +2	+21 +2	+32 +2	+24 +11	+30 +11	+41 +11	+33 +20	+39 +20	+50 +20	+45 +32	+51 +32	+62 +32
±7.5	±11	±17	+18 +3	+25 +3	+38 +3	+28 +13	+35 +13	+48 +13	+38 +23	+45 +23	+58 +23	+52 +37	+59 +37	+72 +37
±9	±12.5	±20	+21 +3	+28 +3	+43 +3	+33 +15	+40 +15	+55 +15	+45 +27	+52 +27	+67 +27	+61 +43	+68 +43	+83 +43
±10	±14.5	±23	+24 +4	+33 +4	+50 +4	+37 +17	+46 +17	+63 +17	+54 +31	+60 +31	+77 +31	+70 +50	+79 +50	+96 +50
±11.5	±16	±26	+27 +4	+36 +4	+56 +4	+43 +20	+52 +20	+72 +20	+57 +34	+66 +34	+86 +34	+79 +56	+88 +56	+108 +56
±12.5	±18	±28	+29 +4	+40 +4	+61 +4	+46 +21	+57 +21	+78 +21	+62 +37	+73 +37	+94 +37	+87 +62	+98 +62	+119 +62
±13.5	±20	±31	+32 +5	+45 +5	+68 +5	+50 +23	+63 +23	+86 +23	+67 +40	+80 +40	+103 +40	+95 +68	+108 +68	+131 +68

（续）

公称尺寸/mm		常用及优先公差带(带圈者为优先公差带)													
		r			s			t			u		v	x	y	z
大于	至	5	6	7	5	⑥	7	5	6	7	⑥	7	6	6	6	6
—	3	+14 / +10	+16 / +10	+20 / +10	+18 / +14	+20 / +14	+24 / +14	—	—	—	+24 / +18	+28 / +18	—	+26 / +20	—	+32 / +26
3	6	+20 / +15	+23 / +15	+27 / +15	+24 / +19	+27 / +19	+31 / +19	—	—	—	+31 / +23	+35 / +23	—	+36 / +28	—	+43 / +35
6	10	+25 / +19	+28 / +19	+34 / +19	+29 / +23	+32 / +23	+38 / +23	—	—	—	+37 / +28	+43 / +28	—	+43 / +34	—	+51 / +42
10	14	+31 / +23	+34 / +23	+41 / +23	+36 / +28	+39 / +28	+46 / +28	—	—	—	+44 / +33	+51 / +33	—	+51 / +40	—	+61 / +50
14	18	+31 / +23	+34 / +23	+41 / +23	+36 / +28	+39 / +28	+46 / +28	—	—	—	+44 / +33	+51 / +33	+50 / +39	+56 / +45	—	+71 / +60
18	24	+37 / +28	+41 / +28	+49 / +28	+44 / +35	+48 / +35	+56 / +35	—	—	—	+54 / +41	+62 / +41	+60 / +47	+67 / +54	+76 / +63	+86 / +73
24	30	+37 / +28	+41 / +28	+49 / +28	+44 / +35	+48 / +35	+56 / +35	+50 / +41	+54 / +41	+62 / +41	+61 / +43	+69 / +48	+68 / +55	+77 / +64	+88 / +75	+101 / +88
30	40	+45 / +34	+50 / +34	+59 / +34	+54 / +43	+59 / +43	+68 / +43	+59 / +48	+64 / +48	+73 / +48	+76 / +60	+85 / +60	+84 / +68	+96 / +80	+110 / +94	+128 / +112
40	50	+45 / +34	+50 / +34	+59 / +34	+54 / +43	+59 / +43	+68 / +43	+65 / +54	+70 / +54	+79 / +54	+86 / +70	+95 / +70	+97 / +81	+113 / +97	+130 / +114	+152 / +136
50	65	+54 / +41	+60 / +41	+71 / +41	+66 / +53	+72 / +53	+83 / +53	+79 / +66	+85 / +66	+96 / +66	+106 / +87	+117 / +87	+121 / +102	+141 / +122	+163 / +144	+191 / +172
65	80	+56 / +43	+62 / +43	+73 / +43	+72 / +59	+78 / +59	+89 / +59	+88 / +75	+94 / +75	+105 / +75	+121 / +102	+132 / +102	+139 / +120	+165 / +146	+193 / +174	+229 / +210
80	100	+66 / +51	+73 / +51	+86 / +51	+86 / +71	+93 / +71	+106 / +71	+106 / +91	+113 / +91	+126 / +91	+146 / +124	+159 / +124	+168 / +146	+200 / +178	+236 / +214	+280 / +258
100	120	+69 / +54	+76 / +54	+89 / +54	+94 / +79	+101 / +79	+114 / +79	+110 / +104	+126 / +104	+136 / +104	+166 / +144	+179 / +144	+194 / +172	+232 / +210	+276 / +254	+332 / +310
120	140	+81 / +63	+88 / +63	+103 / +63	+110 / +92	+117 / +92	+132 / +92	+140 / +122	+147 / +122	+162 / +122	+195 / +170	+210 / +170	+227 / +202	+273 / +248	+325 / +300	+390 / +365
140	160	+83 / +65	+90 / +65	+105 / +65	+118 / +100	+125 / +100	+140 / +100	+152 / +134	+159 / +134	+174 / +134	+215 / +190	+230 / +190	+253 / +228	+305 / +280	+365 / +340	+440 / +415
160	180	+86 / +68	+93 / +68	+108 / +68	+126 / +108	+133 / +108	+148 / +108	+164 / +146	+171 / +146	+186 / +146	+235 / +210	+250 / +210	+277 / +252	+335 / +310	+405 / +380	+490 / +465
180	200	+97 / +77	+106 / +77	+123 / +77	+142 / +122	+151 / +122	+168 / +122	+186 / +166	+195 / +166	+212 / +166	+265 / +236	+282 / +236	+313 / +284	+379 / +350	+454 / +425	+549 / +520
200	225	+100 / +80	+109 / +80	+126 / +80	+150 / +130	+159 / +130	+176 / +130	+200 / +180	+209 / +180	+226 / +180	+287 / +258	+304 / +258	+339 / +310	+414 / +385	+499 / +470	+604 / +575
225	250	+104 / +84	+113 / +84	+130 / +84	+160 / +140	+169 / +140	+186 / +140	+216 / +196	+225 / +196	+242 / +196	+313 / +284	+330 / +284	+369 / +340	+454 / +425	+549 / +520	+669 / +640
250	280	+117 / +94	+126 / +94	+146 / +94	+181 / +158	+190 / +158	+210 / +158	+241 / +218	+250 / +218	+270 / +218	+347 / +315	+367 / +315	+417 / +385	+507 / +475	+612 / +580	+742 / +710
280	315	+121 / +98	+130 / +98	+150 / +98	+193 / +170	+202 / +170	+222 / +170	+263 / +240	+272 / +240	+292 / +240	+382 / +350	+402 / +350	+457 / +425	+557 / +525	+682 / +650	+822 / +790
315	355	+133 / +108	+144 / +108	+165 / +108	+215 / +190	+226 / +190	+247 / +190	+293 / +268	+304 / +268	+325 / +268	+426 / +390	+447 / +390	+511 / +475	+626 / +590	+766 / +730	+936 / +900
355	400	+139 / +114	+150 / +114	+171 / +114	+233 / +208	+244 / +208	+265 / +208	+319 / +294	+330 / +294	+351 / +294	+471 / +435	+492 / +435	+566 / +530	+696 / +660	+856 / +820	+1036 / +1000
400	450	+153 / +126	+166 / +126	+189 / +126	+259 / +232	+272 / +232	+295 / +232	+357 / +330	+370 / +330	+393 / +330	+530 / +490	+553 / +490	+635 / +595	+780 / +740	+960 / +920	+1140 / +1100
450	500	+159 / +132	+172 / +132	+195 / +132	+279 / +252	+292 / +252	+315 / +252	+387 / +360	+400 / +360	+423 / +360	+580 / +540	+603 / +540	+700 / +660	+860 / +820	+1040 / +1000	+1290 / +1250

附表 27　常用及优先用途孔的极限偏差　　　　　　（单位：μm）

公称尺寸/mm 大于	至	A 11	B 11	C ⑫	C ⑪	D 8	D ⑨	D 10	D 11	E 8	E 9	F 6	F 7	F 8	F 9
—	3	+330 +270	+200 +140	+240 +140	+120 +60	+34 +20	+45 +20	+60 +20	+80 +20	+28 +14	+39 +14	+12 +6	+16 +6	+20 +6	+31 +6
3	6	+345 +270	+215 +140	+260 +140	+145 +70	+48 +30	+60 +30	+78 +30	+105 +30	+38 +20	+50 +20	+18 +10	+22 +10	+28 +10	+40 +10
6	10	+370 +280	+240 +150	+300 +150	+170 +80	+62 +40	+76 +40	+98 +40	+130 +40	+47 +25	+61 +25	+22 +13	+28 +13	+35 +13	+49 +13
10	14	+400 +290	+260 +150	+330 +150	+205 +95	+77 +50	+93 +50	+120 +50	+160 +50	+59 +32	+75 +32	+27 +16	+34 +16	+43 +16	+59 +16
14	18														
18	24	+430 +300	+290 +160	+370 +160	+240 +110	+98 +65	+117 +65	+149 +65	+195 +65	+73 +40	+92 +40	+33 +20	+41 +20	+53 +20	+72 +20
24	30														
30	40	+470 +310	+330 +170	+420 +170	+280 +120	+119 +80	+142 +80	+180 +80	+240 +80	+89 +50	+112 +50	+41 +25	+50 +25	+64 +25	+87 +25
40	50	+480 +320	+340 +180	+430 +180	+290 +130										
50	65	+530 +340	+380 +190	+490 +190	+330 +140	+146 +100	+170 +100	+220 +100	+290 +100	+106 +60	+134 +60	+49 +30	+60 +30	+76 +30	+104 +30
65	80	+550 +360	+390 +200	+500 +200	+340 +150										
80	100	+600 +380	+440 +220	+570 +220	+390 +170	+174 +120	+207 +120	+260 +120	+340 +120	+126 +72	+159 +72	+58 +36	+71 +36	+90 +36	+123 +36
100	120	+630 +410	+460 +240	+590 +240	+400 +180										
120	140	+710 +460	+510 +260	+660 +260	+450 +200	+208 +145	+245 +145	+305 +145	+395 +145	+148 +85	+185 +85	+68 +43	+83 +43	+106 +43	+143 +43
140	160	+770 +520	+530 +280	+680 +280	+460 +210										
160	180	+830 +580	+560 +310	+710 +310	+480 +230										
180	200	+950 +660	+630 +340	+800 +340	+530 +240	+242 +170	+285 +170	+355 +170	+460 +170	+172 +100	+215 +100	+79 +50	+96 +50	+122 +50	+165 +50
200	225	+1030 +740	+670 +380	+840 +380	+550 +260										
225	250	+1110 +820	+710 +420	+880 +420	+570 +280										
250	280	+1240 +920	+800 +480	+1000 +480	+620 +330	+271 +190	+320 +190	+400 +190	+510 +190	+191 +110	+240 +110	+88 +56	+108 +56	+137 +56	+186 +56
280	315	+1370 +1050	+860 +540	+1060 +540	+650 +330										
315	355	+1560 +1200	+960 +600	+1170 +600	+720 +360	+299 +210	+350 +210	+440 +210	+570 +210	+214 +125	+265 +125	+98 +62	+119 +62	+151 +62	+202 +62
355	400	+1710 +1350	+1040 +680	+1250 +680	+760 +400										
400	450	+1900 +1500	+1160 +760	+1390 +760	+840 +440	+327 +230	+385 +230	+480 +230	+630 +230	+232 +135	+290 +135	+108 +68	+131 +68	+165 +68	+223 +68
450	500	+2050 +1650	+1240 +840	+1470 +840	+880 +840										

公称尺寸/mm 大于	至	常用及优先公差带 G6	G7	H6	H7	H8	H9	H10	H11	H12	JS6	JS7	JS8	K6	K7	K8	M6	M7	M8
—	3	+8/+2	+12/+2	+6/0	+10/0	+14/0	+25/0	+40/0	+60/0	+100/0	±3	±5	±7	0/-6	0/-10	0/-14	-2/-8	-2/-12	-2/-16
3	6	+12/+4	+16/+4	+8/0	+12/0	+18/0	+30/0	+48/0	+75/0	+120/0	±4	±6	±9	+2/-6	+3/-9	+5/-13	-1/-9	0/-12	+2/-16
6	10	+14/+5	+20/+5	+9/0	+15/0	+22/0	+36/0	+58/0	+90/0	+150/0	±4.5	±7	±11	+2/-7	+5/-10	+6/-16	-3/-12	0/-15	+1/-21
10	14	+17/+6	+24/+6	+11/0	+18/0	+27/0	+43/0	+70/0	+110/0	+180/0	±5.5	±9	±13	+2/-9	+6/-12	+8/-19	-4/-15	0/-18	+2/-25
14	18	+17/+6	+24/+6	+11/0	+18/0	+27/0	+43/0	+70/0	+110/0	+180/0	±5.5	±9	±13	+2/-9	+6/-12	+8/-19	-4/-15	0/-18	+2/-25
18	24	+20/+7	+28/+7	+13/0	+21/0	+33/0	+52/0	+84/0	+130/0	+210/0	±6.5	±10	±16	+2/-11	+6/-15	+10/-23	-4/-17	0/-21	+4/-29
24	30	+20/+7	+28/+7	+13/0	+21/0	+33/0	+52/0	+84/0	+130/0	+210/0	±6.5	±10	±16	+2/-11	+6/-15	+10/-23	-4/-17	0/-21	+4/-29
30	40	+25/+9	+34/+9	+16/0	+25/0	+39/0	+62/0	+100/0	+160/0	+250/0	±8	±12	±19	+3/-13	+7/-18	+12/-27	-4/-20	0/-25	+5/-34
40	50	+25/+9	+34/+9	+16/0	+25/0	+39/0	+62/0	+100/0	+160/0	+250/0	±8	±12	±19	+3/-13	+7/-18	+12/-27	-4/-20	0/-25	+5/-34
50	65	+29/+10	+40/+10	+19/0	+30/0	+46/0	+74/0	+120/0	+190/0	+300/0	±9.5	±15	±23	+4/-15	+9/-21	+14/-32	-5/-24	0/-30	+5/-41
65	80	+29/+10	+40/+10	+19/0	+30/0	+46/0	+74/0	+120/0	+190/0	+300/0	±9.5	±15	±23	+4/-15	+9/-21	+14/-32	-5/-24	0/-30	+5/-41
80	100	+34/+12	+47/+12	+22/0	+35/0	+54/0	+87/0	+140/0	+220/0	+350/0	±11	±17	±27	+4/-18	+10/-25	+16/-38	-6/-28	0/-35	+6/-48
100	120	+34/+12	+47/+12	+22/0	+35/0	+54/0	+87/0	+140/0	+220/0	+350/0	±11	±17	±27	+4/-18	+10/-25	+16/-38	-6/-28	0/-35	+6/-48
120	140	+39/+14	+54/+14	+25/0	+40/0	+63/0	+100/0	+160/0	+250/0	+400/0	±12.5	±20	±31	+4/-21	+12/-28	+20/-43	-8/-33	0/-40	+8/-55
140	160	+39/+14	+54/+14	+25/0	+40/0	+63/0	+100/0	+160/0	+250/0	+400/0	±12.5	±20	±31	+4/-21	+12/-28	+20/-43	-8/-33	0/-40	+8/-55
160	180	+39/+14	+54/+14	+25/0	+40/0	+63/0	+100/0	+160/0	+250/0	+400/0	±12.5	±20	±31	+4/-21	+12/-28	+20/-43	-8/-33	0/-40	+8/-55
180	200	+44/+15	+60/+15	+29/0	+46/0	+72/0	+115/0	+185/0	+290/0	+460/0	±14.5	±23	±36	+5/-24	+13/-33	+22/-50	-8/-37	0/-46	+9/-63
200	225	+44/+15	+60/+15	+29/0	+46/0	+72/0	+115/0	+185/0	+290/0	+460/0	±14.5	±23	±36	+5/-24	+13/-33	+22/-50	-8/-37	0/-46	+9/-63
225	250	+44/+15	+60/+15	+29/0	+46/0	+72/0	+115/0	+185/0	+290/0	+460/0	±14.5	±23	±36	+5/-24	+13/-33	+22/-50	-8/-37	0/-46	+9/-63
250	280	+49/+17	+69/+17	+32/0	+52/0	+81/0	+130/0	+210/0	+320/0	+520/0	±16	±26	±40	+5/-27	+16/-36	+25/-56	-9/-41	0/-52	+9/-72
280	315	+49/+17	+69/+17	+32/0	+52/0	+81/0	+130/0	+210/0	+320/0	+520/0	±16	±26	±40	+5/-27	+16/-36	+25/-56	-9/-41	0/-52	+9/-72
315	355	+54/+18	+75/+18	+36/0	+57/0	+89/0	+140/0	+230/0	+360/0	+570/0	±18	±28	±44	+7/-29	+17/-40	+28/-61	-10/-46	0/-57	+11/-78
355	400	+54/+18	+75/+18	+36/0	+57/0	+89/0	+140/0	+230/0	+360/0	+570/0	±18	±28	±44	+7/-29	+17/-40	+28/-61	-10/-46	0/-57	+11/-78
400	450	+60/+20	+83/+20	+40/0	+63/0	+97/0	+155/0	+250/0	+400/0	+630/0	±20	±31	±48	+8/-32	+18/-45	+29/-68	-10/-50	0/-63	+11/-86
450	500	+60/+20	+83/+20	+40/0	+63/0	+97/0	+155/0	+250/0	+400/0	+630/0	±20	±31	±48	+8/-32	+18/-45	+29/-68	-10/-50	0/-63	+11/-86

（续）

（带圈者为优先公差带）

N			P		R		S		T		U
6	⑦	8	6	⑦	6	7	6	⑦	6	7	⑦
−4 / −10	−4 / −14	−4 / −18	−6 / −12	−6 / −16	−10 / −16	−10 / −20	−14 / −20	−14 / −24	—	—	−18 / −28
−5 / −13	−4 / −16	−2 / −20	−9 / −17	−8 / −20	−12 / −20	−11 / −23	−16 / −24	−15 / −27	—	—	−19 / −31
−7 / −16	−4 / −19	−3 / −25	−12 / −21	−9 / −24	−16 / −25	−13 / −28	−20 / −29	−17 / −32	—	—	−22 / −37
−9 / −20	−5 / −23	−3 / −30	−15 / −26	−11 / −29	−20 / −31	−16 / −34	−25 / −36	−21 / −39	—	—	−26 / −44
−11 / −24	−17 / −28	−3 / −36	−18 / −31	−14 / −35	−24 / −37	−20 / −41	−31 / −44	−27 / −48	—	—	−33 / −54
									−37 / −50	−33 / −54	−40 / −61
−12 / −28	−8 / −33	−3 / −42	−21 / −37	−17 / −42	−29 / −45	−25 / −50	−38 / −54	−34 / −59	−43 / −59	−39 / −64	−51 / −76
									−49 / −65	−45 / −70	−61 / −86
−14 / −33	−9 / −39	−4 / −50	−26 / −45	−21 / −51	−35 / −54	−30 / −60	−47 / −66	−42 / −72	−60 / −79	−55 / −85	−76 / −106
					−37 / −56	−32 / −62	−53 / −72	−48 / −78	−69 / −88	−64 / −94	−91 / −121
−16 / −38	−10 / −45	−4 / −58	−30 / −52	−24 / −59	−44 / −66	−38 / −73	−64 / −86	−58 / −93	−84 / −106	−78 / −113	−111 / −146
					−47 / −69	−41 / −76	−72 / −94	−66 / −101	−97 / −119	−91 / −126	−131 / −166
					−56 / −81	−48 / −88	−85 / −110	−77 / −117	−115 / −140	−107 / −147	−155 / −195
−20 / −45	−12 / −52	−4 / −67	−36 / −61	−28 / −68	−58 / −83	−50 / −90	−93 / −118	−85 / −125	−127 / −152	−119 / −159	−175 / −215
					−61 / −86	−53 / −93	−101 / −126	−93 / −133	−139 / −164	−131 / −171	−195 / +235
					−68 / −97	−60 / −106	−113 / −142	−105 / −151	−157 / −186	−149 / −195	−219 / −265
−22 / −51	−14 / −60	−5 / −77	−41 / −70	−33 / −79	−72 / −100	−63 / −109	−121 / −150	−113 / −159	−171 / −200	−163 / −209	−241 / −278
					−75 / −104	−67 / −113	−131 / −160	−123 / −169	−187 / −216	−179 / −225	−267 / −313
					−85 / −117	−74 / −126	−149 / −181	−138 / −190	−209 / −241	−198 / −250	−295 / −347
−25 / −57	−14 / −66	−5 / −86	−47 / −79	−36 / −88	−89 / −121	−78 / −130	−161 / −193	−150 / −202	−231 / −263	−220 / −272	−330 / −382
					−97 / −133	−87 / −144	−179 / −215	−169 / −226	−257 / −293	−247 / −304	−369 / −426
−26 / −62	−16 / −73	−5 / −94	−51 / −87	−41 / −98	−103 / −139	−93 / −150	−197 / −233	−187 / −244	−283 / −319	−273 / −330	−414 / −471
					−113 / −153	−103 / −166	−219 / −259	−209 / −272	−317 / −357	−307 / −370	−467 / −530
−27 / −67	−17 / −80	−6 / −103	−55 / −95	−45 / −108	−119 / −159	−109 / −172	−239 / −279	−229 / −292	−347 / −387	−337 / −400	−517 / −580

附表28 表面粗糙度参数 *Ra* 值应用举例

Ra/μm	表面特征	表面形状	获得表面粗糙度的方法举例	应用举例
100	粗糙的	明显可见的刀痕	锯断、粗车、粗铣、粗刨、钻孔及用粗纹锉刀、粗砂轮等加工	管的端部断面和其他半成品的表面、带轮法兰盘的接合面、轴的非接触断面,倒角,铆钉孔等
50		可见的刀痕		
25		微见的刀痕		
12.5	半光滑	可见加工痕迹	拉制（钢丝）、精车、精铣、粗铰、粗铰埋头孔、粗剥刀加工、刮研	支架、箱体、离合器、带轮螺钉孔、轴或孔的退刀槽、量板、套筒等非配合面、齿轮非工作面、主轴的非接触外表面、IT8～IT11 及公差的接合面
6.3		微见加工痕迹		
3.2		看不见加工痕迹		
1.6	光滑	可辨加工痕迹的方向	精磨、金刚石车刀的精车、精铰、拉制、剥刀加工	轴承的重要表面、齿轮轮齿的表面、普通车床导轨面、滚动轴承相配合的表面、机床导轨面、发动机曲轴、凸轮轴的工作面、活塞外表面等 IT6～IT8 及公差的接合面
0.8		微辨加工痕迹的方向		
0.4		不可辨加工痕迹的方向		
0.2	最光滑	暗光泽面	研磨加工	活塞销和垫圈的表面、分气凸轮、曲柄轴的轴颈、气门及气门座的支持表面、发动机气缸内表面、仪器导轨表面、液压传动件工作面、滚动轴承的滚道、滚动体表面、仪器的测量表面、量块的测量面等
0.1		亮光泽面		
0.05		镜状光泽面		
0.025		雾状镜面		
0.012		镜面		

附表29 标准公差等级的应用

标准公差等级	应用举例
IT5	用于发动机、仪器仪表、机床中特别重要的配合,如发动机中活塞与活塞销外径的配合;精密仪器中轴和轴承的配合;精密高速机械的轴颈和机床主轴与高精度滚动轴承的配合
IT6、IT7	广泛用于机械制造中的重要配合,如机床和减速器中齿轮和轴,带轮、凸轮和轴,与滚动轴承相配合的轴及座孔,通常轴颈选用 IT6,与之相配的孔选用 IT7
IT8、IT9	用于农业机械、矿山、冶金机械、运输机械的重要配合,精密机械中的次要配合。如机床中的操纵件和轴,轴套外径与孔,拖拉机中齿轮和轴
IT10	重型机械、农业机械的次要配合,如轴承端盖和座孔的配合
IT11	用于要求粗糙间隙较大的配合,如农业机械,机车车厢部件及冲压加工的配合零件
IT12	用于要求很粗糙,间隙很大,基本上无配合要求的部位,如机床制造中扳手孔与扳手座的连接

附表30 常用钢材牌号及用途

名称	牌号	应用举例	说明
碳素结构钢	Q215 Q235	塑性较高,强度较低,焊接性好,常用作各种板材及型钢,制作工程结构或机器中受力不大的零件,如螺钉、螺母、垫圈、吊钩、拉杆等;也可渗碳,制造不重要的渗碳零件	牌号中的"Q"为碳素结构钢屈服强度"屈"字的汉语拼音第一个字母,后面数字表示屈服强度数值。如 Q215 表示碳素结构钢屈服强度为 215MPa
	Q275	强度较高,可制作承受中等应力的普通零件,如紧固件、吊钩、拉杆等;也可经热处理后制造不重要的轴	

（续）

名称	牌号	应用举例	说明
优质碳素结构钢	15 20	塑性、韧性、焊接性和冷冲性很好，但强度较低。用于制造受力不大、韧性要求较高的零件、紧固件、渗碳零件及不要求热处理的低负荷零件，如螺栓、螺钉、拉条、法兰盘等	牌号的两位数字表示平均含碳量，称碳的质量分数。45号钢即表示碳的质量分数为0.45%，即平均含碳量为0.45%
	35	有较好的塑性和适当的强度，用于制造曲轴、转轴、轴销、杠杆、连杆、横梁、链轮、垫圈、螺钉、螺母等。这种钢多在正火和调制状态下使用，一般不作焊接件用	
	40 45	用于要求强度较高，韧性要求中等的零件，通常进行调质或正火处理。用于制造齿轮、齿条、链轮、轴、曲轴等；经高频表面淬火后可替代渗碳钢制作齿轮、轴、活塞销等零件	
	55	经热处理后有较高的表面硬度和强度，具有较好的韧性，一般经正火或淬火、回火后使用。用于制造齿轮、连杆、轮圈及轧辊等。焊接性及冷变形性均低	
	65	一般经淬火中温回火，具有较高弹性，用于制作小尺寸弹簧	
	15Mn	性能与15钢相似，但其淬透性、强度和塑性均稍高于15钢。用于制作中心部分的力学性能要求较高且需渗碳的零件。这种钢焊接性好	锰的含量较高的钢，需加注化学元素符号"Mn"
	65Mn	性能与65钢相似，适于制造弹簧、弹簧垫圈、弹簧环和片，以及冷拔钢丝（≤7mm）和发条	
合金结构钢	20Cr	用于碳钢零件，制作受力不太大、不需要强度很高的耐磨零件，如机床、齿轮、齿轮轴、蜗杆、凸轮、活塞销等	钢中加入一定量的合金元素，提高了钢的力学性能和钢的耐磨性，也提高了钢在热处理时的淬透性，保证金属在较大截面上获得好的力学性能
	40Cr	调制后强度比碳钢高，常用作中等截面、要求力学性能比碳钢高的重要调质零件，如齿轮、轴、曲轴、连杆、螺栓等	
	20CrMnTi	强度、韧性均高，是铬镍钢的代用材料。经热处理后，用于承受高速、中等或重负荷以及冲击、磨损等的重要零件，如渗碳齿轮、凸轮等	
	38CrMoAl	是渗氮专用钢种，经热处理后用于要求高耐磨性、高疲劳强度和相当高的强度且热处理变形小的零件，如镗杆、主轴、齿轮、蜗杆、套筒、套环等	
	35SiMn	除了要求低温（-20℃以下）及冲击韧性很高的情况外，可全面替代40Cr作调质钢；也可部分替代40CrNi，制作中小型轴类、齿轮等零件	

（续）

名称	牌号	应用举例	说明
合金结构钢	50CrVA	用于重要的承受大应力的各种弹簧；也可用于作大界面的温度低于 400℃ 的气阀弹簧、喷油嘴弹簧等	钢中加入一定量的合金元素，提高了钢的力学性能和钢的耐磨性，也提高了钢在热处理时的淬透性，保证金属在较大截面上获得好的力学性能
铸钢	ZG200-400	用于各种形状的零件，如机座、变速箱壳等	ZG200-400 表示工程用铸钢，屈服点为 200MPa，抗拉强度为 400MPa
	ZG230-450	用于铸造平坦的零件，如机座、机盖、箱体等	
	ZG270-500	用于各种形状的零件，如飞机、机架、水压机工作缸、横梁等	

附表 31　常用铸铁牌号及用途

名称	牌号	应用举例	说明
灰铸铁	HT100	低载荷和不重要零件，如盖、外罩、手轮、支架、重锤等	牌号中"HT"是"灰铁"二字汉语拼音的第一个字母，其后的数字表示最低抗拉强度（MPa），但这一力学性能与铸件壁厚有关
	HT150	承受中等应力的零件，如支柱、底座、齿轮箱、工作台、刀架、端盖、阀体、管路附件及一般无工作条件要求的零件	
	HT200 HT250	承受高弯曲应力及抗拉应力的重要零件，如气缸体、齿轮、机座、飞轮、床身、缸套、活塞、制动轮、联轴器、齿轮箱、轴承座、油缸等	
	HT300 HT350 HT400	承受高弯曲应力及抗拉应力的重要零件，如齿轮、凸轮、车床卡盘、剪床压力机的机身、床身、高压油缸、滑阀壳体等	
球墨铸铁	QT400-65 QT450-10 QT500-7 QT600-3 QT700-2	球墨铸铁可替代部分碳钢、合金钢，用来制造一些受力复杂，强度、韧性和耐磨性要求高的零件。前两种牌号的球墨铸铁，具有较高的韧性与塑性，常用来制造受压阀门、机器底座、汽车后桥壳等；后两种牌号的球墨铸铁，具有较高的强度与耐磨性，常用来制造拖拉机或柴油机中的曲轴、连杆、凸轮轴，各种齿轮，机床的主轴、蜗杆、蜗轮、轧钢机的轧辊、大齿轮，大型水压机的工作缸、缸套、活塞等	牌号中"QT"是"球铁"二字汉语拼音的第一个字母，后面两组数字分别表示其最低抗拉强度（MPa）和最小伸长率（$\delta = 100\%$）

附表 32　常用有色金属牌号及用途

名称		牌号	应用举例
加工黄铜	普通黄铜	H62	销钉、铆钉、螺钉、螺母、垫圈、弹簧等
		H68	复杂的冷冲压件、散热器外壳、弹壳、导管、波纹管、轴套等
		H90	双金属片、供水和排水管、证章、艺术品等
	铅黄铜	HPb59-1	适用于仪器仪表等工业部门用的切削加工零件，如销、螺钉、螺母、轴套等

（续）

名称	牌号	应用举例
加工锡青铜	QSn4-3	弹性元件、管配件、化工机械中耐磨零件及抗磁零件
	QSn6.5-0.1	弹簧、接触片、振动片、精密仪器中的耐磨零件
铸造锡青铜	ZCuSn10Pb1	重要的减磨零件，如轴承、轴套、涡轮、摩擦轮、机床丝杠螺母等
	ZCuSn5Pb5Zn5	中速、中载荷的轴承、轴套、涡轮等耐磨零件
铸造铝合金	ZAlSi7Mg （ZL101）	形状复杂的砂型、金属型和压力铸造零件，如飞机、仪器的零件，抽水机壳体，工作温度不超过185℃的汽化器等
	ZAlSi12 （ZL102）	形状复杂的砂型、金属型和压力铸造零件，如仪表、抽水机壳体，工作温度在200℃以下要求气密性、承受低负荷的零件
	ZAlSi5Cu1Mg （ZL105）	砂型、金属型和压力铸造的形状复杂、在225℃以下工作的零件，如风冷发动机的汽缸头、机匣、油泵壳体等
	ZAlSi12Cu2Mg1 （ZL108）	砂型、金属型铸造的、要求高温强度及低膨胀系数的高速内燃机活塞及其他耐热零件

附表33 常用的热处理和表面处理名词解释（摘自 GB/T 7232—2012）

名称	定 义	应 用
退火	工件加热到适当温度，保持一定时间，然后缓慢冷却的热处理工艺	用来消除铸、锻、焊零件的内应力，降低硬度，便于切削加工，细化金属晶粒，改善组织，增强韧性
正火	工件加热奥氏体化后在空气中或其他介质中冷却获得以珠光体组织为主的热处理工艺	用来处理低碳钢和中碳结构钢及渗碳零件，使其组织细化，增加强度与韧性，减少内应力，改善切削性能
淬火	工件加热奥氏体化后以适当方式冷却获得马氏体或贝氏体组织的热处理工艺。最常见的有水冷淬火、油冷淬火、空冷淬火等	用来提高钢的硬度和强度极限。但淬火会引起内应力使钢变脆，所以淬火后必须回火
回火	工件淬硬后加热到 A_{c1} 以下的某一温度，保温一定时间，然后冷到室温的热处理工艺	用来消除淬火后的脆性和内应力，提高钢的塑性和冲击韧性
调质	工件淬火并高温回火的复合热处理工艺	用来使钢获得高的韧性和足够的强度。重要的齿轮、轴及丝杠等零件均需经调质处理
表面淬火	仅对工件表层进行的淬火，其中包括感应淬火、接触电阻加热淬火、火焰淬火、电子束淬火等	使零件表面获得高硬度，而心部保持一定的韧性，使零件既耐磨又能承受冲击。表面淬火常用来处理齿轮等
渗碳	为提高工件表层的含碳量并在其中形成一定的碳浓度梯度，将工件在渗碳介质中加热、保温，使碳原子渗入的化学热处理工艺	增加钢件的耐磨性能、表面强度、抗拉强度及疲劳极限，适用于低碳、中碳（$\omega_c < 0.4\%$）结构钢的中、小型零件
渗氮	在一定温度下于一定介质中使氮原子渗入工件表层的化学热处理工艺	增加钢的耐磨性能、表面硬度、疲劳极限和抗蚀能力，适用于合金钢、碳钢、铸铁件，如机床主轴、丝杠以及在潮湿碱水和燃烧气体介质的环境中工作的零件
碳氮共渗	在奥氏体状态下同时将碳、氮渗入工件表层，并以渗碳为主的化学热处理工艺	增加表面硬度、耐磨性、疲劳强度和耐蚀性，用于要求硬度高、耐磨的中、小型及薄片零件和刀具等
时效处理时效	工件以固溶处理或淬火后在室温或高于室温的适当温度保温，以达到沉淀硬化的目的。在室温下进行的称自然时效，在高于室温下进行的称人工时效	使工件消除内应力和稳定形状，用于量具、精密丝杠、床身导轨、床身等

（续）

名称	定 义	应 用
发蓝处理 发黑	工件在空气-水蒸气或化学药物的溶液中在室温或加热到适当温度,在工件表层形成一层蓝色或黑色氧化膜,以改善其耐腐蚀性和外观的表面处理工艺	防腐蚀、美观。用于一般连接的标准件和其他电子类零件
硬度	材料抵抗硬的物体压入其表面的能力称"硬度"。根据测定的方法不同,可分为布氏硬度、洛氏硬度和维氏硬度	布氏硬度(HB)用于退火、正火、调质的零件及铸件的硬度检验
		洛氏硬度(HRC)用于淬火、回火及表面渗碳、渗氮等处理的零件硬度检验
		维氏硬度(HV)用于薄层硬化零件的硬度检验

参 考 文 献

[1] 河南省工程图学学会. 工程制图 [M]. 3 版. 北京：高等教育出版社，2018.

[2] 岳永胜，巩琦，赵建国，等. 工程制图 [M]. 北京：高等教育出版社，2007.

[3] 清华大学工程图学及计算机辅助设计教研室. 机械制图 [M]. 5 版. 北京：高等教育出版社，2006.

[4] 华中科技大学等院校. 画法几何及机械制图 [M]. 7 版. 北京：高等教育出版社，2016.

[5] 西安交通大学工程画教研室. 画法几何及工程制图 [M]. 5 版. 北京：高等教育出版社，2017.

[6] 赵建国，邱益，刘怀喜，等. AutoCAD 2018 快速入门与工程制图 [M]. 北京：电子工业出版社，2019.

[7] 赵建国，李怀正，段红杰，等. SolidWorks 2020 三维设计及工程图应用 [M]. 北京：电子工业出版社，2020.

[8] 刘克明. 中国工程图学史 [M]. 武汉：华中科技大学出版社，2003.

[9] 王兰美，殷昌贵. 画法几何及工程制图 [M]. 3 版. 北京：机械工业出版社，2014.

[10] 何文平. 现代机械制图 [M]. 2 版. 北京：机械工业出版社，2013.

[11] 周鹏翔，何文平. 工程制图 [M]. 5 版. 北京：高等教育出版社，2020.

[12] 窦忠强，曹彤，陈锦昌，等. 工业产品设计与表达 [M]. 3 版. 北京：高等教育出版社，2016.

[13] 冯开平，莫春柳. 画法几何与机械制图：机械类、近机类 [M]. 3 版. 广州：华南理工大学出版社，2013.

[14] 大连理工大学工程图学教研室. 机械制图 [M]. 7 版. 北京：高等教育出版社，2013.

[15] 乔友杰. 制图基础 [M]. 3 版. 北京：高等教育出版社，2012.

[16] 《机械工程标准手册编委会》. 机械工程标准手册：技术制图卷 [M]. 北京：中国标准出版社，2003.

[17] 蔡汉明，陈清奎. 机械 CAD/CAM 技术 [M]. 北京：机械工业出版社，2003.

[18] 陈伯雄. Inventor R8 应用培训教程 [M]. 北京：清华大学出版社，2004.

[19] 同济大学、上海交通大学等院校《机械制图》编写组. 机械制图 [M]. 7 版. 北京：高等教育出版社，2016.

[20] 钱可强，李京平，郁志纯，等. 机械制图 [M]. 5 版. 北京：高等教育出版社，2018.

[21] 邹宜侯，窦墨林，潘海东. 机械制图 [M]. 6 版. 北京：清华大学出版社，2012.

[22] 万静，陈平. 机械工程制图基础 [M]. 3 版. 北京：机械工业出版社，2018.

[23] 胡建生. 机械制图 [M]. 4 版. 北京：机械工业出版社，2020.

[24] 廖希亮，张莹，姚俊红，等. 画法几何及机械制图：3D 版 [M]. 北京：机械工业出版社，2018.

[25] 张琳娜，赵凤霞，郑鹏，等. 图解 GPS 几何公差规范及应用 [M]. 北京：机械工业出版社，2017.

[26] 田凌，冯涓，刘朝儒，等. 机械制图 [M]. 2 版. 北京：清华大学出版社，2013.

[27] 陈经斗，许镇，董培蓓，等. 画法几何及机械制图 [M]. 2 版. 天津：天津大学出版社，1997.

[28] 刘仁杰，马丽敏，刘彬，等. 画法几何及机械工程制图 [M]. 北京：中国计量出版社，2007.

[29] 樊宁，何培英. 典型机械零部件表达方法 350 例 [M]. 北京：化学工业出版社，2016.